GW01186147

1907-2017

Alfa Romeo

Automobili per passione da 110 anni

Quell'inizio nel 1907

L'A.L.F.A. (Anonima Lombarda Fabbrica Automobili) è stata fondata ufficialmente il 24 giugno 1910. Ma già nel 1907 la fabbrica del 'Portello' era stata avviata dalla 'Società Italiana Automobili Darracq', sulla spinta degli stessi investitori che nel 1909 getteranno le basi della futura A.L.F.A. La nuova società ha acquisito dal 'Portello' non solo le strutture ma anche i dipendenti e la loro capacità tecnica. La stessa Alfa Romeo ha sempre tenuto alla continuità con la prima iniziativa, tanto che nel Museo di Arese non mancava una piccola Darracq 8/10 HP accanto alle A.L.F.A. costruite a partire dal 1910.

1907-2017

Alfa Romeo

Automobili per passione da 110 anni

a cura di
Daniele Buzzonetti
con la collaborazione di Maurizio Ravaglia

un omaggio di

1907-2017

Alfa Romeo

Automobili per passione da 110 anni

a cura di
Daniele Buzzonetti
con la collaborazione di Maurizio Ravaglia

Ringraziamenti
Un vivo ringraziamento a Lorenzo Ardizio e a Raffaella Quaquaro, rispettivamente direttore e responsabile della comunicazione del Museo Storico Alfa Romeo di Arese, per avere agevolato l'accesso al Centro Documentazione e all'archivio fotografico.

Un grazie particolare anche a Mario Righini che ha messo a disposizione la sua Collezione privata per un servizio fotografico dedicato ad alcuni celebri modelli dell'Alfa Romeo.

Ancora un ringraziamento a: Marco Visani, Cesare Maria Mannucci, Alvise Orso, Marina Terpolilli e a tutti coloro che hanno agevolato il nostro lavoro con competenza e professionalità.

Referenze fotografiche
La maggior parte del repertorio fotografico è costituita da immagini del Centro Documentazione Alfa Romeo, per gentile concessione.
Dall'archivio digitale 'Revs Institute for Automotive Research/Stanford University' (USA) provengono la foto di pagina 173 (Albert R. Brochroch) e quelle delle pagine 199 e 202 (Eric de La Faille). L'immagine di pagina 56 fa parte della collezione della famiglia di Luigi Bazzi.

Le fotografie della Collezione Righini sono di Domenico Fuggiano

Progetto grafico di copertina: Eugenio Loi

41123 Modena - Via Emilia Ovest,663
ISBN 978-88-7792-153-6

'Siamo fatti della stessa sostanza dei sogni', scriveva Shakespeare, la Casa automobilistica Alfa Romeo non poteva meglio rappresentare il richiamo romantico del poeta inglese.

Alfa Romeo ha infatti descritto nella sua storia la capacità di concretizzare i sogni degli italiani.

Italiani la cui storia non è fatta solo di conflitti umani e politici, di dinamismo del pensiero e capacità di adattamento, ma è anche la capacità di inventarsi e concretizzare idee innovative e contemporaneamente giocose, capaci di cogliere la voglia di star bene e di 'giocare' anche da adulti.

Quindi se da piccoli giochiamo con le macchinine, da grandi giochiamo con le automobili vere.

E siccome il cuore italico batte soprattutto sulle piste, Alfa Romeo – le cui prime radici troviamo nel 1907 – si coinvolge nel settore delle corse fin dai primi anni di vita.

Negli anni Venti vengono confermati gli iniziali successi grazie a piloti come Antonio Ascari, Giuseppe Campari e Ugo Sivocci con il modello RL.

Nel 1925 grazie al modello P2 il marchio vince il primo Campionato del Mondo di automobilismo organizzato nella storia, imponendosi nel Gran Premio del Belgio a Spa-Francorchamps e nel Gran Premio d'Italia a Monza con le vittorie dei piloti Antonio Ascari e Gastone Brilli-Peri.

Tra i grandissimi piloti come non ricordare anche l'indimenticabile Tazio Nuvolari alla guida dell'auto considerata tra le migliori da corsa mai costruite, la P3, o Tipo B.

Dopo il secondo conflitto mondiale la necessità di ricostruire il Paese ha stimolato nel popolo italiano e nelle sue industrie una forza e un'inventiva che tuttora caratterizza il marchio Alfa Romeo.

Siamo nel 1955 quando la maggior parte degli italiani, grazie alla casa del Biscione, si ritrova innamorato: esce la Giulietta soprannominata la 'fidanzata d'Italia'.

Alfa Romeo entra così nel cuore degli italiani e fa il suo ingresso anche nella grande produzione di massa, importante indice della ripresa post bellica a cui Alfa Romeo ha fortemente contribuito.

Dopo Giulietta seguono altri successi come la Giulia, la GT, la Spider 'Duetto', destinata a spopolare anche oltreoceano... chi non ricorda la scena del film-cult 'Il Laureato' in cui un giovane Dustin Hoffman se ne va, capelli al vento, su una 'Duetto' Alfa Romeo Spider, rossa fiammante?

Il cuore Alfista batte sulle strade, sulle piste da corsa e sugli sterrati dei rally; il dinamismo del marchio ha permesso alla Casa di Arese di estendere la produzione non solo alle automobili ma anche ad altri settori da quelli sportivi a quelli agricoli e a quelli militari.

Le tradizioni vengono mantenute e rispettate dal marchio del Biscione, nello stile dei modelli e nella forza di spirito proposta e dimostrata fin dall'inizio dalle innovazioni tecnologiche e di design.

Dando poi uno sguardo al marchio del 'Biscione Visconteo' come non cogliere la simmetria tra le sue numerose 'spire' e le curve stradali, su cui le nostre 'Alfa integrali' hanno conquistato il mondo automobilistico?

Annotiamo anche che la storia Alfa Romeo è un po' la storia della crescita stessa del nostro Bel Paese, delle sue strade ricostruite su cui sfrecciava la Mille Miglia, delle piste di Monza e di Imola, di nuovi sogni, di nuove ambizioni, di voglia di divertimento e spensieratezza. Alfa Romeo racchiude nelle sue automobili l'anima degli italiani, l'anima dell'Italia rinnovata e simbolica dello spirito nazionale sempre pronto a cambiare ed accogliere nuove sfide. Ed è questo che probabilmente le permette di realizzare i sogni di cui siamo fatti.

Ed ora, caro lettore a te, sfogliando queste belle pagine, il compito di aggiungere molto altro ancora ai 110 anni di storia della Alfa Romeo.

Il Presidente
Luigi Sartoni

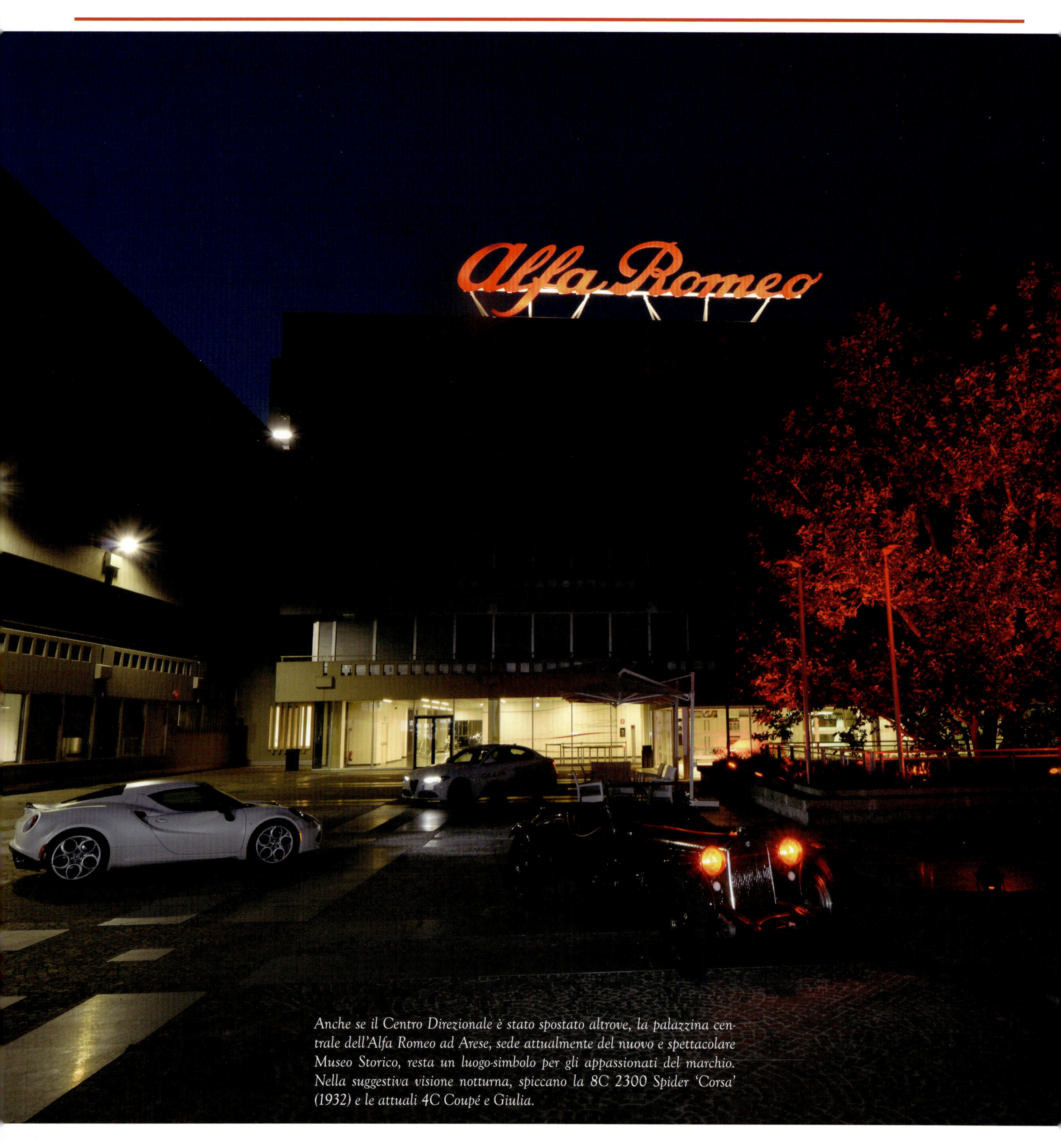

Anche se il Centro Direzionale è stato spostato altrove, la palazzina centrale dell'Alfa Romeo ad Arese, sede attualmente del nuovo e spettacolare Museo Storico, resta un luogo-simbolo per gli appassionati del marchio. Nella suggestiva visione notturna, spiccano la 8C 2300 Spider 'Corsa' (1932) e le attuali 4C Coupé e Giulia.

TRADIZIONE E MADE IN ITALY

Un americano ha contribuito a creare il mito dell'Alfa Romeo. Si trattava nientemeno che di Henry Ford, l'inventore dell'auto di grande serie, al quale viene attribuita una celebre affermazione: '*Quando vedo un'Alfa Romeo mi tolgo il cappello*'.

In epoca non lontana, i soliti diffidenti hanno messo in dubbio l'autenticità della frase, sostenendo che Ford (deceduto nel 1947) avrebbe avuto ben poche opportunità di ammirare delle Alfa, rarissime negli USA ai suoi tempi. Invece la storia è vera: nel 1939, Henry Ford aveva incontrato a Dearborn l'ingegnere Ugo Gobbato, il famoso direttore generale dell'Alfa Romeo, e aveva manifestato la sua stima per le auto della Casa milanese. D'altronde, poco tempo prima aveva avuto l'occasione di ammirare uno strepitoso gioiello dell'Alfa: una 8C 2900 B, acquistata da un membro della famiglia Rockefeller.

Un altro 'quasi americano', Sergio Marchionne, si sta impegnando con decisione per riportare l'Alfa Romeo in una posizione idonea al suo grande passato, con una completa gamma di modelli, caratterizzati da una personalità 'tipicamente Alfa', non estrapolati semplicemente dal 'magazzino' di motori e telai del 'Gruppo'. Operazione non semplice, perché alcune grandi Case che un tempo sognavano di raggiungere il prestigio dell'Alfa Romeo (Audi e BMW in particolare), con il tempo sono cresciute e non hanno attraversato periodi di crisi paragonabili a quello vissuto dal Gruppo Fiat, al quale la Casa del 'Biscione' è legata dal 1986. Soprattutto, hanno costantemente mantenuto una produzione allineata con la tradizione tecnica, senza perdere l'identità del marchio.

L'ingegnere Mauro Forghieri, colonna della Ferrari per 27 anni, ricorda di avere notato nei primi Anni '60 svariate Alfa Romeo Giulia, parcheggiate davanti alla direzione generale della Mercedes a Stoccarda. Una volta di fronte al presidente della Casa tedesca, gli venne spiegato che la Mercedes teneva in grande considerazione l'Alfa Romeo, e quelle Giulia erano state acquistate per essere studiate. Una stima che certamente all'epoca pochi costruttori potevano vantare.

Questo volume, ispirato dalla passione e dall'ammirazione nei confronti dell'Alfa, ne esamina la storia, partendo dall'antefatto, rappresentato dal montaggio delle francesi Darracq nella fabbrica del 'Portello' a Milano. La stessa che, tre anni dopo (1910), sarebbe diventata 'A.L.F.A.' (Anonima Lombarda Fabbrica Automobili). Vengono raccontati i successi e i trionfi, raggiunti nonostante le varie crisi economiche e i quattro cambiamenti di gestione, ma anche i momenti negativi e le numerose scelte discutibili.

Con la nuova Giulia, la rinascita sembra a portata di mano, ma anche nel recente passato non sono mancati segnali importanti sulla vivacità dell'Alfa nonostante i tanti dubbi sul suo futuro: le 8C Coupé e Spider, la Giulietta e soprattutto la 4C, una sportiva straordinaria, accolta con successo anche nei 'difficili' Stati Uniti.

Sono state importanti le assicurazioni, da parte di Sergio Marchionne e di Alfredo Altavilla, capo della regione 'EMEA' (Europa, Medio Oriente, Africa) di Fiat Chrysler Automobiles, sul mantenimento dell'assoluto 'Made in Italy' per l'Alfa. Una scelta fondamentale, anche se, romanticamente, dispiace che le auto del 'Biscione' non siano più costruite nel luogo di nascita, a Milano. L'esempio di numerose Case al vertice (Porsche in primo piano), conferma però che lo spostamento delle fabbriche ha un peso relativo mentre è importante il mantenimento dell'identità del marchio.

Attualmente le Alfa sono progettate nel nuovo (segretissimo) Centro Tecnico di Modena, mentre i motori escono dagli stabilimenti FCA di Termoli (propulsori a benzina) e di Pratola Serra (Diesel). Le auto sono invece costruite nelle fabbriche di Cassino-Piedimonte San Germano (Giulia e Giulietta) e di Torino-Mirafiori (Mito), mentre nello storico stabilimento Maserati di Modena, in via Ciro Menotti, vengono realizzate le 4C.

Alfa attuali / Nuova Giulia

CHIAMATELE EMOZIONI

Annunciata, attesa, idealizzata e fantasticata: l'Alfa Romeo Giulia, prima berlina a trazione posteriore proposta dal marchio, dopo l'uscita di scena della '75' nel lontano 1992, era celebre prima ancora di conoscerne almeno le caratteristiche. Negli anni di progressiva decadenza del marchio e in attesa di un rilancio, solo l'esclusiva 8C aveva mantenuto viva la speranza di rivedere un'Alfa totalmente in sintonia con le caratteristiche che ne hanno decretato il mito: motore anteriore longitudinale e trazione sulle ruote posteriori, prestazioni sportive e una qualità generale in grado di metterla in concorrenza con la BMW, la rivale di sempre, e che – almeno fino ai primi Anni '80 – rincorreva affannata il successo delle berline milanesi di livello medio/alto.

Sarebbe certamente ingiusto condannare senza appello la produzione Alfa di un quarto di secolo: numerosi modelli, dalla 164 alla 156, fino alla Brera e alla Spider, non hanno deluso in quanto a dinamismo e anima sportiva. Ma gli alfisti rimpiangevano la trazione posteriore, un atto di amore che non teneva affatto conto dell'agilità (aiutata dall'elettronica) delle moderne vetture con la trazione sulle ruote davanti. Alla produzione di quegli anni, mancava però quell'importante dettaglio che distingue le auto comuni, magari validissime, da quelle speciali: una accentuata personalità. Dote che non difettava alla 75 e a tanti modelli precedenti.

All'Alfa tutti erano ovviamente a conoscenza della generale nostalgia per l'armoniosa e sensibile guida favorita dall'assenza del 'peso' della trasmissione sulle ruote davanti. Passavano gli anni, cambiavano le dirigenze ma, a parte qualche generico sospiro di rimpianto, nessuno ha mai affrontato veramente il problema, che comporta un maggior costo, sia per il progetto sia per la successiva produzione, a causa della complessità della trasmissione.

Nella primavera del 2010, contemporaneamente alla necessità di integrare e consolidare 'Fiat Group Automobiles' con il nuovo partner 'Chrysler Group', alla crisi economica mondiale e a qualche 'distrazione' innescata dalle proposte di acquisto del marchio del 'Biscione' (sempre rifiutate), arrivava l'annuncio tanto atteso da parte dell'amministratore delegato, Sergio Marchionne: l'Alfa Romeo avrebbe avuto un futuro autonomo, con una serie di modelli inediti, totalmente legati all'Italia in fatto di progetto e costruzione, nel pieno rispetto della sua storica tradizione tecnica.

Primo modello ai blocchi di partenza, la Giulia, che avrebbe sostituito la 159 (nata nel 2005) entro tre anni, con caratteristiche in grado di riportare il marchio ai livelli più elevati del panorama dell'auto. Tra le scelte fondamentali, naturalmente la disposizione anteriore (e longitudinale) del motore, abbinato alla sospirata trazione posteriore: concetti che gli stessi responsabili dell'Alfa Romeo hanno sintetizzato in *Meccanica delle emozioni*.

Un piano ambizioso, che ha avuto necessità di un tempo maggiore per essere portato a termine: proprio nel periodo di gestazione del modello, il Fiat Group ha infatti progressivamente ottenuto il controllo della maggioranza di Chrysler Group, operazione che ha consentito la nascita di Fiat Chrysler Automobiles, il 15 dicembre 2014. In parallelo a questa storica e imponente manovra, è stato ridefinito il piano industriale: l'amministratore delegato di FCA, ha sottolineato che sono stati stanziati 5 miliardi di euro a favore di una nuova gamma di modelli Alfa Romeo, sviluppati grazie a capacità tecniche

Spettacolare manovra di 'controsterzo' sulla pista del Centro Sperimentale di Balocco della FCA: i 510 cavalli della Giulia 2.9T V6 Quadrifoglio, inducono al divertimento.

AR 105IT

rinnovate, maggiori rispetto al passato.

Il 24 giugno 2015, in occasione dell'inaugurazione del nuovo Museo dell'Alfa di Arese, arriva l'attesissima Giulia, pur se nella sola edizione top, la 'Quadrifoglio' con motore V6 Turbo 2.9, sviluppato da tecnici provenienti dalla Ferrari. Un motore interamente in alluminio, con alimentazione a doppio turbo che garantisce 510 Cv a 6500 giri/m e 'spinge' la Giulia a 307 km/h. È dotato di disattivazione elettronica dei cilindri che, secondo la velocità di marcia, passano da 6 a 3, riducendo quindi il consumo.

L'anno dopo, in occasione del Salone di Ginevra, è stata finalmente definita una gamma più ampia, basata essenzialmente su un nuovo motore Turbodiesel 2.2 in versione da 150 e 180 cavalli. Si tratta della prima unità a gasolio di FCA, interamente realizzata in alluminio. È equipaggiata con l'alimentazione a iniezione Multijet II di ultima generazione, dotata di Common Rail con sistema IRS (Injection Rate Shaping: iniezione con analisi modellata), per il controllo costante delle elevate pressioni di alimentazione (fino a 2.000 bar), indipendentemente dal regime di rotazione del motore e dalla quantità di carburante iniettato.

Nello stesso ambito, è stato annunciato per la fine del 2016, un inedito motore Turbo a benzina di 2.0 litri e 200 cavalli, sviluppato secondo la tecnologia 'MultiAir'.

Iniziata in aprile la regolare produzione nello stabilimento di Piedimonte San Germano, nei pressi di Cassino, il 27 giugno sono state consegnate le prime sei Giulia, tutte 2.2 TD, ad altrettante concessionarie, sparse simbolicamente in tutta l'Italia. Era l'atto finale di una vicenda industriale che aveva preso il via all'inizio del 2013, in ritardo rispetto ai primissimi piani iniziali, concepiti attorno a una 'piattaforma' (la base del telaio) derivata da quella 'Compact' della Giulietta, rivista e allungata. Un'operazione in funzione dell'economie di scala, giudicata al giorno d'oggi normale, ma tecnicamente valida solo se prevista nello studio originale del progetto. Per evitare un compromesso, la Giulia è ripartita quindi da zero, anzi dall'ingegnere francese

Alla 'staccata' che precede una tortuosa curva a 'S' sulla pista del Centro Sperimentale di Balocco, la Giulia 2.9T V6 Quadrifoglio, evidenzia l'assetto sportivo delle sospensioni, che al retrotreno prevedono una soluzione 'multilink' con quattro bracci e mezzo, brevettata dall'Alfa.

L'abitacolo della Giulia; si nota lo schermo del sistema Connect 3D Nav 8,8"

Philippe Krieg, che Sergio Marchionne e l'ingegnere Harald Wester (chief executive officer di Alfa Romeo) hanno messo a capo del gruppo incaricato del nuovo progetto. Krief, entrato in Fiat Group nel 1998 e passato alla Ferrari nel 2011 (come responsabile dell'Area Veicoli), in realtà si è spostato solo di qualche chilometro. La nuova gamma di vetture, della quale la Giulia è l'avanscoperta (in attesa di una versione SUV di medie dimensioni e di una nuova berlina con caratteristiche da 'ammiraglia'), è stata infatti concepita in un inedito Centro Tecnico, attivo a Modena in una grande struttura che in precedenza ospitava la Iveco Bus. Privi di riferimenti ufficiali, i capannoni misteriosi si trovano in via Cavazza (frazione San Matteo), accanto alla sede della Maserati Corse. Nei primi tempi, nel Centro operavano poche decine di ingegneri, in breve diventati svariate centinaia, per lo più giovani, molti dei quali provenienti dall'estero e scelti per la competenza ma anche per la passione e la volontà di creare qualcosa di nuovo, pur se nella tradizione dell'Alfa Romeo. Questo gruppo d'eccellenza è stato paragonato, da Sergio Marchionne, agli

Nella vista laterale, risalta la linea slanciata della Giulia: notevole la misura del passo (282 cm) mentre sono limitati gli sbalzi esterni.

CARATTERISTICHE TECNICHE DELL'ALFA ROMEO GIULIA

	Motore cilindri	Cilindrata cm^3	Alesaggio e corsa mm	Potenza Cv/giri	Coppia max kgm/giri	Rapporti cambio	Tipo trasmissione	Pneumatici ant. e post.	Dimensioni lungh./largh./alt. mm	Peso kg	Velocità max km/h	Accelerazione 0/100 km/h	Consumo combinato l/100 km	Classe emissioni
Giulia 2.0 Turbo 200 CV	4 in linea	1995	84x90	200 5000	33,6 1750	8	post.	225/55 R16 92V 225/55 R16 92V	4640 1860 1440	1355	230	6' 6	5,9	Euro 6
Giulia 2.9 T V6 Quadrifoglio	V6	2891	86,5x82	510 6100	61,2 2500-5500	8	post.	255/405 R19 92V 255/405 R19 92V	4640 1870 1440	1680	307	3' 9	8,2	Euro 6
Giulia 2.2 Turbodiesel 150 CV	4 in linea	2143	83x99	150 4000	45,9 1750	6	post.	225/55 R16 92V 225/55 R16 92V	4640 1860 1440	1449	220	8' 4	4,2	Euro 6
Giulia 2.2 Turbodiesel 180 CV	4 in linea	2143	83x99	180 3750	38,7 1500	6	post.	225/55 R16 92V 225/55 R16 92V	4640 1860 1440	1449	230	7' 2	4,2	Euro 6

Tutte le versioni della Giulia sono disponibili con un cambio manuale a 6 marce (in basso, il comando) o automatico a otto marce.

'Skunk Works' che nel corso della seconda guerra mondiale erano riusciti a progettare l'aereo a reazione Lockheed Xp-80 in appena 143 giorni, nella più elevata autonomia, senza impedimenti burocratici e contando sulla più assoluta segretezza. A Modena il gruppo ha agito nello stesso modo nella elaborazione del progetto, libero dalle influenze tecniche del passato, fino alla nascita dei prototipi, che hanno iniziato i test in versione camuffata, con la carrozzeria rivestita tramite la speciale pellicola bianca e nera, a effetto tridimensionale.

A causa della lunga attesa e al significato messianico attribuito dalla stessa FCA al nuovo modello, come è naturale la critica era particolarmente attenta, alla vigilia della presentazione. Il risultato estetico (dovuto a due gruppi guidati da Andrea Maccolini per l'esterno e da Inna Kondakova per l'abitacolo) non ha però avuto difficoltà a superare l'esame: è piaciuta la combinazione, in stile molto 'italiano', di tratti aggressivi (soprattutto nel frontale, volutamente 'violento') con altri morbidi ed equilibrati.

È apparso anche chiaro come sia stato sviluppato il progetto della Giulia, tra tecnica di scuola tradizionale e scelte all'avanguardia. Fondamentale la concentrazione del peso, divisa al 50% tra avantreno e retrotreno, con le masse spostate il più possibile in posizione centrale: il motore è arretrato rispetto all'asse delle ruote anteriori, e gli sbalzi esterni (davanti e dietro) sono ridotti al minimo. Si tratta di soluzioni abbinate alla (sospirata) trazione sulle ruote posteriori, al passo lungo (282 cm: uno in più rispetto alla BMW Serie 3, naturale concorrente della Giulia) e allo sterzo (a comando elettrico) diretto e reattivo (sono sufficienti 11.8° di rotazione del volante per 1° di sterzata delle ruote). Era evidente che i tecnici avessero puntato su una guida sicura ma anche agile e con una spiccata personalità, oltre

La Giulia ha debuttato ad Arese (Museo Storico dell'Alfa) il 24 giugno 2015; sotto, una immagine della giornata, con l'ad Marchionne al centro.

che non troppo condizionata dai sistemi elettronici (comunque presenti). Per lo stesso motivo è stata data molto importanza al peso, appena 1.374 kg a secco nel caso della 2.2 Turbodiesel (circa 100 kg in meno, rispetto a modelli direttamente concorrenti); obiettivo raggiunto tramite l'utilizzo di materiali ultraleggeri, come la fibra di carbonio per l'albero di trasmissione e l'alluminio per i motori, le sospensioni e i 'telaietti' aggiuntivi, davanti e dietro. Nel caso della Giulia Quadrifoglio l'utilizzo di materiali ultraleggeri è stato esteso ad altri elementi della carrozzeria: fibra di carbonio per cofano, tetto, 'AlfaTM Active Aero Splitter' (flap anteriore per la gestione del carico aerodinamico, che migliora l'aderenza in curva) e il nolder posteriore (appendice aerodinamica). L'alluminio è stato invece utilizzato per porte e passaruota.

La sospensione posteriore, definita 'Alfalink', è ovviamente a ruote indipendenti, di tipo 'multilink', con quattro bracci (e mezzo) per ogni ruota, e un sistema (brevettato) per la regolazione della convergenza; nei concetti generali deriva dalla geometria studiata per la Ferrari 488. Anteriormente la sospensione prevede una evoluzione dello storico schema con bracci a quadrilatero: nella parte alta si nota un solo braccetto; nella zona inferiore, i braccetti sono due e hanno il compito di contrastare i carichi trasversali che portano alla deformazione dei pneumatici. Lo 'schema Giulia' ha il compito di mantenere costante l'impronta a terra dei pneumatici, a beneficio anche della precisione dello sterzo.

Tutto per la sicurezza, ma anche per il gusto della guida che tante generazioni di Alfa Romeo hanno sempre procurato.

Alfa attuali / 4C Coupé - 4C Spider

RAFFINATEZZE E CATTIVERIA

Presentata ufficialmente al Salone di Ginevra del 2013, l'Alfa Romeo 4C non ha certo faticato a trovare spazio nella lunga lista delle più celebrate vetture sportive del 'Biscione', con accostamenti inevitabili alla 33 Stradale del 1967, a quelle strabilianti supercar che erano le 8C 2900 B d'anteguerra e alla C52 'Disco Volante'. Paragoni attraenti, soprattutto nel caso della 33 Stradale, caratterizzata dal motore posteriore e da un telaio ispirato alle vetture da corsa, tanto come la 4C.

Risulta sempre affascinante scoprire punti di contatto tra le Alfa più famose; però, con le dovute differenze e tenendo conto dei 50 anni trascorsi tra i due progetti, nello spirito l'Alfa 4C ricorda da vicino soprattutto la Giulia TZ del 1963: entrambe rappresentano infatti la massima espressione della sportiva 'stradale', basata su un motore a 4 cilindri, di cilindrata media (1570 cc per la TZ e 1742 cc per la 4C), abbinato a una carrozzeria e a un telaio, realizzati secondo la tecnologia più avanzata del momento. Anche nel prezzo di acquisto l'accostamento appare valido: la raffinatissima 33 Stradale (in listino a quasi 10 milioni di lire), aveva un costo più elevato rispetto alla più esclusiva Ferrari del periodo, mentre attualmente i circa 65.000 euro necessari per acquistare la 4C, rappresentano meno di un terzo dell'investimento necessario per entrare in possesso della 488 di Maranello.

Ben prima della presentazione della innovativa Giulia, con la 4C e con la successiva 4C Spider, l'Alfa Romeo ha ottenuto uno straordinario risultato in fatto di immagine, con un ritorno incondizionato all'amore per il marchio; a certi livelli, evidentemente solo 'congelato' per l'assenza di proposte davvero emozionanti. La conferma è arrivata dall'accoglienza che la 4C, a partire dal novembre 2014, ha avuto nel mercato americano, dal quale era assente da ben 19 anni (a parte il caso delle poche ed esclusive 8C che hanno superato l'Atlantico) a causa della mancanza di modelli attraenti e soprattutto incontestabili sotto l'aspetto dell'affidabilità. Già nello scampolo del 2014, l'Alfa ha piazzato negli USA 57 4C Coupé, anticipazione del notevole successo ottenuto nel 2015, quando è stata commercializzata anche la versione Spider: con 790 vetture consegnate, quello Nordamericano è diventato di colpo il mercato più importante per la 4C. L'effetto si è rivelato utile anche per le vendite della Giulietta (primo modello 'berlina' dell'Alfa proposto negli USA dopo la 164), che ha toccato le 224 unità.

Vettura che procura emozioni intense, sia per l'aspetto che per la guida, il progetto della 4C è partito da un obiettivo preciso: raggiungere il massimo della sportività, con una tecnologia d'avanguardia, mantenendo però un prezzo di acquisto non esorbitante. È stato così scelto il motore 1750 TBi (Turbo Benzina iniezione: se ne parla nei dettagli a pagina 29 di questo volume), a 4 cilindri in linea, già ampiamente collaudato sulla Giulietta 'Quadrifoglio Verde' e ora adottato dalla versione Turbo Veloce TCT. Nella versione realizzata per la 4C eroga 241 Cv a 6000 giri/m: sei in più rispetto all'unità destinata alla berlina, grazie a specifici impianti di aspirazione e scarico. Una differenza notevole riguarda invece il monoblocco, realizzato in lega di alluminio, con un risparmio di ben 22 kg rispetto alla versione originale, caratterizzata dalla sola testata in lega leggera. Il 1750 TBi è abbinato a un cambio 'robotizzato' tipo 'TCT' (Twin Clutch Transmission), a 6 marce e con doppia frizione, utilizzabile in modalità sequenziale tramite gli 'shift paddles' posti dietro il volante. Non manca ovviamente il selettore 'DNA' (Dynamic, Natural, All Weather), per la tipologia di guida selezionabile tramite un 'manettino' posto sul tunnel. Alle tre funzioni classiche, è stata però aggiunta la modalità 'Race', utilizzabile soprattutto per un esaltante divertimento in pista.

Particolarmente compatta, la 4C è lunga 399 cm e ha un passo di 240 cm (distanza tra il centro-ruota anteriore e posteriore), misura contenuta ma non risultato di una scelta esasperata. È stata così agevolata l'agilità della vettura nelle curve, senza il rischio di una guida eccessivamente da iniziati e di un abitacolo con spazio limitato in lunghezza. La compattezza ha contribuito nel favorire un peso a secco da vettura sportiva di razza, appena 895 kg

Due posti 'secchi', linea mozzafiato, raffinato telaio di tipo 'monoscocca' in fibra di carbonio e motore turbo di 1742 cc: l'Alfa Romeo 4C è davvero l'erede delle più celebri sportive del 'Biscione'. Sopra, la versione Coupé, sotto a destra, primo piano della Spider, con tetto amovibile; a sinistra, il posto di guida.

Nei concetti generali, le 4C Coupé e Spider sono uguali ma la seconda (di prezzo superiore) ha un abitacolo meno spartano.

nel caso della 4C Coupé, mentre la Spider arriva a 1.050 kg, perché deriva dalla 'versione USA' della Coupé, che ha un peso superiore di 165 kg per il rispetto di varie regole d'oltre-Oceano. In ogni caso, la Coupé 'europea' vanta un rapporto peso/potenza pari ad appena 3,7 kg per cavallo. Girando il concetto, ogni cavallo erogato dal motore deve sobbarcarsi un peso di appena 3,7 kg per muovere la 4C. A titolo di paragone, nel caso di una vettura spiccatamente sportiva come la Ferrari California, il rapporto peso/potenza è pari a 3,08 kg per cavallo.

Elemento fondamentale che ha favorito la leggerezza, abbinata in questo caso a un elevato livello di sicurezza, il telaio di tipo 'monoscocca': interamente realizzato in fibra di carbonio, garantisce elevatissime doti di resistenza. È stato progettato dai tecnici dell'Alfa in collaborazione con la Dallara Automobili di Varano Melegari (Parma), la più importante azienda del mondo nello studio e nella produzione di vetture da corsa. La 'vasca' in fibra di carbonio, che costituisce la parte centrale del telaio, è realizzata in un pezzo unico, senza passaggi in successione, sfruttando una tecnologia brevettata dall'azienda dell'ingegnere Gian Paolo Dallara. Si tratta del primo caso, tra le Case automobilistiche di tutto il mondo, di una scocca in fibra di carbonio realizzata per una vettura prodotta in un numero relativamente elevato di esemplari, proposta a un prezzo non esclusivo. Un record: in precedenza le scocche in fibra di carbonio erano state utilizzate solo per alcuni celebri (e costosissimi) modelli di supercar, proposti dalle più famose Case del settore.

Grazie all'esperienza con le vetture da corsa, realizzate con analoga tecnologia (e che – va sottolineato – devono superare i più severi 'crash test' per l'omologazione), il livello di sicurezza della 4C è tra i più elevati in assoluto.

La scocca in fibra di carbonio, prodotta dalla 'Tecno Tessile Adler' di Airola (Benevento), è collegata a due telai in alluminio che hanno il compito di sostenere il gruppo motore/cambio e le

Tra le 4C Coupé e Spider, la differenza più vistosa riguarda il cofano motore, con due prese d'aria e senza il caratteristico vetro.

Il telaio delle 4C Coupé e Spider prevede la scocca centrale in fibra di carbonio (sotto), come le auto da corsa e poche granturismo *di livello molto elevato. Alla scocca sono abbinati due piccoli telai in alluminio, davanti e dietro. Sulla destra, il selettore nell'abitacolo che permette di abbinare la risposta del motore al tipo di guida. Prevede quattro modalità: D, Dynamic; N, Normal; A, All Weather (bagnato) e Race, per la guida in pista.*

Il motore 1750 TBi della 4C; a lato, una stazione della catena di montaggio, effettuato nella fabbrica Maserati di Modena.

sospensioni, a triangoli sovrapposti davanti e di tipo McPherson dietro. Anche la gabbia di rinforzo del tetto è realizzata in alluminio, ugualmente secondo il processo 'Cobapress', che abbina i vantaggi della fusione (leggerezza) a quelli della forgiatura (resistenza). Sempre alla ricerca della leggerezza abbinata alla resistenza, la carrozzeria è costruita in materiale composito, tipo 'SMC' (Sheet Moulding Compounds), una moderna vetroresina che ha un peso specifico inferiore del 50% rispetto alla lega leggera.

Vettura senza compromessi, che regala forti emozioni nella totale sicurezza, la 4C ha uno stile spiccatamente 'Alfa Romeo', dovuto ad Alessandro Maccolini, responsabile del Design Esterni del marchio. Lo sviluppo dei prototipi è stato invece curato dal nuovo Centro di Sviluppo Alfa Romeo, in funzione a Modena, in una grande struttura, situata in via Cavazza (frazione San Matteo), accanto alla sede della Maserati Corse. D'altronde con la stessa Maserati la 4C ha un rapporto molto stretto: i circa 3.500 esemplari all'anno previsti, vengono infatti assemblati nella storica Casa del Tridente, in via Ciro Menotti, dove nella seconda metà degli Anni 2000 venivano prodotte le Alfa 8C, alternate nella stessa catena ai modelli Maserati.

Velocità massima (dichiarata), 258 km/h; tempo necessario per accelerare da zero a 100 km/h, 4"5: il biglietto da visita dell'Alfa Romeo 4C è più che eloquente. Mancava solo il tempo di percorrenza della celebre pista del Nürburgring in Germania, l'anello di 20,8 km, ricco di curve e di saliscendi, dove tutte le Case che producono vetture di alto lignaggio sportivo si sfidano a distanza per acquisire prestigio. Con un tempo di 8'04", la C4 si è inserita al vertice delle vetture di produzione con potenza inferiore ai 250 Cv. L'esemplare utilizzato era in configurazione di serie e adottava pneumatici Pirelli P Zero Trofeo nella misura 205/45 R17 davanti e 235/40 R18 dietro.

CARATTERISTICHE TECNICHE DELL'ALFA ROMEO 4C

	Motore cilindri	Alimentazione	Cilindrata cm³	Alesaggio e corsa mm	Potenza Cv/giri	Coppia max kgm/giri	Rapporti cambio	Tipo trasmissione	Pneumatici ant. e post.	Dimensioni lungh./largh./alt. mm	Peso kg	Velocità max km/h	Accelerazione 0/100 km/h	Consumo combinato l/100 km	Classe emissioni
4C Coupé 1750 TBi TCT	4 in linea	Benzina	1742	83x80,5	240 6000	35,6 2200-4250	6	post.	205/45 R17 235/40 R18	3989 1864 1183	895	258	4' 5	6,8	Euro 6
4C Spider 1750 TBi TCT	4 in linea	Benzina	1742	83x80,5	240 6000	35,6 2200-4250	6	post.	205/45 R17 235/40 R18	3989 1864 1183	1.050	257	4' 5	6,8	Euro 6

Alfa attuali / Nuova Giulietta

LA BERLINA CON IL CUORE

Nello spot televisivo realizzato per il lancio della Giulietta, l'automobile era 'personalizzata' da Uma Thurman, bellissima ed elegante, quanto fortemente conturbante. Un accostamento onirico per un messaggio di intenso sapore 'Shakesperiano' che univa la potenza alla delicatezza: '*Io sono Giulietta e sono fatta della stessa materia di cui sono fatti i sogni*', con una conclusione in tema, che metteva in risalto quella passione che ha dato vita a tanti modelli del 'Biscione': '*Senza cuore saremmo solo macchine*'. Un concetto in chiara contrapposizione con la fredda tecnologia, che può realizzare automobili perfette ma senza l'anima.

Non c'è dubbio che l'Alfa sia sempre stata anche una fede e un impulso del cuore, ma nel 2010 il concetto si stava annacquando. Il marchio proveniva da anni difficili e aveva particolarmente sofferto la crisi del Gruppo Fiat, con una caduta di immagine probabilmente superiore alle reali manchevolezze dei modelli proposti, a partire dalla 159.

Sempre nel 2010, cadevano i 100 anni dalla nascita dell'A.L.F.A., e la Giulietta è inevitabilmente diventata la testimone della ricorrenza. Un ruolo difficile ma che ha finalmente chiarito le idee sul futuro della Casa nata a Milano: quella nuova auto, che riprendeva il celebre nome, utilizzato in passato per due modelli differenti (tra cui quello del '54, fondamentale per la rinascita dell'azienda), era il primo passo verso la riconquista di una posizione più consona alla tradizione del marchio. Non era che l'inizio ma le promesse di Sergio Marchionne, amministratore delegato del Gruppo che nel 2014 sarebbe diventato 'FCA', si stavano concretizzando.

La Giulietta si era rivelata una bella sorpresa, a partire dalla linea, ricca di personalità senza eccessi, studiata dal Centro Stile Alfa, diretto da Lorenzo Ramaciotti. Era cresciuto anche il livello della qualità (soprattutto in fatto di materiali), eterno problema della 147, della quale aveva preso il posto. Con la Giulietta debuttava inoltre il pianale 'Compact' (la base del telaio), che non era affatto l'ennesima evoluzione dei progetti precedenti, risultato di un compromesso per realizzare vari modelli con una identica base. Si trattava di una moderna piattaforma 'modulare', modificabile secondo le esigenze delle auto da produrre, quindi del tutto adatto alle esigenze della Giulietta. Con una notevole differenza rispetto ai materiali utilizzati per il pianale della 147, realizzato in acciaio ad alta resistenza per il 65% e in acciaio dolce per il restante 35%.

Nel caso della Giulietta, gli acciai resistenti sono saliti all'84% mentre quelli dolci sono scesi al 3%, per lasciare spazio a elementi in alluminio e a materiali polimerici. Con il risultato che dalle prove di impatto 'Euro-NCAP' è uscita con 5 stelle (massimo punteggio), mentre nelle singole valutazioni ha ottenuto 97 punti su 100 in fatto di sicurezza per pilota e passeggeri, 85 per la voce 'protezione bambini' e, rispettivamente, 63 e 86 nelle analisi sulla tutela dei pedoni e sui dispositivi di sicurezza montati sulla vettura.

Il sistema ABS (l'antibloccaggio in frenata, obbligatorio dal 2004), sulla Giulietta è integrato dal 'Brake Assist', che aumenta automaticamente la pressione sul pedale del freno in caso di emergenza. Non mancano inoltre i sistemi VDC (Vehicle Dynamic Control: dispositivo che altre Case definiscono ESP, oppure DSC), per il controllo elettronico della sta-

Vettura di dimensioni medie, dallo stile gradevole e bilanciato, la Giulietta ha beneficiato di un indovinato restyling nel 2016: il frontale è ispirato a quello della più grande Giulia. La vettura è stata fotografata sulla pista del Centro Sperimentale di Balocco, con il Monte Rosa sullo sfondo.

Nella vasta gamma di motori adottati per la Giulietta, il 4 cilindri 1.4 Turbo di 1368 cc, può essere scelto in versione con alimentazione tradizionale oppure MultiAir, più potente (150 Cv invece di 120) e più economico: 18,2 km/litro contro 16,1 km/litro.

bilità, e l'ASR (Anti Slip Regulation) che evita il pattinamento delle ruote motrici in accelerazione. Infine, tipico delle Alfa, il sistema E-Q2 (Electronic-Quadrifoglio 2 ruote motrici), che agisce sulla trazione, distribuendo la coppia motrice su entrambe le ruote. In caso di pattinamento della ruota interna, in curva, l'E-Q2 trasferisce maggiore coppia motrice sulla ruota esterna, evitando così il fenomeno del 'sottosterzo', tipico delle auto a trazione anteriore, che tendono ad allargare la traiettoria in curva.

Nel 2016 la Giulietta ha subito un restyling, nettamente evidente nel frontale, ispirato a quello della Giulia. È stata anche rivista la gamma, che prevede quattro livelli di allestimento: 'base', Super, Veloce (che sostituisce la 'Quadrifoglio Verde') e Business, con nove motorizzazioni: quattro turbo a benzina, quattro Turbodiesel e una con doppia alimentazione (GPL e benzina). Dei motori 1.4 MultiAir e 1750 TBi, parliamo diffusamente a pagina 29 di questo volume. Con l'ingresso dell'unità 1.6 JTDm da 120 Cv a 3.750 giri/m (abbinata al cambio elettroattuato 'TCT'), tutta la gamma dei motori a gasolio della Giulietta appartiene alla famiglia dei Multijet di seconda generazione (classe ambientale Euro 6b), dotata dell'alimentazione ad iniezione 'Common rail' di ultima evoluzione, caratterizzata da cinque micro-iniezioni in tre fasi per migliorare la combustione. Sono così diminuiti consumo e rumore mentre ne hanno tratto vantaggio le prestazioni.

CARATTERISTICHE TECNICHE DELL'ALFA ROMEO GIULIETTA

	Motore cilindri	Cilindrata cm³	Alesaggio e corsa mm	Potenza Cv/giri	Coppia max kgm/giri	Rapporti cambio	Tipo trasmissione	Pneumatici ant. e post.	Dimensioni lungh./largh./alt. mm	Peso kg	Velocità max km/h	Accelerazione 0/100 km/h	Consumo combinato l/100 km	Classe emissioni
Giulietta 1.4 Turbo 105 CV	4 in linea	1368	72x84	105 5000	21 1750	6	ant.	205/55 R16 91H 205/55 R16 91H	4351 1798 1465	1355	185	10' 6	6,2	Euro 6
Giulietta 1.4 Turbo 120 CV	4 in linea	1368	72x84	120 5000	21 1750	6	ant.	205/55 R16 91H 205/55 R16 91H	4351 1798 1465	1355	195	9' 4	6,2	Euro 6
Giulietta 1.4 Turbo MultiAir 150 CV	4 in linea	1368	72x84	150 5500	25,4 2500	6	ant.	205/55 R16 91H 205/55 R16 91H	4351 1798 1465	1365	210	8' 2	5,5	Euro 6
Giulietta 1.4 Turbo MultiAir TCT Super	4 in linea	1368	72x84	170 5000	25,4 2500	6	ant.	225/45 R17 91W 225/45 R17 91W	4351 1798 1465	1380	218	7' 7	4,9	Euro 6
Giulietta 1750 Turbo TCT Q. V.	4 in linea	1742	83x80,5	240 5750	34,6 2000	6	ant.	225/40 R18 92W 225/40 R18 92W	4351 1798 1465	1395	244	6'	6,8	Euro 6
Giulietta 1.6 JTDm 120 CV	4 in linea	1598	79,5x80,5	120 4000	32,5 1750	6	ant.	205/55 R16 91H 205/55 R16 91H	4351 1798 1465	1385	195	10' 5	3,9	Euro 6
Giulietta 2.0 JTDm 150 CV	4 in linea	1956	83x90,4	150 4500	38,7 1750	6	ant.	205/55 R16 91H 205/55 R16 91H	4351 1798 1465	1395	210	8' 8	4,2	Euro 6
Giulietta 2.0 JTDm 175 CV TCT Super	4 in linea	1956	83x90,4	175 3750	35,6 1750	6	ant.	225/45 R17 91W 225/45 R17 91W	4351 1798 1465	1410	219	7' 8	4,3	Euro 6
Giulietta 1.4 Turbo 120 CV GPL	4 in linea	1368	72x84	120 5000	21,9 1750	6	ant.	205/55 R16 91H 205/55 R16 91H	4351 1798 1465	1392	195	10' 3	6,4	Euro 6

Alfa attuali / Mito nuova serie

PICCOLA STANZA DEI GIOCHI

Un concentrato di energia distribuita in poco più di quattro metri. La Mito ha sempre trasmesso un'immagine di 'piccola grintosa', confermata dai motori disponibili nella gamma, quasi tutti in grado di regalare soddisfazioni da vera Alfa Romeo, a parte una 'base' supereconomica, che non manca mai in tutte le famiglie automobilistiche. Con la nuova 'serie', che ha debuttato al Salone di Ginevra 2016, l'aspetto nervoso è scattante della Mito è stato accentuato da un aggiornamento estetico della calandra, con un forte richiamo allo stile della nuova Giulia. Un'operazione di family feeling che risalta nello 'scudetto Alfa', più largo e incisivo, e nelle prese d'aria inferiori, nettamente più accentuate. Nessuna delicatezza: l'aspetto della Mito si è ancora più adeguato ai motori disponibili nella gamma, a cominciare dai geniali 'TwinAir' e 'MultiAir' a benzina, caratterizzati dal rivoluzionario sistema di fasatura delle valvole di aspirazione, del quale si parla nel dettaglio a pagina 29 di questo volume.

Il motore 'TwinAir' è figlio della moderna tecnologia che ha cancellato ogni pregiudizio sulla validità di un motore con soli due cilindri, di appena 875 cc (alesaggio e corsa, 80,5x86 mm). Un efficiente albero ausiliario di equilibratura (collegato all'albero motore) ha eliminato i fastidi, legati alle vibrazioni causate dalle forze di inerzia, tipiche dei 'bicilindrici'. Soluzione ben nota ai tecnici, però conveniente solo nel caso di motori di livello elevato, a causa dell'assorbimento di potenza (per la presenza dello stesso albero ausiliario) e del maggiore costo di produzione. Esattamente il caso del 'TwinAir', che non deve assolutamente essere scambiato per una soluzione di ripiego – e comunque economica – come accadeva un tempo. Il particolare sistema di fasatura, la testa a quattro valvole per ognuno dei due cilindri e l'alimentazione con turbocompressore, ne hanno fatto un motore di classe, in grado di erogare ben 105 Cv a 5600 giri/m (si tratta di 123 Cv per litro di cilindrata, quindi l'assorbimento di potenza è del tutto ininfluente), con una coppia di 14,8 kgm, che 'spinge' ad appena 2000 giri/m. Il peso limitato della Mito (1.071 kg) esalta la brillantezza del 'TwinAir', che consente una velocità di 184 km/h, con una accelerazione da zero a 100 km/h in 11"4. E non si tratta solo di prestazioni: la soluzione 'bicilindrica' è stata scelta dai tecnici di FCA (il motore equipaggia anche vari modelli Fiat e Lancia) per i bassi consumi e le ridotte emissioni di CO_2 allo scarico. Secondo i dati ufficiali, la Mito 0.9 Turbo TwinAir ha bisogno solo di 4.2 litri di carburante per percorrere 100 km, mentre le emissioni sono pari a 99 grammi di CO_2 al chilometro.

La stessa tecnologia adottata per il 'TwinAir' (distribuzione, quattro valvole per cilindro, alimentazione con turbocompres-

Anche per la compatta Mito, il 2016 ha coinciso con un nuovo stile della calandra, ora simile a quella di Giulia e Giulietta. Un family feeling che ha regalato ulteriore grinta alla piccola 'tre porte' del 'Biscione'.

FE 076GZ

sore e iniezione elettronica sequenziale) è stata trasferita sul motore 'MultiAir', a 4 cilindri in linea di 1.368 cc (alesaggio e corsa 72x84 mm). Nella versione adottata dalla Mito Super eroga 140 Cv a 5000 giri/m con una coppia di 24,4 kgm a 2250 giri/m e le prestazioni sono decisamente elevate: 209 km/h e 8"1 per passare da zero a 100 km/h.

La potenza sale a 170 Cv a 5.500 giri/m (coppia di 25,4 kgm a 2.500 giri/m) nella versione che equipaggia la Mito Veloce, accreditata di 219 km/h e che 'schizza da zero a 100 km/h in 7"3. Le due 'sorelle' Mito con motore 1.4 Turbo, sono dotate di cambio elettroattuato a doppia frizione 'TCT' (Twin Clutch Transmission), che funziona sia in 'automatico' che tramite le 'levette' poste dietro il volante.

Un invito alla guida sportiva senza dissanguarsi: il geniale 'MultiAir', che non spreca carburante quando il tipo di guida non lo richiede (come accade invece nei motori tradizionali), consente di percorrere – secondo i dati ufficiali – 100 km con un litro di 'verde'.

Dal 2016, nella gamma della Mito è ricomparsa la motorizzazione a gasolio, assente dal 2014: è disponibile il JTDm di 1248 cc, da 95 Cv e 180 km/h.

CARATTERISTICHE TECNICHE DELL'ALFA ROMEO MITO

	Motore cilindri	Cilindrata cm³	Alesaggio e corsa mm	Potenza Cv/giri	Coppia max kgm/giri	Rapporti cambio	Tipo trasmissione	Pneumatici ant. e post.	Dimensioni lungh./largh./alt. mm	Peso kg	Velocità max km/h	Accelerazione 0/100 km/h	Consumo combinato l/100 km	Classe emissioni
MiTo 0.9 Turbo TwinAir	2 in linea	875	80,5x86	105 5750	14,8 2000	6	ant.	195/55 R16 87H 195/55 R16 87H	4063 1720 1446	1205	184	11' 4	4,2	Euro 6
MiTo 1.4	4 in linea	1386	72x84	77 6000	11,7 3000	5	ant.	195/55 R16 87H 195/55 R16 87H	4063 1720 1446	1155	165	13'	5,6	Euro 6
MiTo 1.4 Turbo MultiAir TCT	4 in linea	1386	72x84	140 5000	23,4 1750	6	ant.	215/45 R17 87W 215/45 R17 87W	4063 1720 1446	1245	209	8' 1	5,4	Euro 6
MiTo 1.4 Turbo 170 CV MultiAir TCT	4 in linea	1386	72x84	170 5500	23,4 2500	6	ant.	215/45 R17 87W 215/45 R17 87W	4063 1720 1446	1245	219	7' 4	5,4	Euro 6
MiTo 1.3 JTDm 90 CV	4 in linea	1248	69,6x82	90 3500	19,6 1500	5	ant.	195/55 R16 87H 195/55 R16 87H	4063 1720 1446	1225	180	12' 5	3,2	Euro 6
MiTo 1.3 JTDm 95 CV	4 in linea	1248	69,6x82	95 3500	19,6 1500	5	ant.	195/55 R16 87H 195/55 R16 87H	4063 1720 1446	1225	180	12' 5	3,4	Euro 6
MiTo 1.4 Turbo GPL	4 in linea	1248	69,6x82	120 5500	21 1750	5	ant.	195/55 R16 87H 195/55 R16 87H	4063 1720 1446	1272	198	8' 8	6,2	Euro 6

Geniali scelte tecniche per i più piccoli motori Alfa Romeo

POTENZA INTELLIGENTE

Celebre per i suoi motori, brillanti e ricchi di tecnologia fin dall'inizio dell'attività, l'Alfa Romeo ha sempre proposto 'qualcosa' in più in questo settore, anche nei momenti storicamente meno facili. Celebri, ad esempio, il 4 cilindri 2.0 Twin Spark degli Anni '80, o il meraviglioso V6 3.0 24 Valvole, appena successivo. Attualmente sono parecchie le proposte interessanti: ne esaminiamo un paio che spiccano per le elevate potenze raggiunte, grazie a semplici e intelligenti scelte tecniche.

1750 TBi

Per qualsiasi 'Alfista', il 1750 è un numero magico. Evoca la celebre 6C della fine degli Anni '20 e la 'famiglia allargata' (Berlina, Coupé e Spider) che ha mosso i primi passi all'inizio del '68. Nel 2009, questo stuzzicante numero è rientrato nella famiglia del 'Biscione', abbinato al motore TBi, a 4 cilindri in linea, adottato dalle 159 Berlina e Sportwagon, dalla coupé Brera e dalla Spider.

Ulteriormente evoluto, nel 2010 il 1750 TBi ha debuttato sulla versione più grintosa della gamma 'Giulietta', conquistando subito un record: la più elevata potenza per ogni litro di cilindrata (per convenzione l'equivalente di 1000 cc), espressa da un motore Alfa Romeo di serie. Il TBi (Turbo Benzina iniezione) adottato dalla Giulietta 'Quadrifoglio Verde', ribattezzata 'Veloce' nell'edizione 2016, eroga infatti 235 Cv a 5500 giri/m, che corrispondono a 134 Cv per litro. Unità ricca di soluzioni innovative, è stata sviluppata da Fiat Powertrain Technologies, il settore che fino al 2011 si dedicava alla progettazione di motori, cambi e trasmissioni per tutti i marchi del Gruppo torinese e che – attraverso passaggi successivi – dall'ottobre 2014 è confluito in FCA Powertrain.

Con una cilindrata esatta di 1742 cc (alesaggio e corsa 83x80,5 mm), il motore '1750 TBi' è naturalmente caratterizzato dalla distribuzione con due alberi a camme in testa e quattro valvole per cilindro. Una scelta classica per l'Alfa, in questo caso arricchita da una tecnologia sofisticata, che ha spianato la strada per ottenere una potenza tanto elevata; ancora più sorprendente nel caso della versione successivamente sviluppata per la 4C, sulla quale è stato montato un 'TBi' da ben 241 cavalli.

Tra le caratteristiche fondamentali, spicca il turbocompressore a gas di scarico, ottimo sistema per aumentare la portata dell'aria destinata all'alimentazione. Però, nonostante il grande aiuto derivato dai moderni sistemi elettronici, la scelta resta condizionato dal ritardo nella risposta (momento di 'inerzia'), quando si aziona il pedale dell'acceleratore: problema comunemente definito 'turbolag'. È noto che i motori 'turbo' abbiano un attimo di esitazione al momento dell'accelerazione, per poi scatenarsi 'brutalmente' sulla spinta dei cavalli. Nella fase di rilascio (ad esempio, quando si imposta una curva), risulta infatti piuttosto limitata la quantità di gas di scarico che aziona la turbina (che a sua volta, ruotando a oltre 200.000 giri/m, aziona il compressore centrifugo che aumenta la portata dell'aria nei cilindri). Da sempre i tecnici hanno quindi cercato di portare la rotazione della turbina a un livello soddisfacente anche nelle fasi di acceleratore parzializzato, se non 'chiuso'. Il geniale sistema ideato per l'Alfa 1750 è stato battezzato 'Scavenging' (dall'inglese 'fare pulizia') e si basa sulla chiusura ritardata delle valvole di scarico, anticipando contemporaneamente l'apertura delle valvole di aspirazione. Un caso di distribuzione fortemente 'incrociata', ben

Il compatto motore a 4 cilindri 1750 TBi, adottato dalla Giulietta e dalla 4C.

nota ai progettisti di motori da corsa, che permette di sfruttare l'effetto estrattore dei gas di scarico in uscita dai cilindri, allo scopo di richiamare i gas freschi in arrivo dai condotti di aspirazione, migliorando così il riempimento delle camere di combustione. Nel caso del motore 1750 TBi, il sistema viene utilizzato per aumentare, in qualsiasi condizione, la portata dei gas caldi alla turbina, che potrà quindi ruotare più velocemente, mitigando l'effetto 'turbo-lag', migliorando la velocità di risposta e quindi la coppia del motore (l'energia che dall'albero motore arriva fino alle ruote). L'effetto non si avverte solo tramite la guida che diventa più reattiva, ma viene visualizzato su un monitor, che riceve le informazioni secondo la posizione del sistema 'DNA' che controlla la guida tramite tre modalità di funzionamento: Dynamic, Natural, All-Weather, scelte dal pilota tramite un manettino. In modalità Dynamic e sulla spinta dell'effetto 'Scavenging', la coppia massima arriva a 34,6 kgm, ad appena 1900 giri/m, mentre in modalità Normal non supera i 30,5 kgm a un regime di 4500 giri/m, quindi nettamente più elevato.

Un ulteriore aiuto alla regolarità nell'erogazione della potenza, arriva anche dal collettore di scarico progettato secondo la tecnologia 'Pulse converter' ('convertitore di impulsi'), che sfrutta le onde di pressione create dai gas per favorire la coppia ai bassi regimi.

Il controllo del turbocompressore viene integrato dall'alimentazione ad iniezione diretta della benzina (con pompa ad alta pressione – 150 bar – e iniettori a 7 ugelli), oltre che dalla distribuzione con due variatori di fase continui, posizionati sugli alberi a camme di aspirazione e di scarico, con il compito di prevedere un angolo ridotto di incrocio tra le valvole ai regimi bassi (tipici della guida in città), allargandolo quando si chiedono le massime prestazioni. La gestione integrata dei vari sistemi viene infine affidata a una centralina elettronica di iniezione/accensione, che elabora e 'interpreta' le informazioni ricevute. Tra le caratteristiche salienti del motore 1750 TBi, anche il rapporto di compressione pari a 9,25:1, abbastanza elevato per un'unità alimentata con turbocompressore. Anche in questo caso la scelta è figlia dell'effetto 'Scavenning', che ha anche il compito di ripulire le camere di combustione dai gas residui e allontana quindi il pericolo di detonazione, migliorando il consumo e le emissioni di CO_2 allo scarico.

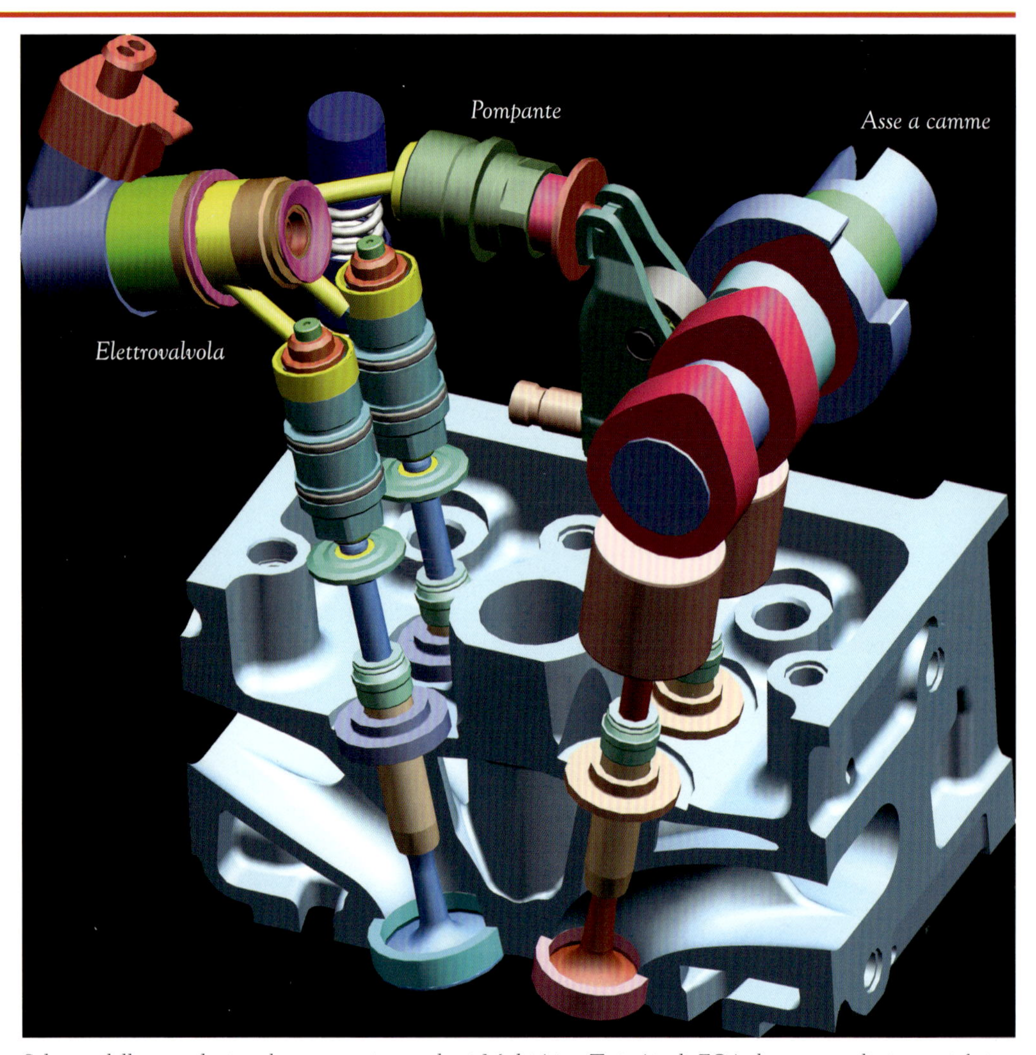

Schema della tecnologia adottata per i propulsori MultiAir e TwinAir di FCA: la testata, di tipo emisferico, con quattro valvole per cilindro, farebbe pensare a un motore con distribuzione a due alberi a camme in testa. In realtà è previsto un solo albero, con 12 lobi (sei nel caso del TwinAir), quindi tre per ogni cilindro. Due lobi sono utilizzati per il movimento delle valvole di scarico, il terzo aziona un pompante elettroidraulico (con olio ad alta pressione) che aziona le due valvole di aspirazione in combinazione con una valvola on/off.

Dal 2013, il motore 1750 TBi equipaggia anche l'Alfa 4C, nelle due versioni Coupé e Spider. In questo caso eroga 241 Cv a 6000 giri/m (la potenza per litro è pari a 137 Cv), con un coppia di 35,6 kgm, che si mantiene costante tra i 2200 e i 4250 giri/m. Considerate le caratteristiche della 4C, che fa della leggerezza una delle caratteristiche più interessanti, il basamento del motore TBi è stato realizzato in lega leggera, tanto come la testata, con un guadagno di 22 kg rispetto alla versione adottata dalla Giulietta, che ha il basamento in ghisa.

Multiair/Twinair

I variatori di fase a regolazione continua, consentono di modificare la posizione dell'albero a camme (nel caso dei motori 'bialbero' possono essere due) e quindi il diagramma della distribuzione, secondo le esigenze e la tipologia della guida: fondamentalmente, da 'turistica' (dolcezza, basso consumo) a 'sportiva' e viceversa. Hanno però un costo (e un ingombro) che è difficile giustificare nelle unità di cilindrata ridotta, destinati a vetture che non possono superare una determinata fascia di prezzo.

A sinistra, lo spaccato evidenzia in primo piano l'albero a camme che aziona due pompanti (con molla esterna) che comandano le valvole di aspirazione. A destra, una sezione della testa completa del motore MultiAir.

Alfa Romeo è comunque riuscita ad aggirare questo ostacolo con l'adozione del motore a 4 cilindri 'MultiAir', che ha debuttato sulla Mito, per essere poi adottato anche dalla Giulietta.

Con una tecnologia identica è stato sviluppato il motore 'TwinAir', il bicilindrico di 875 cc, che ha aperto la strada ai raffinati propulsori 'SGE' (Small Gasoline Engine) di Fiat Chrysler Automobiles. Il TwinAir Turbo da 105 Cv a 5500 giri/m e 184 km/h è stato adottato con successo dalla Mito ma, per intuitive ragioni pratiche, la nostra spiegazione tecnica si basa sul motore MultiAir a 4 cilindri, di 1368 cc e con quattro valvole per cilindro.

A una prima occhiata, considerando la conformazione emisferica della camera di scoppio (con angolo delle valvole molto raccolto), si ha la sensazione di trovarsi di fronte a un motore con distribuzione 'bialbero'. Sotto molti aspetti il MultiAir può essere considerato tale, anche se è previsto un solo albero a camme (posizionato sopra le valvole di scarico), seppure con 12 lobi: otto dei quali destinati ad azionare il movimento delle valvole di scarico, mentre i rimanenti quattro agiscono (tramite i bilancieri) su altrettanti 'pompanti', che comandano le valvole di aspirazione. Quindi, le valvole di scarico prevedono un azionamento classico, di tipo meccanico; le valvole di aspirazione sono invece azionate da un comando elettroidraulico.

In sintesi, così funziona il sistema (vedi schema di pagina 30): tramite un circuito di olio in pressione, ciascun pompante aziona una elettrovalvola, che non ha niente a che fare con le tradizionali valvole a fungo del motore: è più simile a un 'rubinetto' che apre e chiude il passaggio di un liquido. Le elettrovalvole sono quattro (una per ogni cilindro, a funzionamento elettromagnetico di tipo On-Off) e hanno il compito di bloccare il flusso dell'olio oppure di consentirne il passaggio fino a un'apposita minivaschetta, dove riparte il ciclo successivo. Nel primo caso le valvole di aspirazione si aprono; nel secondo restano chiuse: il tutto avviene ovviamente in un tempo minimo: da 0,9 a 9 millisecondi.

In un motore tradizionale, dotato di albero a camme (naturalmente privo del sistema a distribuzione variabile), l'apertura e la chiusura delle valvole di aspirazione, sarebbe vincolata dalla posizione dello stesso albero a camme. Nel caso del MultiAir (e dell'analogo bicilindrico TwinAir), la centralina elettronica stabilisce – in base ai 'messaggi' ricevuti dal 'piede' del guidatore – quale tipo di alzata delle valvole sia più conveniente e di conseguenza gestisce anche la quantità di aria necessaria per la formazione della 'miscela'.

Come nel caso di un vero variatore di fase, la strategia attuata dalle elettrovalvole è la conseguenza delle esigenza di guida, secondo uno schema che può essere così riassunto per ogni giri completo della camme: apertura completa delle valvole di aspirazione per una piena potenza; apertura ritardata per una omogenea regolazione della coppia motrice; chiusura anticipata per una pronta risposta ai bassi regimi; apertura parziale delle valvole per una media richiesta di potenza; doppia apertura delle valvole per la piena efficienza della combustione.

Alla riduzione dei consumi e delle emissioni di CO_2, il motore 1.4 MultiAir abbina anche prestazioni da vera Alfa, con un picco di 170 Cv nel caso della Mito 'Veloce' e della Giulietta 'Super', con una coppia di 25,4 kgm ad appena 2500 giri/m. E non si tratta dell'edizione più spinta: lo stesso motore equipaggia l'Abarth 695 1.4 T-Jet Biposto, in versione da 190 Cv. I vantaggi in fatto di consumo, risultano evidenti anche dai dati ufficiali: la Mito MultiAir da 170 Cv percorre in media (mix tra città, extra-città, autostrada) 18,5 km/litro, mentre la versione Super, con lo stesso motore 1.4, ma con distribuzione tradizionale e 78 Cv, arriva a 17,9 km/litro.

Una delle prime immagini pubblicitarie dell'A.L.F.A.: la 24 HP Torpedo del 1910 (carrozzata da Bertone), è guidata da Giuseppe Merosi, direttore della progettazione. Dalla sinistra di quest'ultimo, si notano, il rappresentante dell'A.L.F.A., Maggioni, il collaudatore Parmeggiani, la signorina De Simoni, segretaria del consigliere delegato, il capo-contabile Zampori, il capo-officina Agostoni e il giornalista-corrispondente Maumary. In basso, la 15 HP del 1912, che fa parte del Museo dell'Alfa.

Milano/'Portello': dalla Darracq alla creazione dell'A.L.F.A.

APPENA NATA INIZIA A CORRERE

Nella storia dell'Alfa Romeo, la città di Modena ha avuto in svariati casi un ruolo importante. È celebre il legame con la Scuderia Ferrari, che si è prolungato per quasi tutti gli Anni '30 e che ha dato vita anche a varie Alfa costruite interamente nella città emiliana. Più recentemente, il neonato Gruppo FCA (Fiat Chrysler Automobiles) ha dislocato a Modena il Centro Progetti dell'Alfa Romeo, dove è stata progettata e sviluppata la nuova Giulia. Ugualmente a Modena, nello stabilimento Maserati, viene costruita la sportivissima Alfa Romeo 4C.

Pochi sono invece al corrente che la gloria del celebre marchio (quando però si chiamava semplicemente A.L.F.A.: Anonima Lombarda Fabbrica Automobili) è sbocciata a Modena, grazie a un successo clamoroso, testimonianza del legame strettissimo tra la Casa e lo sport del motore.

Nel gennaio del 1911, l'A.L.F.A. era nata ufficialmente da appena sette mesi e solo nell'autunno del 1910 aveva presentato i due prototipi della cosiddetta 'Serie A', battezzati 24 HP e 12 HP, simili nell'impostazione generale, ma con motori a 4 cilindri in linea, di cilindrata differente (rispettivamente 4082 e 2413 cc). Le auto erano state progettate dal piacentino Giuseppe Merosi (1872-1956), che si era diplomato geometra a 19 anni. Dotato di un innato ingegno tecnico, in seguito ha avuto il merito di aprire il lungo elenco di geniali progettisti che hanno fatto grande il marchio del 'Biscione'. In veste di direttore tecnico dell'A.L.F.A., in quel fatidico gennaio 1911, lo stesso Merosi aveva deciso di iscrivere all'impegnativo 'Primo Concorso di Regolarità di Modena', una 12 HP, nettamente meno potente della 24 HP, ma più leggera e maneggevole.

È necessario precisare che nella preistoria dell'automobilismo, la sigla HP (Horse Power: letteralmente, 'potenza del cavallo/vapore') indicava unicamente la scala fiscale. Si pagava infatti una tassa di circolazione in base alla potenza del motore: regola che aveva favorito la disinvolta abitudine di dichiarare un dato inferiore. Sono nate così le sigle sdoppiate: ad esempio, nel caso della Darracq 8/10 HP, il primo numero indicava la potenza fiscale, il secondo quella effettiva. Per contrastare i 'furbetti', nel 1910 è stata studiata una formula di pagamento che teneva conto dell'alesaggio e del numero dei cilindri (fino al 1921, quando un Decreto Regio ha introdotto una nuova formula, base di quella attualmente in vigore) ma molte Case hanno continuato a utilizzare delle sigle che non definivano la reale potenza dei motori. I 4 cilindri delle A.L.F.A. tipo 24 HP e 12 HP erogavano infatti rispettivamente 42 cavalli a 2.200 giri/m e 22 Cv a 2.400 giri/m. In quanto alla velocità massima dei due modelli, venivano dichiarati 100 e 90 km/h.

Il 'Concorso di Modena', in programma dal 23 al 29 aprile 1911, si presentava estremamente impegnativo, per la distanza, per le strade dell'epoca e per il regolamento, decisamente restrittivo. Si dovevano infatti percorrere 1.500 chilometri, senza possibilità di effettuare riparazioni (vietate anche quelle di lieve entità) e tra una tappa e l'altra, per le auto era previsto il 'parco chiuso', ovviamente sorvegliato. Impossibile barare: gli organizzatori avevano ideato un sistema infallibile per fare rispettare le regole: le macchine iscritte dovevano avere almeno quattro posti, in modo da ospitare sui sedili posteriori un controllore e il suo aiutante!

Si trattava di un vero 'rally' ante-litteram, con avversari alla guida di vetture delle marche più note ed abituali protagoniste di gare simili, tanto che la stessa dirigenza della Casa, temendo una figuraccia, era inizialmente contraria alla decisione di Merosi. Ma il tecnico piacentino sapeva il fatto suo e poteva contare su un

I capannoni dell'A.L.F.A. nel 1910: lo spazio occupato dalla fabbrica era di 36.000 m^2, ma solo 7.000 erano coperti. Fino all'inizio della Guerra del '15, i dipendenti non erano più di 250/300, pur con una specializzazione elevata.

All'esterno la fabbrica dell'A.L.F.A., ereditata dalla Darracq, era di tipo classico, con mattoni a vista e decorazioni ornamentali alle finestre. L'interno era invece moderno e non ricordava i bui 'stanzoni' della prima rivoluzione industriale: le alte campate erano sostenute da travi in ferro e i settori erano divisi da tramezzi vetrati che arrivavano al soffitto, come si nota nella foto, che si riferisce al reparto 'controllo' delle vetture e nella quale spiccano (al centro) il direttore tecnico Merosi e Giuseppe Campari, con il tipico 'spolverino' da collaudatore. Altre caratteristiche del 'Portello', inusuali nelle fabbriche di inizio secolo, l'impianto di riscaldamento e il 'refettorio', dove gli operai consumavano il pranzo portato da casa. In basso, l'antico fabbricato sulla 'strada del Portello', dal quale la fabbrica dell'A.L.F.A. ha ereditato il nome.

pilota-collaudatore, veloce ed esperto, Nino Franchini, affiancato dall'allora 19enne Giuseppe Campari, il futuro asso dei Gran Premi e delle gare di velocità su strada. Il risultato si è rivelato eccellente: l'equipaggio è stato penalizzato solo con un decimo di punto ed è risultato primo assoluto, pur se alla pari con altri cinque avversari.

L'A.L.F.A. era nata con il programma di realizzare vetture di livello elevato, soprattutto in fatto di prestazioni e guidabilità, e il successo modenese le ha consentito di conquistare spazio (circa 900 vetture costruite tra il '10 e il '15) in un mercato già affollato da decine di marchi, anche se il 'fenomeno automobile' si stava diffondendo solo da una quindicina d'anni e nel 1910 le vetture circolanti in Italia sfioravano appena le 8.000 unità. All'affermazione commerciale dell'A.L.F.A. ha contribuito anche la decisione di presentare a Modena una 15 HP praticamente di serie: unica differenza, la potenza portata da 22 a 25 Cv a 2400 giri/m (velocità, 95 km/h). Indirettamente era già nato lo slogan '*L'auto da famiglia che vince le corse*', celebre per le vittorie dell'Alfa Romeo negli Anni '50.

In pochi mesi la neonata Casa milanese era riuscita ad arrivare al successo, certamente per merito di valide personalità (Merosi e Franchini, in precedenza avevano operato con successo alla Bianchi, una delle più importanti Case italiane, assieme a Fiat, Isotta Fraschini e Itala) ma anche grazie alla possibilità di iniziare l'attività in una fabbrica già avviata. Era quella che apparteneva al marchio della francese Darracq, nato nel 1896 e che dieci anni dopo aveva aperto una filiale a Napoli. Si trattava della 'Società Italiana Automobili Darracq', che importava i componenti dalla Francia ed effettuava il montaggio delle vetture in Italia, allo scopo di aggirare le barriere doganali.

La società italo-francese stentava però a decollare, nonostante si fosse scomodato lo stesso Alexandre Darraqc per gestirla sotto l'aspetto tecnico. Napoli era infatti troppo decentrata rispetto al Nord, in pieno sviluppo industriale, e dopo nemmeno un anno dall'inizio delle operazioni, i soci hanno deciso di spostare totalmente l'azienda a Milano. Veniva così acquistato un terreno di 36.000 metri quadrati nella zona della 'Strada del Portello', alla periferia ovest della città (ancora oggi individuabile con viale Traiano, anche se l'area ha subito recentemente un totale sconvolgimento urbanistico), destinata alla creazione di una nuova fabbrica. Tra il 1907 e il 1908 è iniziata la produzione, ma le Darracq 'italiane' non sono state apprezzate a causa delle prestazioni insufficienti e della scarsa qualità. Tanto che già nel 1909 era stata decisa una trasformazione della società, sfociata l'anno successivo nella creazione dell'A.L.F.A. Era il 26 giugno 1910 e da mesi tirava aria di cambiamento, sulla spinta di un gruppo di finanzieri lombardi che avevano garantito (tramite un mutuo favorito dalla Banca Agricola Milanese) un capitale di 500.000 lire (1,5 miliardi di

Darracq 8/10 HP, costruita al 'Portello'.

A.L.F.A. 24 HP del 1910: fa parte del Museo Alfa Romeo di Arese. Sotto, l'areo Santoni-Franchini con motore A.L.F.A. tipo 24 HP.

euro circa), che di fatto aveva messo in posizione di minoranza gli azionisti francesi, poi usciti dall'impresa.

La nuova A.L.F.A. aveva ereditato una fabbrica completa, anche se di proporzioni limitate, ed era cambiato totalmente lo spirito dell'impresa: in sostituzione delle fiacche Darraqc, sarebbero state infatti costruite delle vetture brillanti e con una spiccata personalità. Del nuovo, ambizioso programma, si facevano garanti l'amministratore delegato e direttore generale, il cavalier Ugo Stella (già a.d. nel periodo Darracq), e il progettista-capo, Giuseppe Merosi.

È certo che gli investitori siano stati favorevolmente colpiti dal valore tecnico dell'azienda e delle maestranze. D'altronde, nei mesi che avevano preceduto il passaggio societario, nella ormai 'quasi ex' Darracq si stava costruendo nientemeno che un aereo. Per l'epoca una scelta sensazionale, che deponeva a favore delle capacità tecniche della fabbrica e dei possibili futuri profitti promessi dall'aviazione, un settore appena nato ma in rapidissimo

Trattore 'Nicola Romeo' (Collezione Righini).

I destini italiani della Darracq

Il breve percorso della Darracq italiana, che ha facilitato la nascita dell'A.L.F.A., non è l'unico aggancio tra l'antica Casa francese e il nostro Paese. Dopo vicissitudini industriali piuttosto complicate, nel 1920 venne creato il gruppo STD Motor Ltd, formato dai marchi inglesi Sunbeam e Talbot e dalla francese Darracq. Il potere economico di quest'ultima era però inferiore rispetto ai 'soci' d'oltre-Manica e a partire dal 1922 anche le auto costruite nella fabbrica di Suresnes (Parigi) adottarono il marchio Talbot. Intorno al 1933 la STD incontrò delle difficoltà economiche e cedette il marchio Talbot e la fabbrica di Parigi all'ingegnere Antonio Lago, nato a Venezia nel 1893, che da tempo aveva rapporti di lavoro con il 'ramo' inglese del gruppo. Lago, appassionato e con una personalità spiccata (cittadino italiano fino alla morte, avvenuta nel 1960), rilanciò brillantemente la Talbot, puntando soprattutto sulle auto di elevatissime prestazioni. Ripetendo, in parte, il caso dell'A.L.F.A. nel 1910.

In una foto d'epoca, la vettura realizzata nel 1914 su indicazione del suo proprietario, il conte milanese Marco Ricotti, che aveva acquistato uno dei 27 autotelai tipo 40/60 HP, completato poi dalla carrozzeria di Ercole Castagna, azienda di riferimento per l'A.L.F.A. e successivamente per l'Alfa Romeo, almeno fino agli Anni '30. È nata così l''Aerodinamica Ricotti', che si può ammirare, in una perfetta e recente ricostruzione, al Museo dell'Alfa di Arese. In basso, la 40/60 HP tipo 'Corsa/1920', con motore da 82 Cv ('Normale' 70 Cv) ottenuti con l'aumento del rapporto di compressione (da 4,4:1 a 5,5:1) e l'alimentazione tramite due carburatori.

sviluppo. L'idea era venuta ad Antonio Santoni, capo del reparto 'Disegni tecnici' e quindi molto vicino a Merosi, e al pilota-collaudatore Nino Franchini. I due erano colleghi ma li legava anche una profonda amicizia, oltre che una stima reciproca. Si frequentavano tutte le domeniche, assieme alle rispettive consorti, e sembra che l'idea dell'aereo sia nata, una domenica di settembre, al tavolo di una trattoria di campagna, raggiunta come sempre in bicicletta. In breve, i due amici hanno steso un progetto di massima, da sottoporre al giudizio del cavalier Stella, che intuì immediatamente quale effetto propagandistico avrebbe avuto l'impresa, ovviamente nel caso di esito positivo. I rischi non erano pochi, tenendo conto che, una volta terminato, l'aereo Santoni-Franchini, in Italia era stato preceduto da appena 25 iniziative analoghe.

I due pionieri hanno operato nel migliore dei modi e il loro biplano tipo 'canard', realizzato tramite una 'ossatura' in legno, integrata da tubi metallici per i montanti del carrello e i supporti delle eliche (che erano due, controrotanti), si distingueva anche per un innovativo dispositivo aerodinamico per la manovra di 'virata'. Per la propulsione, era stato adottato uno dei primi esemplari del motore a 4 cilindri destinato alla nuova 24 HP, modificato dallo stesso Santoni tramite un compressore di sua ideazione.

Il 17 settembre 1910, con Franchini ai comandi, il biplano ha compiuto il suo primo volo, con partenza e arrivo nella Piazza d'Armi di Baggio; esattamente due mesi dopo si è ripetuto davanti alle autorità e ai dirigenti dell'A.L.F.A.. L'esibizione ha avuto un tale successo, che il velivolo è stato poi utilizzato per una 'scuola guida piloti', che aveva sede sul campo di aviazione di Taliedo, impianto che fino agli Anni '30 si trovava nella zona dell'attuale via Mecenate, quindi confinante con il successivo aeroporto di Linate.

I tempi però non erano maturi e l'A.L.F.A. è stata costretta a rinviare di una decina di anni il sogno di entrare nel settore avio. L'impegno con le auto era fondamentale per il rendimento della fabbrica che, dopo il 1910, contava ormai su qualche centinaio di dipendenti. Dopo il lancio della 24 HP e della 'piccola' 12 HP (seguita dalle 15 e 15-20 HP, leggermente più potenti), alla fine del 1912 l'Ufficio Progettazione è stato incaricato di studiare un modello dalle caratteristiche decisamente esclusive e con prestazioni sportive. Un progetto che in pratica era già nei cassetti dei tecnici, perché il settore guidato da Giuseppe Merosi era abituato ad anticipare le richieste, dedicandosi a studi ed 'esplorazioni' di vario genere. Un metodo di lavoro innovativo per l'epoca, divenuto poi fondamentale per l'industria moderna. Non stupisce quindi che già nel 1913 fosse stata completata la 40-60 HP, con motore a 4 cilindri in linea, 'biblocco', di 6082 cc (alesaggio e corsa 110x160), che erogava 70 cavalli a 2200 giri/m (73 nella versione 'corsa' del

1913/'14 e 82 a 2.400 giri/m nel caso della 'evoluzione', ripresa dopo il conflitto bellico). Disponibile in versione Torpedo a 4 posti e Spider Corsa a 2 posti, poteva raggiungere una velocità molto elevata per l'epoca: 125 km/h nel primo caso e ben 150 nel secondo. La conferma è arrivata nel 1921, quando la 40-60 HP è stata cronometrata a 147,5 km/h, in occasione della prova sul chilometro lanciato, abbinata al GP Brescia.

Questa vettura esclusiva, sulla quale aveva debuttato il motore con due alberi a camme laterali ma con valvole 'in testa' (importante salto generazionale, rispetto alle 'valvole laterali' dei precedenti modelli, che limitavano il disegno delle camere di scoppio), aveva un prezzo di 15.500 lire per il solo autotelaio (circa 45.000 euro attuali). Il modello è celebre anche per il curioso e avveniristico esperimento effettuato dal conte Marco Ricotti: dopo aver acquistato un autotelaio nudo, lo fece completare dalla Carrozzeria Castagna di Milano, con una linea a siluro, che certamente avrà destato stupore ad ogni passaggio su strada. In ogni caso, la 40-60 'Aerodinamica Ricotti' sembra sia stata cronometrata a 139,5 km/h nel corso di un apposito test. Dopo essere stata riconvertita in versione Torpedo (salvando però la 'cupola' anteriore con parabrezza 'avvolgente'), questa strana vettura non è purtroppo giunta ai tempi nostri, ma l'Alfa Romeo ha provveduto a realizzarne una replica, ammiratissima nel Museo di Arese.

Con la 40-60 HP la Casa milanese ha continuato nell'attività agonistica con buone soddisfazioni, come il secondo posto assoluto alla Parma-Poggio di Berceto nel biennio 1913/1914, rispettivamente con Franchini e Campari. E nell'impegnativa Coppa Florio del 1914 (446 km di gara), Franchini e Campari hanno occupato il 3° e 4° posto assoluto.

La 40-60 HP si è rivelata un'ottima vettura ma ha inciso poco o nulla sul fatturato: fino al 1915 dal 'Portello' ne sono uscite appena 27. All'A.L.F.A. mancava infatti una valida organizzazione commerciale e aveva pochi rapporti con il mercato estero, dove una vettura di classe come la 40-60 sarebbe stata giustamente apprezzata. La fabbrica era di dimensioni limitate (7.000 m^2 coperti) e non era nemmeno utilizzata

Giuseppe Campari e il meccanico Fugazza sulla 40/60 HP, versione 1913. In basso, Giuseppe Merosi in una immagine del 1906, tre anni prima che iniziasse a lavorare per l'A.L.F.A.

al massimo delle possibilità, anche perché il capitale sociale si era rivelato insufficiente per la gestione. Con poco più di 900 vetture costruite dall'avviamento fino all'inizio della prima guerra mondiale, l'A.L.F.A. è inevitabilmente entrata in crisi: il 28 settembre 1915 la società ha cessato di esistere e il capitale è stato assorbito dalla Banca Italiana di Sconto. Ma c'era la guerra e con essa una ricerca incessante di aziende per

la produzione di munizioni, motori per impianti fissi e mezzi di locomozione di vario genere. Con questa spinta, la Banca ha trovato facilmente un imprenditore disposto a gestire in società la fabbrica, in difficoltà ma con maestranze e tecnologia di ottimo livello: era l'ingegnere Nicola Romeo, personaggio di grande carisma, determinante per il vero, grande futuro del marchio.

Romeo si era già assicurato varie commesse governative grazie all'attività di un piccolo stabilimento milanese situato in via Ruggero di Lauria, non a caso a due passi dal 'Portello'. E così, il 2 dicembre 1915 la 'Società in Accomandita N. Romeo & C.' ha assorbito l'A.L.F.A., subito ampliata con la costruzione di tre nuovi capannoni, battezzati Trieste, Gorizia e Trento. Per l'intero periodo bellico, non sono state prodotte automobili, a parte alcune unità di motocarri leggeri e ambulanze, partendo dal motore della 20-30 HP, utilizzato anche per la costruzione del motocompressore trasportabile Tipo C 'Romeo': un generatore di aria compressa, realizzato in migliaia di esemplari per l'esercito e successivamente per l'impiego civile.

A.L.F.A. Grand Prix 1914

PIONIERA DEI MOTORI 'BIALBERO'

Le positive esperienze ottenute con il modello 40-60 HP 'tipo corsa' (6082 cc, 73 Cv a 2200 giri/m e velocità di circa 150 km/h), ha portato l'A.L.F.A. verso un progetto raffinato ma estremamente impegnativo: la costruzione di un motore con distribuzione a doppio albero a camme in testa e con doppia accensione (due candele per cilindro), destinato ad una vettura da Gran Premio. Sulla spinta e con le indicazioni di Giuseppe Merosi, l'Ufficio Tecnico ha iniziato il lavoro nell'ottobre del 1913 e già nel febbraio dell'anno successivo, il motore a 4 cilindri in linea di 4490 cc (alesaggio e corsa, 100x143mm) girava sul banco prova. Erogava 88 Cv a 2950 giri/m, con una potenza specifica nettamente superiore all'unità 'tipo corsa' della 40-60 HP, che comunque non poteva essere utilizzata nei GP, a causa del regolamento che prescriveva motori fino a 4500 cc e peso della vettura non superiore a 1.100 kg.

Il passaggio alla distribuzione 'bialbero' è stato sempre considerato un risultato storicamente fondamentale per la Casa milanese, grazie al quale è entrata in un 'club' che per molti anni è rimasto esclusivo. Vera raffinatezza tecnica, il comando per l'apertura e chiusura delle valvole con due alberi a camme in testa, era stato ideato dall'ingegnere svizzero Ernest Henry per il motore della vittoriosa Peugeot L76 del 1912. Si trattava di un sistema geniale ma complesso, tanto che, fino al progetto dell'A.L.F.A., solo tre Case erano state in grado di imitarlo, la francese Delage e le britanniche Sunbeam e Humber.

Il possente motore di 4490 cc della Grand Prix 1914; nella foto, in versione 1920, con potenza portata a 102 cavalli.

In quel periodo, i motori delle auto (in grandissima parte a 4 cilindri in linea, divisi in due 'blocchi') prevedevano un unico albero della distribuzione (l'asse a camme: destinato all'apertura e chiusura delle valvole), posizionato nel basamento. Da ciascuna camme, una serie di lunghe aste azionava le valvole di immissione e di scarico. Le stesse valvole, per ragioni di semplicità tecnica e di costo, erano disposte su un lato dei cilindri (motori 'a valvole laterali'), con il 'fungo' rivolto verso l'alto: evidenti i limiti in fatto di disegno della camera di scoppio e di prestazioni. Con queste caratteristiche si presentavano i motori A.L.F.A. tipo 24 HP e 12 HP, ma già con la prestigiosa 40-60 HP del 1913, le valvole hanno trovato spazio sulla testata, a beneficio del disegno della camera di scoppio e del rendimento termico. Sulla testata erano previsti dei bilancieri 'a dito' per il comando delle valvole stesse, che erano ancora azionate da un albero a camme posto nel basamento. Si trattava della classica distribuzione 'ad aste e bilancieri', valido compromesso tra costi e rendimento, che per decenni ha trovato applicazione sulla stragrande maggioranza dei motori.

Per i motori di temperamento sportivo e – naturalmente – per quelli da corsa, è sempre stata preferita la distribuzione con due alberi a camme in testa ('bialbero'). Si tratta di un sistema più costoso, ma con grandi vantaggi: il minore peso degli elementi meccanici (il comando diretto tra camme e valvola, elimina aste, bilancieri e accessori vari), permette di raggiungere regimi di rotazione elevati, senza timore di imprecisioni o di rotture; inoltre il disegno della camera di scoppio risulta più regolare e garantisce la migliore turbolenza della miscela aria-benzina.

È stata una svolta tecnica che, a partire dagli Anni '20 e per decenni, ha creato una vera linea di separazione tra la stragrande maggioranza delle Case e l'Alfa Romeo, celebre appunto per i suoi motori 'bialbero', adottati per tutti i modelli di serie.

Da parte dell'A.L.F.A., il debutto era avvenuto in tempi ancora pionieristici per merito di Giuseppe Merosi, progettista abile, audace nelle proprie scelte ma anche con una visione personale della tecnica. In molti casi le sue intuizioni si staccavano da quanto era già stato realizzato: nel caso del motore della Grand Prix, è notevole la disposizione delle due file di valvole, inclinate tra loro secondo un angolo di 90°, con la candela al centro, in modo da ottenere una camera di scoppio emisferica: configurazione che ha fatto scuola.

Con il progettista Giuseppe Merosi al volante e l'ingegnere Faragiana al suo fianco, l'A.L.F.A. Grand Prix 1914, fotografata all'uscita del 'Portello'. Nell'edizione più sviluppata poteva raggiungere i 150 km/h.

Dopo i positivi collaudi, superati nel mese di maggio, l'A.L.F.A. Grand Prix (una 'due posti' con telaio derivato dalla 40-60 HP 'corsa') avrebbe dovuto prendere parte al GP di Francia, previsto a Lione nel luglio dello stesso 1914 ma, per ragioni ignote – almeno ufficialmente –, non ha lasciato il 'Portello'. È probabile che la rinuncia sia stata dettata dalle difficoltà economiche del momento (si era alla vigilia dell'acquisto dell'azienda da parte dell'ingegnere Nicola Romeo) e dalla preparazione affrettata: con 13 marche presenti e 37 partenti, il GP di Francia era la gara più importante dell'anno e l'enorme popolarità delle corse aveva una notevole influenza sul prestigio delle Case. La giovane A.L.F.A. aveva compiuto passi da gigante ma gli 88 Cv del pur raffinato 4 cilindri 'bialbero' sarebbero risultati insufficienti rispetto alla potenza dei motori adottati dagli avversari più quotati, presenti nelle corse fin dall'inizio del secolo, quali Mercedes, Peugeot e la stessa Fiat.

La prima guerra mondiale ha naturalmente bloccato l'attività agonistica e la Grand Prix è rimasta 'segregata' in una fabbrica di prodotti farmaceutici fino al termine delle ostilità, forse venduta e poi riacquistata dalla stessa Casa milanese. Nel 1919 la vettura (costruita in un unico esemplare) ha finalmente debuttato in gara, cogliendo – tra l'altro – un 3° posto nella Classe fino a 4500 cc, nella quotata 'Parma-Poggio di Berceto'.

In vista della stagione del 1921 è stata aggiornata con un nuovo gruppo cilindri e con un comando delle valvole modificato (oltre che con le ruote a raggi al posto delle tradizionali 'Sankey' a razze, in metallo stampato), tanto che la potenza è arrivata a 102 Cv a 3000 giri/m.

Realizzata in fretta, condizionata dagli eventi bellici e dal trascorrere degli anni, la Grand Prix si è meritata un giudizio negativo di Enzo Ferrari, pilota dell'Alfa negli Anni '20 (ma non con la GP del '14): '*Quel motore non ha mai funzionato bene, ha sempre avuto qualche inconveniente*', ha dichiarato molto anni dopo. Dal punto di vista storico, alla Grand Prix resta il merito di avere aperto un percorso tecnico sensazionale, base di tutte le grandi Alfa successive, e forse il giudizio è esagerato. Nonostante abbia debuttato molto in ritardo rispetto al periodo del progetto, nel dopo-guerra la GP è scesa in corsa in nove occasioni e ha effettivamente sommato sei ritiri, ma anche due primi posti e un terzo.

Giuseppe Campari, qui ripreso mentre sta operando sulla Grand Prix 'Bialbero', era un ottimo pilota ma anche un valido meccanico.

Dopo avere costruito poco più di 1.000 automobili tra il 1910 e il 1921, l'Alfa Romeo si è avviata verso una produzione da vera industria. Nell'autunno del 1921 è stata presentata la RL con motore a 6 cilindri in linea di 2916 cc, risultato di un progetto più maturo e ricco di scelte raffinate. Proposta dal '22 al '27, la RL ha raggiunto le 2.631 unità. Nella foto, una RL in versione SS, con motore di 2994 cc e 71 Cv: raggiungeva i 130 km/h (Foto Domenico Fuggiano – Collezione Righini).

PRIMO PRESTIGIO INTERNAZIONALE

La prima guerra mondiale era ancora in corso, quando l'ingegnere Nicola Romeo ha deciso di dare un nuovo nome alla società che gestiva ormai dal 1915. È stata ripresa l'originale sigla, creata nel 1910, abbinata però al cognome dell'imprenditore napoletano, azionista di rilievo nonché direttore generale della società. Il 3 febbraio 1918 è nata l'Alfa Romeo, che solo nel 1920 tornerà a occuparsi di automobili, dopo l'impegno con le commesse militari. Tanto che non mancava il tempo per un'attività poco... industriale. Accanto all'ingresso principale, all'epoca situato nella prosecuzione della Strada del Portello (localizzabile con l'attuale viale Traiano, ma successivamente l'entrata è stata spostata nell'attuale via Gattamelata), continuava infatti a funzionare il garage/officina destinato alla riparazione di vetture di qualsiasi marca, singolare iniziativa interrotta solo nei primi Anni '20.

Per la nuova Alfa, l'immediato dopoguerra non è stato comunque semplice, sia per l'incertezza legata alla costosa riconversione (nei primi mesi sono stati prodotti, su licenza americana, 1.000 trattori tipo 'Titan', richiesti dal Ministero dell'Agricoltura), sia per la mancanza di un capo della progettazione. Il direttore tecnico Giuseppe Merosi era stato infatti confinato alla consociata 'Officine Ferroviarie Meridionali' e solo a metà del 1919 sarebbe tornato a Milano: quando Nicola Romeo aveva finalmente deciso di riprendere la costruzione delle auto. Il nuovo contratto proposto a Merosi, prevedeva anche un premio di produzione per ogni vettura realizzata dalla fabbrica. Non sappiamo se il contratto riguardasse anche la produzione iniziale, poco più di cento vetture tra i vari modelli 15-20, 20-30 e 40-60, assemblate utilizzando una riserva di particolari, rimasta in magazzino fin dal 1915. Su queste vetture, è apparso per la prima volta il marchio 'Alfa Romeo'.

Nel frattempo, lo staff di Merosi stava aggiornando la 20-30 HP (anche in questo caso i numeri non si riferiscono alla potenza del motore), presentata in versione 'ES' nel 1921. Nella concezione generale il modello era vicino all'allestimento precedente, ma le numerose modifiche giustificavano pienamente l'aggiunta della 'S', che naturalmente stava per 'Sport'. Intanto l'intera vettura – 'modernizzata' con un impianto di illuminazione più razionale e dotata di avviamento elettrico – si presentava più compatta; era stata infatti variata la misura del passo: da 320 cm a 290 cm. Ma soprattutto il motore, a 4 cilindri in linea, era stato portato a 4250 cc (da 4084 cc), aumentando l'alesaggio di 2 mm, mentre il rapporto di compressione è stato variato da 4,15:1 a 4,45:1. Assieme ad

Particolare il doppio colore di questa Alfa RL SS: arricchisce la snella ed elegante linea studiata dalla Carrozzeria Castagna. La RL era proposta nelle versioni Torpedo, 'Guida interna', Sport e Super Sport (le ultime due con 'passo' più corto), carrozzate da aziende esterne, in collaborazione con la stessa Alfa Romeo, che solo alla fine del '31 avrebbe costituito un apposito reparto. Sotto: il cruscotto prevede anche il contagiri, visibile sulla sinistra (Foto Domenico Fuggiano – Collezione Righini).

altre piccole novità (carburatore, fasatura delle valvole), le modifiche hanno permesso un aumento della potenza sorprendente: ben 67 Cv a 2600 giri/m, invece dei precedenti 45 a 2400 giri/m. Con una velocità di 130 km/h nella versione 'base' (Torpedo a 4 posti), la ES aveva veramente un'anima sportiva ed è stata utilizzata con successo in versione 'corsa', dotandola semplicemente di una carrozzeria 'Spider biposto', che in alcuni casi derivava dalla 'spoliazione' di quella di serie. Quasi sempre venivano adottate le ruote a raggi con 'gallettone' a smontaggio rapido, al posto di quelle di serie, definite 'tipo artiglieria' (erano le 'Sankey' in acciaio stampato e saldato). Nonostante la diminuzione del passo, la ES aveva un peso maggiore rispetto alla precedente 20-30 HP. All'Alfa si erano resi conto che la rigidità del telaio era fondamentale per la tenuta di strada e l'intero 'chassis' era stato appesantito (1.200 kg invece dei precedenti 1.000 kg). In versione corsa però la ES non arrivava nemmeno a 800 kg e si è fatta un'otti-

Il motore a 6 cilindri in linea dell'Alfa RL SS che fa parte della Collezione Righini: si nota l'alimentazione con due carburatori verticali monocorpo Zenith. Sotto, alla prima 'Mille Miglia' (1927), l'Alfa ha iscritto tre RL SS, una delle quali per Gastone Brilli Peri e Bruno Presenti (al volante). Al via, i piloti con l'ingegnere Romeo.

ma reputazione, con risultati importanti, come vedremo in altra parte del volume. La popolarità raggiunta con le corse, nelle quali ha continuato a distinguersi anche la veterana ma potente 40-60 HP (aggiornata con una carrozzeria più adatta alle corse) ha bilanciato l'importanza commerciale della ES, inevitabilmente modesta.

Nonostante l'impiego dei modelli di serie (solo in parte modificati), l'Alfa era riuscita ad emergere nel difficile settore dello sport, con un impegno che si è sviluppato in fretta e che ha permesso al marchio di entrato prepotentemente nelle simpatie degli appassionati.

La superlativa G1

Merita invece una spiegazione particolare il primo progetto totalmente nuovo impostato nel 1921 dall'Ufficio Tecnico diretto da Merosi, e sfociato nel prototipo 'G1', un modello di estremo lusso, disponibile in versione Torpedo a 4 posti e Limousine a 6 posti. Un auto imponente, con un passo di ben 340 cm ed un prezzo, per il solo autotelaio 'nudo', di 55.000 lire (circa 40.000 euro attuali). Pezzo forte della G1, era il motore a 6 cilindri in linea di 6330 cc (alesaggio e corsa 98x140), che erogava 70 Cv a 2.100 giri/m e permetteva di raggiungere i 120 km/h. Tutte le caratteristiche della G1 facevano pensare che l'Alfa avesse l'intenzione di fare concorrenza ai modelli di lusso delle Case americane ed inglesi, nonostante la mancanza di una vera tradizione nel settore e senza una valida rete commerciale. Questa scelta, apparentemente avventurosa, è stata ancora una volta spiegata da Enzo Ferrari, nel suo volume di memorie, inizialmente editato con il titolo '*Le mie gioie terribili*'. '*La G1 era una sei cilindri di sei litri* – scrive –, *derivata da una macchina americana fatta venire appositamente dagli Stati Uniti per esaminare le realizzazioni del dopoguerra delle grandi fabbriche d'oltreoceano*'.

Una scelta lungimirante, probabilmente uscita dalla mente di Nicola Romeo, che conosceva il livello dell'industria americana, pur se in altri settori meccanici. Alcuni studiosi si sono anche avventurati nel ritenere che l'auto in questione fosse una Pierce-Arrow, marca scomparsa ma che all'epoca era all'avanguardia. Ancora senza una grande esperienza, l'Alfa evidentemente prestava attenzione ai progressi della tecnica e dei nuovi sistemi di lavorazione, effettuati tramite macchine automatiche.

Durante gli anni di guerra, molte aziende avevano accelerato studi e ricerche, anche nel campo della metallurgia, per realizzare motori compatti e leggeri, destinati agli aeroplani in rapidissima diffusione. Un'esperienza tenuta in grande considerazione dalla meccanica delle auto successive al 1920, in generale più snella e caratterizzata da numerosi motori a 6 cilindri in linea, mentre in precedenza i goffi e massicci '4 cilindri' erano la maggioranza.

Il motore dell'Alfa G1 risulta imponente per via della cilindrata elevata, ma la bellissima fusione in lega leggera del basamento, conferma che anche all'Alfa si progettava con un'altra mentalità. Non era invece cambiato il metodo di costruzione delle automobili, in grandissima parte manuale, mentre l'industria aveva iniziato a utilizzare le macchine a lavorazione automatica, anche per i prodotti di pregio. All'Alfa si realizzava tutto all'interno e la capacità dei dipendenti sarebbe diventata leggendaria. Storica la battuta di Enzo Ferrari, secondo il quale gli operai dell'Alfa erano in grado di '*fare i guanti alle mosche*'. Questo primato si scontrava però con il costo elevato del prodotto, non bilanciato dalla modesta quantità di vetture realizzate.

Con la serie RL del 1922, la rete commerciale disponeva di modelli che il mondo intero ci invidiava, ma per produrle erano ovviamente necessari degli importanti investimenti economici, a volte raggiunti con fatica. Come viene spiegato nel capitolo dedicato a Nicola Romeo, quest'ultimo era l'entusiasta direttore generale dell'Alfa, ma la maggioranza del capitale azionario della società era in mano (dal 1922) alla Banca Nazionale di Credito, che apprezzava l'eccellenza del marchio, ma tremava di fronte ai bilanci di fine anno.

Per il modello RL, l'Alfa aveva studiato un motore a sei cilindri in linea di circa 3000 cc, la stessa cilindrata prevista dal regolamento per le Grand Prix nel 1921. Astuta mossa pubblicitaria o velata tentazione di prendere parte alle più importanti competizioni con una versione speciale del modello? Nei programmi dell'Alfa rientravano anche le corse, ma il pur validissimo motore della RL, caratterizzato dalla distribuzione ad aste e bilancieri, avrebbe trovato poco spazio tra le vere Grand Prix, dotate di motori con doppio albero delle camme in testa, come la Fiat 801. Il dubbio si era comunque sciolto in fretta: nel 1922 il regolamento per le GP ammetteva solo i motori con cilindrata fino a 2000 cc.

Presentata ufficialmente nelle giornate del 13 e 14 ottobre 1921, nel Salone d'Esposizione che l'Alfa aveva allestito nel centro di Milano, in via Dante 18, il prototipo della RL è stato poi portato al Salone di Londra. Una decisione importante, indicativa della crescita della Casa, che non temeva il confronto con i migliori prodotti di livello elevato e il giudizio di un pubblico competente. Una mossa azzeccata: le qualità della RL sono state puntualmente riconosciute e, nei successivi sei anni di commercializzazione, l'Alfa ha potuto proporla con successo anche nei mercati che in precedenza erano un feudo dell'industria britannica, come l'India e l'Australia.

La RL SS che fa parte del Museo Alfa Romeo. In basso, il motore a 6 cilindri della prima RL da corsa, la versione 'Targa Florio 1923'.

Dal progetto, tecnicamente avanzato, della RL di serie, è derivata la prima vera Alfa Romeo da corsa (a parte la particolarissima Grand Prix 1914): la RLS del 1923, vittoriosa nella Targa Florio dello stesso anno con Ugo Sivocci, dopo una battaglia con il compagno di squadra Antonio Ascari. La versione con motore di 2994 cc (88 Cv) arrivava a 145 km/h; quella con il 6 cilindri portato a 3154 cc (90 Cv), toccava i 150 km/h.

La RL si è meritata una vasta fama, grazie alle caratteristiche generali, che la distinguevano definitivamente rispetto alla concorrenza. In quel periodo, la nuova Alfa spiccava per una lunga serie di qualità che sarebbero diventate abituali per le vetture uscite dal 'Portello': ottima tenuta di strada, prestazioni superiori, piacevolezza di guida, affidabilità e sicurezza. In merito a quest'ultima voce, la frenata è stata costantemente migliorata nel corso degli anni: dopo la 1ª e la 2ª serie, dotate unicamente di freni posteriori (scelta diffusa sulle auto dell'epoca), del tipo a nastro ad espansione, dalla 3ª serie (settembre 1923) sono stati introdotti i freni a tamburo sulle quattro ruote, il cui diametro è passato da 360 mm a 420 mm con la 7ª serie del 1926.

Secondo l'abitudine di quegli anni, l'Alfa Romeo proponeva l'autotelaio completo di tutti gli organi, senza la carrozzeria, scelta dall'utente tra le versioni Torpedo (una cabriolet molto spaziosa), Berlina e Limousine, e personalizzata secondo i gusti del proprietario (Castagna, Zagato, Cesare Sala e Falco, i principali ateliers legati all'Alfa nei primi Anni '20). Nelle versioni RL Normale e Turismo, l'autotelaio aveva un passo di 344 cm, adatto quindi per carrozzerie spaziose, mentre nel caso delle prestigiose RL Sport e Super Sport il passo misurava 314 cm.

Pezzo forte della RL, il motore a 6 cilindri in linea, con monoblocco unico in lega leggera. La versione Normale aveva un alesaggio di 75 mm e una corsa di 110 mm (2916 cc) mentre – per un motivo mai ben spiegato, ma che ha comportato certamente delle difficoltà di lavorazione – nel caso dei motori Turismo e Sport, l'alesaggio misurava 1 mm in più, con una cilindrata totale di 2994 cc. Va ricordato che dal '21 la misura dell'alesaggio non rientrava più tra le regole che determinavano la tassa di circolazione. Ma non era l'unica stranezza costruttiva: il motore della versione Normale prevedeva l'alimentazione sulla destra e lo scarico sulla sinistra; nel caso delle versioni Turismo e Sport queste caratteristiche erano invece invertite. In quanto alle prestazioni, i 56 Cv a 3200 giri/m della Normale permettevano al modello di arrivare a 110 km/h, che diventano 115 nel caso della Turismo (61 Cv a 3200giri/m) e 130 km/h nel caso delle Sport e Super Sport (il cui motore erogava rispettivamente 71 Cv a 3500 giri/m e 83 Cv a 3600 giri/m). Si nota quindi che la velocità massima non è cambiata rispetto alla precedente 20-30 ES ma erano cambiate radicalmente le auto. La ES era in pratica una vetture d'ante-guerra, spartana e con una dotazione limitata, con un peso che non superava i 1.200 kg. La RL è un'auto ben più completa, che permette di affrontare lunghi viaggi, senza la precedente sensazione di vivere un'avventura. Ma dotazione e accessori hanno portato il peso a ben 1.800 kg e le versioni Sport, a passo corto, pesavano appena 50 kg in meno. L'intera serie della RL, è stata prodotta in 2.640 esemplari: sarebbero stati di più, se l'Alfa avesse adottato un sistema di lavorazione più razionale, ma forse certe caratteristiche avrebbero perso l'inarrivabile qualità.

Le corse con le auto derivate di serie

Nata in pratica con la stessa automobile, l'attività agonistica è sempre stata considerata, dalle Case, un ottimo mezzo per pubblicizzare il prodotto di serie. All'Alfa ne erano perfettamente consapevoli e non mancava certo la passione, senza la quale un'attività tanto complessa difficilmente ha un esito positivo. Preso da mille impegni, l'ingegnere Nicola Romeo non era spesso all'Alfa, ma se era presente, immancabilmente faceva visita al 'Reparto Sperimentale', come veniva definito all'epoca il settore sportivo.

Altrettanto entusiasta era l'ingegnere Giorgio Rimini (nato a Palermo nel 1889), che in veste di direttore commerciale e

Prima di disporre della più moderna RL, l'Alfa era stata comunque protagonista nelle corse, con vetture che derivavano da progetti antecedenti il 1915. Ugo Sivocci ha ottenuto il 4° posto alla Targa Florio del 1921, con una ES Sport, derivata dalla 20/30 HP (67 Cv/130 km/h). Sotto, nella stessa gara, Giuseppe Campari ha portato al 3° posto una 40/60 'Tipo Corsa 1920': 82 Cv e 150 km/h.

'animatore' dell'impegno nelle competizioni, era in pratica il 'numero tre' dell'Alfa, appena un passo indietro rispetto all'ingegnere Edoardo Fucito, coetaneo di Romeo (avevano frequentato assieme l'università) e suo fedelissimo vice-presidente e responsabile dell'amministrazione. Chi decideva la politica sportiva dell'Alfa era però l'ingegnere Rimini, che aveva attirato attorno al nascente 'Reparto Corse' dei validi piloti, arrivati a livello internazionale grazie all'Alfa. Tra tutti spiccava Antonio Ascari, nato nel 1888 a Bonferraro, al confine tra le province di Mantova e Verona. Quando l'intera famiglia Ascari si è trasferita a Milano, il giovanissimo Antonio è stato avviato al mestiere di meccanico, che per breve tempo lo ha portato anche in Brasile. Tornato a Milano, si è dedicato, con successo, al commercio delle auto, rivelandosi anche (nel 1919) pilota di notevole classe. Ha vinto infatti la gara del debutto (Parma-Poggio di Berceto) e quella successiva (Coppa della Consuma), affrontate da 'privato' con una veterana Fiat S57/14B.

Dello stesso livello, Giuseppe Campari (nato nel 1892 nei pressi di Lodi): entrato all'Alfa come meccanico prima della guerra, aveva più volte dimostrato di possedere doti da pilota solido e combattivo. Dall'autunno del 1920, della squadra facevano parte anche Enzo Ferrari (la cui carriera agonistica è tracciata in altra parte del volume) e Ugo Sivocci, esperto pilota-collaudatore (era nato ad Aversa nel 1885), che aveva introdotto lo stesso Ferrari nell'ambiente automobilistico milanese, tanto che i due erano uniti da una forte amicizia.

C'erano quindi i piloti, ma non le macchine, o almeno non quelle adatte alle manifestazioni più importanti, i Gran Premi internazionali. Per arrivarci, l'Alfa ha avuto bisogno di quattro anni di rodaggio, durante i quali ha schierato nelle gare italiane varie vetture derivate dalla serie. Con la 40-60 aggiornata (6082 cc, 82 Cv a 2400 giri/m e 150 km/h), nel 1920 Campari è risultato 1° nel ''Circuito del Mugello' e nella prestigiosa 'Parma-Poggio di Berceto', mentre Enzo Ferrari ha ottenuto un ottimo 2° posto alla 'Targa Florio', in Sicilia. L'anno successivo, Campari si è ripetuto al 'Mugello', con Ferrari 2° e 1° di categoria con la 20-30 ES, modello che ha consentito all'Alfa di ottenere altri successi parziali nella categoria fino a 4500 cc.

A partire dal 1923, la presentazione della RL, dotata di un moderno motore a 6 cilindri in linea di 2994 cc, ha finalmente consentito all'Alfa di compiere il primo salto importante. Alla 14ª Targa Florio del '23, sono state iscritte cinque RLS, tutte a passo corto e con carrozzeria tipo 'corsa': tre erano equipaggiate con il motore di serie (2994 cc), portato però a 88 Cv a 3600 giri/m (145 km/h) mentre altre due vetture analoghe disponevano di un motore portato 3154 cc (78x110 mm), da 95 Cv a 3800 giri/m (circa 160 km/h). La corsa è stata dominata da Antonio Ascari, bloccato però da un problema al magnete

a poche centinaia di metri dal traguardo finale. Aiutato dal meccanico di bordo, Giulio Ramponi, e dai colleghi accorsi dai box, Ascari è riuscito a ripartire, ma nel frattempo il compagno di squadra Ugo Sivocci gli ha soffiato la vittoria: sulla sua macchina compariva per la prima volta il 'Quadrifoglio', diventato poi simbolo dell'Alfa. Comunque una giornata trionfale per il 'Portello', che ha ribattezzato con il nome 'Targa Florio' il modello vittorioso, dominatore nello stesso anno al 'Circuito del Savio' con Ferrari e al 'Circuito di Cremona' con Ascari. In quest'ultima gara, la 'Targa Florio' è riuscita a ottenere la media di 157 km/h nel tratto rettilineo dei '10 Km' cronometrati.

L'anno successivo, la 'Targa Florio' è stata aggiornata con un motore ampiamente rivisto e dotato di sette supporti di banco invece dei quattro di serie (il manovellismo dell'albero motore, ndr). La cilindrata è stata portata a 3620 cc (88x120 mm) e la potenza è salita a 125 Cv a 3800 giri/m (180 km/h). Con il nuovo modello, nel 1924 Ascari è stato di nuovo protagonista assoluto della Targa Florio, alla quale erano iscritte ben 12 squadre diverse, tra cui quelle di Fiat, Peugeot e Mercedes, con i migliori professionisti. Incredibilmente si è ripetuto un episodio pressoché identico a quello che ha determinato la classifica dell'edizione 1923. Nella curva che precedeva il traguardo, Ascari non ha evitato una sbandata e il motore si è spento. I febbrili tentativi per avviarlo non sono serviti, nonostante il prodigarsi del suo bravissimo meccanico, Giulio Ramponi, mentre il rettilineo d'arrivo, in forte salita, impediva l'arrivo a spinta. Sono arrivati altri meccanici dal vicinissimo box e l'Alfa ha potuto tagliare il traguardo, ma è stata squalificata per l'aiuto esterno. Ha vinto quindi il tedesco Christian Werner (Mercedes) mentre l'Alfa del fiorentino Giulio Masetti ha occupato il 2° posto. Ascari ha poi vinto la 'Parma-Poggio di Berceto' mentre Ferrari si è affermato nei circuiti del 'Savio' e del 'Polesine' con la versione Targa Florio '23'. Il futuro grande costruttore ha avuto a disposizione la RL Targa Florio '24' in occasione della 'Coppa Acerbo' di Pescara, nella quale ha riportato la più importante vittoria della sua carriera.

L'Alfa RL 'Targa Florio 1924' appariva meno snella della versione '23, però era decisamente efficace, grazie al motore a 6 cilindri, portato a 3620 cc, che rendeva 125 Cv. Velocità, 180 km/h. Con una vettura di questo tipo, Enzo Ferrari ha ottenuto il successo pieno alla 'Coppa Acerbo' del '24: è stata la più importante vittoria della sua carriera di pilota. Sotto, Ugo Sivocci a pochi metri dalla vittoria nella Targa Florio del 1923, con l'Alfa Romeo RLS.

I notevoli meriti dell'ingegnere Nicola Romeo

PROMOTORE DI AUTO FAVOLOSE

Piccolo di statura, con un sorriso tra l'ironico e il bonario, in parte nascosto da due baffoni a cespuglio, Nicola Romeo aveva un aspetto molto diverso da quello, austero e distaccato, dei capitani di industria dei primi anni del Novecento. In realtà l'uomo che ha creato l'immagine dell'Alfa Romeo, trasformando un'impresa incerta in un marchio automobilistico di livello mondiale, aveva un carattere deciso e risoluto, pur se temperato da modi amabili e gentili. Enzo Ferrari, che lo ha conosciuto bene quando era pilota dell'Alfa, oltre che 'manager tuttofare', sottolinea nel suo volume di memorie, che Romeo era stato definito '*la sirena, per il suo modo suadente*'.

Personaggio complesso e non semplice da giudicare, Nicola Romeo è stato un tipico esponente del mondo dei grandi imprenditori, nati nell'ultima parte dell''800, che hanno costruito la loro fortuna partendo da livelli di studio superiore e allargando la loro conoscenza con viaggi all'estero, come è stato, ad esempio, il caso di André Citroën o di Antonio Lago, quest'ultimo subentrato nella gestione del marchio Talbot.

Romeo era nato il 18 aprile 1876 a Sant'Antimo, in provincia di Napoli. Nonostante fosse figlio di un maestro elementare con famiglia numerosa a carico, nel 1899 è riuscito a laurearsi in ingegneria civile, in parte mantenendosi con lezioni di matematica e inglese. Non pago della prima laurea, si è iscritto all'Università di Liegi, facoltà di ingegneria elettronica, viaggiando nello stesso tempo in Francia e Germania per allargare le proprie conoscenze.

Al momento di dedicarsi al primo lavoro, ha accettato la rappresentanza per l'Italia (sede di lavoro, Milano) di un'azienda inglese specializzata nelle attrezzature per linee ferroviarie ed elettriche.

Nel 1905 Nicola Romeo si è sposato con Angelina Valadin, figlia di un ammiraglio della marina portoghese. La coppia ha avuto sette figli: tre maschi e quattro femmine, una delle quali è stata chiamata Giulietta, secondo un evidente accostamento con la leggendaria coppia di fidanzati veronesi del '300. Non sembra però che la scelta abbia influenzato quella, successiva di un quarantennio, legata al nome di una delle più celebri Alfa.

Dopo essersi messo in proprio ed avere fondato la 'Ing. Nicola Romeo & C.', nel 1907 l'imprenditore napoletano ha accettato la rappresentanza di una grande azienda americana (la Ingersoll-Rand), specializzata nel settore dei compressori e delle perforatrici pneumatiche. La scelta ha permesso a Romeo di entrare in contatto con alcuni tra i maggiori gruppi imprenditoriali e finanziari, legati ai grandi lavori nell'Italia dell'epoca, come i tunnel ferroviari e gli acquedotti: da questi impegni è partita la scalata al successo economico dell'ingegnere napoletano. Audace e ottimista di carattere, ha iniziato (nel 1909) con l'apertura di un'officina meccanica per il montaggio dei prodotti della Ingersoll-Rand. L'attività è stata finanziata da una piccola banca locale, proprietaria di un terzo del capitale societario. Alla fine del 1914, in vista del possibile ingresso in guerra dell'Italia e quindi della necessità di finanziare l'industria legata alle esigenze belliche, il piccolo istituto locale è stato trasformato nella Banca Italiana di Sconto. Grazie ai rapporti del presidente della Banca, Angelo Pogliani, con gli ambienti governativi, la 'Ing. Nicola Romeo & C.' ha ottenuto un contratto di 23 milioni di lire (circa 68 milioni di euro attuali) per la produzione di proiettili e altro materiale. Un affare colossale, che non poteva certo trovare riscontro pratico nella piccola fabbrica di via Ruggero di Lauria, dove lavoravano appena 50 dipendenti. Ma a poca distanza, si trovavano l'A.L.F.A., ormai in liquidazione, e i suoi moderni impianti. Nel settembre 1915 l'assorbimento da parte della 'Romeo' è concluso; la fabbrica del 'Portello' viene immediata-

La RL del '24, qui in versione Super Sport, è stata la prima Alfa di classe ed stata ispirata da Nicola Romeo (Foto Domenico Fuggiano – Collezione Righini).

mente ampliata, tramite l'acquisto di terreni confinanti, e i dipendenti nel corso della guerra arrivano a circa 4.000 unità.

È l'inizio di una fantastica crescita economica che sfocia, poco più di due anni dopo, nella costituzione della 'Società Anonima Italiana Ing. Nicola Romeo & C.', azienda di interesse pubblico. La società acquista altre aziende, tutte legate al settore ferroviario, tra cui la 'Costruzioni Meccaniche' di Saronno, in un giro vorticoso di aumenti di capitale ed emissione di obbligazioni pubbliche.

Formalmente Nicola Romeo era direttore generale della fabbrica del 'Portello' e azionista (tutt'altro che di maggioranza) della Società, ma si muoveva come se ne fosse il proprietario, un po' per la fiducia che gli era stata accordata, un po' per l'entusiasmo che lo animava. All'inizio del 1918, non si parlava di tornare alla costruzione delle automobili; a guerra finita la fabbrica del 'Portello' costruisce trattori su licenza, materiale ferroviario e sistemi di trivellazione, dopo che il nome della società è stato trasformato in 'Alfa Romeo', con atto notarile siglato il 3 febbraio 1918

Tra un gruppo di dipendenti, l'ingegnere Nicola Romeo (alla destra del bambino in camicia chiara) non svetta a causa della sua corporatura minuta ma aveva una notevole forza interiore.

Dopo l'iniziale tentennamento, l'ingegnere napoletano ha cambiato radicalmente parere nei confronti dell'auto, come ricorda ancora Enzo Ferrari: '*Fu lui il vivificatore* – ha scritto – *di un programma automobilistico che portò a costruire macchine favolose in una ditta che durante la guerra non aveva fabbricato che proiettili, trattori e molti altri congegni che nulla avevano a che fare con l'automobile*'.

I grandi storici dell'auto sono d'accordo con Ferrari nell'attribuire a Nicola Romeo notevoli meriti, ma aggiungono molti dubbi, legati alla conduzione pratica della fabbrica e alla programmazione. L'ingegnere napoletano, preso da mille impegni, era raramente al 'Portello', a parte le visite al 'Reparto Corse' che certamente lo entusiasmavano; inoltre, era privo di una vera cultura della produzione dell'auto: problemi che certamente hanno pesato sulla crisi dell'Alfa Romeo, arrivata a metà degli Anni '20.

Ritrovato l'accordo con il tecnico Giuseppe Merosi, Romeo ha comunque dato via libera alla costruzione di vetture di classe elevata, come la fin troppo esagerata G1 e le successive RL a 4 e a 6 cilindri in linea, con la punta di diamante costituita dalla 'RLSS' del 1925, considerata una delle auto migliori del mondo. Romeo ha anche varato un programma sportivo ambizioso, sfociato in risultati importanti che hanno valorizzato il marchio, arrivato alle stelle quando al 'Portello' i progetti sono stati affidati a Vittorio Jano, autore della P2 che nel 1925 ha vinto il primo Campionato del Mondo per vetture da Gran Premio.

A tanta gloria non corrispondeva però una florida situazione economica. Nel 1921 era fallita la Banca Italiana di Sconto e il Governo era stato costretto a creare la Banca Nazionale di Credito per intervenire a favore delle industrie legate al precedente istituto. Il gruppo di aziende del quale faceva parte l'Alfa Romeo era fortemente indebitato e per cercare una soluzione, alla fine del 1925, è stato deciso di concentrare la produzione solo sulle auto e sui motori da aereo, abbandonando quindi il settore ferroviario. Nicola Romeo era ancora amministratore delegato dell'Alfa ma ormai contava solo il potere economico della Banca. Sono stati numerosi i tentativi per fare assumere all'ingegnere unicamente il ruolo di presidente, distogliendolo dalla gestione diretta, ma dalla sua giocava sempre la proprietà di un pacchetto azionario. Nel novembre del 1926, il Governo ha però creato l'Istituto per le Liquidazioni, vera anteprima di quello che sarebbe stato l'IRI anni dopo, e l'Alfa è passata a tutti gli effetti sotto il controllo dello Stato. Si doveva però arrivare al maggio del 1928, per trovare una soluzione che consentisse a Nicola Romeo di uscire dall'Alfa con tutti gli onori, anche se l'accordo era stato certamente facilitato dal condono di tutti i debiti contratti durante la sua gestione.

Ma il 52enne ingegnere di Sant'Antimo non aveva alcuna voglia di auto-pensionarsi e nel '30 è tornato a un antico amore, acquistando alcune linee ferroviarie minori in Puglia. È scomparso il 15 agosto 1938, nella sua villa di Magreglio, sul Lago di Como. In vita, era stato nominato 'Cavaliere di Gran Croce della Corona Italiana', non per la sua attività di industriale, bensì per le numerose opere caritatevoli che lo avevano visto anonimo protagonista.

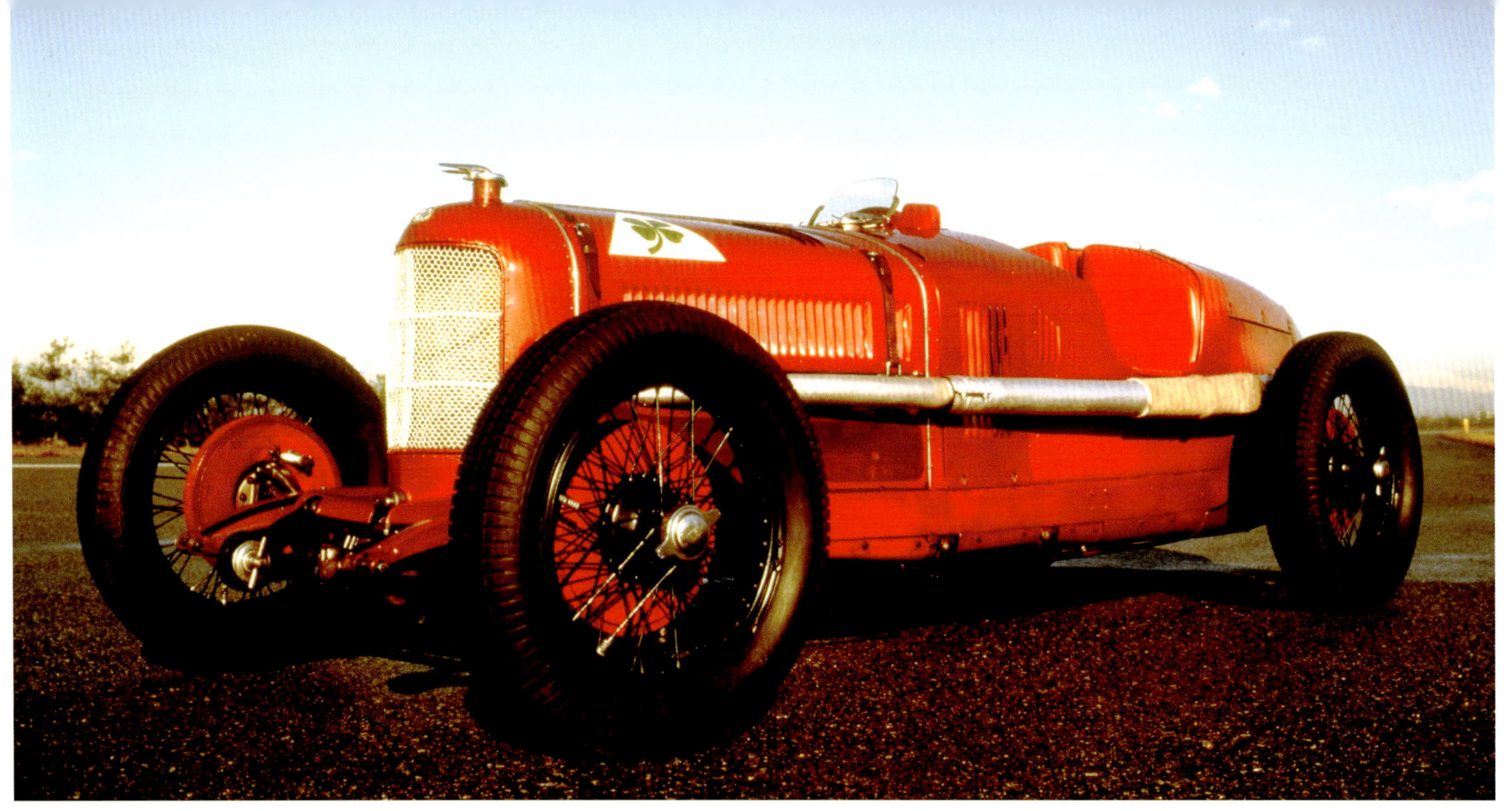

La supremazia nei Gran Premi durante le stagioni 1924/1925, con la P2 progettata da Vittorio Jano, ha di colpo proiettato l'Alfa Romeo tra le più celebri Case automobilistiche del mondo. Sotto, Antonio Ascari, festeggiato – con tanto di tricolore sull'auto – dopo la vittoria nel GP del Belgio e d'Europa del 28 giugno 1925, sul circuito di Spa-Francorchamps. Sorridente, ma con la solita aria distaccata, si nota il tecnico Luigi Bazzi (in tuta bianca), che poi diventerà uno dei più stretti collaboratori di Ferrari. Sulla sinistra di Ascari, il meccanico collaudatore Giulio Ramponi, che in quel Gran Premio non aveva condiviso l'abitacolo con il pilota, come accadeva in precedenza. Nella pagina accanto, la copertina della Domenica del Corriere*, che riporta l'avvenimento con una 'tavola' del celebre Achille Beltrame.*

Nasce il mito della P2 da GP Campione del Mondo Marche

QUELL'EPICA SFIDA CON LA FIAT

Il 3 agosto 1924, l'Alfa Romeo ha dominato il Gran Premio di Francia e d'Europa sul circuito stradale di Lione, con Giuseppe Campari al volante della nuova P2, al debutto in una gara internazionale. Una vittoria che ha fatto epoca, ottenuta davanti a 400.000 spettatori (il circuito misurava 24,1 km), che ha portato di colpo l'Alfa sulla prima pagina dei giornali di mezzo mondo. La Casa del Portello già da quattro anni puntava sulle corse per 'farsi un nome' tra le numerose marche che affollavano il panorama motoristico, ma i successi ottenuti, in alcuni casi importanti, non erano nulla nel confronto con il Gran Premio di Francia. Per intenderci, sarebbe come se nei Gran Premi di oggi di Formula 1, una monoposto della Manor (Scuderia abbonata alle ultime file degli schieramenti) battesse le Mercedes e le Ferrari.

Avversarie dell'Alfa, sulla pista di Lione, le squadre di Bugatti, Delage (con uno straordinario motore di 2000 cc a 12 cilindri), Sunbeam e Fiat (con la famosa '805'), all'epoca abituali protagoniste dei Gran Premi internazionali. Nell'occasione mancava la fortissima Mercedes, che sarebbe ricomparsa al GP d'Italia, previsto il 19 ottobre sulla pista di Monza, dove avrebbe debuttato la nuova Grand Prix 'M218', con motore a 8 cilindri in linea, progettata nientemeno che dal professore Ferdinand Porsche, il futuro creatore del famoso 'Studio' che ha dato vita alle Auto Union da GP, nonché ai marchi Volkswagen e – naturalmente – Porsche. Seppure, molto potenti, le Mercedes non si sono rivelate una minaccia per lo squadrone dell'Alfa, che a Monza si è aggiudicato addirittura le prime quattro posizioni con Antonio Ascari, Louis Wagner, Giuseppe Campari e Ferdinando Minoia. Dopo 800 km di gara (80 giri dell'anello completo di 10 km), la media di Ascari è stata di 158,896 km/h mentre a Campari è andato il giro più veloce a 167,743 km/h. Sull'anello di alta velocità (due rettilinei, collegati da curve sopraelevate), lo stesso Campari ha ottenuto il record sul giro, alla media di 184,090 km/h. Nella pista di Monza, inaugurata nel 1922 (è il più antico impianto europeo, tra quelli in funzione), contavano le doti generali delle auto ma soprattutto la velocità pura e la P2, già nella versione al debutto, poteva arrivare a 225 km/h.

LA DOMENICA DEL CORRIERE

Anno . . . L. 12,50 – Estero L. 22,50 · Semestre . . . 6,75 – 12,25
Per le inserzioni rivolgersi all'Amministrazione del Corriere della Sera - Via Solferino, 28 - Milano.

Si pubblica a Milano ogni settimana
Supplemento illustrato del "Corriere della Sera"

Uffici del giornale: Via Solferino, 28, Milano
Per tutti gli articoli e illustrazioni è riservata la proprietà letteraria e artistica, secondo le leggi e i trattati internazionali.

Anno XXVII. — N. 28. · 12 Luglio 1925. · Centesimi 25 la copia.

Il trionfo italiano nel 3° Gran Premio Automobilistico d'Europa.
Al momento dell'arrivo, i meccanici di Ascari distendono il tricolore sulla macchina vittoriosa.

Nel 1924, l'Alfa Romeo, pur godendo della simpatia degli appassionati, era ancora un marchio relativamente piccolo, perfino 'modesto', se si tiene conto del numero esiguo di vetture prodotte. La Fiat era invece un 'colosso' e alcune immagini che ritraggono, prima della partenza del GP di Francia, il senatore Giovanni Agnelli in conversazione con l'ingegnere Nicola Romeo, danno esattamente la sensazione della differenza. Ben diverse le immagini del dopo-gara, comprese quelle relative al ritorno della squadra a Milano, nelle quali l'ingegnere

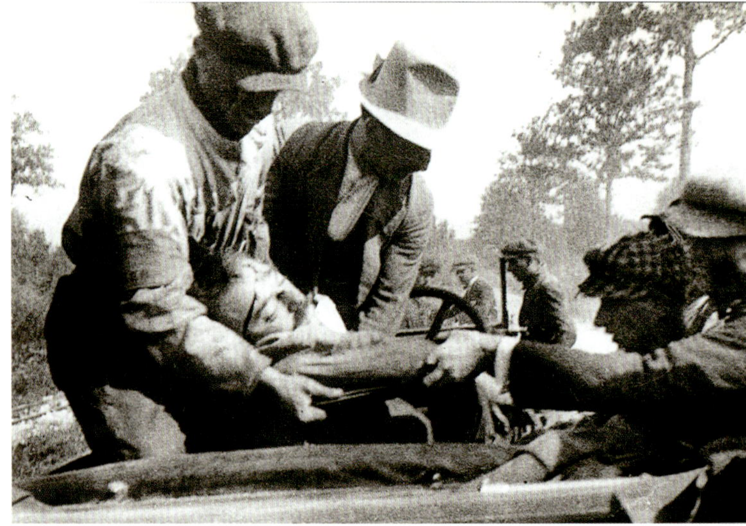

Monza, settembre 1923: le immagini del terribile dramma, concluso con la morte del pilota Ugo Sivocci e del quale è stato testimone diretto Enzo Ferrari. Nel corso delle prove, Sivocci era uscito di strada alla veloce curva del 'Vialone' e aveva urtato un albero con la nuova Alfa Romeo GPR/P1. Lentissimi i soccorsi ufficiali, tanto che il pilota, forse già deceduto, è stato adagiato su un'auto di servizio arrivata sul posto con alcuni colleghi dell'Alfa. Tra questi ultimi, Enzo Ferrari, fraterno amico di Sivocci e che si nota aggrappato sulla coda dell'auto.

Romeo, di statura minuta, sembra svettare tra la folla festante.

Ma come aveva fatto la 'piccola' Alfa ad impartire una lezione alla grande Fiat che, dopo la stagione 1924 si è in pratica ritirata dalle competizioni, a parte l'occasionale ritorno nel (trionfale) GP Milano del 1927, con la straordinaria '806'?

Dopo le prime soddisfazioni ottenute nelle gare delle stagioni 1922/'23, Nicola Romeo aveva puntato ancora più in alto per migliorare l'immagine del marchio Alfa. Sognava i Gran Premi e i suoi collaboratori non hanno certo smorzato il suo entusiasmo, a cominciare da Enzo Ferrari, pilota dell'Alfa per passione, ma soprattutto protagonista della scena, con idee e suggerimenti.

Prima della vittoriosa P2 del '24, il direttore tecnico, Giuseppe Merosi era stato incaricato di progettare una vettura da Gran Premio con motore di 2000 cc, secondo il regolamento. Era nata la GPR ('Gran Premio Romeo', comunemente definita 'P1'), con motore a 6 cilindri in linea, dotato di distribuzione con due alberi a camme in testa (dopo la GP del 1914, per la seconda volta l'Alfa adottava questa sofisticata soluzione), in grado di erogare 95 Cv a 5000 giri/m. Seppure abbastanza snella, questa biposto pesava 850 kg, un po' troppo rispetto alla concorrenza, e anche la velocità massima (180 km/h) era sensibilmente inferiore alle vetture al vertice, che superavano nettamente i 200 km/h. Ma era solo un inizio e tre vetture sono state comunque iscritte al Gran Premio d'Italia, previsto a Monza il 9 settembre 1923, con i piloti Ascari, Campari e Sivocci. Quest'ultimo ha purtroppo perso la vita nel corso delle prove del sabato, a causa di una uscita di strada nella veloce curva del 'Vialone'. Quella che in seguito verrà definita 'Ascari' (attualmente è una 'variante'), dopo l'incidente che nel '55 ha visto, sfortunato protagonista, il grandissimo Campione Alberto Ascari, figlio dell'altrettanto asso Antonio. Accanto a Sivocci, secondo l'usanza dell'epoca (non più autorizzata a partire dal 1926), sedeva il meccanico Angelo Guatta, che è riuscito a salvarsi ed è poi tornato alle corse. Per la morte di Sivocci, lo stesso ingegnere Romeo ha ritirato la squadra dalla competizione del giorno successivo, in segno di lutto.

Il Gran Premio d'Italia è stato poi dominato da Carlo Salamano e Felice Nazzaro, alla guida delle Fiat 805/405, con motore a 8 cilindri in linea che per l'occasione era stato aggiornato con il compressore tipo Roots. In quell'epoca, i motori ad alimentazione tradizionale (definiti 'aspirati' o ad alimentazione atmosferica) non godevano del vantaggio 'regolamentare' di una maggiore cilindrata per raggiungere, più o meno, la potenza delle unità sovralimentate, nelle quali la miscela aria benzina o, in alcuni casi, semplicemente l'aria, viene inviata nei cilindri ad una pressione più elevata di quella atmosferica, tramite un 'compressore'. A parità di cilindrata, un motore 'compresso' (o 'Turbo', secondo la tendenza più moderna) è nettamente più potente rispetto ad un aspirato, e nel 1923 la Fiat ha tratto grande vantaggio da questa scelta tecnica, inizialmente esclusiva.

Svolta tecnica con Vittorio Jano

L'esperienza con i motori 'compressi' non poteva però essere acquisita in tempo breve e al termine dell'estate del '23, l'Alfa Romeo doveva prendere in fretta una decisione per affrontare la stagione agonistica dell'anno successivo con la speranza di ben figurare. All'Alfa, già da un anno lavorava Luigi Bazzi (nato a Novara nel 1892), 'mago' nella messa a punto dei motori, che proveniva dal settore corse della Fiat. Persona di forte carattere, Bazzi si era sentito offeso da un alto dirigente della Casa torinese (l'ingegnere Guido Fornaca), che nel corso del Gran Premio di Francia lo aveva invitato a rifornire di carburante la vettura di Bordino, ferma prima della zona dei box: operazione vietata dal regolamento. Bazzi, d'altronde, si era accorto, dal rumore del motore, prima dello stop, che il problema non dipendeva dal carburante. Non aveva però dimenticato il tono offensivo dell'ordine, e quando l'amico Enzo Ferrari gli ha proposto di passare all'Alfa non ci ha pensato due volte. Uomo e tecnico estremamente rispettato, il cavalier Bazzi è stato poi il braccio destro dello stesso Ferrari sia negli Anni '30, nel periodo della 'Scuderia' che utilizzava vetture Alfa, sia dopo la nascita della Casa del Cavallino.

È stato proprio Bazzi, che in Alfa era a capo della sala-prova motori, a suggerire il nome del tecnico che avrebbe potuto progettare un'auto da Gran Premio dotata di propulsore con compressore. Si trattava di Vittorio Jano, nato a Torino nel 1891 e diplomato all'Istituto Professionale Operaio dello stesso capoluogo piemontese, dove la tradizione della meccanica era al massimo livello, e i più validi allievi dei migliori istituti avevano una preparazione vicina a quella di un ingegnere. A vent'anni Jano era stato assunto dalla Fiat come disegnatore specializzato e nel 1920 era entrato nel gruppo di tecnici incaricati di progettare le vetture da corsa. Accanto a colleghi straordinari, l'ingegno di Jano e il suo carattere riflessivo, sono stati apprezzati in fretta, soprattutto quando lo stesso tecnico ha suggerito di sostituire il turbocompressore Witting a 'palette', adottato sulla 804/405, con il 'volumetrico 'Roots'. Lo stesso Jano è stato incaricato del progetto, con un risultato eccellente, considerando che si trattava di una tecnologia del tutto innovativa.

Il grande tecnico Vittorio Jano ha iniziato a progettare (dal nulla) l'Alfa Romeo P2 nell'ottobre del 1923: il 2 giugno dell'anno successivo, il pilota Giuseppe Campari ha effettuato alcuni giri, tra i viali della fabbrica del 'Portello', con il primo esemplare della nuova vettura.

I vertici dell'Alfa non hanno perso tempo: Jano era l'uomo giusto per il 'Portello'. Per contattarlo hanno inviato in avanscoperta Enzo Ferrari e l'episodio ha trovato spazio nel libro di memorie dello stesso Costruttore di Maranello. Ferrari non era un dipendente effettivo dell'Alfa, ma godeva della fiducia dell'ingegnere Romeo e soprattutto poteva esporsi senza creare un eventuale problema diplomatico. Dopo avere saputo che Jano abitava in via San Massimo, Ferrari non ha esitato a fargli visita, ma il tecnico (che, per sua stessa ammissione, si trovava a proprio agio alla Fiat) ha preferito prendere tempo, e solo il successivo viaggio a Torino dell'ingegnere Edoardo Fucito, vice-presidente dell'Alfa, lo ha convinto. In tutta segretezza (appuntamento decisivo a Campo dei Fiori, sopra Varese!), Jano ha poi incontrato l'ingegnere Giorgio Rimini per definire i dettagli dell'assunzione, e all'inizio di ottobre (del 1923) era già operativo a Milano. Naturalmente era stato attratto dal ruolo di responsabilità ma anche dalle condizioni economiche: a Torino guadagnava 1.800 lire al mese mentre all'Alfa ha ottenuto subito 3.500 lire al mese (circa 2.400 euro attuali, ma il potere di acquisto era ben diverso).

Jano, fornito di una 'volontà formidabile' – come ricorda lo stesso Ferrari – si

Lione, vigilia del Gran Premio di Francia del 3 agosto 1924: lo 'squadrone' delle Alfa Romeo P2 al debutto in una gara di livello internazionale. Si notano, da destra, Antonio Ascari (n. 3, meccanico Giulio Ramponi), Louis Wagner (n. 16), Enzo Ferrari (n. 19) e Giuseppe Campari (n. 10). La gara ha visto l'iniziale supremazia di Antonio Ascari, poi rallentato da un problema a un pistone. È stato quindi Giuseppe Campari a regalare all'Alfa un successo clamoroso. In basso, il motore a 8 cilindri in linea della P2: 1987 cc, alimentazione con compressore tipo Roots, 140 Cv a 5500 giri/m.

è dedicato subito e in modo intenso alla progettazione dell'Alfa da Gran Premio, in uno speciale e segretissimo ufficio tecnico, con l'aiuto di una decina di disegnatori e progettisti, scelti tra i migliori disponibili.

Il lavoro, regolato da una 'disciplina militare' (altro commento di Ferrari), procedeva senza intoppi, quando, a fine novembre, un ufficiale dei Carabinieri, accompagnato dal capo delle guardie della fabbrica, si è affacciato all'ufficio del nuovo direttore tecnico. In seguito ad un esposto della Fiat, l'ufficiale doveva controllare l'eventuale presenza di disegni sottratti alla Casa torinese, e la stessa operazione è stata condotta nell'abitazione privata del tecnico. Naturalmente non è stato trovato nulla, ma Jano si è sentito profondamente offeso nel proprio onore. Da questo episodio si intuiscono quali interessi e rivalità, anche all'epoca, caratterizzassero le corse di massimo livello.

Per avere un'idea della mentalità e della politica aziendale dell'Alfa di quel periodo, è invece interessante riportare una parte del colloquio tra l'ingegnere Romeo e Vittorio Jano, in occasione del loro primo incontro, a Milano. È stato inserito nel volume '*Le Alfa Romeo di Vittorio Jano*' (Edizioni Autocritica) dallo storico americano Griffith Borgeson, che ha avuto occasione di intervistare lo stesso tecnico torinese: '*Era una brava persona...* (Nicola Romeo, n.d.r.)... *Mi ha detto: senta, io non pretendo che faccia una vettura che batta tutti, ma ne vorrei una da fare bella figura, per creare un 'cartellino anagrafico' a questa fabbrica. Poi, quando avrà un nome facciamo l'automobile...*'.

Scaramanzia o vero atto di umiltà? Fatto sta che Jano non era certo tipo da mezze misure: nel marzo del 1924 era pronto il primo motore a 8 cilindri in linea di 1987 cc (alesaggio e corsa 61x85 mm), dotato di compressore tipo Roots appositamente costruito dall'Alfa Romeo. Sul banco prova quel primo motore erogava 134 Cv a 5200 giri/m, diventati poi 140 a 5500 giri/m nella versione utilizzata in corsa. Il 2 giugno, la prima vettura era pronta (a otto mesi scarsi dall'inizio del progetto) e nei due giorni successivi è stata provata, dai già entusiasti Ascari e Campari, a Monza e sul percorso della gara 'Parma-Poggio di Berceto' di 52 km, che mescolava un iniziale, velocissimo, tratto in pianura (22 km) a una successiva strada di montagna. I collaudi hanno confermato la validità del progetto ma il dubbio riguardava la resistenza sugli 800 km dei Gran Premi. Per un test più efficace, mentre venivano assemblate altre quattro vetture gemelle, la prima P2 è stata iscritta al 'Circuito di Cremona', in programma il 9 giugno sulla distanza di 321,8 km. I piloti dovevano percorrere cinque giri di un lungo 'anello' che sfruttava gli interminabili rettilinei della 'bassa' padana,

La vista di 'tre quarti' posteriore evidenzia la snellezza dell'Alfa P2, che aveva un peso di 750 kg a secco. Eccezionale in corsa, si apprezzava anche sotto l'aspetto estetico, dettaglio, quest'ultimo, al quale teneva molto il tecnico Vittorio Jano. In basso, una celebre foto: Antonio Ascari festeggiato dopo la vittoria nel GP d'Italia dell'ottobre 1924. Il grande pilota sta rivolgendosi al presidente dell'Alfa, Nicola Romeo, mentre alla sua destra si nota il figlio Alberto, che all'epoca aveva sei anni: con la Ferrari sarà il Campione del Mondo di F.1 nel '52 e '53.

quindi con l'acceleratore al massimo per la maggioranza del tempo. Antonio Ascari, che come 'secondo' aveva a bordo Luigi Bazzi, non solo ha dominato alla media di 158,211 km/h, ma ha percorso i 10 km del tratto 'lanciato' alla media di 195,016, nuovo record mondiale per la categoria.

A Lione, per il GP di Francia del 3 agosto, la squadra dell'Alfa era composta da Ascari, Campari, Wagner e da Enzo Ferrari, che però non ha preso il via, innescando un 'caso' che fa ancora discutere e del quale si parla in altra parte di questo volume. Nelle prove (non valide per lo schieramento perché in quasi tutti i GP dell'epoca le auto partivano a coppie di due, ogni 30"), le Alfa sono state le uniche vetture in grado di completare un giro del circuito di 23,1 km (con fondo asfaltato e alcuni tratti ricoperti in cemento) in un tempo inferiore ai 12 minuti. I 18 avversari erano alla guida di Bugatti (5 vetture), Delage (3), Sunbeam (3), Fiat (4), Rolland-Pilain Schmid (Francia, 2) e Miller (Stati Uniti, 1). La battaglia si è scatenata tra Lee Guinness (Sunbeam), Bordino (Fiat 805) e le due Alfa di Ascari e Campari. Dal 19° al 32° giro (in tutto erano 35, per un totale di 810 km) è rimasto in testa Ascari, poi bloccato da un problema a un pistone. È tornato così in testa Giuseppe Campari, trionfatore davanti alla Delage del francese Albert Divo, distanziato di poco più di un minuto. Sulla P2, assieme a Campari, il meccanico-collaudatore Attilio Marinoni: all'epoca il 'secondo' aveva svariati compiti, tra i quali l'attivazione di una pompa supplementare di lubrificazione e il ripristino della corretta pressione di alimentazione.

Tra le doti migliori della P2, il motore che arrivava facilmente a 5500 giri/m ed oltre, senza rischio di rottura di una o

Gran Premio del Belgio 1925, circuito di Spa-Francorchamps: Gastone Brilli Peri al volante della P2 a 'coda' corta. In basso, l'abitacolo della vettura che prevedeva due posti. Quello destinato al meccanico (a sinistra) era leggermente arretrato e di limitate dimensioni. A partire dal 1925, la presenza del meccanico è stata resa facoltativa e successivamente proibita nelle gare in pista.

più molle delle valvole: l'incubo di tutte i tecnici dell'epoca. Jano aveva adottato ben tre molle per ciascuna delle 16 valvole, la stessa soluzione degli avversari, Fiat compresa. Nel corso dei GP di 800 km era pressoché scontato che qualche molla cedesse, ma il motore di solito continuava a funzionare, pur se fortemente menomato. Jano, che proveniva dalla Fiat, sapeva che le formidabili 804 terminavano talvolta i GP con una 'strage' di molle (sembra fino a una ventina). Nel suo progetto ha quindi cercato di limitare il carico delle molle e le rotture si sono notevolmente rarefatte.

Dopo il clamoroso successo ottenuto al GP d'Italia del 19 ottobre, del quale si parla ad inizio del capitolo, l'Alfa Romeo P2 è stata aggiornata in vista nella stagione 1925, ma senza stravolgimenti. La potenza è stata portata a 155 Cv a 5500 giri/m, mentre la linea della carrozzeria è stata rivista nella parte posteriore allo scopo di alloggiare una ruota di scorta: soluzione in realtà già vista al GP di Francia sulla sola vettura di Ascari. Poteva risultare un aiuto nei circuiti di lunghezza notevole in caso di foratura; in realtà il peso della ruota costituiva un espediente per 'caricare' maggiormente il retrotreno in funzione della tenuta di strada, ma la versione con coda 'a punta' non è stata affatto pensionata.

Campione del Mondo 'Marche'

La stagione dei Gran Premi del 1925 prevedeva una grande novità: i tre principali appuntamenti e la 500 Miglia di Indianapolis, erano ritenuti validi per l'attribuzione del primo Campionato del Mondo Marche. Considerando che per le Case europee sarebbe stato piuttosto complicato prendere parte alla gara americana, la sfida si è concentrata nei Gran Premi del Belgio (circuito stradale di Spa-Francorchamps), di Francia (circuito permanente di Montlhéry, vicino a Parigi), e d'Italia (Monza).

L'Alfa Romeo ha schierato ancora Antonio Ascari e Giuseppe Campari, ormai due riferimenti precisi per la classe e la combattività dimostrata. Tra queste due 'prime guide' si era in realtà innescata una rivalità nemmeno tanto nascosta, che il risultato del Gran Premio del Belgio aveva ancor più alimentato: Ascari ha dominato fin dall'inizio, grazie ad una P2 perfetta, mentre Campari è stato rallentato da alcuni piccoli inconvenienti tecnici ed ha terminato al 2° posto. Fuori classifica, per un guasto a una sospensione, il 32enne fiorentino Gastone Brilli Peri, nuovo pilota dell'Alfa Corse, scelto per i risultati ottenuti alla guida di auto non ufficiali.

Il Gran Premio del Belgio del 1925 ha anche dato vita ad una leggenda, comunque vicina alla realtà. A pochi km dal termine della corsa, il pubblico, che sosteneva la squadra francese Delage (ormai sconfitta), si è reso protagonista di un atteggiamento antisportivo. Contando sul vantaggio, Vittorio Jano ha organizzato un ultimo, lentissimo rifornimento ed ha contemporaneamente imbandito una tavola per permettere ai piloti di rifocillarsi. In realtà si è trattato di un finto-pranzo molto veloce, ma resta la smaccata superiorità della P2.

Ben altro finale, nel successivo Gran Premio di Francia (26 luglio), dove Antonio Ascari ha purtroppo perso la vita mentre stava dominando la corsa. L'incidente è avvenuto al 22° giro, dopo la prima sosta ai box per il rifornimento, durante la quale era stato invitato a diminuire leggermente l'andatura, visto il dominio delle Alfa, con Campari 2° dopo un avvio lento a causa di un iniziale problema al motore. Ma Ascari non aveva il temperamento del 'pilota-ragioniere': '*Noi lo chiamavano affettuosamente 'il maestro'* – ha scritto Enzo Ferrari nel suo volume di memorie – (...) *Come pilota era estremamente audace e di temperamento improvvisatore; un garibaldino...*'. A Montlhéry la sua P2 andava alla perfezione e il pilota ha continuato ad affrontare la velocissima curva 'Saint-Europe' a oltre 180 km/h, transitando a filo della recinzione che delimitava la pista, costituita da una serie di paletti in legno. Al 23° giro Ascari, che era solo a bordo (da quell'anno si poteva correre senza meccanico), ha urtato con la ruota anteriore sinistra la staccionata ed è volato fuori dall'abitacolo, mentre l'auto si ribaltava. I soccorsi non sono stati veloci e il Campione è morto durante il trasporto in ospedale.

La testa della corsa è stata quindi presa da Campari, ma al 40° giro, l'ingegnere Nicola Romeo ha dato l'ordine di ritirare la squadra in segno di lutto. La morte di Ascari, pilota adorato dal pubblico, che ne apprezzava le doti di audace combattente, ha suscitato un enorme cordoglio: il treno, partito da Parigi con la bara del Campione, è arrivato a Milano letteralmente coperto dai fiori che ad ogni sosta venivano aggiunti dai tanti che erano rimasti colpiti dalla tragedia.

Nel successivo Gran Premio d'Italia (Monza, 6 settembre), l'Alfa doveva puntare alla vittoria per vincere il Campionato del Mondo Marche, per il quale era in ballo assieme all'americana Duesenberg. L'uomo di punta era naturalmente Campari, reduce però da un infortunio extramotoristico che lo ha condizionato non poco, tanto come il neo-acquisto, l'americano Pete DePaolo, che risentiva di un incidente in prova.

Campari ha comunque terminato al 2° posto, grazie anche all'aiuto di Giovanni Minozzi che ha preso il volante per alcuni giri, ma l'eroe della giornata è stato Gastone Brilli Peri, il conte fiorentino, entrato nella lista dei più forti piloti professionisti.

Con il successo, l'Alfa Romeo si è aggiudicata il primo Campionato del Mondo Marche, ma ha anche cessato (momentaneamente) la partecipazione diretta ai Gran Premi.

La P2 aveva dato lustro al marchio e, come aveva chiesto Romeo, la Casa poteva dedicarsi allo sviluppo delle auto di serie.

Monza, ottobre 1924, il tecnico Vittorio Jano, posa soddisfatto davanti alla 'sua' P2, che aveva esordito trionfalmente nell'agosto precedente. Nel successivo Gran Premio d'Italia (19 ottobre) l'Alfa occuperà i primi quattro posti con Ascari, Wagner, Campari e Ferdinando Minoia. Tutte ritirate le favorite Mercedes. Sopra, Monza: rifornimento per l'Alfa P2 di Gastone Brilli Peri durante il Gran Premio d'Italia del 6 settembre 1925. Il pilota è uscito dall'abitacolo (gara di 800 km!): si nota il caschetto rigido, di tipo motociclistico, in quell'epoca utilizzato raramente dai piloti di auto. Con la vittoria di Brilli Peri, l'Alfa si laurea 'Campione del Mondo Marche'.

Lo stretto rapporto tra Enzo Ferrari e l'Alfa Romeo

L'ESPERIENZA PER DIVENTARE... FERRARI

L'Alfa Romeo e Enzo Ferrari: un rapporto fondamentale, utile per la crescita di entrambi, con un vantaggio iniziale di minore entità per la Casa milanese, ampiamente pareggiato negli Anni '30 con l'attività della Scuderia Ferrari. Ancora oggi però, non è semplice capire con esattezza come si sia articolato il legame tra l'Alfa e Ferrari, soprattutto nei primi anni, successivi al 'fatidico' 1920, quando – lo scrive Ferrari stesso – è iniziata la sua collaborazione con la Casa milanese.

Il celebre volume scritto dallo stesso grande Costruttore, editato nel 1962 come '*Le mie gioie terribili*', al di là della godibilissima lettura, lascia nell'aria parecchi dubbi. Nel primo capitolo Ferrari rammenta, con intensa malinconia, la delusione provata quando non è stata accolta la sua richiesta di essere assunto dalla Fiat di Torino. Dai toni e dall'accenno al gelido inverno del 1918/'19, sembra di capire che fosse in gravi difficoltà economiche, situazione rimarcata nelle pagine successive. Eppure, il 30 maggio 1920, ha preso parte alla corsa 'Parma-Poggio di Berceto' alla guida di una Isotta Fraschini Tipo IM Corsa, una vettura datata (come la maggioranza di quelle disponibili nell'immediato dopo-guerra) ma certamente molto costosa. Non molte righe più avanti, ricorda anche di avere ordinato all'Alfa Romeo (siamo tra il '21 e il '22), nientemeno che una G1, modello di livello elevatissimo (definita dallo stesso Ferrari '*la prima auto da corsa tutta mia*'), che aveva un costo di 55.000 lire per il solo autotelaio, senza quindi la carrozzeria. Un investimento gravoso, ma in quel periodo Ferrari correva 'ufficialmente' per l'Alfa: dunque, quale necessità aveva di acquistare un'auto da corsa 'tutta sua'?

Si tratta di dubbi, che – se risolti – non aggiungerebbero nulla alla fantastica vicenda di Enzo Ferrari, ma aiuterebbero, se non altro, a comprendere meglio certe situazioni. Ad esempio, sarebbe interessante conoscere i dettagli del rapporto con il reparto corse del 'Portello', dove è entrato all'inizio dell'autunno del 1920, in tempo per partecipare alla Targa Florio del 24 ottobre, con una 20-40 HP. Sotto una pioggia torrenziale, Ferrari è stato comunque la rivelazione della giornata e protagonista di un'impresa notevole. I resoconti dell'epoca sottolineano che il suo 2° posto assoluto (dietro a Meregalli, al volante di una Nazzaro) si sarebbe trasformato in una vittoria, se le segnalazioni dal box dell'Alfa fossero state più precise e tempestive.

Box di Monza, agosto 1923: con Enzo Ferrari sono (dalla sua destra), il tecnico Giuseppe Merosi e gli ingegneri Fucito, Romeo e Rimini, direttore amministrativo, presidente e direttore commerciale dell'Alfa.

Che disponesse di un notevole talento per la guida, lo aveva intuito l'ingegnere Giorgio Rimini (responsabile dello sport all'Alfa), anche se Ferrari aveva disputato solo tre corse con la Isotta Fraschini, terminate con due ritiri e un significativo 3° posto assoluto alla 'Parma-Poggio di Berceto'.

La Targa Florio lo ha inserito di colpo nella lista dei migliori piloti italiani, tra i quali è rimasto almeno fino al 1924, con risultati di rilievo, anche se – per sua stessa ammissione – ad un livello sensibilmente inferiore rispetto ai veri 'assi'.

Ma come si articolava il rapporto tra Ferrari e l'Alfa Corse? Prevedeva uno stipendio 'base' o correva 'a gettone', gara per gara? O addirittura si basava semplicemente sulla divisione dell'ingaggio e dei premi previsti nelle varie competizioni? Premi che a quell'epoca erano tutt'altro che disprezzabili: ad esempio, una gara di media importanza come quella battezzata 'Circuito del Mugello', metteva in palio 100.000 lire, che corrispondono a circa 65.000 euro attuali.

Ferrari, in occasione di numerose interviste ha dichiarato di '*avere lavorato per vent'anni all'Alfa*'. Ampliando un po' il concetto, la risposta sembra valida a partire dal 1926, quando Ferrari ha avviato una vera attività commerciale, con la concessionaria Alfa Romeo per l'Emilia Romagna, allargata successivamente alle Marche. Per la gestione dell'attività di vendita e assistenza, aveva rilevato il 'Garage Gatti' di Modena, in via Emilia Est 5, ma era stata creata anche una sede di rappresentanza a Bologna, in via Montegrappa 6, in un locale identificabile ancora oggi, considerato che la zona non ha subito rifacimenti.

Ma nel periodo '20/'26, quali eventuali mansioni svolgeva all'Alfa, considerando il limitato numero di gare affrontate ogni anno? Il fatto che al 'Portello' non fosse occupato a tempo pieno, trova conferma anche dall'impegno con la gestione della 'Carrozzeria Emilia', azienda aperta nel 1921 a Modena, in via Jacopo Barozzi 4, e della quale Ferrari era socio responsabile ('accomandatario' nel linguaggio commerciale). In quella sede e nello stesso periodo Ferrari aveva una 'Agenzia di vendita per l'Italia dell'Alfa Romeo'. Il successivo fallimento della carrozzeria ha temporaneamente interrotto la vendita delle Alfa. Ma, scrive ancora Ferrari: '*All'Alfa io non facevo soltanto il pilota. In breve mi sentii preso da un desiderio quasi morboso di fare qualcosa per l'auto...*'. L'affermazione non è chiara, ma può essere spiegata tenendo conto di quanto ha realizzato Ferrari nel corso della sua vita e del carattere eccezionale dimostrato in mille occasioni. Nei primi Anni '20, Ferrari era già... Ferrari; lo si intuisce anche dal rapporto amichevole instaurato con l'ingegnere Giorgio Rimini e perfino con il presidente dell'Alfa Nicola Romeo e con il suo 'vice', l'ingegnere Edoardo Fucito. Aveva meritato la fiducia dei 'capi' e il delicatissimo incarico di convincere il tecnico Vittorio Jano a lasciare la Fiat per l'Alfa (settembre 1923), è stato certamente l'episodio più clamoroso di una collaborazione a vasto raggio. Confermata anche dalla fotografia che ritrae un elegantissimo Enzo Ferrari nello stand dell'Alfa al Salone del'Auto di Parigi, nell'autunno del 1923. Appassionato, intelligente e vivace, forse all'inizio degli Anni '20 il futuro grande Costruttore non aveva un ruolo preciso nell'organigramma dell'Alfa (a parte le corse) ma aveva già dimostrato di trovarsi a proprio agio in qualsiasi settore dell'auto. Lui stesso si è definito, relativamente al periodo degli Anni '20, '*Pilota, organizzatore, direttore, eccetera, senza precise limitazioni di competenza...*'.

Alla guida dell'Alfa RL SS, utilizzata nelle corse del 1923, Ferrari è ritratto a Modena assieme al meccanico Giulio Ramponi.

La crescita di Ferrari in veste di pilota, era intanto proseguita nel 1923, con la prima vittoria assoluta, al 'Circuito del Savio', (guidava l'Alfa RL 'Targa Florio'), mentre, nell'anno successivo, i primi posti sono stati ben tre, nei circuiti del 'Savio' (Ravenna), del 'Polesine' (sempre con la vettura guidata nella stagione precedente) e alla 'Coppa Acerbo' (Pescara). Quest'ultima è stata certamente la vittoria più importante della sua carriera, sia per il prestigio della manifestazione (nonostante si trattasse della prima edizione), che per il valore delle vetture iscritte (tra cui le Bugatti e le Mercedes con compressore), guidate da piloti esperti. Era presente anche Campari, con la nuova Alfa P2; costretto al ritiro per rottura del cambio. A Ferrari l'Alfa aveva concesso una RL 'Targa Florio', però nella 'versione 1924', con motore di 3620 cc e velocità di 180 km/h: limite certamente raggiunto da Ferrari, visto che il circuito della Coppa Acerbo prevedeva un rettilineo di circa quattro chilometri.

L'anno precedente, Ferrari era stato testimone, praticamente in diretta, della morte del suo carissimo amico Ugo Sivocci, durante le prove del Gran Premio d'Italia a Monza. Sivocci era uscito di pista nella velocissima curva del 'Vialone' (attualmente 'variante Ascari'), e aveva urtato un albero con l'Alfa Romeo P1; i primi ad accorrere sul posto, con una vettura di servizio, sono stati alcuni colleghi dell'Alfa, tra cui Enzo Ferrari. Le immagini del trasporto dello sfortunato pilota all'infermeria o verso un'ambulanza, sono estremamente drammatiche: Ferrari, aggrappato alla parte posteriore dell'auto, cerca di sostenere l'amico adagiato, probabilmente già deceduto.

Ferrari adorava in modo viscerale le corse; e i successi ottenuti l'anno successivo, fanno pensare che avesse superato quel dramma. Quando però è stato promosso nella squadra che doveva partecipare al Gran Premio di Francia, con le nuovissime P2, forse è scattato qualcosa nel suo subconscio. Arrivato a Lione assieme ai colleghi, ha improvvisamente abbandonato la squadra, decisione poi spiegata con '*un forte esaurimento nervoso*'.

Alcuni storici dell'auto hanno evidenziato che la P2, pur modernissima per l'epoca, aveva spostato il livello della guida molto in alto, in particolare a causa della velocità massima di 225 km/h. Solo i grandi campioni erano in grado di dominarla al limite, ma con rischi elevatissimi.

Per quasi tre anni Enzo Ferrari ha abbandonato le corse, riprese solo nel maggio 1927, naturalmente con l'Alfa Romeo e con altri successi importanti, scegliendo però manifestazioni che non aggiungevano nulla al primo, più 'feroce' periodo.

Il suo desiderio di 'costruire e organizzare', lo ha portato in fretta a 'inventare' la Scuderia Ferrari, nata ufficialmente il 16 novembre 1929. Si trattava di una perfetta organizzazione, concepita con criteri imprenditoriali, che disponeva di vetture Alfa Romeo (tutte 6C 1500 e 1750 nelle edizioni più spinte), messe a punto inizialmente nel 'Garage Gatti', e subito dopo nella celebre sede di Modena, in viale Trento e Trieste 31, successivo 'riferimento' per la Ferrari fino ai primi Anni '80.

Il successo della Scuderia ha poi favorito l'accordo con l'Alfa Romeo, quando quest'ultima si è ritirata dalle competizioni, all'inizio del 1933. Intorno alla metà dello stesso anno, la Scuderia Ferrari ha iniziato a gestire in forma diretta le Alfa da corsa, con un coinvolgimento totale anche sotto l'aspetto tecnico (pagina 99 e seguenti di questi volume). L'accordo si è concluso al termine del '37, quando è nata l'Alfa Corse, con sede a Milano, e Ferrari ne è diventato il 'consulente direttivo'. Il rapporto non è durato nemmeno un anno, dopo di che Ferrari è tornato a Modena per diventare 'Ferrari'.

Alfa Romeo
79
GRUPPO BIPOP

6C 1500/1750: sportiva derivata dalle corse

QUANDO È NATA LA GRANTURISMO

Nel suggestivo ambiente della Collezione Righini, spicca l'armoniosa grinta dell'Alfa Romeo 6C 1750 Gran Sport del 1931, con carrozzeria Spider realizzata da Zagato, in stretta collaborazione con la Casa milanese (Foto Domenico Fuggiano).

Nelle manifestazioni per auto storiche, come la Mille Miglia, le Alfa Romeo 6C 1500 e 1750 in versione Super Sport, sono sempre ammiratissime per la bellezza e il temperamento sportivo. Essendo coetanee, sul percorso e ai controlli orari, si trovano sempre accanto alle altrettanto ammirate Bugatti, per lo più modello 35 o 43. Già acerrime nemiche nelle corse 'vere' degli Anni '20 e '30, anche negli attuali appuntamenti riservati alle gare d'epoca, le Alfa e le Bugatti sono divise da una fondamentale differenza: la comodità. Gli equipaggi delle 1500/1750 affrontano tappe di 600 o 700 km con la certezza di non arrivare con la schiena rotta, e senza necessità di affidare immediatamente i vestiti a un bravo 'lavasecco'. I 'bugattisti' invece, oltre a un fisico ben allenato, è importante che dispongano di un fornito guardaroba, per evitare di indossare per due o tre giorni una tuta interamente ricoperta di olio.

Capolavori della tecnica, le Bugatti erano decisamente spartane in fatto di confort e costringevano pilota e passeggero a viaggiare fin troppo a contatto degli organi meccanici. Un concetto da 'automobilismo eroico', accettato dagli acquirenti dei modelli sportivi, rimasto inalterato fino agli Anni '40, nel caso di svariati marchi, soprattutto d'oltre Manica.

Dopo il successo ottenuto con la Grand Prix P2, al direttore tecnico Vittorio Jano era stato chiesto di impostare una vettura stradale leggera e di alta efficienza, da produrre nelle versioni berlina/torpedo a 4/6 posti e spider a due posti. Quella che oggi verrebbe definita una 'gamma completa'. Jano ha iniziato il progetto nell'estate del 1924, assieme ai migliori tecnici/disegnatori dell'Alfa (Luigi Fusi, Gioachino Colombo e Secondo Molino). Nell'aprile del 1925, il prototipo della nuova Alfa (battezzata 'NR', che stava certamente per 'Nicola Romeo') veniva esposta al Salone dell'Auto di Milano. Era stata impostata secondo concetti originali e innovativi per l'epoca, a partire dalla cilindrata. Dai primi Anni '20, tutte le grandi Case si erano concentrate su due tipologie di auto: le 'vetturette', con motore a 4 cilindri di cilindrata non superiore ai 1000 cc, offerte a un prezzo non esagerato (tipica la 509 della Fiat), e i modelli di lusso, con motori di almeno 2000 cc, a 6 o 8 cilindri. Vittorio Jano aveva scelto una strada intermedia che abbinava alcune caratteristiche dei due concetti: motore a 6 cilindri di 1487 cc (alesaggio e corsa 62x82 mm) e peso generale del modello estremamente contenuto. L'architettura a 6 cilindri garantiva una perfetta equilibratura e doti di ripresa migliori rispetto a un 4 cilindri, mentre il peso limitato conferiva all'intera serie delle 6C 1500 e delle successive 6C 1750, una leggendaria guidabilità. La 6C 1500 Normale, prima versione della 'gamma' entrata in produzione nel 1927, con la carrozzeria a 4 posti, non superava i 1.000 kg (comprese due ruote di scorta, all'epoca preziosissime). Più o meno lo stesso peso della Fiat 509, che apparteneva alla categoria delle 'vetturette'. Paragonando l'Alfa a una Fiat di lusso dello stesso periodo, quale la 521, il peso della prima è inferiore della metà.

Il motore dell'Alfa 6C 1750 Gran Sport, visto dal lato dello scarico: eroga 85 Cv a 4500 giri/m e la velocità è pari a 145 km/h. Davanti al motore, si scorge il compressore volumetrico tipo Roots. In basso, la targhetta con le indicazioni della Casa in merito alla lubrificazione: si consiglia di utilizzare olio 'Oleoblitz'.

L'esperienza con la P2 da corsa era risultata fondamentale per rendere snello il progetto e per realizzare dei motori moderni e brillanti, proposti da subito in due versioni differenti sotto l'aspetto tecnico, pur con identica cilindrata: un solo albero a camme in testa per la 1500 Normale (44 Cv a 4200 giri/m) e distribuzione 'bialbero' per le versioni Sport (54 Cv a 4500 giri/m/125 km/h) e Super Sport. Quest'ultima, proposta solo in allestimento spider a due posti e costruita in serie limitata, era il sogno di qualsiasi appassionato: il motore equipaggiato con un compressore Roots erogava 76 Cv a 4800 giri/m e permetteva di raggiungere i 140 km/h. Il peso non superava gli 860 kg (con due ruote di scorta), a vantaggio del divertimento di guida e della agilità.

Tra le doti dell'intera serie delle 1500 e delle successive 1750, la frenata è rimasta leggendaria: il comando meccanico dei freni (ereditato totalmente dalla P2) era quanto di più preciso potesse garantire la tecnica dell'epoca. Importante anche il sistema studiato da Jano per le 'punterie' (gli elementi meccanici che accoppiano le camme alle valvole). Superando i complicati sistemi precedenti, il tecnico torinese ha introdotto un comando diretto, leggero e sufficientemente silenzioso, mantenuto fino al 1954, quando sono nate le punterie con pistoncino per il motore della Giulietta Sprint.

Tra i numerosi carrozzieri che hanno 'rivestito' la 1500, è emersa la Zagato (in particolare per le versioni torpedo a 2/4 posti e le spider biposto), che ha ideato i supporti in metallo leggero – su suggerimento dello stesso Jano – per sostenere i pannelli di lamiera o alluminio, al posto delle usuali e massicce strutture in legno. Queste ultime erano state però mantenute per le carrozzerie realizzate con il sistema 'Weymann', ereditato dalle costruzioni aeronautiche. In questo caso non era previsto il rivestimento in metallo, sostituito da un tessuto in pegamoide verniciata. L'effetto era ugualmente valido e le doti di leggerezza erano integrate dall'elasticità del sistema, che riduceva i tipici difetti delle carrozzerie di quel periodo, antecedente l'invenzione dei supporti elastici (Silentbloc): la rumorosità e il pericolo di rotture. Con questo sistema le carrozzerie Farina, Zagato e Castagna, hanno realizzato delle snelle torpedo a 4 posti, sulla base meccanica della

La gradevolissima linea studiata da Zagato per l'Alfa 6C 1750 Gran Sport, non è compromessa dalla struttura della capote, che scompare in un apposito alloggiamento, una volta ripiegata, scelta rara in quell'epoca. Anche le due ruote di scorta sono ben inserite nella carrozzeria. Sotto, il posto di guida, perfettamente isolato dalla meccanica, altra scelta per nulla scontata, nelle auto sportive di quell'epoca (Foto Domenico Fuggiano – Collezione Righini).

1500 Sport. Erano le antesignane delle future *granturismo*, auto adatte ai viaggi veloci, anche impegnativi, che regalavano ugualmente ampie soddisfazioni ai piloti gentlemen che le guidavano nelle competizioni.

Auto straordinarie e che hanno reso ancora più celebre il nome dell'Alfa nel mondo, le 6C 1500 sono state costruite in appena 1.064 esemplari tra il 1927 e il 1929. Una cifra molto bassa, anche nello spazio ristretto del mercato dell'epoca e non motivata dal prezzo, adeguato al prodotto di classe. La 1500 Normale, in versione Torpedo a 4 posti, costava 45.000 lire (circa 28.000 euro attuali). A titolo di esempio, una Fiat 521, con motore 2.5 che non superava i 50 Cv, costava 39.000 lire e ne sono state costruire oltre 20.000, molte delle quali esportate. Stupisce anche che della fantastica 6C 1500 Super Sport con compressore, un gioiello ineguagliabile, siano state vendute solo 16 esemplari (costava 51.000 lire), comprese le sei vetture utilizzate dall'Alfa nelle corse e del tipo 'Testa fissa' (84 Cv a 5000 giri/m, 155 km/h), cioè con la testata e il blocco ottenuti in un'unica fusione, per evitare l'impiego della guarnizio-

Per pubblicizzare le proprie vetture, l'Alfa Romeo era solita diffondere anche le foto del solo telaio, completo degli organi meccanici, in questo caso quello della 6C 1750 Gran Turismo Compressore. Le auto erano 'carrozzate' al di fuori del 'Portello', dove il reparto 'carrozzeria' è comparso solo alla fine del '31. Fin dal giugno 1923, Nicola Romeo aveva costituito, tramite persone a lui vicine, la Carrozzeria Nord Italia con sede in via Ruggero di Lauria, a due passi dal 'Portello'. L'azienda lavorava in pratica in esclusiva per l'Alfa, ma il limitato livello di esecuzione le ha impedito di realizzare le auto più importanti: è stata chiusa nel 1928.

ne tra testa e cilindri, spesso causa di guai in quell'epoca.

Un livello di produzione così scarso si spiega con le condizioni economiche che impedivano all'Alfa Romeo una normale programmazione. Dopo il fallimento della Banca Italiana di Sconto (1921), che deteneva un notevole numero di azioni dell'Alfa, era intervenuta la Banca Nazionale di Credito, ma i finanziamenti risultavano insufficienti e talvolta ritardati. A sua volta l'Alfa stentava ad abbassare i costi fissi della fabbrica, troppo elevati, anche a causa dei sistemi di costruzione che garantivano un eccellente standard qualitativo, ma ovviamente costoso.

La restrizione del credito aveva portato, già nel 1926, a un preoccupante calo della produzione automobilistica, passata dalle 1.125 unità del 1925 (comunque poche), ad appena 311 unità. Proprio in quel periodo l'Alfa avrebbe dovuto produrre la nuova 6C 1500, presentata fin dal 1925 e per la quale non esistevano motivi tecnici che imponessero un rinvio. I motivi erano economici, e solo nel 1927 sarebbero arrivati i finanziamenti per iniziare a costruire le auto. Una grande occasione persa, perché con due anni di vantaggio (e sulla spinta del Campionato del Mondo vinto nel '25) la 6C 1500 sarebbe stata la prima auto europea con caratteristiche da vera *granturismo*, sportiva ma in grado di assicurare un confort impagabile.

All'inizio del 1926 era stato cercato di dare un nuovo assetto all'azienda, con la nomina di un nuovo direttore generale, l'ingegnere Pasquale Gallo, nato a Bari nel 1887 e laureato al Politecnico di Torino. Gallo, con l'appoggio della Banca Nazionale di Credito, aveva subito cercato di allontanare dall'Alfa la 'vecchia guardia' dirigenziale, cioè gli ingegneri Romeo, Fucito e Rimini, che tanti meriti avevano avuto nel rilancio dell'azienda milanese dopo la guerra, ma si trovavano ormai bloccati da una situazione economica pesante. Con Nicola Romeo, che era anche azionista di un certo peso, l'operazione non è stata però semplice. Solo con il successivo intervento dell'Istituto delle Liquidazioni, l'organo di impronta statale che aveva assorbito le funzioni della Banca, nel maggio del '28 è stato possibile trovare una via d'uscita per il celebre ingegnere napoletano. Nello stesso periodo, però, anche l'ingegnere Gallo era uscito dall'Alfa e il ruolo di direttore generale era stato assunto dall'ingegnere Prospero Gianferrari, nato a Rovereto nel 1892, da genitori di origine romagnola. Gianferrari proveniva da esperienze di tipo politico (nel 1925 era stato eletto deputato con il PNF) ma era anche un grande appassionato di automobili e dotato di una buona cultura. Con lui, nei limiti della situazione economica che condizionava da anni l'Alfa Romeo, è stata avviata la riorganizzazione produttiva della fabbrica e costituito il Reparto Carrozzerie (attivo dalla fine del 1931), in modo da realizzare finalmente vetture complete. Anche se, secondo le abitudini del tempo, è continuata la vendita degli autotelai completi e 'rivestiti' da carrozzieri scelti dal cliente.

Velocissima e scattante ma anche in grado di viaggiare nel traffico a bassa velocità, l'Alfa 6C 1750 era estremamente versatile, anche nelle versioni più spinte (Gran Sport e Super Sport con compressore), tanto da essere apprezzata dal pubblico femminile. A sinistra, la principessa romana Dorina Colonna, al via della Mille Miglia del 1930 con una Gran Sport, assieme al tecnico dell'Alfa, Formenti. A destra, la genovese Josette Pozzo, proprietaria di una celebre Gran Sport, la versione 'Flyng Star' di Touring, che ha ricevuto il massimo premio al Concorso d'Eleganza di Villa d'Este del 1931.

Sotto la direzione di Gianferrari è stata avviata la produzione della 6C 1750, evoluzione della 1500, non a caso definita anche '3ª Serie'. Presentata al 2° Salone dell'Auto di Roma nel gennaio del '29, la 1750 riprendeva le caratteristiche del modello precedente e l'aumento della cilindrata (1752 cc, alesaggio e corsa 65x88 mm) era stato utilizzato per migliorare la coppia del motore (e quindi la ripresa) e il confort di guida, piuttosto che la potenza pura. Differenze comunque sensibili (unite a vari miglioramenti del telaio), che hanno decretato il successo universale della 1750, nelle consuete versioni berlina, torpedo e spider, con o senza compressore. Un'auto leggendaria per qualità e prestazioni, costruita in ben sei 'serie' distinte. Massimo sogno degli appassionati della guida veloce ma anche della comodità, le versioni GT e GTC (Gran Turismo e Gran Turismo Compressore). La prima disponeva di 55 Cv e arrivava a 125 Km orari; la GTC derivava dalle più 'estreme' Super Sport e Gran Sport (85 Cv, 145 km/h), considerate quasi automobili per uso agonistico, proposte nella tipica carrozzeria a due posti e dominatrici delle gare su strada. La GTC, a telaio più lungo per ragioni di spazio dell'abitacolo, metteva d'accordo le prestazioni più spinte con un elevato confort. Il motore, dotato di compressore tipo Roots, erogava 80 Cv a 4400 giri/m (5 in meno rispetto alle SS/GS) e consentiva di raggiungere i 135 km/h, appena 10 km/h in meno rispetto alle sorelle più performanti. Tutte le GTC, carrozzate direttamente dall'Alfa in versione berlina a quattro porte, o le interpretazioni della Touring (berline a quattro porte e berlinette a due porte) ma anche le spider e torpedo di Castagna e Garavini, hanno raggiunto il più elevato livello, consentito dalla tecnica automobilistica dell'epoca.

I maggiori numero di vendite sono stati però raggiunti dalle 6C 1750 'base', cioè la Turismo con distribuzione a un solo albero a camme in testa (46 Cv a 4000 giri/m e 110 Km/h) e le versioni Sport e Gran Turismo (tecnicamente uguali: 55 Cv a 4400 giri/m e 125 km/h), con carrozzerie del tipo berlina a sei posti o torpedo 2/4 posti. In tutto, il modello '1750' ha sommato 2.579 unità costruite, tra il 1929 e il 1933.

Le corse delle 1500 e 1750

Il prestigioso 'albo d'oro' della 6C 1500 si è aperto nell'aprile del '27 con la vittoria nella gara in salita della 'Rabassada', in Spagna, nei pressi di Barcellona. È proseguito il successivo 5 giugno, con la vittoria nel 1° Circuito di Modena, con Enzo Ferrari alla guida. L'Alfa Romeo aveva appena iniziato la vendita della 1500 Normale, con motore a un solo albero a camme in testa, ma a Modena, destinate al suo concessionario-pilota Enzo Ferrari e al collaudatore Attilio Marinoni, aveva portato due spider con motore 'bialbero', prototipi della successiva versione Sport, ma già con alcuni particolari della futura Super Sport. Quali caratteristiche avessero, è impossibile stabilirlo con precisione, però tutti gli storici dell'auto sono concordi nel ritenere che con quella vittoria (Ferrari, ancora una volta uomo del destino) sia iniziata una nuova era nell'automobilismo da corsa. A Modena e nella successiva gara in salita Cuneo-Colle della Maddalena, la 1500 ha infatti battuto le vetture delle categorie maggiori, fino a 2000 cc (che comprendeva le celebri Bugatti) e fino a 3000 cc.

In occasione della Mille Miglia del 1928, che alla seconda edizione aveva assunto un ruolo di prima grandezza nel panorama internazionale, la Bugatti ha allestito una squadra con le Tipo 43, dotate di motore a 8 cilindri di 2.3 litri da 120 Cv. La Casa francese doveva riconquistare la scena; però, nonostante una delle tre Bugatti fosse guidata nientemeno che da Tazio Nuvolari, la vittoria è andata alla 'piccola' Alfa Romeo 1500 Super Sport, pilotata da Giuseppe Campari, in coppia con Giulio Ramponi. Il pilota milanese era alla guida del prototipo della 1500 SS,

Le forme sono ancora squadrate e coerenti con i primi anni '30, ma la berlinetta 6C 1750 GT carrozzata da Touring, rivela nella linea e nei volumi della zona posteriore, l'anticipazione dello stile aerodinamico per le automobili. Sotto, ricco di fascino il cruscotto, completo e collocato in posizione un po' insolita. Il motore a 6 cilindri in linea della GT (1752 cc) è alimentato tramite un carburatore verticale e eroga 55 Cv, mentre la versione GTC (con compressore) arriva a 80 Cv.

con motore dotato di compressore tipo Roots, approntato all'ultimo momento e con appena 300 km di test. Campari era riuscito a superare la resistenza di Jano, che riteneva impreparato il motore, ma aveva ragione il pilota.

Di grande rilievo internazionale anche la vittoria alla 24 Ore di Spa (una parte dell'antico circuito viene utilizzata ancora oggi per il Gran Premio di F.1), con un equipaggio formato dal collaudatore Attilio Marinoni e da Boris Iwanowski, un ex-ufficiale dell'esercito imperiale russo che si era trapiantato in Francia. L'anno dopo, con la stessa 1500, Ivanowski ha vinto il GP d'Irlanda.

Con l'arrivo nelle corse della 6C 1750 Super Sport, la 1500 è stata ancora utilizzata (in particolare dalla Scuderia Ferrari) per puntare alla vittoria di classe. Ma dal 1929 e per tre stagioni almeno, la 1750 è stata la protagonista assoluta della categoria sport. La bellissima versione Super Sport, dotata della celebre carrozzeria spider della Zagato, ha vinto la Mille Miglia, ancora con Campari-Ramponi, mentre Marinoni, in coppia con il francese Benoist, ha fatto il bis alla 24 Ore di Spa. Tra i successi di alto livello, anche la Sei Ore di San Sebastian (Spagna) con Varzi-Zehender.

Altra celebre vittoria, quella ottenuta nella 1000 Miglia del 1930 con Tazio Nuvolari e Giovanbattista Guidotti. L'equipaggio disponeva di una delle quattro GS Spider Zagato iscritte ufficialmente e

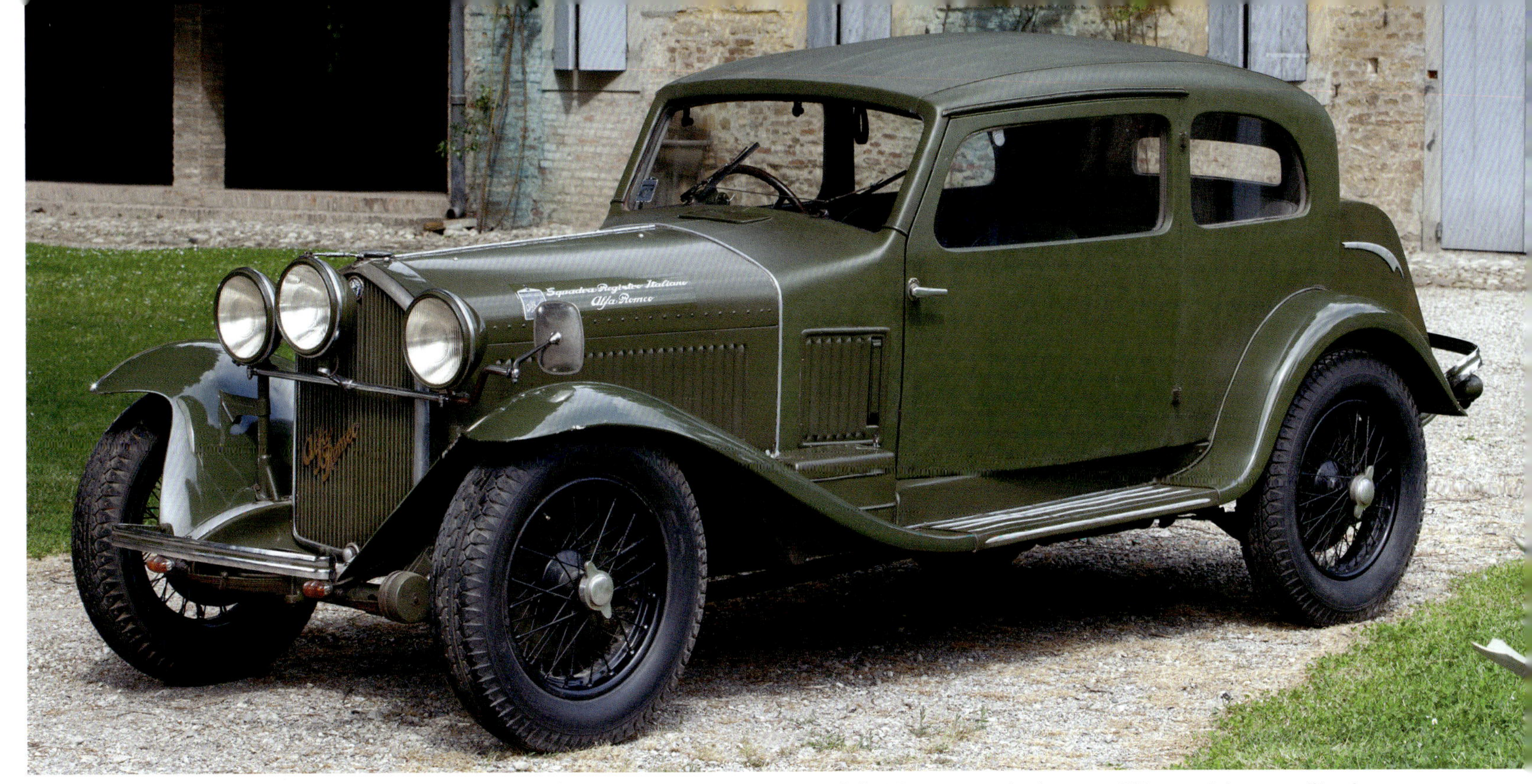

A parte i cofani e i parafanghi, realizzati in metallo, questa 6C 1750 GT è stata carrozzata dalla Touring secondo il sistema 'Weymann', basato sull'applicazione di pannelli in pegamoide impermeabile (in gergo, 'finta pelle') su leggere strutture in legno. Rispetto a quelle in metallo, le carrozzerie 'Weymann' erano più leggere e trasmettevano meno il rumore. Sotto, l'abitacolo, dotato di sedili di impostazione sportiva (Foto Domenico Fuggiano – Collezione Righini).

preparate in modo particolare. Il telaio era stato irrigidito mentre il serbatoio del carburante era stato posto in posizione arretrata per migliorare la centratura del peso. Rinnovato anche il sistema di alimentazione, con il compressore che (contrariamente alla versione precedente) ruotava secondo gli stessi giri del motore.

I motori stessi, tutti del tipo 'Testa fissa', erogavano circa 110 Cv a 5000 giri/m (25 Cv in più rispetto alla versione di serie, con testa tradizionale) e permettevano di raggiungere i 170 km/h. Con Nuvolari alla guida, dall'inizio alla fine in lotta con Varzi, per la prima volta alla Mille Miglia è stata superata la media dei 100 km/h. Altrettanto sorprendente che tra le prime dieci vetture classificate, sette fossero del tipo 1750. Nello stesso 1930, Marinoni ha vinto per la terza volta la 24 Ore di Spa, in coppia con l'ex-motociclista genovese Pietro Ghersi. Speciale, per l'aria di sfida che si era creata con le Case d'oltre Manica, anche il trionfo ottenuto nell'agosto del '30 al Tourist Trophy, disputato su un circuito stradale nei pressi di Belfast (Irlanda). Le tre 6C 1750 di Nuvolari, Campari e Varzi, in una particolare versione a quattro posti per rispettare il regolamento (le carrozzerie in alluminio erano opera dell'inglese James Young), hanno dominato per tutti i 637, 8 km del percorso. Estremamente significativo il titolo con cui il periodico *The Motor* ha commentato la gara: *Sweeping italian victory*.

Aggressivo il muso della 6C 1750 GT con 'fanaleria' tipo Mille Miglia.

L'IMBATTIBILE RECORD DELLE VITTORIE

Tra la prima e le ultime edizioni della 'Coppa delle Mille Miglia' (1927/1957), il tempo impiegato dal vincitore è stato abbassato di 11 ore, anche se lo spirito dei piloti è sempre stato lo stesso: guidare al limite per 1.600 km, da Brescia a Roma e ritorno. Basti pensare alle medie da brivido tenute nel primo tratto Brescia-Bologna, tra il '27 e il '38: gli iniziali 106,5 km/h di Bruno Presenti (con Brilli Peri su un'Alfa RL SS), in un anno sono diventati i 124 km/h di Nuvolari (Bugatti 43). Nella escalation vertiginosa impressionano i 161 km/h, ancora di Nuvolari, nel '32 (Alfa 8C 2300), fino ai 178,7 km/h di Pintacuda nel '38 (Alfa 8C 2900 B). Paesi e città erano attraversati in un lampo, con lo spirito di una gara a Monza. Nei primo anni, i professionisti cedevano la guida per brevi tratti ai loro 'secondi'. Poi quando le strade sono migliorate e il tempo di gara si è abbassato, guidavano per tutti i 1.600 km.

L'Alfa Romeo detiene il record delle vittorie nella Mille Miglia: ben 11 su 24 edizioni. E in tre occasioni ha ottenuto il 2° posto. Nelle ultime edizioni, quan-

Strada Statale n. 2 'Cassia': Antonio Brivio non è nemmeno a metà strada ma sta già dominando la Mille Miglia del '36, con la potente Alfa Romeo 8C 2900 A, caratterizzata dalla tipica carrozzeria a 'botticella'. Con il pilota, il meccanico Carlo Ongaro.

Mille Miglia 1928, Passo della Raticosa: i futuri vincitori Campari e Ramponi, con l'Alfa Romeo 6C 1500 con compressore. In basso: ore 13.12'00" del 16 aprile 1930: il grande campione Achille Varzi è concentratissimo al via della Mille Miglia, con l'Alfa Romeo 6C 1750; con lui, il fidatissimo meccanico Carlo Canavesi.

do la Casa aveva deciso di non allestire delle auto per la vittoria assoluta, l'Alfa è stata protagonista nelle categorie Turismo e Gran Turismo, con la 1900 e la Giulietta.

1927 - 26/27 marzo

Nessuno poteva prevedere come si sarebbe svolta la prima Milla Miglia. Spaventavano i 1.600 km in piena velocità, eppure le adesioni sono state 77: le Case avevano compreso che anche un piazzamento avrebbe dimostrato il valore delle proprie auto di serie e favorito le vendite. Tra gli iscritti spiccavano le tre Alfa Romeo 3.0 RL SS (pilota di punta, il conte fiorentino Gastone Brilli Peri, in coppia con l'esperto Bruno Presenti) e le tre OM Superba, con una delle quali ha brillato l'anziano ma veloce Ferdinando Minoia, in coppia con Morandi. Brilli Peri e Presenti sono stati in testa per 712 km con un ritmo da 'GP', ma al controllo di Spoleto sono usciti di scena per un problema di lubrificazione. Via libera a Minoia-Morandi, con un tempo appena superiore alle 21 ore.

1928 - 31 marzo/1 aprile

Il primo via è stato dato alle 8 di mattina e i futuri vincitori (Campari-Ramponi con la nuova Alfa Romeo 6C 1500 sovralimentata) sono partiti alle 11.18. Hanno impiegato poco più di 19 ore per tornare a Brescia: da poco erano passate le 6,30 del lunedì mattina, quando l'Alfa si è arrestata davanti al direttore di corsa Renzo Castagneto. Tutte le Mille Miglia iniziali sono state disputate con questa caratteristica: alla luce del sole si arrivava fino a Roma, mentre, di notte, si superavano gli Appennini per raggiungere la Statale Adriatica e affrontare quindi il tratto 'veneto'. Per vincere erano necessarie vetture da corsa, potenti e robuste e l'Alfa aveva afferrato totalmente questa filosofia. Con il nuovo modello 1500 sovralimentato, ha ottenuto il primo dei suoi 11 successi. Temibile l'assalto delle Bugatti 43 ufficiali: erano più potenti e veloci delle Alfa di quel periodo (170 km/h contro 155), ma si sono rivelate fragili.

1929 - 13/14 aprile

Lo 'squadrone' delle nuove Alfa Romeo 6C 1750 (105 cavalli, oltre 160 km/h), contro la Maserati 1700 a compressore (110 cavalli, oltre 170 km/h), guidata dall'asso Borzacchini e da Ernesto Maserati. Alle

19.28 di domenica sera la macchina bolognese è arrivata a Roma ad oltre 92 di media, con 4' di vantaggio sulla prima Alfa, quella di Campari-Ramponi. Borzacchini era nativo di Terni, e sulla tortuosa 'Flaminia', intendeva aumentare il vantaggio. Invece si è rotto il cambio della filante Maserati e per Campari la successiva cavalcata è stata trionfale. La gara stava assumendo caratteristiche di velocità: Campari ha migliorato di oltre un'ora il suo tempo del '28, con una media di 89,6 km/h.

1930 - 16/17 aprile

È l'edizione leggendaria, quella vinta da Tazio Nuvolari in coppia con Guidotti, a 100,4 km/h di media: dato stupefacente per l'epoca. Merito delle rinnovate Alfa Romeo 1750 a 'testa fissa', più potenti (110 cavalli), più stabili e dotate della bellissima ed efficiente carrozzeria di Zagato. Merito anche di due grandi piloti: Tazio Nuvolari e Achille Varzi, che dopo avere infuocato le gare motociclistiche degli Anni '20, erano saliti all'apice dell'automobilismo, con una rivalità leggendaria. Nella Mille Miglia del '30, i due erano le punte dell'Alfa Romeo, che aveva schierato ben 6 vetture. Durante la corsa, il responsabile della squadra, il celebre tecnico Vittorio Jano, telefonava ai responsabili dei controlli per cercare, inutilmente, di moderare la marcia dei due assi. Dopo l'exploit di Arcangeli, che con una Maserati era arrivato a Bologna ad una media di quasi 139 km/h, Varzi aveva sferrato l'attacco e a Roma era primo con 1' scarso su Nuvolari. Quest'ultimo era partito 10' dopo Varzi, con il vantaggio delle segnalazioni, ma è improbabile che le abbia sfruttate perché la guida del "Mantovano volante" è stata 'totale'. E qui si innesca il celebre episodio del sorpasso a 'fari spenti', leggenda che ha un fondo di verità. Così la raccontava Giovanbattista Guidotti, celebre collaudatore dell'Alfa, che in quella Mille Miglia aveva preso il volante al secondo passaggio da Bologna, per tenerlo fino a Bassano, dopo aver superato Treviso e Feltre: '*Subito dopo l'attraversamento di Verona, abbiamo visto in lontananza la sagoma dell'Alfa di Varzi. Era fatta, ma sapevo che – vittoria a parte – Nuvolari voleva arrivare sul traguardo davanti a Varzi. Stava albeggiando e così proposi: 'Dai Nivola, spegniamo i fari!'. La sorpresa è riuscita: Varzi, che aveva riconosciuto chi lo stava tallonando, ha pensato a un nostro problema tecnico, e ha alzato per un attimo il piede dal gas per fare respirare il motore. Lo abbiamo superato sullo slancio, ma saremmo passati davanti ugualmente, perché avevamo la gara in pugno*'.

Mille Miglia del '33: il meccanico Decimo Compagnoni non è ancora nell'abitacolo, ma Tazio Nuvolari sta già scattando dopo il rifornimento all'assistenza Alfa Romeo di San Casciano in Val di Pesa; dominerà con l'Alfa 8C 2300. In basso, ancora Nuvolari con Giovanbattista Guidotti, raggianti dopo la vittoria del 1930.

1931 - 11/12 aprile

L'Alfa, che aveva schierato le nuove 8C 2300 Spider Corsa per Nuvolari e Arcangeli, è stata condizionata da problemi ai pneumatici, mentre Campari, con la 1750, si è classificato 2° ma a 11' dal vincitore, il tedesco Rudi Caracciola, con una Mercedes SSK ufficiale, potentissima (270 Cv), anche se non facile da 'domare'. Ma Caracciola stava diventando uno dei più forti piloti da Gran Premio degli Anni '30.

1932 - 9/10 aprile

L'Alfa aveva migliorato il modello 8C 2300: nuovo telaio accorciato, distribuzione delle masse modificata e affidabile tenuta dei pneumatici. La potenza era superiore ai 150 cavalli e la velocità toccava i 180 km/h. La Casa milanese aveva ingaggiato anche Caracciola che ha corso con Bonini. Gli altri equipaggi: Borzacchini-Bignami, Nuvolari-Guidotti, Campari-Sozzi. Difficilmente la vittoria sarebbe sfuggita a un pilota dell'Alfa, tutti molto vicini nelle prime fasi, con il solo inserimento di Varzi (Bugatti), poi fermato dalla rottura del serbatoio. Ma anche le Alfa hanno avuto vari guai: Nuvolari si è 'distratto' poco prima del controllo di Firenze ed è uscito di strada; Caracciola, in testa dopo Roma, ha accusato un guasto, mentre la 2300 di Campari, affidata per qualche chilometro al secondo pilota e meccanico, l'esperto e affidabile Carlo Sozzi, è finita contro un muro. Via libera quindi per il grande Borzacchini davanti ad altre sei Alfa Romeo.

1933 - 8/9 aprile

Dopo il ritiro dalle corse, le Alfa Ro-

Mille Miglia 1934: Achille Varzi è sceso dall'Alfa Romeo 8C 2600 Monza al posto di assistenza di Imola e sta discutendo in modo animato (sul filo dei secondi) con Enzo Ferrari (di spalle), rifiutandosi di adottare le gomme da 'bagnato', suggerite dallo stesso Ferrari. Si imporrà quest'ultimo e Varzi (con Bignami) sarà 1° a Brescia (a destra).

meo erano gestite dalla Scuderia Ferrari che aveva affidato le 8C 2300 Spider Corsa a Nuvolari-Compagnoni, Trossi-Brivio e Borzacchini-Lucchi. Questi ultimi erano in testa dopo Roma ma un guasto li toglieva di gara, mentre pochi chilometri dopo il via, il conte Trossi aveva osato troppo alla 'S' di Manerbio, e l'equipaggio era stato protagonista di un incidente spettacolare ma innocuo. Ha vinto Nuvolari, con la coppia Castelbarco-Cortese al 2° posto. Per le vicissitudini ante gara, un piazzamento epico. Il pilota-gentleman Carlo Castelbarco aveva acquistato un'eccellente Alfa 2300 Spider Corsa e l'aveva affidata alla Casa per la messa a punto. Si era recato in anticipo a Brescia, affidando a Franco Cortese (buon pilota, famoso per avere portato alla prima vittoria la Ferrari nel '47) il compito di ritirare l'auto la domenica mattina al 'Portello'. La sera precedente si era però innescato un incendio e i meccanici dell'Alfa avevano ritenuto impossibile rimediare. Cortese, alle 7 di mattina, ha trovato la malconcia 2300 in un angolo, ma si è 'incavolato' talmente che i meccanici sono riusciti a metterla in condizioni di correre. La partenza era fissata per le 11.15 e il lavoro è terminato quando mancava meno di un'ora. Cortese non poteva fare altro che imboccare l'autostrada e percorrere il tratto Milano-Brescia 'a tavoletta' (a circa 200 km/h). È riuscito a fare rifornimento e a imbarcare l'attonito Castelbarco quando erano passati pochi secondi dall'orario di partenza e, 'sullo slancio', per l'intera gara non ha ceduto mai il volante al proprietario dell'auto.

Atmosfera di 'Regime' all'arrivo della Mille Miglia del '36: tra le camicie nere, il vincitore Antonio Brivio.

1934 - 8 aprile

Finalmente le partenze sono state spostate nelle primissime ore del mattino di domenica, in modo da festeggiare il vincitore nella serata dello stesso giorno, non in piena notte o all'alba del lunedì. È stata un'edizione caratterizzata da un grande duello: da una parte la coppia Varzi-Bignami, punta della Scuderia Ferrari. Per loro una speciale 8C 2300, con motore portato a 2.6 e potenza di 180 cavalli. Come risposta l'Alfa era tornata occasionalmente alle corse (anche se mascherata dalla Scuderia Siena, che faceva capo allo stesso co-pilota di Nuvolari), e aveva affidato alla coppia Nuvolari-Siena una altrettanto speciale 8C 2300. I due avversari si sono studiati fino a Roma, dove Varzi era davanti per meno di 1'; tra Umbria e Marche il vantaggio è aumentato, ma ad Ancona il ritardo di Nuvolari era ridotto a soli 20". Sembrava la riedizione della corsa del '30, perché a Bologna Nuvolari era davanti per 2'30". Ma al posto di assistenza di Imola era presente Enzo Ferrari: informato di una forte pioggia nel tratto nordico, aveva preparato le gomme 'ancorizzate' (da bagnato) che lì per lì il diffidente Varzi ha rifiutato. Sul filo dei secondi Ferrari si è imposto ed aveva ragione. Nuvolari, con le gomme da asciutto, non è stato in grado di opporre resistenza. Sul Ponte Littorio, oggi della 'Libertà', tra Mestre e Venezia (sede del posto di 'Controllo' a Piazzale Roma), Varzi ha incrociato Nuvolari, partito 4' prima di lui, e ha capito che la Mille Miglia dei 'fari spenti' era stata vendicata.

1935 - 14 aprile

Per Varzi i fratelli Maserati avevano preparato una biposto derivata dalla versione Gran Premio, con motore 3.7 da 270 cavalli e 230 km/h. Come risposta Ferrari aveva convertito in versione sport una monoposto Tipo B con motore 2.6 da 220 cavalli e 220 km/h. Un'auto talmente stretta che per guidarla era stato scelto l'esile Carlo Pintacuda, non un asso, ma veloce e affidabile. La supremazia dell'Alfa era talmente elevata che, a partire dal '35, non è stato più necessario utilizzare il Campionissimo Nuvolari, impegnato nella difficile impresa di battere Mercedes e Auto Union nei Gran Premi.

Era però obbligatorio correre in coppia ma non era semplice trovare qualcuno con un fisico adatto al mini-sedile della Tipo B: così Pintacuda ha convinto un suo amico fiorentino, il marchese Alessandro Della Stufa, ad accompagnarlo sull'Alfa, 'accomodandosi' il più possibile sulla sinistra. Un eroismo che gli ha consentito di entrare nell'albo d'oro della corsa, dopo il ritiro di Varzi per noie al motore.

1936 - 5 aprile

L'Alfa Romeo ha proseguito lo sviluppo delle sue vetture ed è nata la 8C 2900 A, con motore a doppio compressore. Il progetto derivava da due differenti monoposto da Grand Prix: motore di 2905 cc (220 Cv) della Tipo B e sospensioni della nuova Tipo C. Velocità massima, 230 km/h. Tre le vetture schierate, per Brivio-Ongaro, Farina-Meazza e Pintacuda-Stefani. Brivio, al secondo passaggio di Bologna (la città emiliana è stata spesso attraversata all'andata e al ritorno da Roma), aveva 14' di vantaggio sul compagno di squadra Farina. Pareva fatta, ma un guasto all'impianto elettrico ha costretto Brivio (partito alle 8.4 e arrivato a Brescia alle 21.11) a guidare alla cieca per oltre due ore, tanto che il distacco da Farina è sceso ad appena 32 secondi!

Mille Miglia 1937: Giuseppe Farina, futuro Campione del Mondo di F.1 nel '50, al volante dell'Alfa Romeo 8C 2900 A. Con il pilota, il meccanico Stefano Meazza: saranno 2° dietro l'analoga vettura di Pintacuda-Mambelli.

1937 - 4 aprile

Finalmente la Milla Miglia aveva attirato le Case francesi Talbot e Delahaye, che disponevano di ottime vetture sport con motori rispettivamente 3.5 e 3.9 cc, senza compressore ma veloci. La Talbot aveva iscritto due equipaggi affidabili (Catteneo-Lavègue e Comotti-Rosa) ma non è stata protagonista. Al contrario della Delahaye, che con il ben noto René Dreyfus, assieme a Pietro Ghersi, si è inserita nella battaglia scatenata dalle solite Alfa ufficiali (le stesse del '36, aggiornate), guidate da Pintacuda-Mambelli, Farina-Meazza e Biondetti-Mazzetti. Le partenze erano iniziate all'una di notte e, sotto una pioggia costante, Pintacuda ha condotto la gara dall'inizio alla fine, con Dreyfus alle costole. Ma a Tolentino (a poco più 50 km dalla Statale Adriatica), il pilota francese è rimasto senza visuale, a causa di uno schizzo di fango, ed è uscita di strada.

1938 - 3 aprile

Dopo sei anni di impegno indiretto tramite la Scuderia Ferrari, l'Alfa Romeo è tornata ufficialmente alle corse, con lo stesso Enzo Ferrari nelle vesti di direttore generale. Per la stagione '38 è stata studiata la sensazionale 8C 2900 B: bassa, filante e con un telaio moderno, disponeva di oltre 220 Cv, ma è stato preparato anche un motore derivato dalla 308 da GP con 360 cavalli. Motore che equipaggiava la vettura affidata a Biondetti-Stefani. Formidabili anche le altre coppie: Farina-Meazza, Pintacuda-Mambelli e Emilio Villoresi-Siena. Tra gli avversari spiccavano le due nuove Delahaye (motore a 12 clindri) di Dreyfus-Varet e Comotti-Roux. Erano delle GP, sulle quali erano stati montati fari e parafanghi. Non a caso, nel tratto veloce Brescia-Bologna, Dreyfus era 2°, alle spalle di Pintacuda. In seguito è stato attardato dal consumo dei pneumatici mentre Pintacuda, a Terni, per un problema ai freni ha ceduto il 1° posto a Biondetti, fino a quel momento 'conservativo'. Feroce, la rimonta di Pintacuda che, sul Ponte Littorio, prima di Venezia, ha incrociato Biondetti

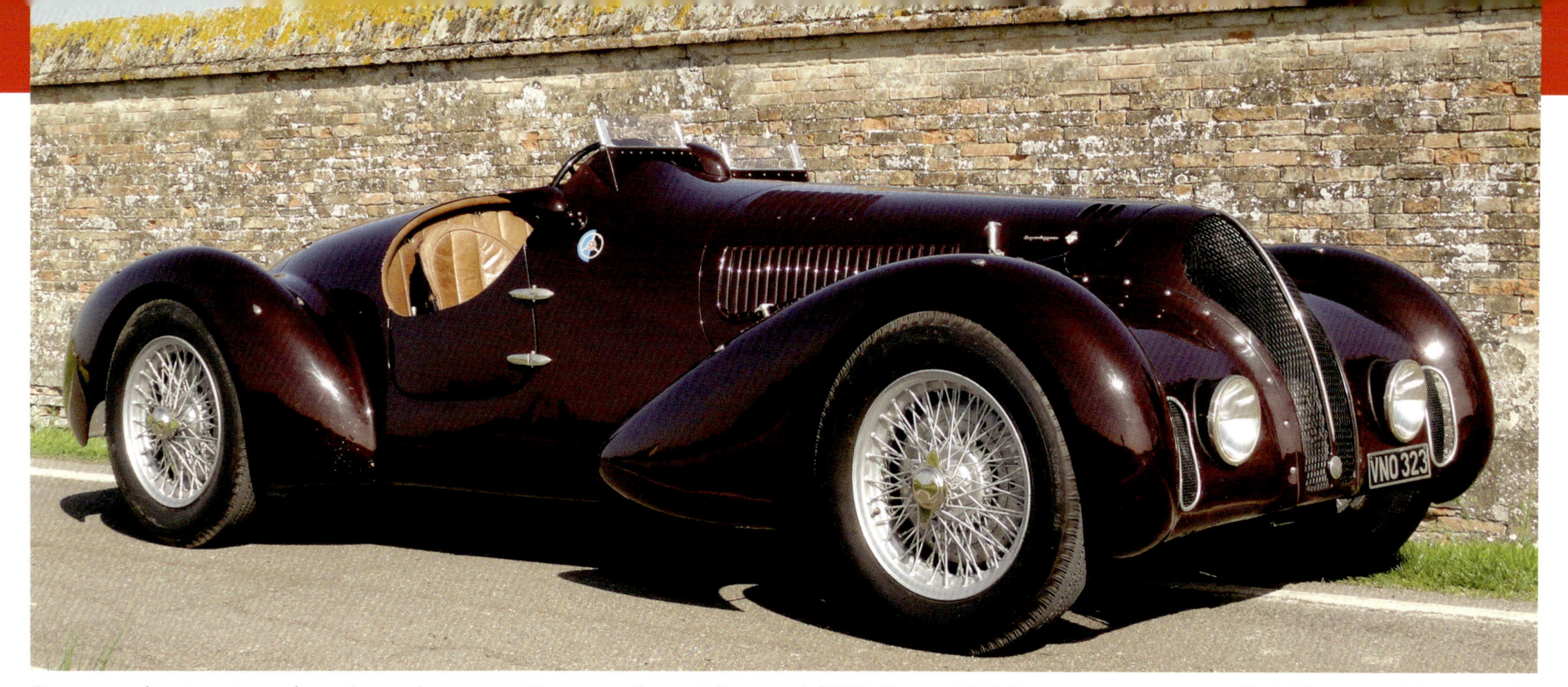

Restaurata di recente in modo professionale, questa affascinante 'biposto' derivata dall'Alfa Romeo 2300 B, è stata protagonista alla Mille Miglia del 1938, nella categoria 'Sport Nazionale' ('derivate' dalla serie). Dotata di un telaio con motore arretrato, era stata carrozzata dalla Touring per il pilota Franco Cortese, 9° assoluto nella gara bresciana e 1° di categoria. Nel 2011 ha ottenuto grande successo al Concorso d'Eleganza 'Castello di Miramare', organizzato dalla AAVS.

partito 4' prima. Erano quindi vicinissimi, ma Biondetti ha vinto alla media record di 135,3 km/h, con Pintacuda a due minuti.

Una entusiasmante giornata, con tempo ottimo e ben 141 partenti, finita in tragedia, a causa del terribile incidente causato dalla 'tranquilla' Lancia Aprilia di Bruzzo-Mignanego (guidava quest'ultimo), in viale Berti Pichat, sulla circonvallazione di Bologna. In apparenza senza motivo, l'Aprilia ha sbandato sulla sinistra, in un tratto rettilineo. Ha invaso lo spartitraffico alberato, causando la morte di 10 spettatori (tra cui 7 bambini, che facevano par-

te di una scolaresca), e il ferimento di altre 27 persone. Il giorno dopo il Governo ha vietato le gare 'sulle strade metropolitane'.

1940 - 28 aprile

Per aggirare il veto governativo, l'AC Brescia ha ideato un velocissimo circuito stradale di 165 km da ripetere 9 volte. Una strana Mille Miglia: la guerra mondiale era già scoppiata, eppure erano presenti ufficialmente la BMW (con 4 vetture) e la francese Delage: le squadre di due nazioni in guerra tra loro!

Vietate per regolamento le macchine con compressore, l'Alfa aveva studiato una nuova Sport, derivata dalla 2500 di serie, che si è rivelata poco potente (120 cavalli) e pesante. I quattro equipaggi comprendevano dei veri campioni, ma era accentuata la differenza tra le Alfa e le leggere e potenti BMW 2000: 140 cavalli e 'quasi' 220 km/h nella versione berlinetta: cioè 20 km/h in più rispetto alla migliore vettura del 'Portello'. Gara senza storia con von Hanstein-Baumer sempre davanti.

1947 - 21/22 giugno

La tragedia della guerra era ancora evidente nel panorama italiano. Molte le strade disastrate, ma nell'euforia della vita riconquistata, la passione per l'automobilismo aiutava a dimenticare le disgrazie. Motivo che ha convinto il nuovo Governo a revocare il divieto di organizzare la Milla Miglia su strada. Nel '47 erano poche le vere auto da corsa, eppure sono partiti 155 equipaggi, per lo più alla guida di modeste vetture da turismo. Sulla carta gli equipaggi erano ben 245, ma il record si spiega con la leggerezza degli organizzatori, che avevano previsto un regalo enorme agli iscritti: il carburante e soprattutto un treno di pneumatici nuovi (rarissimi nel dopoguerra) a prezzo di 'assegnazione'. Cioè 20.000 lire (circa 300 euro attuali), quando al mercato nero il prezzo era spesso decuplicato.

La gara si è concentrata sulla sfida tra le nuove Cisitalia 1100 e Fiat 1100 S, con l'incomodo dell'Alfa Romeo 2900 B del bresciano Romano. Era un'auto del 1938, con motore a 8 cilindri, che erogava 137 Cv a 5.000 giri/m (più del doppio rispetto alle 1100), nonostante fosse stato privato del compressore, non più permesso. Una delle Cisitalia era guidata dal grande Tazio Nuvolari, in precarie condizioni fisiche, ma sempre un 'marziano' rispetto a tutti gli avversari, tanto che al controllo di Roma aveva 7' di vantaggio sulla grossa Alfa. Ma il co-pilota di Romano era Clemente Biondetti: aiutato dalle condizioni climatiche, che limitavano la guida della Cisitalia Spider, e dal nuovo tratto autostradale Torino-Brescia, il forte pilota toscano ha portato all'Alfa Romeo l'11ª vittoria alla Mille Miglia: record assoluto.

Mille Miglia 1953: il Campione Juan-Manuel Fangio al passaggio di Cremona, con l'Alfa Romeo 6C 3000 CM.

1948 - 1 maggio

La 15ª Mille Miglia è entrata presto nella leggenda, più per la mancata vittoria di Tazio Nuvolari che per il primo degli otto successi della Ferrari nella gara bresciana. Le condizioni fisiche di Nuvolari erano peggiorate rispetto al 1947, ma alla vigilia della corsa il pilota era presente a Brescia, corteggiato da Ferrari e dai dirigenti dell'Alfa, che per la Mille Miglia aveva preparato due ottime berlinette 2500 Competizione, con il motore a 6 cilindri derivato dalla 2500 di serie.

La storia è celebre: Nuvolari – totalmente senza allenamento – è partito alle 4.33 sulla Ferrari 166 SC Spider con il meccanico Scapinelli e per oltre 10 ore ha infiammato l'Italia, incollata alla radio. A Bologna, quando mancavano solo i lunghi rettilinei della Pianura Padana, aveva 29' di vantaggio sul compagno di squadra Biondetti, che guidava la più comoda berlinetta 166 S.

Ma il destino aveva deciso diversamente: alle porte di Reggio Emilia, in località Villa Ospizio, la balestra posteriore sinistra ha ceduto e il pilota, considerato tutt'ora – da una vasta opinione – il più grande mai esistito, ha potuto solo accettare l'ospitalità di un curato per riposare in un letto.

Le due Alfa Romeo 2500 Competizione, fallito il tentativo di convincere Nuvolari, erano state iscritte in forma 'privata', con gli equipaggi Sanesi-Sala e Rol-Gabardi, tre esperti collaudatori e un pilota dilettante, Franco Rol. Le auto sono risultate competitive ma sono state fermate da uscite di strada. L'onore è stato salvato dai privati Bianchetti-Cornaggia, 6° assoluti e 1° di classe con una 2500 Super Sport.

1949 - 24 aprile

Con la 16ª Mille Miglia ha debuttato l'eccellente idea di abbinare il numero di gara all'ora di partenza. La vittoria è andata, per la quarta volta, a Clemente Biondetti (con Salani), alla guida di una Ferrari 166 Touring (140 cavalli e 210 km/h), seguita dalla gemella di Bonetto-Carpani e da un'Alfa Romeo 6C 2500 Competizione, già vista nel '48 (145 Cv, oltre 200 km/h): l'iscrizione privata, con l'equipaggio Rol-Richiero, ha limitato le speranze del 'Portello'.

1950 - 23 aprile

Favoriti erano Ascari-Nicolini e Villoresi-Cassani con le Ferrari dotate del nuovo

Goffredo Zehender, ex-pilota da Gran Premio, ha preso parte alla Miglia 1953 con un'Alfa 1900 Sprint, assieme a De Giuseppe (sopra): ritirati prima di Roma. Nella stessa edizione, Pagliai-Parducci (1900 TI) hanno prevalso nella classe Turismo fino a 2000.

motore 3.3 da 215 cavalli. La pioggia iniziale ha creato problemi alle vetture aperte e ha contribuito a portare in testa il 22enne gentleman Giannino Marzotto, alla guida di una Ferrari 195 S berlinetta. I due piloti 'ufficiali' hanno reagito, ma sono stati fermati da guai alla trasmissione. Marzotto, sempre vicino a Villoresi e Ascari, ha così ottenuto una vittoria clamorosa: era nata una stella, un pilota di straordinaria personalità, che ha corso alla pari con i professionisti, senza assumerne il ruolo.

Al via anche tre Alfa Romeo 6C Competizione berlinetta: due con il noto motore 2500, una terza aggiornata con un nuovo motore di 2955 cc (168 Cv a 6000 giri/m e 225 km/h). Ma, come ha scritto il famoso commentatore Giovanni Lurani nel suo '*La storia della Milla Miglia*', '*L'Alfa Romeo, ancora una volta, aveva fatto le cose con reticenza e con poca determinazione*'. Al grandissimo Juan Manuel Fangio (con Zanardi) è stata affidata una 'veterana' 2500 (una gemella è stata iscritta per Rol-Richiero) mentre la nuova, e ben più competitiva, 6C 3000 C50, '*... all'ultimo momento* – è ancora Lurani che scrive –, *per ragioni politico-sindacali del tutto estranee agli interessi della Casa e della corsa, venne affidata a Consalvo Sanesi con Bianchi. (...) Sanesi, probabilmente responsabilizzato dal fatto di avere una vettura che potenzialmente poteva vincere, forzò l'andatura e finì rovinosamente fuori strada presso Pescara. (...) Se l'Alfa Romeo avesse affidato questa potente vettura al grande Fangio, le cose sarebbero andate diversamente*'. Il futuro cinque volte Campione del Mondo di F.1, ha dovuto accontentarsi del 3° posto. L'Alfa ha invece dominato la categoria Gran Turismo con l'argentino Schwelm, in coppia con Colonna: 10° assoluti con una elegantissima 6C 2500 'Villa d'Este'.

1951 - 28/29 aprile

La pioggia ha condizionato perfino il vincitore assoluto, Villoresi in coppia con Cassani su una della quattro Ferrari 340 (4100 cc) da 240 cavalli e 240 km/h. L'asso milanese era uscito indenne da uno slalom tra i paracarri, su un cavalcavia dalle parti di Ferrara, poi aveva guidato a lungo con la sola 4° marcia. Era andata peggio al compagno di squadra Ascari, abbagliato dai fari di un macchina parcheggiata in curva e uscito di strada. Ottimo il 6° posto di Bonetto, alla guida di una veterana Alfa Romeo V12, derivata da una Grand Prix d'anteguerra. Iscritte anche le 'solite' Alfa 2500 Competizione, vendute al torinese Franco Rol e ai fratelli romani Franco e Mario Bornigia, che a Roma erano 3° assoluti.

1952 - 3/4 maggio 1952

Spicca l'epica rimonta di Giovanni Bracco (Ferrari 250 S), sui passi della Futa e della Raticosa, tra Firenze e Bologna. Il biellese aveva 4' di ritardo su Kling, alla guida di una delle tre nuove Mercedes 300 SL, in testa da oltre 1.000 km. Sull'Appennino diluviava e la visibilità era ridotta per nebbia, ma Bracco è stato protagonista di uno degli episodi più famosi della Mille Miglia.

Il ritiro dalle corse non consentiva all'Alfa di schierare vetture vincenti, ma la Casa milanese ha raggiunto grandi soddisfazioni nella categoria Turismo con la nuova 1900. In versione TI, la famosa '*Berlina di famiglia che vince le corse*', disponeva di 100 Cv e arrivava a 170 km/h. Nella Mille Miglia del '52, l'Alfa aveva schierato varie TI 'ufficiose', una delle quali per i campioni della moto Bruno Ruffo e Arciso Artesiani, finiti 3° ad appena un minuto dai compagni di squadra, Carini-Bianchi. Il primo posto era però andato alla outsider Lancia Aurelia berlina (meno competitiva rispetto alla 1900, anche se in versione 'alleggerita' con carrozzeria in alluminio), guidata da Umberto Maglioli, che l'anno dopo sarebbe entrato nell'elenco dei migliori piloti del mondo.

1953 - 25/26 aprile

Per l'Alfa Romeo l'ultima occasione per portare a 12 le vittorie nella Mille Miglia. La Casa milanese, dopo un paio d'anni di incerta politica sportiva, aveva schierato tre nuove 6C 3000 CM (3495 cc, 246 Cv a 6500 giri, 250 km/h). Competitive, seppure debuttanti e bisognose di test, erano state affidate a tre piloti esperti: il grande Fangio, Kling e il capo-collaudatore Sanesi. Tra gli avversari principali, le 26 Ferrari al via, tra cui quattro 4100 'ufficiali' (Farina e Villoresi i piloti di punta, entrambi ritirati), le nuove Lancia D20 (Taruffi all'inizio era 2° assoluto), la Jaguar con le XK 120 C (Moss numero uno del team) e lo squadrone delle Aston Martin.

La gara è stata dominata dall'Alfa: Sanesi era 1° a Pescara a 176 di media; poi il testimone è passato a Kling, che lo ha tenuto fino a Firenze. Fuori il tedesco, passava in testa Fangio con 2' su Giannino Marzotto (Ferrari 340 MM). L'argentino, campione del mondo F.1 nel '51, avrebbe probabilmente vinto se non fosse stato rallentato da un problema allo sterzo. Si è classificato 2°, con un finale eroico, così raccontato dall'ingegnere Gian Paolo Garcéa, responsabile del Servizio Esperienze, nel suo delizioso volume '*La mia Alfa*: '*All'ultimo controllo di Bologna non volle che gli aprissero il cofano: non lo avrebbero lasciato ripartire perché una delle due ruote si era staccata dallo sterzo. Il Saletta in fianco a*

L'arrivo a Brescia della 1900 TI di Piero Carini e Martino Artesani, 8° assoluti e 1° nella classe Turismo 2000, nel 1954. In basso, la debuttante Giulietta Sprint Veloce è stata grande protagonista alla Mille Miglia del '56: Sgorbati-Zanelli, 11° assoluti.

lui (il meccanico-collaudatore Giulio Sala, una delle 'colonne' dell'Alfa dell'epoca, ndr) *lo vedeva agire sul volante cento metri prima delle curve (stava convincendo quella ruota a sterzare come voleva lui)*'.

1954 - 1/2 maggio

Finalmente è stato abrogato l'ormai assurdo obbligo di correre in due. Ne hanno approfittato Maglioli, con una delle Ferrari 340 ufficiali, e tutti i piloti delle nuove Lancia D24: Taruffi, Ascari, Castellotti e Valenzano. Meno potenti delle Ferrari di punta (250 cavalli contro 350), le Lancia avevano una miglior tenuta di strada, fondamentale per la vittoria. La prima parte di gara è stata dominata da Piero Taruffi, 1° a Pescara a 177 di media e poi a Roma con altra media record: 158 km/h. Dietro di lui, Ascari e Castellotti, poi fermato da un guasto. Dopo la capitale, in una delle strette curve di Vetralla, Taruffi è stato bloccato da una vettura più lenta ed è uscito di strada. Ex-campione del mondo di F.1 ('52 e '53), Ascari era molto popolare; una volta al comando, è 'volato' tra due ali di folla festante fino a Brescia. Totale il dominio dell'Alfa nella categoria Turismo: Carini-Artesani hanno ottenuto l'8° posto assoluto con la nuova 1900 Super TI (1975 cc, 115 Cv a 5500 giri/m, 180 km/h).

1955 - 30 aprile/1 maggio

La Mercedes era calata in Italia con una organizzazione impressionante, uno squadrone di piloti (Fangio, Moss, Hermann e Kling: in allenamento hanno 'disputato' l'equivalente di 10 Mille Miglia!), e le raffinate 300 SLR da 280 Cv. La Ferrari ha animato la corsa con le nuove '6 cilindri', nonostante guai alle gomme per la violenta erogazione della potenza. Sono stati in testa Paolo Marzotto, Castellotti e Taruffi, che a Pescara era arrivato a 190 di media! Moss seguiva a 15" e a Roma è passato al comando.

Dominio dell'Alfa nel Turismo, dove la battaglia riguardava solo i piloti. Tra i vincitori, i romani Guido Cestelli Guidi - Giuseppe Musso (1900 TI), e il 2°, il bresciano Giancarlo Sala, la differenza è stata di appena 52", 3° il tedesco Stern, a meno di un minuto da Sala!

1956 - 28/29 aprile

Indiscusso il trionfo di Eugenio Castellotti (Ferrari 290 MM), mentre altri piloti del Cavallino (Collins, Musso e Fangio: i primi due con le 860 Monza a 4 cilindri, l'argentino con una 290 MM), nel tratto di ritorno Roma-Brescia hanno reagito a un inizio poco incisivo, occupando l'intera prima parte della classifica.

Alla vigilia della corsa, l'Alfa Romeo aveva consegnato a 27 clienti-piloti la nuova Giulietta Sprint Veloce, con motore di 1290 cc da 90 Cv a 6300 giri/m, velocità di 180 km/h. La futura 'regina' della classe 1300 della categoria Gran Turismo, ha subito confermato le sue doti, nonostante sia stata schierata in versione quasi di serie, senza elaborazioni. La pioggia ha favorito la gara d'attacco delle Giulietta: a Roma il veneto Egidio Gorza era 17° assoluto su 365 partenti. Gorza aveva superato all'inizio Olinto Morolli, partito da Brescia un minuto prima, che lo aveva poi raggiunto sulla 'Sella di Corno', al confine tra Lazio e Abruzzo. Da quel momento i due *alfisti* hanno guidato a distanza ravvicinata per oltre 700 km, con tempi parziali incredibili: dopo il tratto Roma-Siena, Morolli era 6° mentre a Firenze Gorza era 4° dietro a tre Ferrari. I due piloti dell'Alfa hanno proseguito assieme fino a Reggio Emilia, dove Gorza è stato costretto al ritiro per un'uscita di strada. Al 'rifornimento' di Bologna, erano stati informati dall'ingegnere Livio Nicolis, responsabile del Servizio Esperienze dell'Alfa, che si stavano giocando la vittoria di classe e un'incredibile posizione nella classifica assoluta. Ovvio che, dopo Reggio Emilia, Morolli abbia guidato con stimolo particolare; purtroppo, tra Parma e Piacenza, quando mancavano poco più di 100 km all'arrivo, è stato fermato dalla rottura del manicotto del liquido di raffreddamento. La vittoria di classe (e l'11° posto assoluto!) è andata a Sgorbati-Zanelli, sempre vicini nei tempi parziali ai due contendenti diretti. Con un successo che ha fatto epoca, l'Alfa Romeo aveva clamorosamente interrotto la supremazia della Porsche.

1957 - 11/12 maggio

Poteva essere una festa per l'Alfa, che aveva dominato la classe 1300 della categoria Gran Turismo, e per il 55enne Piero Taruffi (Ferrari 315 S), che aveva coronato il sogno della sua carriera di grande pilota. Ma il dopo gara è stato angosciante: a Guidizzolo, dopo Mantova, una tragedia immane si era abbattuta sulla corsa. Sulla Ferrari 290 MM di Alfonso De Portago, che aveva a bordo l'amico giornalista Eddie Nelson, è scoppiato in piena velocità il pneumatico anteriore sinistro. Senza controllo, l'auto ha urtato un palo e si è spezzata in due, causando la morte dell'equipaggio e di 10 spettatori: terribile conclusione per la gara più celebre del mondo.

Alfa Romeo Aviazione

MOTORI A STELLA E SANT'ANTONIO

Intorno alla metà degli Anni '30, per l'Alfa Romeo iniziava il periodo di maggiore sviluppo del settore aeronautico, nel quale era entrata nel 1924. Nel reparto 'costruzione e controllo prototipi' lavorava il giovane ingegnere Gian Paolo Garcéa, all'epoca 'addetto alla Sala Prova'.

Dotato di ottima cultura tecnica e di notevole spirito, l'ingegnere padovano ci ha lasciato un delizioso volumetto di ricordi ('*La mia Alfa*', Nada Editore), con annotazioni spesso singolari. Ne riportiamo alcune righe, con un finale sorprendente: '*L'ingegnere Tonegutti, capo del Servizio Controllo e Sale Prove dei motori 'avio' aveva telefonato al Sig. Bossi* (capo delle sale di prova, ndr): *– Alle undici, lei e l'ingegnere Garcéa in direzione, l'ingegnere Gobbato ci deve parlare –. Al primo piano della palazzina con le finestre sul gran cortile di ingresso al Portello, la sala delle riunioni con il gran tavolone, le sedie tutte attorno, un gran scaffale a vetri lungo la parete di fronte alle finestre, comunicava con l'ufficio dell'ingegner Gobbato: lo si sentiva strepitare insegnando qualcosa a qualcuno. Per la prima volta mi accorsi di un piccolo 'Santantonio' in vetro bianchiccio, con una piccola lampadina accesa dentro, in cima al gran scaffale, contro il soffitto. Più volte in sèguito avrei sentito gridare dall'ingegnere Gobbato la spiegazione al Capo del Servizio Progettazione: – Qui dentro di progettisti non ce ne sono: l'unico progettista è quello là, Sant'Antonio: è solo per merito suo che i motori girano e gli aerei non vengono giù –*'.

Una battuta, forse per sdrammatizzare la tensione, perché l'Alfa aveva dato ampie dimostrazioni di notevole capacità nel settore. A parte il famoso biplano Santoni-Franchini del 1910 (pagina 35 di questo volume, ndr), dal 1924 la Casa si era attrezzata per costruire la versione 'Alfa Romeo' del motore Jupiter IV, raffreddato ad aria, per il quale il direttore generale Nicola Romeo aveva ottenuto la licenza dalla Bristol Engine Company. Si trattava di un'unità a 9 cilindri, disposti a stella, di 28.628 cc, con distribuzione ad aste e bilancieri, che erogava 420 Cv a 1.575 giri/m. Destinato alla Regia Aeronautica, ha equipaggiato vari aerei da ricognizione e bombardamento ed è stato costruito in circa 700 unità. Nel '28, su pressione del neo-direttore generale Pasquale Gallo, l'Alfa aveva ottenuto anche il diritto di costruzione del motore Lynx della Armstrong Siddeley, un '7 cilindri' a stella di 12.939 cc, che erogava 215 Cv 'al decollo' (potenza sempre leggermente superiore rispetto a quella disponibile in volo). Adottato soprattutto per aerei Breda da addestramento, è stato costruito in 450 unità tra il 1930 e il 1934.

La direzione del reparto aeronautico era stata affidata a Vittorio Jano, impegnato anche nei settori 'auto' e 'veicoli commerciali' (quest'ultimo dal '29/'30). Il grande tecnico torinese ha trovato però il tempo per progettare degli inediti motori per aereo, come il 'doppia stella' da 600 Cv del 1928, ma le scelte ministeriali ne hanno impedito la fabbricazione. Meglio è andata con il progetto del motore D2 C30, un '9 cilindri' a stella di 13.734 cc, che erogava 240 Cv a 3.000 giri/m nella versione con compressore. È stato il primo motore da aereo progettato e sviluppato dall'Alfa Romeo ed ha equipaggiato alcune versioni del 'trimotore' Caproni Ca 101 (sia in versione militare che 'di linea'), battezzato appunto 'D2'.

Il maestoso motore 135 RC a 18 cilindri è una delle attrazioni del Museo Alfa Romeo ad Arese.

Il giornalista Maner Lualdi (al centro) e l'aviatore e sportivo Leonardo Bonzi (sulla sinistra), nonché marito dell'attrice Clara Calamai, assieme a un gruppo di ragazzi seguiti dall'Opera di assistenza di Don Carlo Gnocchi, prima della partenza per il raid Milano-Buenos Aires, affrontato con il piccolo monomotore Grifo-Alfa Romeo, allo scopo di raccogliere fondi per aiutare orfani e mutilati di guerra.

L'Alfa stava intanto sviluppando per conto proprio i motori a 9 cilindri Jupiter IV, ma il rispetto delle severe normative militari e le lunghe trafile burocratiche, ne hanno ritardato non poco l'effettiva produzione in serie. Nel '33 l'Alfa è entrata a fare parte dell'IRI ed è arrivata la svolta (anche economica) per produrre finalmente il motore Jupiter, battezzato semplicemente '125'. Nel frattempo era stato migliorato e dotato di compressore (125 RC35), per arrivare a 650 Cv a 3000 giri/m, diventati 860 nella versione 126 RC10 del '36. Siglati 126 RC34, 128 RC18, 128 RC21 e 129 RC34, con potenze variabili secondo l'impiego, sono stati costruiti in oltre 10.000 unità tra il '34 e il '44, adottati su svariati velivoli da trasporto e da combattimento, realizzati in particolare dalla Savoia-Marchetti, come l'S81 'Pipistrello' e l'S79 'Sparviero', ribattezzato dagli avieri inglesi 'Damned Hunchback'. Nel 1934, un prototipo dello 'Sparviero' ha completato il percorso Milano-Roma in 1h.10', con una velocità media di 410 km/h; l'anno dopo il volo Roma-Massaua (con sosta al Cairo per il rifornimento) è stato effettuato in 12 ore. I '9 cilindri' dell'Alfa sono stati utilizzati anche su aerei di linea, come i Savoia-Marchetti SM73 delle Avio Linee Italiane e gli SM75 dell'Ala Littoria.

La fiducia nei motori Alfa Romeo derivava anche dai numerosi primati di velocità conquistati, ma altrettanto interesse destavano quelli conseguiti 'in altezza'. La conquista degli spazi più alti del cielo affascinava, sulla spinta delle difficoltà legate al funzionamento del motore (alimentazione difficile in scarsezza di ossigeno) e al fisico del pilota. Con una altezza di 14.443 metri, il primo giugno 1934 il record è stato ottenuto dal comandante Renato Donati, alla guida di un Caproni 113 'AQ' (Alta Quota), equipaggiato con un motore Alfa Romeo da 550 cavalli.

A partire dal 1934, era iniziato anche l'ambizioso progetto del propulsore 135 RC, derivato dall'accoppiamento di due unità 'a stella' del tipo 126. Se ne occupava l'ingegnere Giustino Cattaneo, già celebre tecnico della Isotta Fraschini, che aveva 'preso' il posto di Jano, da quel momento impegnato unicamente nel settore 'auto'. Con una cilindrata totale di 49.697 cc (alesaggio e corsa 146x165 mm), il 135 a 18 cilindri, alimentato con compressore, disponeva di 1.600 Cv a 2000 giri/m 'al decollo'. Purtroppo già nel '35 Cattaneo lasciava l'Alfa per fondare una società di progetti (la CABI-Cattaneo tutt'ora attiva) e il delicato lavoro di messa a punto del 135 si è prolungato fino ai primi Anni '40, quando la guerra aveva vanificato lo sforzo. Costruito in circa 50 unità, è stato utilizzato solo per voli di prova.

Alla fine degli Anni '30, il fatturato dell'Alfa Romeo, che al 'Portello' contava su 6.000 dipendenti, si basava per l'80% sulla produzione dei motori per aereo, costruiti grazie anche alla creazione di una lega leggera, battezzata 'Duralfa', che aveva supplito alla difficoltà di reperire alcune materie prime, come l'alluminio. Con la 'Duralfa' (impiegata anche per le auto) sono state costruite eliche, pistoni teste dei cilindri, incastellature per i motori stellari e anche bielle.

Il primo aprile 1939 è stata posta la prima pietra dello stabilimento di Pomigliano d'Arco, per la produzione di motori e aerei, corredato di un settore 'leghe leggere' e del campo volo. Nel 1941 è nata la nuova società 'Alfa Romeo Avio', con sede nel nuovo complesso di Pomigliano, che comprendeva anche varie strutture destinate agli operai (abitazioni, asilo nido, mensa). La guerra e le difficoltà nella fornitura delle attrezzature, non hanno impedito lo sviluppo del fantastico RA 1000 RC41 (licenza Daimler Benz), un 12 cilindri a V rovesciata, di 33.929 cc da 1.050 Cv a 4100 giri/m. Lo stabilimento ospitava anche la produzione di due motori 'piccoli', entrambi su licenza della inglese De Havilland: il 110 (6124 cc/120 Cv) e il 114 (9186 cc/215 Cv), rispettivamente a 4 e a 6 cilindri in linea, con raffreddamento ad acqua. Destinati inizialmente agli aerei da addestramento, nel dopo guerra hanno trovato applicazione anche nell'aeronautica da trasporto privato. Con un motore 110 Ter (130 Cv), era equipaggiato il piccolo SAI Ambrosini 'Grifo', con il quale Maner Lualdi e Leonardo Bonzi hanno attraversato l'Oceano Atlantico per una iniziativa finalizzata a raccogliere fondi tra le comunità italiane in Argentina, a favore dell'Opera di Assistenza di Don Carlo Gnocchi. Battezzato 'Angelo dei bimbi' (Don Gnocchi aveva creato un centro per l'assistenza agli orfani e ai mutilati di guerra), il piccolo aereo – stracarico di carburante e privo della radio per ragioni di leggerezza – è decollato da Dakar il 19 gennaio 1949 e dopo 19 ore di volo è atterrato a Parnaiba (Brasile).

Le difficoltà economiche del dopo-guerra non hanno però permesso all'Alfa Romeo Avio di convertire i propri sforzi nel nuovo settore dei propulsori a turbogetto. La buona fama e l'elevata tecnologia, le hanno però spianato la strada per dedicarsi con successo alla revisione dei motori a turbina di tutte le compagnie italiane e di numerosi corpi militari. Dai circa 600 dipendenti dei primi Anni '50, l'Alfa Avio è passata a oltre 2.000 a metà degli Anni '70, quando è stato sviluppato il motore AR 318 da 600 Cv, primo 'turboelica' prodotto in Italia. Negli anni successivi l'Alfa Romeo S.p.A ha progressivamente ceduto le quote dell'Alfa Avio SpA all'Aeritalia, a sua volta integrata da Fiat Avio nel 1996.

Anche nella rara edizione stradale, con parafanghi e impianto di illuminazione, l'Alfa Romeo 8C 2300 Monza del 1931, è un capolavoro di fascino e di tecnologia. La vettura utilizzata per il servizio, è stata acquistata, nuova, nientemeno che da Tazio Nuvolari. A destra, il posto di guida, con il voluminoso volante a quattro razze. (Foto Domenico Fuggiano – Collezione Righini).

MERAVIGLIE A 8 E 6 CILINDRI

Nell'autunno del '33, la Casa milanese si è trovata a un passo dal baratro, anche se la notizia del rischio incombente è rimasta confinata tra i muri della direzione generale di Milano e i palazzi governativi di Roma.

Il 24 gennaio 1933 era nato l'IRI (Istituto per la Ricostruzione Industriale), ente pubblico guidato da Alberto Beneduce, incaricato di risollevare l'economia italiana, gravata dalla crisi del sistema bancario e delle aziende interessate. Tra queste l'Alfa Romeo, che dal 1927 era legata allo Stato tramite l'Istituto delle Liquidazioni e le banche che avevano rilevato la maggioranza delle azioni. Alla fine del 1929, nonostante il crollo mondiale dell'economia, il bilancio si era chiuso con un attivo di quattro milioni di lire (poco più di 2,5 milioni di euro), non elevato ma incoraggiante. Le dimensioni della fabbrica del 'Portello' erano però esuberanti rispetto al numero di vetture prodotte (anche se eccellenti), mentre i nuovi settori legati alla produzione dei motori per aereo e dei veicoli commerciali, erano in fase di lancio. Il primo aveva richiesto investimenti costosi (per via delle licenze di produzione di Bristol e De Havilland) ed era legato alle complicate e volubili logiche di acquisto del Ministero dell'Aeronautica.

Anche la produzione delle auto aveva perso la spinta, dopo l'iniziale successo della 6C 1750 nel periodo '29/'30. Nel '31 era stata presentata la 8C 2300, auto da 170 km/h anche nella versione meno esasperata, antesignana delle moderne *supercar*, prodotta però in un numero limitato di esemplari (meno di 200 in quattro anni), anche per il prezzo proibitivo: 91.000 lire, circa 71.000 euro attuali.

Al termine del 1933, il bilancio si annunciava allarmante: in effetti il disavanzo sarebbe stato pari a 93,4 milioni di lire; con la conseguente necessità di intaccare il capitale sociale, sceso ad appena 10 milioni rispetto agli 80 del 1929. In settembre, sulla questione dell'Alfa si era mosso il senatore Giovanni Agnelli: l'autorevole proprietario della Fiat, con una lettera ai responsabili dell'IRI, suggeriva due possibilità: chiuderla o legarla alla OM, da poco acquisita dalla stessa Fiat. Non per caso l'1 novembre (1933) il ruolo di direttore generale dell'Alfa è passato dall'ingegnere Pro-

Nonostante sia equipaggiata con un motore a 8 cilindri in linea di 2336 cc (165 Cv/210 km/h), nell'Alfa Romeo 8C Monza si apprezza la linea compatta e slanciata, che risalta particolarmente nella vista dall'alto (pagina accanto). In versione Monza, di Alfa Romeo 8C 2300, ne sono state costruite appena 10 unità tra il '31 e il '32, utilizzate soprattutto nei Gran Premi ma anche nelle gare stradali, con aggiunta di fari e parafanghi (Foto Domenico Fuggiano – Collezione Righini).

spero Gianferrari, a Corrado Orazi, alto dirigente della OM!

In un attimo l'Alfa Romeo si è trovata sull'orlo del baratro: il nuovo direttore non aveva alcuna intenzione di salvarla, ritenendo che l'unica soluzione sarebbe stata la chiusura. Ma è intervenuto Benito Mussolini, appassionato di auto e motori, da sempre grande ammiratore dell'Alfa. Negli anni '20, il Duce aveva acquistato una RL e in quel fatidico autunno del '33 era ancora proprietario di una 6C 1750 GT. Mussolini ha posto il veto assoluto alla chiusura, anzi ne ha sollecitato il rilancio: scelta che ha mescolato la passione per quel marchio affascinante a un calcolo preciso: l'Alfa rappresentava l'immagine dell'Italia vincente (nel '33 dominava nei Gran Premi) e l'eventuale cessazione dell'attività avrebbe pesato sul prestigio della nazione. Ma era soprattutto sull'indiscussa capacità tecnica della Casa milanese che il Duce contava: i piani del regime puntavano sulla creazione di un esercito forte, e i motori da aereo e i camion dell'Alfa potevano contribuire allo sviluppo del programma.

È probabile che Mussolini sia intervenuto anche nella scelta del nuovo direttore generale, l'ingegnere Ugo Gobbato, che in quell'epoca aveva 45 anni. Dirigente e tecnico di grandissima esperienza, l'ingegnere di Volpago del Montello (Treviso) era dotato di una notevole e coinvolgente personalità, oltre che di un particolare senso etico del lavoro. Giovanissimo, dopo la licenza tecnica, aveva iniziato a lavorare a Vicenza, frequentando contemporaneamente un istituto professionale, presso il quale si era diplomato perito in meccanica ed elettronica. Abbinando il lavoro allo studio, si era trasferito in Germania, dove aveva conseguito un titolo di ingegnere meccanico ed elettrotecnico. Tornato in Italia, dopo il servizio militare era stato assunto dalla Marelli, per tornare in divisa per l'intero periodo bellico. Congedato, era stato assunto alla Fiat e a Torino ave-

56
Squadra Registro Italiano
Alfa Romeo
Squadra Registro Italiano
Alfa Romeo
19
236U

La berlinetta 6C 2300 B 'tipo Pescara' ha preso il nome dalla vittoria alla 'Targa Abruzzo' dell'agosto '35, ma nell'aprile precedente, il prototipo, commissionato dalla Scuderia Ferrari, aveva già raggiunto il successo nella categoria 'Guide interne' alla Mille Miglia. In basso a sinistra, l'ingegnere Prospero Gianferrari, direttore dell'Alfa dal '28 all'inizio del '33: è accanto a una 6C 1750 GT 'Touring'. In basso a destra: maggio 1934, l'ingegnere Ugo Gobbato (senza cappello) segue in diretta i test della GP 'Tipo B' con carrozzeria aerodinamica. Assieme al direttore generale dell'Alfa, Enzo Ferrari e il numero uno dell'Ufficio Tecnico, Vittorio Jano.

vano brillato le sue doti di organizzatore industriale, nell'allestimento e nella direzione della fabbrica del Lingotto, a Torino.

Entrato all'Alfa l'1 dicembre 1933, l'ingegnere Gobbato ha avviato la ristrutturazione aziendale, basata sul rinnovamento degli impianti di produzione. Con il suo carisma ha convinto i responsabili dell'IRI a elargire i finanziamenti, in funzione dei quali il programma legato alla produzione dei motori per aereo (pagina 78 di questo volume) ha accelerato vistosamente.

Che fosse un personaggio determinato e che potesse fare affidamento su una rinnovata spinta economica, lo ha confermato anche l'ingegnere Gian Paolo Garcéa, all'Alfa dalla metà degli Anni '30, e autore di un intrigante volumetto di memorie. Ne riportiamo un brano, che riguarda la decisione di Gobbato di snellire e stimolare il settore dei motori sperimentali per aereo. Allo scopo aveva convocato nella sala riunioni l'ingegnere Tonegutti (dal quale dipendevano le 'Sale Prova' e il 'Reparto Controllo' dei motori avio), lo stesso Garcéa e l'espertissimo tecnico Amleto Bossi, stretto collaboratore di Tonegutti.

'Non si fece attendere – racconta riferendosi all'ingegnere Gobbato – *E il discorsetto chiaro lo guidò stando in piedi, davanti a noi tre, pure in piedi (...) La sala prova di serie, deve provare i motori di serie; ma i motori nuovi, i motori sperimentali, devono essere provati in un reparto esperienze apposito; nel quale si provino dopo avere controllato tutto a regola d'arte; tutto deve essere chiaro, pulito, alla luce del sole. Chiunque entri dentro, fosse anche il Ministro dell'Aeronautica, deve rimanere a bocca aperta. A capo del reparto ho pensato di metterci l'uomo che ha più esperienza di tutti, il signor Bossi; e ad aiutarlo c'è l'ingegnere Garcéa, perché ho visto in questi quattro mesi che vi siete affiatati e andate sempre d'accordo, la pratica con la grammatica. Il vostro compito è quello di prendere delle gran nasate. Perché siamo tutti ignoranti e ciechi. E voi altri dopo avere preso una nasata da una parte e una nasata dall'altra, dovete dirci qual è la direzione da prendere. Il signor Bossi è il Capo responsabile. Per il personale di cui ha bisogno, se lo prenda dove vuole, scegliendolo in tutta l'Alfa: se non glielo danno, venga da me. Per gli impianti ordini lui quello che vuole al*

Sviluppata in numerose versioni, la 6C 2300 B ha raggiunto il culmine con il modello 'Mille Miglia' del '38. Il prototipo di questa filante e attraente berlinetta aveva ottenuto il 4° posto assoluto alla Mille Miglia del '37, guidata da Ercole Boratto (autista personale del Duce) e dal capo-collaudatore dell'Alfa, Giovanbattista Guidotti. Sia la 'Pescara' (pagina accanto) che la 'Mille Miglia', sono state fotografate nell'ambito del Concorso d'Eleganza 'Castello di Miramare'. In basso, il telaio della 6C 2300 B, con longheroni e traverse: notevole lo schema delle sospensioni posteriori a ruote indipendenti, con semiassi oscillanti e barre di torsione longitudinali.

Servizio Impianti: se non fanno quello che vuole venga da me'.

Concetti precisi, che rivelano senso pratico e volontà di responsabilizzare i collaboratori (con un disinvolto invito all'acquisto di nuovi impianti), pur mantenendo il controllo di tutto.

Prima dell'arrivo di Gobbato, la struttura del 'Portello' non era molto diversa da quella creata nel 1915. Verso nord, il muro di cinta confinava con i prati, ma nel 1935 è stata creata la via Renato Serra, attualmente sopraelevata e tratto della circonvallazione interna di Milano. Oltre via Serra (che divideva la fabbrica in due settori, uniti da sottopassaggi), erano state create le nuove officine per i motori da aereo: lavorazioni meccaniche, controllo, montaggio e sale prova.

Abilissimo nella gestione della fabbrica, il nuovo direttore generale non poteva però compiere miracoli: l'Alfa era stata rilanciata ma era stata trasformata in un'altra Alfa. Dai circa mille dipendenti dei primi Anni '30, l'organico è arrivato a 'quota 3.500' verso la fine del decennio, per crescere ancora durante la guerra. La stragrande maggioranza dei dipendenti era però impegnata nella progettazione e costruzione dei motori avio e dei veicoli 'pesanti'. Gobbato teneva in grande considerazione la tradizione automobilistica dell'Alfa e sapeva quanto valesse l'immagine della partecipazione alle corse. Una delle sue prime decisioni ha riguardato l'assunzione dell'ingegnere Giustino Cattaneo (ex-Isotta Fraschini), per potenziare il settore 'avio'. La divisione dei ruoli ha comunque influenzato in senso positivo la produzione della nuova 6C 2300, progettata da Vittorio Jano e presentata al Salone dell'Auto di Milano nell'aprile 1934 e commercializzata in 681 unità nello stesso anno. Non erano grandi numeri ma, contando anche alcune 8C 2300 ormai a fine serie, nel 1934 l'Alfa ha comunque prodotto 281 auto in più rispetto all'anno precedente.

Quando però il Regime si è imbarcato nelle guerre in Etiopia e Spagna, la produzione delle auto è calata ai livelli minimi: 91 unità nel 1935 e appena 10 (!) l'anno dopo. L'intero 'Portello' era impegnato con i motori da aereo e i camion, e l'ingegnere veneto non poteva che esaudire le richieste di Roma. Da fabbrica statale, l'Alfa era stata militarizzata, eppure non ha mai perso lo smalto di marchio sportivo, con la vocazione delle corse. Se i motori da aereo hanno consentito, alla fine degli Anni '30, di riportare il bilancio in attivo (con un utile, nel 1939, di 8.620.000

I documenti di questa Alfa Romeo 6C 2300 (dotata di compressore), dei primi Anni '30 e probabilmente nuovamente carrozzata qualche anno dopo, confermano che sia appartenuta a Benito Mussolini (Foto Domenico Fuggiano – Collezione Righini).

lire: circa 7 milioni di euro attuali), le poche ma eccezionali automobili, continuavano ad essere ambite dai personaggi del gran mondo. Anche nei Gran Premi, l'Alfa cercava di mantenersi al vertice, ma il costante stimolo dell'ingegnere Gobbato si scontrava con la parziale smobilitazione del 'Reparto Corse' (per le pressanti necessità del settore avio) e con le limitate risorse economiche disponibili. Perché il Regime apprezzava le vittorie dell'Alfa, ma – a differenza di quello tedesco –, il lunedì mattina si limitava a inviare un telegramma di congratulazioni.

Nell'estate del '36, Gobbato era stato anche costretto a cercare un sostituto dell'ingegnere Cattaneo, dimissionario. Per coprire il ruolo aveva chiamato l'ingegnere spagnolo Wifredo Ricart (nato a Barcellona nel 1897), personaggio entrato nella storia motoristica soprattutto per i giudizi negativi, espressi da Enzo Ferrari nella sua celebre autobiografia. Ricart, in meno di due anni avrebbe assunto il ruolo di 'Consulente tecnico della Direzione generale' e avrebbe gestito i settori progettazione ed esperienze dei tre rami dell'Alfa: automobili (anche quelle da corsa: dunque, Ferrari dipendeva da lui), motori per aereo e camion. Sembra che il tecnico catalano fosse attratto dai progetti complicati, mai del tutto portati a termine: nel settore auto le monoposto 162 e 512, la biposto Sport 163 e la berlina 'Gazzella'; nel settore Avio, i motori 1001 V8 e il 1101 a 28 cilindri, definito '*un catorcio*', in una conversazione privata dal diretto collaboratore dello stesso Ricart, l'ingegnere Orazio Satta. Però nel suo periodo si sono formati alcuni tecnici fantastici che nel dopo guerra avrebbero riportato l'Alfa Romeo al vertice, come lo stesso ingegnere Satta e Gian Paolo Garcéa (nel '41 nominato direttore del Servizio Esperienze). Lo stesso Giuseppe Busso è entrato in Alfa, nel 1939, su precisa scelta di Ricart.

Le Alfa di serie degli Anni '30

All'inizio del nuovo decennio, venivano prodotte la 5° e la 6° serie della 6C 1750 mentre nel 1931 è stata presentata la possente 8C 2300, evoluzione delle 6C sotto l'aspetto dello stile, più evoluta in fatto di motore e prestazioni. Estrema espressione delle *granturismo* del periodo, la 8C 2300 era sostanzialmente un'auto perfetta per le gare stradali (in versione Spider, con carrozzeria di Zagato o Touring), ma altrettanto valida nell'utilizzo quotidiano. Il progetto era stato 'firmato' da Vittorio Jano, che aveva puntato sulle nuove tecnologie del reparto 'Fonderia' per realizzare un nuovo, raffinatissimo motore a 8 cilindri in linea di 2336 cc (alesaggio e corsa 65x88 mm), con i due blocchi dei cilindri fusi in lega leggera, tanto come le testate: una novità per l'Alfa. Vero capolavoro di eleganza, per contenere le dimensioni, il compressore tipo Roots era alloggiato sulla destra del motore (nella 1750 era anteriore) e prendeva il moto da un ingranaggio, a metà dell'albero motore. Un identico meccanismo, accoppiato nella stessa posizione, comandava la distribuzione a due assi a camme in testa. Raffinata la lubrificazione, del tipo a 'carter secco', con serbatoio separato da 12 litri e pompe di mandata e recupero: eredità delle auto da corsa. Sviluppato in varie versioni, il motore erogava da 142 Cv a 5000 giri/m, a 165 a 5400 giri/m in configurazione 'corsa'. In realtà le migliori 8C 2300 impiegate nelle gare stradali (come quelle della Scuderia Ferrari) si avvicinavano alla potenza della 2300 Monza (178 Cv a 5400 giri/m), utilizzata nei Gran Premi. Notevole la velocità: 170 km/h per le versioni più 'tranquille' e 225 km/h nel caso della 'Monza'; a metà strada gli Spider Corsa: 185/195 km/h, ma vari esemplari arrivavano a 215.

Con la successiva 6C 2300 del 1934, l'Alfa Romeo e Vittorio Jano si sono staccati dai progetti precedenti, tutti 'figli' della P2. Le condizioni delle strade italiane erano migliorate, anche sulla spinta della Mille Miglia. Per la nuova generazione di vetture, l'Alfa aveva affrontato nuove tecniche in fatto di telai e sospensioni, per migliorare guidabilità, tenuta di strada e confort. Dai telai con sospensioni a 'ponte rigido', era necessario passare alle 'ruote indipendenti', almeno per l'avantreno, e si trattava di scelte complesse. Con una decisione che rivela una mentalità aperta, Vittorio Jano era stato autorizzato a prendere contatti con lo Studio del professor Ferdinand Porsche, all'epoca il centro più avanzato per le ricerche di tecnica dell'auto. Dallo Studio Porsche, l'Alfa ha acquisito la licenza per realizzare le sospensioni posteriori a ruote indipendenti della 6C 2300 B (con barre di torsione longitudinali), primo modello della Casa milanese con questa caratteristica, all'epoca all'avanguardia. Lo stesso modello era caratterizzato dalle sospensioni anteriori ugualmente a ruote indipendenti. Con queste caratteristiche l'Alfa ha però debuttato nel 1935, con la versione 'B' della 6C 2300. La versione '34 manteneva le sospensioni a ponte rigido, con balestre semiellittiche, ma spiccavano varie raffinatezze, come le boccole in gomma nel collegamento al telaio e gli ammortizzatori posteriori a comando idraulico, regolabili dal posto di guida.

Questa meravigliosa 6C 2500 Super Sport, carrozzata dalla Touring nel 1939, viene chiamata anche 'tipo 256'. Una definizione numerica, chiaramente suggerita da Enzo Ferrari, che tramite la propria 'Scuderia' aveva continuato a operare per l'Alfa anche dopo la fine del rapporto ufficiale. A Modena venivano trasformati i telai (passo portato da 300 a 270 cm) e elaborati i motori (120 Cv e oltre 170 km/h), per impiego agonistico ma anche per creare poche, straordinarie vetture stradali. Come questa rarissima berlinetta, che fa parte della piccola serie 'speciale' che precede il vero modello 6C 2500 Super Sport (110 Cv/170 km/h), costruito tra il 1942 e il 1951.

Sia nel caso della versione '34 che nella 1ª e 2ª serie della tipo 'B', il motore a 6 cilindri in linea non è cambiato: un moderno 'bialbero' di 2309 cc (alesaggio e corsa 70x100 mm), con testa in lega leggera e comando della distribuzione a catena. Quest'ultima rappresentava un'importante novità: sostituiva gli ingranaggi 'in cascata', affidabili ma costosi e fonte di rumore. Il motore, alimentato tramite uno o due carburatori (secondo le versioni) e quindi privo del complicato compressore, ha debuttato con 68 Cv a 4400 giri/m nel modello Turismo, dotato di carrozzeria a quattro porte e 6/7 posti. Velocità 120 km/h. Di maggiore successo la Gran Turismo (76 Cv a 4400 giri/m, 130 km/h), con telaio corto (passo 295 cm) e proposta sia con una snella carrozzeria Alfa Romeo a 4/5 posti (dalla fine del 1930 era attivo l'apposito reparto), sia Castagna e Stabilimenti Farina. La berlina 'Alfa' costava 41.500 lire: circa 36.000 euro attuali.

Al top della 'gamma', la sportivissima tipo 'Pescara' (95 Cv a 4500 giri/m, 145 km/h): denominazione derivata dalla vittoria nella 24 Ore di Pescara del 1934, ottenuta dall'equipaggio Cortese-Severi con una bellissima berlinetta a due porte (realizzata dalla Touring su commissione della Scuderia Ferrari), caratterizzata dal padiglione rivestito in tessuto per ragioni di leggerezza. Di 'Pescara' ne sono statiprodotti 60 esemplari, con vari tipi di carrozzeria, sportiva o berlina.

Con la 6C 2300 tipo 'B', presentata nel '36, l'Alfa disponeva certamente del modello più stimolante dell'intera produzione europea: sicuro, con ottime prestazioni, alla portata dei guidatori meno esperti, grazie alle nuove sospensioni a ruote indipendenti e al sistema frenante di tipo idraulico. Eppure, la Casa milanese, condizionata dalla produzione dei motori avio, non ha potuto sfruttare tale primato.

Nel 1935 le doti della vettura sono state di nuovo evidenziate dalle corse: sulla base della versione 'Pescara', dotata del nuovo telaio, la Scuderia Ferrari aveva commissionato alla Touring una elegante berlinetta, che ha portato all'Alfa il successo nella Mille Miglia, tra le vetture senza compressore (8° assoluta), e la vittoria alla 24 Ore di Pescara. Rispetto alle 86 versioni Gran Turismo e alle appena 78 'Turismo', i 120 esemplari usciti dal 'Portello' in versione 'Pescara' sottolineano il successo del modello.

L'estrema evoluzione della 6C 2300 B (2° serie del '38), divideva le versioni 'base' in 'Lungo' e 'Corto', alludendo alla misura del passo: 325 e 300 cm. Con i due tipi di telaio (e con potenze leggermente differenti: 70 e 76 Cv) sono state create per lo più delle berline a 6/7 posti e delle eleganti cabriolet con lo stile dei carrozzieri più noti: Castagna, Ghia, Pininfarina e Touring. La berlinetta 'Mille Miglia' della Touring è comunque la versione più celebre: costruita in 107 esemplari, rientra tra i modelli più ambiti dai collezionisti. Il prototipo, basato sul telaio della versione 'Pescara', era apparso alla Mille Miglia del 1937 ed

Alfa Romeo 6C 2500 Sport: questa cabriolet a 4/5 posti è stata allestita dalla Carrozzeria Touring nel 1939, partendo dal telaio con 'passo' di tre metri. Motore a 6 cilindri in linea di 2443, 95 Cv a 4600 giri/m e 155 km/h. Spiccano il particolare 'verde pastello' e il rosso scuro delle ruote a raggi (Foto Domenico Fuggiano – Collezione Righini).

Definita, alla fine degli Anni '30, 'la migliore automobile del mondo', l'Alfa Romeo 8C 2900 B, stupisce per la linea sensazionale (Carrozzeria Touring) e per l'elevata tecnologia: il motore a 8 cilindri in linea, è dotato di due compressori tipo Roots e la potenza è pari a 180 Cv a 5200 giri/m. La vettura fotografata è una delle maggiori attrazioni del Museo Alfa Romeo ad Arese: è basata sul telaio a 'passo lungo' (300 cm) e ne sono state realizzate appena 10 unità.

aveva clamorosamente ottenuto il 4° posto assoluto. Così ha ricordato l'avvenimento, un testimone diretto, il conte Giovanni Lurani (nonché pilota, ingegnere e giornalista) nel suo '*La storia della Mille Miglia*': '*Con le modifiche fatte per la Mille Miglia il motore rendeva 105 Cv a 4800 giri. Il passo era di 3000 mm, l'alimentazione era fatta con due carburatori Weber. Le gomme erano 18x5.50. Carrozzata a berlinetta leggera, la vettura pesava 1.100 kg e toccava i 165 all'ora. Di queste tre nuove Alfa Romeo, due erano elegantemente carrozzate dalla carrozzeria torinese Ghia e rappresentavano ufficialmente la Scuderia Ferrari. Erano guidate dai fortissimi equipaggi Eugenio Siena-Emilio Villoresi e Severi-Righetti. Una terza vettura, mirabilmente carrozzata dalla carrozzeria milanese Touring e disegnata da Felice Bianchi Anderloni, era di proprietà di Benito Mussolini. Questa splendida vettura fu destinata... all'autista di Mussolini, Boratto, con Guidotti* (celebre capo collaudatore dell'Alfa, ndr) *come seconda guida. Inutile dire che questa seconda guida di lusso guidò per tutta la corsa e vinse* (l'autore allude alla categoria 'Vetture Nazionali Turismo' senza compressore, ndr), *lasciando necessariamente la gloria a Boratto!*'.

Boratto, in coppia con Alessandro Gaboardi (uno dei migliori collaudatori dell'Alfa), ha vinto anche la Bengasi-Tripoli. L'auto era la stessa, leggermente modificata nella linea posteriore, e versione definitiva di quella costruita in piccola serie. Il motore di questa filante e leggera berlinetta (1.150 kg), erogava 105 Cv a 4800 giri/m e permetteva di raggiungere i 170 km/h. Costava 78.500 lire (circa 53.000 euro).

Vincolata dai limitati numeri di produzione, negli ultimi Anni '30 l'Alfa Romeo ha avuto almeno la soddisfazione di realizzare il più prestigioso modello dell'intera produzione di quel periodo. Si trattava della 8C 2900: appena 36 unità tra versioni A e B, ma per capire il valore di questo straordinario modello è sufficiente affidarsi al giudizio dello storico inglese Cecil Clutton, pubblicato da *Motor Sport Magazine*: '*Qualsiasi siano le opinioni sulle Alfa in generale, questa vettura non può che accrescere il rispetto per questa marca famosa, e candidarla al titolo di più veloce vettura di serie del mondo*'. Il giudizio risale al 1942, quando Gran Bretagna e Italia erano nazioni nemiche.

Il progetto era partito nel '35/'36, con l'idea di realizzare una vettura sport a due posti, dotata del motore della Tipo B e di telaio, a ruote totalmente indipendenti, di schema analogo a quello della nuova monoposto da Gran Premio Tipo C. È nata così la 8C 2900 A, una compatta spider per le corse stradali (passo: 275 cm), che pesava appena 850 kg e arrivava a 230 km/h. Il motore di 2905 cc (alesaggio e corsa 68x100 mm) era sovralimentato con due compressori tipo Roots ed erogava 220 Cv a 5300 giri/m. Nel '36, la 8C 2900 A ha dominato la Mille Miglia e la 24 Ore di Spa, l'anno successivo si è ripetuta nelle celebre gara bresciana. Ne sono stati approntati sei esemplari da corsa, uno dei quali adattato all'utilizzo stradale. Con una bellissima carrozzeria spider, realizzata dalla stessa Alfa Romeo, è stato l'attrazione del Salone di Milano nell'autunno 1936.

L'anno dopo il progetto è stato ripreso, con maggiore attenzione alla produzione di serie. La 8C 2900 B, in versione 'corsa' e con telaio 'corto' (passo 280 cm), disponevano di oltre 220 Cv a 6000 giri/m e la velocità era superiore ai 230 km/h. Nella stagione 1938, la neonata Alfa Corse ha gestito quattro vetture di questo tipo (spider con carrozzeria Touring), che hanno dominato la Mille Miglia e la 24 Ore di Spa. Con lo stesso telaio e lo stesso motore a doppio compressore (180 Cv a 5200 giri/m e velocità di 180 km/h), è stato realizzato un numero limitato di vetture di estremo lusso e dalle

Su commessa del Ministero della Difesa, l'Alfa 6C 2500 è stata costruita anche in versione 'Coloniale'. Ne sono state prodotte 152 tra il '39 e il '42. La 'Coloniale' si trovava a proprio agio su qualsiasi terreno, grazie anche alla possibilità di bloccare il differenziale: in basso a sinistra, la targhetta sulla plancia che illustra la manovra necessaria. A destra, l'originale targa 'Regio Esercito' che caratterizza la vettura (Foto Domenico Fuggiano – Collezione Righini).

prestazioni straordinarie. Sono celebri le 10 berlinette 'Touring' con telaio a passo lungo (300 cm), una delle quali (con tetto apribile) rientra tra le 'regine' del Museo Alfa Romeo di Arese. Altre 20 vetture (almeno 4 per uso agonistico) sono state allestite sulla base del telaio a passo 'corto' (275 cm), con carrozzeria spider realizzata dall'Alfa e in altre configurazioni di Touring e Pininfarina. La versione 'Alfa' costava, nel 1938, 115.000 lire (circa 78.000 euro attuali), cifra con la quale, nello stesso periodo, si acquistavano quasi 13 Fiat 500 Topolino!

Nell'ottobre del 1937, Vittorio Jano, direttore tecnico del settore auto, era uscito dall'Alfa, dopo le deludenti prove della Tipo C 12C da Gran Premio. Il suo posto era stato preso da Bruno Trevisan, 46enne perito industriale, che nel '34 era arrivato all'Alfa dalla Fiat, dove si era occupato di motori aeronautici. Al 'Portello' aveva però affiancato Jano nella progettazione del motore V12 da Gran Premio mentre dal 1937 si era dedicato al nuovo modello di serie 6C 2500, presentato un paio di anni dopo e imparentato con la precedente 6C 2300. Era cambiato lo stile delle versioni proposte (Turismo a 4 porte, in configurazione a 5, oppure 6/7 posti, Sport e Super Sport, sia Coupé che Cabriolet e Spider), ma non le caratteristiche generali, a parte cilindrata e potenza dei motori a 6 cilindri in linea. Variando l'alesaggio da 70 a 72 mm, e mantenendo uguale la corsa (100 mm), il motore era stato portato a 2443 cc. La berlina a 5 posti, dotata di una snella carrozzeria realizzata dall'Alfa, poteva contare su 87 Cv a 4500 giri/m e arrivava a 143 km/h: un'auto briosa per gli standard dell'epoca. Tra il '39 e il 1943, ne sono state costruite 279. La produzione della versione Turismo a 6/7 posti (87 Cv, 135 km/h) è invece proseguita (aggiornando la carrozzeria) fino al 1950, con 243 unità in totale. Costava 62.000 lire nel '39 e 4.200.000 lire nel '49: cifra fuori mercato (nello stesso periodo la lussuosa Lancia Aurelia B10 costava 1.830.000 lire), motivata dal progetto datato e dal sistema di costruzione, lontano dalle moderne tipologie industriali.

Nel dopo-guerra, l'Alfa, pur mantenendo una dimensione notevole (circa 6.000 i dipendenti), aveva perso la produzione dei motori per aereo e nello stesso tempo stava affrontando la costosa ricostruzione della fabbrica, distrutta dai bombardamenti, puntando al rinnovamento degli impianti per costruire la berlina 1900, moderna e razionale. La 6C 2500 è stata utile per non interrompere la produzione, in attesa del nuovo progetto, anche se il prezzo delle auto non garantiva un guadagno rispetto al costo industriale, ma era importante la continuità: per fortuna esisteva ancora una clientela facoltosa e appassionata, che apprezzava quel tipo di prodotto. Come il

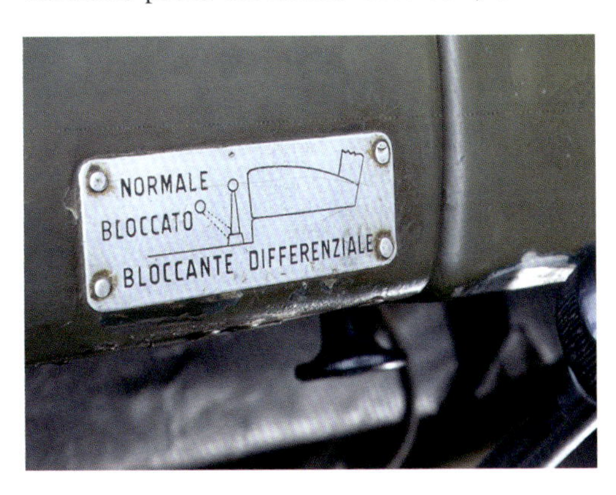

principe ereditario di Svezia, acquirente di una Cabriolet SS Pinin Farina nel 1947, o il principe Ali Khan, che nel '50 ha ugualmente commissionato a Pinin Farina la costruzione di una SS Cabrio, destinata alla moglie Rita Hayworth. Così, le bellissime 6C 2500 Sport (95 Cv/155 km/h) e Super Sport (110 Cv/170 km/h e telaio a passo corto: 270 mm), inizialmente nelle fascinose esecuzioni di Touring (Berlinetta e Cabriolet), ma dal '46 con nuove carrozzerie realizzate dai migliori nomi dell'epoca, sono state mantenute in listino rispettivamente fino al 1948 e al 1952. Tra le numerose versioni, talvolta in esemplare unico (si poteva acquistare il solo autotelaio, che nel '48 costava 2.600.000 lire, facendolo poi 'rivestire' da un carrozziere), la mitica 'Villa d'Este' di Touring è certamente la più celebrata. Lo stile, slanciato e di grande fascino, era stato elaborato dall'ingegnere Carlo Felice Bianchi Anderloni (figlio del fondatore della carrozzeria milanese) e la prima delle 32 vetture costruite aveva trionfato, tramite un referendum, al Concorso d'Eleganza di Villa d'Este del 1949. Costruita in piccola serie, costava 4.500.000 lire, circa 75.000 euro.

Nel '42, in pieno periodo bellico, il telaio della 2500, con longheroni e traverse, era stato aggiornato tramite l'aggiunta di una 'crociera' centrale, destinata a rendere più rigido il complesso. Una modifica che molti anni dopo avrebbe suggerito al rigoroso storico dell'auto, Angelo Tito Anselmi, un giudizio decisamente favorevole. A suo parere, il telaio della 2500, versione post-bellica (con il famoso ponte posteriore a ruote indipendenti 'tipo Porsche'), era tra i più avanzati dell'intera produzione mondiale, comunque migliore rispetto a quanto proposto dalla neonata Ferrari.

Era cambiato anche il sistema di fissaggio della carrozzeria, non più tramite una serie di bulloni, ma con saldatura sui longheroni del telaio: novità portata al debutto dalla 6C 2500 'Freccia d'Oro', nuova coupé a 4/5 posti, presentata nel '46 sulla base della 2500 Sport e caratterizzata da un moderno stile 'a due volumi' (disegno della stessa Alfa Romeo), con coda tondeggiante. La Freccia d'Oro aveva un motore da 90 Cv e toccava i

Tra le varie versioni coupé, realizzate nel dopo-guerra dalla Touring sul telaio 6C 2500 Super Sport, brilla la versione 'Villa d'Este' del 1949, dalla linea ariosa e slanciata, che anticipa lo stile degli Anni '50. Nell'ampio abitacolo, si nota la leva del cambio posizionata accanto al volante, secondo la moda americana del periodo (Foto Domenico Fuggiano – Collezione Righini).

ROMA E5
5589

Il 'listino' dell'Alfa 6C 2500, prevedeva una versione Turismo a 6/7 posti, già nel 1939. Dieci anni dopo, il gruppo motore-cambio è stato spostato in avanti. Non è stata cambiata la già notevole misura del passo (325 cm) ma ne ha beneficiato l'ampiezza dell'abitacolo, che poteva ospitare 7/8 persone, grazie agli 'strapuntini' ripiegabili (sotto). L'auto fotografata è stata realizzata dagli Stabilimenti Farina nel 1949 ed è dotata di vetro divisorio tra la prima fila di sedili e lo spazio posteriore: per comunicare è previsto un interfono, visibile sul montante di destra. Con una lunghezza di 510 cm e un peso di circa 1.750 kg, il motore da 87 Cv permette di raggiungere i 135 km/h (Foto Domenico Fuggiano – Collezione Righini).

Dopo avere presentato il prototipo alla Triennale di Milano del '47, Pinin Farina ha realizzato in piccola serie questa Cabriolet Super Sport su telaio 6C 2500 con passo di 270 cm. Motore da 105 Cv e 165 km/h (Foto Domenico Fuggiano – Collezione Righini).

155 km/h. Ne sono state costruite 680 fino al 1950, più altre 119 fino al '53, battezzate 'Gran Turismo' (105 Cv, 160 km/h).

Comprendendo anche il modello 'Coloniale' (152 unità costruite per impieghi bellici tra il '39 e il '42), in 14 anni la 6C 2500 è stata costruita in 2.594 esemplari.

Quando l'Italia è entrata in guerra (10 giugno 1940), la produzione automobilistica dell'Alfa è stata rallentata ma non si è interrotta, nemmeno durante il cupo anno 1944. Senza contare il modello 'Coloniale', si trattava di pochissime unità, tutte 6C 2500 in varie versioni: appena 4 nel '41 ma – considerati i tempi – ben 65 nel '42 e 91 nel '43. Perfino nel '44 sono state ultimate 18 unità della 2500 Sport mentre nel difficile 1945, solo tre auto sono uscite dal Portello.

L'Alfa Romeo e la guerra

Nella notte tra il 15 e 16 giugno 1940, Milano aveva subito il primo dei circa 60 bombardamenti aerei che avrebbero portato lutti e distruzioni. L'Alfa Romeo era uno dei principali obiettivi: per limitare i danni, all'inizio del dicembre 1942, la direzione aveva trasferito i reparti di progettazione e sperimentazione sul Lago d'Orta. Nei primi giorni del '43, molti tecnici, accompagnati dalle famiglie, si erano sistemati nell'Albergo Belvedere di Orta, mentre un centro sperimentale, corredato con le attrezzature portate da Milano, iniziava a funzionare nella vicina Armeno, sotto la direzione dell'ingegnere Ricart. Nello stesso periodo, alcuni tipi di lavorazione venivano dislocati in piccoli paesi, nei pressi di Milano.

Nel '44 il centro sperimentale è stato danneggiato in seguito ad un attacco partigiano e i tecnici sono rientrati a Milano. Alcuni operavano in fabbrica, la maggioranza nel vicino 'Ospizio dei Piccoli di Padre Beccaro', un orfanotrofio momentaneamente dismesso. Per la protezione delle persone in fabbrica, erano state costruite sei torri-bunker in cemento armato, cinque delle quali lungo il viale Renato Serra, la sesta all'ingresso principale del 'Portello'. Sono risultate utili anche in occasione della terribile incursione del 20 ottobre 1944, i cui effetti sono stati purtroppo accentuati dal limitato tempo trascorso tra pre-allarme (scattato alle 11.14 di mattina) e allarme grave. Circa 50 dipendenti dell'Alfa hanno perso la vita mentre cercavano di raggiungere una delle torri. Per lo stesso motivo la giornata è stata tragica per Milano, con 614 morti, tra cui i 184 bambini della Scuola Elementare di Gorla.

Non c'era solo il pericolo dei bombardamenti: dopo l'occupazione tedesca, sulla spinta dell'ingegnere Gobbato, l'Alfa si era impegnata in un notevole sforzo per evitare la requisizione di mezzi e materiali. Sono stati decine i viaggi degli autocarri con rimorchio, coordinati dal capo-magazziniere Giovanni Cassani, verso località segrete, per nascondere (spesso sotto mucchi di fieno o cataste di legna) i prototipi delle vetture di serie, le attrezzature più raffinate, un'enorme quantità di ricambi, un numero elevatissimo di pneumatici e naturalmente le auto da corsa, tra cui le monoposto 158 e il prototipo della 512. Operazione condotta nel più stretto riserbo e con ottimi risultati; conclusa, a guerra finita, con il ritorno al 'Portello' di tutti i carichi.

Nonostante le pesanti conseguenze dei bombardamenti, l'ingegnere Gobbato era riuscito a mantenere viva l'Alfa, grazie anche a una sua avventurosa trattativa, per evitare la deportazione di uomini e materiali in Germania, del quale riferiamo a pagina 97.

Il 25 aprile il CNL ha destituito Gobbato da ogni incarico, una prassi in quei momenti difficilissimi. In una sola giornata il 57enne ingegnere, che non si era mai iscritto al Partito Fascista Repubblicano, è stato processato da due diversi tribunali del popolo e in entrambi i casi ne è uscito totalmente assolto.

Nella mattina del 28 aprile, mentre stava rientrando a casa dall'Alfa, Ugo Gobbato è stato affiancato da una Lancia Augusta scura e crivellato di colpi. I responsabili dell'assassinio saranno riconosciuti, ma un'amnistia coprirà tutto.

Il destino dell'ingegnere Gobbato, direttore dell'Alfa dal '33 al '45

SALVATAGGIO E FINALE TRAGICO

Tra il '44 e il '45, durante l'occupazione tedesca del nord Italia, l'Alfa Romeo ha corso il serio rischio di essere smantellata, per trasportare in Germania macchinari e materiali, assieme alle maestranze deportate. L'ingegnere Gian Paolo Garcéa ci ha tramandato un ricordo diretto di quei terribili momenti, culminati purtroppo nel '45, a guerra conclusa, con l'assassinio del direttore generale dell'Alfa, l'ingegnere Ugo Gobbato.

'Dopo l'8 settembre del 1943, le autorità tedesche, sia tecniche che militari, non avevano tardato ad interessarsi del 'magazzeno del ferro': era un capannone nel quale erano ammassate quelle scorte di metalli, ferrosi e non ferrosi, che garantivano alle officine del Portello la possibilità di una qualche attività produttiva: motori d'aviazione, eliche, autocarri. Di quei materiali erano affamate le industrie della Germania ormai accerchiata. Ben presto dalla Germania arrivò l'ordine di requisizione: vuotare il magazzeno, portare via tutto.

Per l'ingegnere Gobbato, direttore generale dell'Alfa, fu subito chiaro che a quell'ordine, altri ne sarebbero seguiti. Le officine del Portello, non potendo più lavorare, sarebbero state chiuse; macchinario, maestranze e tecnici sarebbero stati trasferiti in Germania. A fine guerra quante di quelle macchine sarebbero rientrate a Milano? Ma, peggio ancora, delle migliaia di operai e tecnici quanti sarebbero tornati da quella deportazione?

Presso gli uffici tecnici e organizzativi, presso i comandi militari l'ingegnere Gobbato tentò di tutto perché l'ordine di requisizione fosse revocato. La sua capacità tecnica e il suo ascendente non valsero. Pensò di giocare un'ultima carta. A Berlino, Ministro dell'Industria e direttore di tutta la produzione bellica era Spehr. L'ingegnere Gobbato l'aveva conosciuto anni prima, quando Spehr era soltanto il grande architetto: dalla reciproca stima era derivata un'amicizia. Una mattina, Bonini, l'esperto pilota e collaudatore di automobili (Pietro Bonini, padre di Bruno, a sua volta famoso pilota e collaudatore dell'Alfa, ndr), *fu chiamato in Direzione. Nato a Zurigo dove aveva trascorso i primi anni, Bonini parlava tre o quattro lingue, tra cui perfettamente il tedesco. Per questo l'Alfa lo aveva già utilizzato in particolari missioni all'estero. (...) L'ingegnere Gobbato era stato molto breve: 'Prima di questa notte lei dovrebbe partire per Berlino. Si prenda la vettura che vuole, la carichi di benzina e di olio, di qualche ricambio, di un'altra gomma e di camere d'aria di scorta, insomma di tutto quello che le serve per andare e tornare; e che per la strada non troverà di sicuro. Dovrà scansare i mitragliamenti di giorno e i bombardamenti, specialmente in Germania, di notte. Le darò tutti i lasciapassare per la frontiera, anzi per le frontiere. Le darò una mia lettera personale per il ministro Spehr, che lei consegnerà personalmente nelle mani del ministro Spehr'.*

Prima di notte Bonini partì. Impiegò quasi tre giorni per il viaggio d'andata: come previsto dovette evitare i mitragliamenti, fu costretto a deviazioni per i blocchi o le interruzioni stradali, per scansare di notte bombardamenti e incendi delle città tedesche e delle loro periferie. A Berlino riuscì a trovare il quartier generale del ministro Spehr, chiese di essere personalmente ricevuto da lui. Il ministro lo avrebbe ricevuto, ma appena avesse potuto: il signor Bonini doveva rimanere lì, in un locale d'attesa, fintanto che lo chiamavano. Quel primo giorno attese fino a sera. A sera seguì tutto il quartier generale che su auto e autocarri lasciava Berlino (sottoposta a bombardamenti notturni) per trasferirsi in una foresta. Attese la chiamata tutto il giorno dopo. Il terzo giorno fu introdotto nell'ufficio di Spehr. Il qual fu molto gentile: lesse attentamente la lettera. Quando rialzò la testa guardò bene in faccia Bonini; poi gli chiese se e quando aveva mangiato qualcosa. A tutto quello che era necessario per la sua vettura Bonini aveva pensato: non aveva pensato che senza le tessere in Germania non si mangiava. Era quindi a digiuno da quattro o cinque giorni. Spehr cavò di tasca il portafoglio, staccò due talloncini della sua tessera. 'Finché scrivo la lettera di risposta per l'ingegnere Gobbato lei scenda giù nello scantinato; si faccia dare qualcosa'. Con i due talloncini Bonini ottenne due fettine di pane nero e una piccola porzione di cavolo bollito. Al ritorno, come all'andata interruzioni stradali, deviazioni, macerie, città e paesi in fiamme.

Nella sala della direzione, al Portello, l'ingegnere Gobbato aprì la busta, lesse la risposta, abbracciò Bonini: 'Bonini l'Alfa è salva'. Bonini si accorse che il signor Direttore piangeva. (...)

A guerra finita l'ingegnere Gobbato fu catturato dai partigiani. Un tribunale del popolo lo giudicò. I democristiani lo difesero: trattando con i tedeschi aveva evitato la chiusura dello stabilimento e la deportazione in Germania di tutti i lavoratori. Fu assolto. Ma l'indomani una macchina scoperta nera con quattro a bordo lo affiancò per la strada. Partì una scarica di mitra. La notizia la appresi il giorno dopo, 28 aprile, in un piccolo bar pieno di operai prima dell'ingresso, al mattino. Uno di loro commentava la notizia ad alta voce: 'L'ingegnere Gobbato l'era tam un pa', per noun'. (L'ingegnere Gobbato era come un padre per noi)'.

Nel 1934 l'Alfa Romeo era rappresentata nei Gran Premi dalla Scuderia Ferrari che gestiva le monoposto Tipo B/P3. Al Gran Premio di Francia, sul circuito di Montlhéry, caratterizzato dalla velocissima curva sopraelevata, erano presenti le squadre della Mercedes e dell'Auto Union, ma le veterane Tipo B hanno trionfato, occupando i primi tre posti della classifica. Ha vinto il monegasco Louis Chiron; nella foto, davanti al gruppo dopo il via. Al secondo posto, Achille Varzi, che si nota sulla destra; terzo posto per Guillaume 'Guy' Moll, salito sulla vettura di Trossi a metà gara.

UFFICIALI E SCUDERIA FERRARI

Dopo la conquista del 1° Campionato del Mondo Marche con la P2 (1925), l'Alfa Romeo si era ritirata dalle corse, sia perché il direttore tecnico, Vittorio Jano, era fortemente impegnato con la produzione delle auto di serie (dal 1926 era responsabile anche della costruzione dei motori per aereo e dei veicoli industriali), sia a causa del nuovo regolamento per le auto da Gran Premio che, dal 1926 prevedeva la riduzione della cilindrata, da 2000 a 1500 cc. E l'Alfa non si trovava certo nella condizione economica favorevole per impostare una nuova vettura.

Il ritorno ufficiale alle competizioni è avvenuto, progressivamente, a partire dal 1930, sulla spinta dell'ingegnere Prospero Gianferrari, che nel '28 aveva assunto la carica di amministratore delegato e direttore generale. Nei cinque anni precedenti, in realtà l'Alfa era rimasta fuori dal 'giro' dei Gran Premi, non dalle corse. Nel 1927 era iniziato il ciclo della Mille Miglia e la celebre corsa su strada, riservata ai modelli vicini a quelli di serie (per ragioni di affidabilità: nulla vietava di prendere il via con una Grand Prix, in regola con il Codice della Strada), dal 1928 è diventata un feudo dell'Alfa. Le stesse vetture 'Sport' che disputavano la Mille Miglia (inizialmente le 6C 1500 Super Sport e poi la 6C 1750 SS) erano protagoniste nelle gare sulle lunghe distanze, come la 24 Ore di Spa, manifestazione tutt'ora celebre e che conta sette successi dell'Alfa tra il 1928 (1° Ivanowski-Marinoni con una 6C 1500 SS) e il 1938. Le stesse auto, magari un po' alleggerite e prive dei parafanghi, erano competitive nelle competizioni brevi e 'nervose', come quelle sui circuiti di Modena e Alessandria, che hanno visto la vittoria di Enzo Ferrari nel '28. Non si trattava di partecipazioni ufficiali ma la preparazione delle auto, e spesso anche l'assistenza, dipendevano dal 'Portello'. La stessa Alfa P2, dopo la conquista del titolo iridato, non è stata pensionata: alcuni esemplari della celebre GP sono stati venduti, per essere utilizzati nelle gare di 'Formula libera' con piloti celebri, quali Campari, Brilli Peri e Achille Varzi. Tra il '27 e il 1929, la 'vecchia' P2 ha ottenuto una decina di vittorie in corse prestigiose, come la Coppa Acerbo (Campari, in due occasioni), il GP Monza (Varzi) e il GP Tunisia (Brilli Peri). Non bastasse, in vista della stagione del 1930, l'Alfa ha riacquistato tre esemplari della P2 per aggiornarli e tornare in forma ufficiale all'attività sportiva. Con l'esperienza acquisita, la potenza è passata dai 155 Cv della versione '25/'29 a 175 Cv ma, soprattutto – caso piuttosto raro nelle auto da corsa – ha ereditato dalla 6C 'stradale' l'assale anteriore, il ponte posteriore (con un sensibile allargamento delle carreggiate), lo sterzo e i freni. La carrozzeria è stata snellita e, assieme al nuovo radiatore piatto e inclinato, ha conferito una particolare grinta alla vettura. Senza le esigenze imposte dai Gran Premi di 800 km, è stato ridimensionato anche il serbatoio dell'olio, però il passaggio da 45 litri ad appena 16, sottolinea che in pochi anni il progresso tecnico era stato notevole. In versione 'Sport biposto', la P2/1930 ha clamorosamente vinto la Targa Florio con

La 8C 2300 Monza, era una evoluzione della versione Sport a due posti, eppure ha ottenuto ottimi risultati nei Gran Premi. Sotto, lo schema della Tipo A, monoposto da Gran Premio con due motori a 6 cilindri affiancati (1752 cc ciascuno), abbinati ad altrettanti cambi e alberi di trasmissione. In basso a sinistra, il geniale comando unico per innestare le marce dei due cambi. A destra, lo schema della trasmissione della monoposto da Gran Premio Tipo B/P3: dal differenziale (collocato all'uscita del cambio), partivano due alberi disposti a 'V', che trasmettevano il moto a ciascuna delle ruote posteriori.

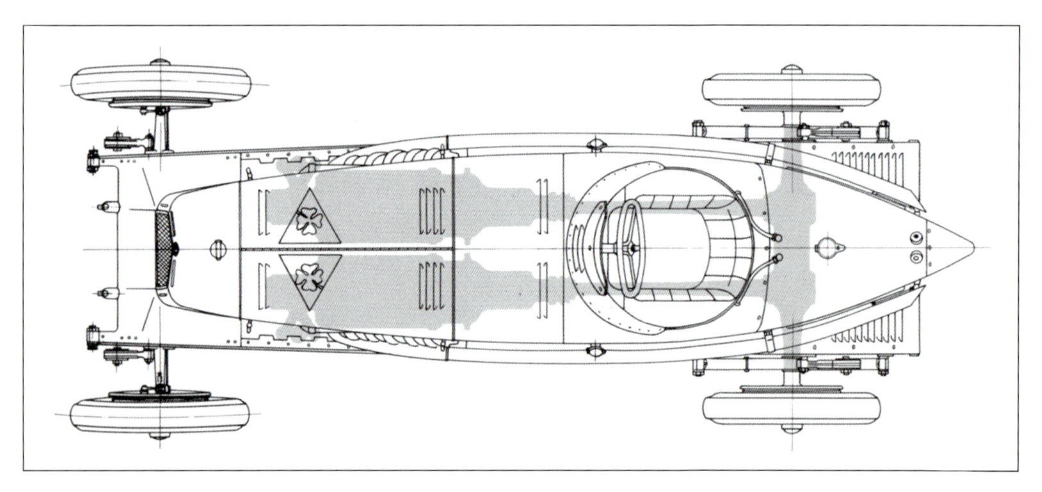

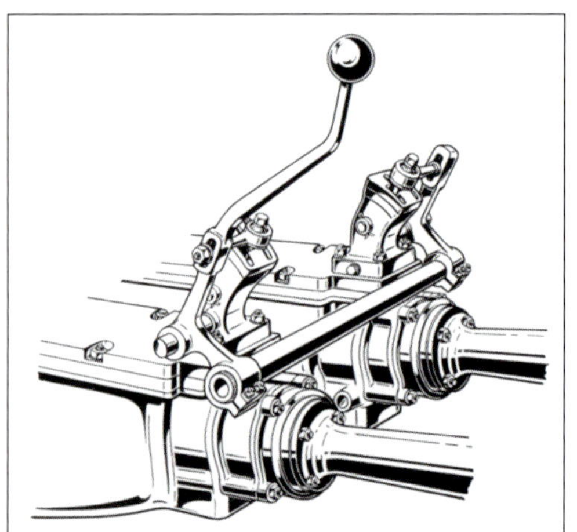

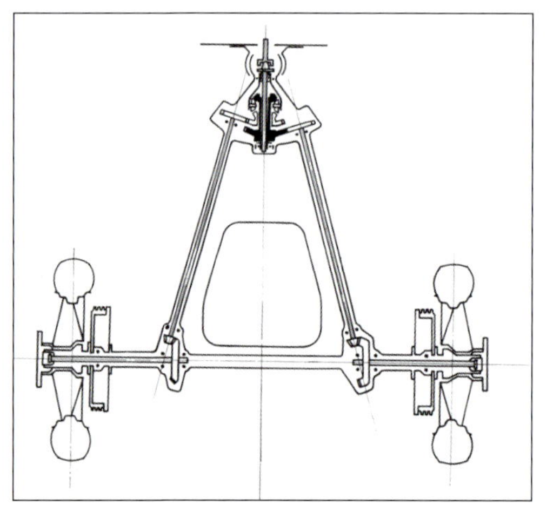

il grande Achille Varzi alla guida, battendo la favorita Bugatti 35B di Chiron. Si trattava di una manifestazione celebre, di grande impatto internazionale.

In versione 'monoposto' per i Grand Prix (con carrozzeria schermata da un elemento mobile, nella zona riservata al meccanico), la P2 riusciva a difendersi, ma anche nelle gare nazionali, l'arrivo della nuova e più moderna Maserati 2500, aveva indicato quanto fosse necessario voltare pagina. I regolamenti tecnici avevano favorito l'utilizzo di motori di cilindrata maggiore rispetto ai 2000 cc della P2, fino ai casi estremi di Bugatti e Maserati, con i loro propulsori a 16 cilindri di 3801 cc (modello '45') cc e 3958 cc (V4). Le Grand Prix con motore di 1500 cc, fin dal '27 erano state infatti abbandonate in favore di regole basate sul peso (minimo e massimo) e sul consumo, ma gli organizzatori raramente le rispettavano, nel desiderio di favorire lo spettacolo. A quel punto la Federazione si è arresa e per il periodo 1931/1934 ha studiato delle regole semplicissime: tutto libero, ad eccezione della durata dei Gran Premi, non inferiore alle 10 ore; erano tuttavia ammessi equipaggi di due piloti che si alternavano al volante. Ma le eccezioni sulla lunghezza delle gare sono state numerosissime, come nel caso del GP di Monaco, che non ha mai superato i 100 giri: 318 km.

L'Alfa doveva quindi muoversi in fretta per realizzare una Grand Prix dotata di un motore competitivo. In pochi mesi, di auto ne ha definite addirittura due, diversissime tra loro, ma derivate da identiche necessità: utilizzare, almeno in parte, materiale già disponibile ed evitare spese troppo elevate.

Completate nell'inverno '30/'31, delle due novità, la 8C 2300 Monza non era una vera vettura da Gran Premio: l'abitacolo prevedeva due posti, anche se quello accanto al pilota era minimo. D'altronde derivava dalla versione 'Sport', portata al debutto, senza fortuna, nella Mille Miglia del 1931. Quasi un ripiego, ma geniale: la 2300 Monza si è rivelata valida anche nei Gran Premi ed è entrata di diritto tra le Alfa più celebri, grazie anche alla linea affascinante e grintosa, caratterizzata dalle

L'Alfa Romeo TipoB/P3 è considerata una delle migliori monoposto da Gran Premio di tutti i tempi. Capolavoro del tecnico Vittorio Jano, si è rivelata valida sia con il regolamento della 'Formula libera' ('32/'33), sia con quello successivo basato sul peso delle vetture (non più di 750 kg, senza cerchi e gomme). Ha debuttato a Monza il 5 giugno 1932, vincendo il GP d'Italia con Nuvolari e ha chiuso la 'carriera' nelle corse internazionali, vincendo il GP di Donington il 5 ottobre 1935, con l'inglese Dick Shuttleworth alla guida (e Nuvolari aveva ottenuto la celeberrima vittoria al GP di Germania nel luglio precedente...). In basso, Achille Varzi sull'Alfa Tipo B della Scuderia Ferrari, all'arrivo del vittorioso GP di Nizza dell'agosto '34.

famose 'fessurazioni' sulla calandra, ideate dalla Carrozzeria Zagato. Si tratta del modello ampiamente illustrato a pag. 80 di questo volume, nella versione con parafanghi e impianto elettrico, per le gare della categoria Sport.

Il progetto della la 8C 2300 Monza è opera di Vittorio Jano, che in una famosa intervista, rilasciata nei primi Anni '60 allo storico dell'auto Griffith Borgeson, ha espresso su quel moderllo un giudizio sorprendente: '*... è una vettura che non è venuta fuori bene. La 2300 è venuta fuori pesante. Non è stato un capolavoro. (...) Motore pesante, tutta la vettura è venuta fuori pesante*'.

Opinione severa (nello spirito di Vittorio Jano): la 2300 non era effettivamente una piuma (1.000 kg a vuoto per la versione Sport, 820 kg per la Monza), ma possedeva innate doti di guidabilità. Il motore (capolavoro di snellezza e meccanica) era un 8 cilindri in linea, di 2336 cc (alesaggio e corsa 65x88 mm), sovralimentato con un compressore tipo Roots. È nato con 165 Cv a 5400 giri/m, cresciuti a 178 nelle versioni che hanno corso nel '32/'33 e che hanno visto aumentare la velocità massima, inizialmente di 210 km/h, fino a 225 km/h. La 8C 2300 è stata ribattezzata 'Monza' dopo la vittoria nel Gran Premio d'Italia del 24 maggio 1931. Disputata con la formula delle '10 Ore', la gara è stata vinta da Tazio Nuvolari in coppia con Giuseppe Campari, davanti alla 'gemella' di Borzacchini-Minoia. Notevole le media di 155, 774 km/h, dopo una percorrenza di ben 1557,754 km. Nel lungo elenco di trionfi della 8C 2300 Monza in pista, spicca il GP di Monaco del 1932, con uno scatenato Nuvolari alla guida, ma l'Alfa ha scoperto in fretta che la stessa auto poteva essere decisamente competitiva anche nelle lunghe gare stradali. Nonostante la durezza del percorso, la 'Monza' ha vinto la Targa Florio sia nel '32 che nel '33 (rispettivamente con Nuvolari e Antonio Brivio) e perfino la Milla Miglia nel 1934

Per il Gran Premio dell'Avus del 1934, previsto sull'omonima e velocissima pista nei pressi di Berlino, l'Alfa ha allestito le Tipo B con una carrozzeria aerodinamica studiata dall'ingegnere Pallavicino della 'Aeronautica Breda'. Guy Moll (nato in Algeria da madre spagnola e padre francese) ha vinto la gara alla media di 205,3 km/h, nonostante la gara sia stata disputata con asfalto bagnato. Al 2° posto Achille Varzi, ugualmente alla guida di una Tipo B 'carenata'.

con Achille Varzi, coadiuvato dal meccanico Amedeo Bignami. Varzi disponeva di una speciale 8C Monza (con impianto di illuminazione), allestita dalla Scuderia Ferrari: motore portato a 2556 cc e circa 180 Cv. Si trattava di uno sviluppo tecnico sperimentato nel 1933 per le sei 'Monza' destinate alle gare in pista con i colori della Scuderia Ferrari, rimasta da sola a schierare le Alfa Romeo nelle corse, dopo il ritiro ufficiale della Casa milanese al termine della stagione 1932.

Un'Alfa con due motori

Vittorio Jano era però consapevole che la 8C 2300 Monza, rivelatasi superiore alle stesse aspettative, non possedeva le caratteristiche della vera 'Grand Prix' e aveva previsto un secondo progetto. Si trattava della Tipo A del 1931, prima vera monoposto realizzata dall'Alfa, caratterizzata dall'utilizzo, sulla stessa vettura, di due motori a 6 cilindri in linea, ciascuno con una cilindrata di 1752 cc. Erano stati scelti i propulsori sperimentati sulla 6C 1750 SS, sovralimentati con compressore tipo Roots (115 Cv a 5200 giri/m). Quindi, 230 cavalli in totale e 240 km/h di velocità, per uno dei più strani progetti del 'Portello'. I motori, ciascuno con un proprio cambio (a comando unico) e totalmente indipendenti l'uno dall'altro, erano stati alloggiati nella parte anteriore del telaio, affiancati e paralleli. Anche gli alberi di trasmissione erano due, abbinati ad altrettanti differenziali, che agivano su ciascuna delle ruote posteriori. Un capolavoro di ingegno meccanico, soprattutto per la necessità di sincronizzare i numerosi cinematismi in gioco, compresi quelli relativi allo sterzo, che agiva tramite una lunga serie di rinvii.

A parte la potenza elevata, in teoria la Tipo A aveva il vantaggio della posizione di guida abbassata, perché con i due alberi di trasmissione laterali, si evitava il massiccio albero singolo, che inevitabilmente passava sotto il sedile del pilota. Un beneficio forse poco avvertito da un'auto che pesava comunque 930 kg a secco, 300 dei quali costituiti dai due motori.

Monoposto particolare, la Tipo A ha debuttato al Gran Premio d'Italia del '31, la gara vinta dalla 8C 2300 Monza, ma funestata dalla morte di Luigi Arcangeli, a causa di un'uscita di pista nel corso delle prove del sabato. Il 29enne pilota romagnolo (ex-motociclista, veterano delle corse) era la volante di una Tipo A, un'auto per nulla amata da Tazio Nuvolari, che comunque non ha esitato a guidarne una identica (ne sono state costruite quattro) nello stesso Gran Premio. Dopo avere cercato di 'domarla' per 31 giri, il pilota mantovano si è ritirato per un problema a un differenziale ed è salito sulla 8C 2300 di Campari, portandola alla vittoria. Tre mesi dopo (14 agosto), Campari e Nuvolari hanno dominato la Coppa Acerbo. Il mantovano era davanti, quando uno dei due motori ha accusato un problema alla guarnizione della testa. Trionfo di Campari, a dimostrazione che, in occasione del debutto, la 'complicata' Tipo A aveva solo bisogno di sviluppo.

In quel periodo Vittorio Jano aveva comunque un asso nella manica: una nuova monoposto da Gran Premio, progettata senza alcun condizionamento. Era la Tipo B, da tutti definita 'P3': il capolavoro che ha definitivamente inserito il tecnico torinese tra i più grandi progettisti della storia. Una vettura classica, esaminata nell'insieme, ma ricca di dettagli interessanti, che la rendevano unica. Era leggera (appena 700 kg a vuoto, ruote comprese), bassa e filante: risultati ottenuti grazie al tipo di trasmissione inedito studiato da Jano. Secondo una tradizione generalizzata, le auto da corsa prevedevano il cambio accoppiato al motore e il differenziale sull'assale posteriore, una soluzione che non sarebbe cambiata (rare le varianti) fino alla diffusione

Impressionante l'espressione di Tazio Nuvolari alla guida dell'Alfa Tipo C 12C, durante le prove del GP della Svizzera del '36. Tazio è al volante della monoposto iscritta per il collega Dreyfus, allo scopo di scegliere l'auto a suo giudizio migliore. In basso, GP di Monaco 1936: Nuvolari (Alfa Tipo C 8C n. 24) incalza la Mercedes del futuro vincitore Caracciola. Entrambi hanno doppiato la Maserati di Etancelin mentre anche Ghersi (Maserati 6C-'34) si sta allargando per 'dare strada' ai protagonisti.

delle vetture con motore posteriore, alla fine degli Anni '50. Secondo questo schema, l'albero di trasmissione passava sotto il sedile del pilota, costringendo quest'ultimo a mantenere una posizione elevato, a svantaggio dell'aerodinamica e della collocazione del peso in basso. Inserendo il differenziale all'uscita del cambio, Jano ha progettato una trasmissione con due alberi disposti a 'V', che arrivavano all'asse posteriore, passando ai lati del sedile di guida, collocato quindi in basso. La soluzione aveva anche il vantaggio di concentrare le masse al centro, alleggerendo il retrotreno, che doveva sopportare il peso di due serbatoio: quello del carburante da 140 litri, e quello del lubrificante da 20 litri.

Vero capolavoro il motore a 8 cilindri in linea, con basamento e coppa dell'olio in lega di magnesio per limitare il peso, fusioni realizzate nell'innovativo settore 'Fonderia' della Casa milanese. Al debutto in corsa (1932), il motore della Tipo B aveva una cilindrata di 2654 cc (alesaggio e corsa 65x100 mm) ed erogava 215 Cv a 5600 giri/m. Era sovralimentato tramite due compressori tipo Roots, abbinati ad altrettanti carburatori, posti sul lato sinistro per limitare l'ingombro. Velocità massima, 232 km/h.

La Tipo B è stata la regina della stagione 1932, dominando sia nei Gran Premi più importanti (durata, 5 ore), che nelle gare su distanza minore e quindi più 'nervose'. Sono state sei le vittorie più prestigiose, quattro delle quali ottenute da Nuvolari, compresa quella del debutto, il 5 giugno nel GP d'Italia a Monza. Nello stesso anno, Nuvolari si è affermato nel Campionato Europeo Piloti.

Al'inizio del 1933, l'intero pacchetto azionario dell'Alfa Romeo veniva assorbito dall'IRI (Istituto per la Ricostruzione Industriale): conseguenza della perdurante crisi finanziaria in cui la fabbrica si dibatteva. Effretto immediato, il ritiro dell'Alfa dalle competizioni. Nei primi mesi della nuova stagione sportiva, solo la Scuderia Ferrari ha consentito alla Casa del 'Biscione' di ottenere vari successi in GP di media importanza, utilizzando le 8C Monza con motore maggiorato. Dopo

L'Alfa Romeo Tipo C 12C del 1936 (sopra) era molto simile alla versione 8C che aveva debuttato l'anno precedente, a parte ovviamente il motore: nel primo caso si trattava di un V12 a 60° di 4064 cc, che erogava al debutto 370 Cv a 5800 giri/m. La 8C era equipaggiata con un motore a 8 cilindri in linea di 3822 cc da 330 Cv a 5400 giri/m. Velocità massima, rispettivamente 275 e 290 km/h. In basso, il motore della 12C, sovralimentato con un compressore volumetrico tipo Roots, come sempre di costruzione Alfa Romeo.

essersi visto sfuggire il GP di Monaco all'ultimo giro, per un guasto al motore, e dopo la sconfitta subìta da parte di Campari (Maserati 8CM) nel GP di Francia, Nuvolari ha abbandonato polemicamente la Scuderia Ferrari (nonostante il contratto firmato ma dall'alto della sua classe poteva permettersi questo e molto altro) ed ha continuato la stagione con una Maserati. Alla guida della Grand Prix bolognese ha vinto tre gare (tra cui il GP del Belgio), ma forse ha sottovalutato la tenacia di Enzo Ferrari che, a partire da metà stagione, forse in conseguenza del clamoroso gesto del più grande e popolare pilota di quel periodo, è riuscito a convincere l'Alfa ad affidargli le Tipo B. L'anteprima del patto successivo, che ha permesso alla Scuderia Ferrari di gestire tutti i programmi sportivi del 'Portello' dal 1934 al termine del 1937.

Con la Tipo B, guidata dall'emergente Luigi Fagioli, approdato alla corte di Ferrari dopo l'uscita di Nuvolari (e di Borzacchini), la Scuderia modenese è tornata immediatamente alla vittoria, e soprattutto ha prevalso nel GP d'Italia a Monza. Fagioli ha avuto la meglio su Nuvolari, dopo una gara combattuta e non priva di polemiche. Ma nel pomeriggio dello stesso giorno è scoppiato un dramma: era previsto il GP Monza per vetture Grand Prix, basato su tre batterie e una finale. Nella seconda, stavano lottando Giuseppe Campari, con una Tipo B della Scuderia Ferrari, e Mario Umberto Borzacchini, fedelissimo compagno di squadra di Nuvolari, sulla spinta del quale aveva lasciato Ferrari per correre con la Maserati. A causa di una macchia d'olio non segnalata, i due piloti, in lotta serrata, sono usciti di pista al termine della velocissima curva Sud, e sono deceduti sul colpo. Per un destino assurdo, nella terza batteria, lo stesso olio, evidentemente sottovalutato, ha innescato il fatale incidente della Bugatti T54 del polacco Stanislas Czaykowski.

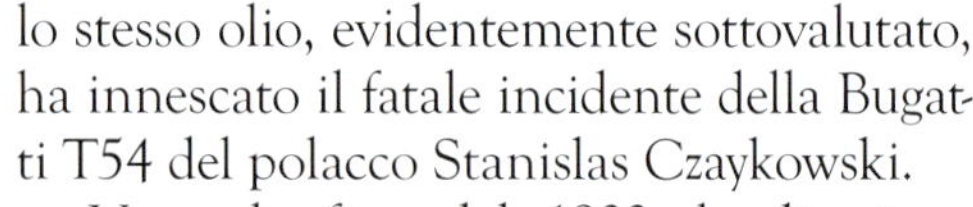

Verso la fine del 1933, la direzione generale dell'Alfa è stata affidata all'ingegnere Ugo Gobbato che ha riorganizzato l'azienda, allargando il settore dedicato ai motori aeronautici. Lo stesso Gobbato ha tolto a Vittorio Jano la direzione dei reparti 'aviazione' e 'veicoli industriali', e lo ha invitato a dedicarsi unicamente alle nuove vetture da strada e da corsa. Forse un passo indietro per il tecnico torinese, superabile se l'Alfa gli avesse messo a disposizione i mezzi (soprattutto economici) per affrontare serenamente il futuro, situazione che non si è mai avverata.

La stagione 1934 ha coinciso con l'introduzione di un nuovo regolamento per i Gran Premi, basato sul peso massimo delle monoposto: non più di 750 kg, escluse le ruote. Norma che non ha preoccupato l'Alfa Romeo, visto, che le sette Tipo B, appositamente realizzate per la nuova stagione e destinate alla Scuderia Ferrari, non andavano oltre i 720 kg.

La nuova formula, varata con la promessa di una maggiore stabilità rispetto al passato, aveva attirato due grandi costruttori tedeschi, Mercedes-Benz e Auto Union. Quest'ultimo rappresentava in realtà il gruppo dei 'Quattro anelli', del quale facevano parte i marchi Audi, DKW, Horch e Wanderer. L'incarico di progettare le Auto Union da Gran Premio era stato affidato al famoso 'Studio' di Ferdinand Porsche, che ha sviluppato le celebri monoposto a motore posteriore: prime vetture, caratterizzate da questa scelta tecnica, ad ottenere successo nelle corse.

Le auto tedesche hanno pesantemente monopolizzato i Gran Premi, fino allo stop imposto dalla guerra, grazie alla tecnologia e con il sostegno di investimenti colossali, che le altre Case – in particolare l'Alfa Romeo – non potevano nemmeno sognare. Anche gli aiuti concessi dal Governo, che faceva leva sulle vittorie per aumentare il prestigio del regime nazista, hanno contribuito a favorire questa supremazia, ma nella realtà le somme stanziate (450.000 marchi annui, da dividere tra le due Case) erano inferiori di circa venti volte, rispetto al costo effettivo di una stagione di corse. In ogni caso, l'Alfa Romeo non ha potuto contare su alcuna sovvenzione, nonostante godesse della più alta considerazione da parte del governo di Roma.

Il vero dominio tedesco ha avuto però inizio nel 1935, perché la messa a punto delle nuove vetture si è prolungata almeno fino all'estate del '34. E così l'Alfa e la Scuderia Ferrari sono state ancora protagoniste, grazie anche ai nuovi motori, di 2905 cc (68x100 mm), da 255 Cv a 5400 giri/m, che hanno portato la velocità a 262 km/h. Nel frattempo, Auto Union e Mercedes, puntando sulla cilindrata (libera) dei motori, hanno realizzato varie unità differenti, che hanno consentito di raggiungere rispettivamente i 375 e i 430 cavalli.

Il ruolo della Scuderia Ferrari

Enzo Ferrari era comunque riuscito a raggruppare attorno alla sua 'Scuderia' degli ottimi piloti, tra cui l'asso Achille Varzi, l'eterno rivale di Tazio Nuvolari, Louis Chiron e il disinvolto e spregiudicato Guy Moll, un algerino che ha vinto subito i GP di Monaco e dell'Avus (Berlino). Purtroppo è deceduto in agosto, alla Coppa Acerbo, a causa di una collisione con la Mercedes di Ernst Henne, che stava cercando di superare sul rettilineo di Montesilvano, a oltre 250 km/h.

Delle 16 vittorie della Scuderia Ferrari con la Tipo B nel 1934, cinque sono arrivate per merito di Achille Varzi, tra le quali il prestigioso GP di Tripoli. Vanno poi aggiunti i successi alla Targa Florio e alla Mille Miglia: in quest'ultima gara, Varzi ha clamorosamente battuto Nuvolari, che era riuscito a farsi affidare dall'Alfa

Circuito di Monza, Gran Premio d'Italia (8 settembre '35): debutta l'Alfa Romeo Tipo C 8C e Nuvolari è protagonista fino al 43° giro, quando è costretto a fermarsi per cedimento di un pistone. Salito sulla 8C del collega Dreyfus, attardata da un iniziale problema, il Campionissimo è 2° alle spalle di von Stuck (Auto Union V16 Tipo B), dopo una rimonta formidabile. In basso, la Tipo C 12C del '37, priva della carrozzeria; si nota la sospensione anteriore a ruote indipendenti, con molle elicoidali, inserite in un cilindro chiuso.

una speciale 8C 2300, simile a quella del rivale. Una strana sfida 'Scuderia Ferrari vs Alfa Romeo', vinta dalla squadra modenese mentre Nuvolari, in conseguenza della sua famosa scelta, ha attraversato un'annata avara di soddisfazioni.

Ma la ruota gira: Nuvolari nel 1935 è tornato con Ferrari, sia perché i rispettivi avvocati avevano trovato un accordo (c'era stata una causa per la rottura del contratto nel '33), ma soprattutto perché Achille Varzi era stato attratto dalle possibilità tecniche dell'Auto Union, nonché da un ingaggio pari a 100.000 marchi in oro. Una simile situazione era già accaduta alla fine del '33, quando Luigi Fagioli, che nella Scuderia Ferrari aveva sostituito con successo i transfughi Nuvolari e Borzacchini nelle ultime gare della stagione, era poi passato alla Mercedes.

Nel suo ultimo anno di corse (1935), il motore della Tipo B è stato portato dall'Alfa a 3165 cc (71x100) e la potenza è stata elevata a 265 Cv a 5400 giri/m. Velocità max, 275 km/h. In occasione del GP di Francia, due monoposto sono state equipaggiate con l'8 cilindri portato a 3822 cc (78x100 mm) e a 330 Cv. Una potenza nettamente più elevata rispetto a quella originale, che tuttavia non ha influito sulla guidabilità della vettura, modificata nelle sospensioni dai tecnici della Scuderia Ferrari, in accordo con il 'Portello'. Per il ponte posteriore erano state adottate le 'semi-balestre' posizionate in 'cantilever' (a 'sbalzo'), mentre l'avantreno era stato aggiornato con le sospensioni a ruote indipendenti, tipo 'Dubonnet'. Quest'ultima era una scelta razionale e moderna, che l'Alfa non aveva potuto deliberare, perché il brevetto francese era stato acquistato dalla Fiat per la produzione italiana e l'utilizzo avrebbe comportato il pagamento (non indifferente) dei diritti. La 'piccola' Scuderia Ferrari ha chiesto i disegni direttamente al tecnico francese ed ha utilizzato il sistema con una certa 'disinvoltura'. L'inevitabile reazione della Fiat è stata placata solo dal tipo di utilizzazione, limitato a poche auto da corsa, e soprattutto dallo sforzo della Scuderia Ferrari, che nei GP internazionali rappresentava l'Italia.

Per Ferrari e per i suoi piloti (Tazio Nuvolari, Louis Chiron, René Dreyfus, Raymond Sommer, Antonio Brivio, Carlo Felice Trossi, Mario Tadini, Carlo Pintacuda), la stagione è stata ricca di successi, ottenuti in gare di buon livello, nelle quali erano però assenti Mercedes e Auto Union. Negli scontri diretti, l'armata tedesca ha sempre avuto la meglio, a parte un caso, il più clamoroso, entrato nella mitologia delle corse e legato al Gran Premio di Germania del 28 luglio, gara che ha ingigantito ancor più la leggenda dell'Alfa Romeo e di Tazio Nuvolari. Sul celebre circuito del Nürburgring di 22,8 km, ricco di curve e di pericoli, Nuvolari e la sua

I tre furgoni della Scuderia Ferrari, utilizzati per la trasferta negli USA, in occasione della Coppa Vanderbilt del 12 ottobre 1936, vinta da Tazio Nuvolari (Alfa Tipo C 12C). La foto, divulgata dalla Società di Navigazione Italia, si riferisce al viaggio di ritorno, affrontato, come all'andata, con il transatlantico Rex. In basso la sede dell'Alfa Corse, all'interno della fabbrica del 'Portello', a Milano.

Prima monoposto Alfa Romeo da Gran Premio con il motore posto alle spalle del pilota, la 512 è stata progettata nel 1939 dall'ingegnere spagnolo Wifredo Ricart, con l'appoggio del noto tecnico Gioachino Colombo. Motore a 12 cilindri contrapposti di 1490 cc, 335 Cv a 8600 giri/m, due compressori tipo Roots. Utilizzata per alcuni test, nel dopo-guerra l'Alfa ha preferito affrontare i GP con la più 'sicura' 158. Con il motore 1.5 della 512 e quello 3.0 della contemporanea 162 V16, sono non meno di 14 i propulsori sviluppati dall'Alfa per i Gran Premi (8, 12 e 16 cilindri) nel periodo 1931/1939. Uno sforzo immane, ritenuto 'discutibile' dagli storici dell'auto, soprattutto nel caso dell'ultimo periodo.

veterana Alfa con motore di 3.2 cc, hanno sfidato quattro Auto Union 5000 cc e cinque Mercedes 4000. Davanti a 250.000 spettatori e a un numero incredibile di alte personalità del Reich, quell''omino di cinquanta chili d'ossa' – come cantava Lucio Dalla – ha lottato metro dopo metro, e ha vinto. È vero, al di là della leggenda, alcune circostanze erano state favorevoli, ma solo un pilota come Nuvolari poteva cogliere quell'occasione unica, guidando al limite per oltre quattro ore e costringendo gli avversari, apparentemente imbattibili, a consumare eccessivamente i pneumatici.

Intanto Jano, fin dai primi mesi del '34, aveva iniziato a progettare una nuova Grand Prix, adatta ad impiegare sia un motore a 8 cilindri in linea (inizialmente), che un nuovo motore con 12 cilindri a V.

Si trattava della Tipo C, di impostazione moderna rispetto alle precedenti esperienze dell'Alfa, soprattutto per l'introduzione delle sospensioni a ruote indipendenti, sia per l'avantreno (con un sistema simile a quello studiato dal professor Porsche per l'Auto Union e che, nel caso dell'Alfa, prevedeva biellette parallele longitudinali e molle elicoidali), che per il retrotreno, caratterizzato da bracci obliqui e balestra trasversale: scelta avveniristica e coraggiosa per l'epoca. I tecnici si erano infatti resi conto che per agevolare il 'lavoro' dei pneumatici (fondamentali per la tenuta di strada), era necessario ridurre il più possibile il peso delle masse non sospese (le parti dell'auto che oscillano assieme alle ruote), e favorire la libertà di movimento di ciascuna ruota rispetto alla 'gemella' del lato opposto. Per questo motivo sono nate le sospensioni a ruote indipendenti, subito diffuse sull'avantreno. Nel caso del retrotreno, le sospensioni a ruote indipendenti si sono invece affermate ben più lentamente, a causa del numero maggiore di fattori in gioco, tra cui la trasmissione del moto e i relativi semiassi.

I motori Avio ritardano le GP

Meno innovativo, rispetto al telaio, il motore a 8 cilindri in linea della Tipo C: si trattava della stessa unità adottata sulla Tipo B nel GP di Francia del '35, quindi 3822 cc e 330 Cv a 5400 giri minuto. L'auto, un po' massiccia nell'aspetto, era comunque leggera (735 kg) e poteva raggiungere i 275 km/h. I veri problemi della Tipo C 8C e della successiva 12C, erano di altra natura. Derivavano dallo sviluppo, lungo e ritardato, dei prototipi, non per causa di Jano. L'ingegnere Gobbato aveva sguarnito e ridotto a una decina di unità il dipartimento tecnico dedicato alle corse, per la necessità del settore 'Avio', che aveva ricevuto una forte commessa da parte del Governo, impegnato nella guerra in Etiopia. Stesso discorso per il reparto lavorazioni speciali

Una monoposto 308 del 1938 (2991 cc, 295 Cv) è stata acquistata dal pilota brasiliano Chico Landi, che ha ottenuto alcune vittorie in gare locali, nel dopo guerra. In basso, Eugenio Siena alla guida dell'Alfa 312, con motore V12 di 2995 cc (350 Cv). Il pilota, che godeva della stima di Enzo Ferrari anche nel ruolo di meccanico-collaudatore, è impegnato nel GP di Tripoli del '38, poco prima dell'incidente che gli sarà fatale.

e per le sale prova motori: le corse erano passate in coda, ovvio che il programma ne avesse risentito. Jano, che aveva realizzato la P2 in meno di otto mesi, ha dovuto attendere più di un anno e mezzo per vedere debuttare la Tipo C 8C al Gran Premio d'Italia dell'8 settembre 1935, sulla pista di Monza. Esordio comunque positivo: il solito Nuvolari ha lottato in mezzo ad Auto Union e Mercedes e si è classificato 2°. Anche il progetto della 12C era iniziato nel '34 (motore a parte, le due monoposto erano pressoché identiche), ma il nuovo 12 cilindri a V di 4064 cc (alesaggio e corsa, 70x88 mm), è stato messo sul banco prova solo nel gennaio del 1936. Sovralimentato con un compressore tipo Roots, erogava 370 Cv a 5800 giri; un buon risultato, ma intanto la Mercedes poteva sfoggiare un V8 di 4740 cc e l'Auto Union addirittura un V16 di 6005 cc. E i 290 km/h della Tipo C, non bastavano contro i 315 e gli 'oltre 300' delle due rivali. La 12C è scesa per la prima volta in gara al GP di Tripoli del 10 maggio '36, vinto da Varzi (Auto Union), che ha ottenuto anche il giro più veloce alla media di 227,4 km/h: basta questo dato per capire la ragione del debutto negativo.

L'Alfa Romeo poteva però contare su 'San Nuvolari' che nei circuiti ricchi di curve, ha dimostrato che la nuova monoposto era competitiva e solo ragioni estranee al progetto (economiche e organizzative soprattutto) impedivano all'Alfa di lottare ad armi pari con i rivali germanici. Contro questi ultimi, Tazio ha vinto nei GP di Spagna, di Ungheria (in questo caso con la 8C: la gara è ritenuta tra i capolavori della carriera del pilota), di Milano e del Montenero (Livorno). In ottobre ha anche dominato la celebre 'Coppa Vanderbilt' negli Stati Uniti.

Dalla metà del 1936, Vittorio Jano aveva comunque iniziato a studiare un deciso aggiornamento della Tipo C 12C. Battezzata 12C/'37, la monoposto era più bassa, con una ridotta sezione frontale e carreggiate più larghe. Il motore V12 era stato portato a 4495 cc ed erogava 430 Cv a 5800 giri/m. In un clima di sfiducia e nervosismo, la costruzione della vettura è stata ancora una volta rallentata e solo ai primi di agosto del 1937 è stato possibile portarla sull'Autostrada Milano-Bergamo per il primo test. Nuvolari ha giudicato valido il motore ma ha rilevato una eccessiva flessibilità del telaio. A pochi giorni dalla Coppa Acerbo (15 agosto) e dal Gran Premio d'Italia (12 settembre), non è stato possibile intervenire. Ne è nato un caso politico e, in ottobre, Vittorio Jano è stato costretto a dare le dimissioni. Aveva 46 anni e avrebbe dato ancora moltissimo alla tecnica automobilistica. Passato alla Lancia come responsabile del reparto esperienze, tra i suoi progetti va ricordata la D50 di F.1 del 1955, la monoposto ribattezzata 'Ferrari' nel '56, che ha permesso alla Casa di Maranello di vincere il Campionato del Mondo con Fangio. Come consulente e consigliere speciale di Enzo Ferrari, ha realizzato il celebre motore Dino V6, utilizzato per le auto da corsa e da strada. Anche l'ingegnere Mauro Forghieri, responsabile del progetto di tante Ferrari vincenti, ha sempre sottolineato di avere appreso tantissimo dal tecnico torinese, all'epoca più che 70enne, durante il suo primo periodo di lavoro a Maranello.

Mentre sulle piste la 12C faticava ad emergere, l'ingegnere Ugo Gobbato aveva

La 8C 2900 B 'Berlinetta Speciale' è stata concepita per partecipare alla 24 Ore di Le Mans del 16/19 giugno 1938 ed è attualmente una delle attrazioni del Museo Alfa di Arese. La carrozzeria aerodinamica studiata dalla Touring consentiva di raggiungere i 240 km/h sul rettilineo delle 'Hunaudières'. Guidata da Clemente Biondetti e dal francese Raymond Sommer, a 6 ore dalla fine aveva un vantaggio di 11 giri (147 km), quando ha ceduto il pneumatico anteriore destro in piena velocità. Per evitare una sbandata, Sommer ha scalato violentemente le marce ed è riuscito a tornare al box. Rientrata in pista, è stata successivamente ritirata per rottura di una valvola.

deciso di cambiare radicalmente l'organizzazione sportiva del 'Portello', interrompendo il rapporto con la Scuderia Ferrari e creando l'Alfa Corse: una nuova struttura che si sarebbe occupata della progettazione e della costruzione delle auto ma anche della gestione sui campi di gara. Lo stesso reparto, alloggiato in una palazzina creata appositamente all'angolo tra i viali Traiano e Renato Serra, avrebbe curato la preparazione delle macchine per i clienti sportivi e le avrebbe assistite durante le corse. Gobbato non ha però interrotto il rapporto con Enzo Ferrari, promosso 'consulente direttivo' dell'Alfa Corse. L'intero personale della Scuderia modenese, compreso il direttore sportivo Nello Ugolini, è stato trasferito a Milano, dove è stato portato anche il prototipo della '158', la monoposto 1.5 progettata dall'organizzazione di Ferrari (con progettisti dell'Alfa) e destinata a un futuro agonistico ricco di gloria (ne parliamo nel capitolo 113).

Primo impegno dell'Alfa Corse, la costruzione di una vettura da Gran Premio coerente con la nuova Formula in vigore nel 1938 che prevedeva motori con cilindrata non superiore a 3000 cc. È nata così la 308, monoposto derivata dalla 8C 2900B Corsa: una vettura della categoria sport, utilizzata (con grande successo) nella manifestazioni su strada, tipo Mille Miglia. Avrebbe dovuto debuttare al GP di Pau (21 maggio 1938), ma per un problema al serbatoio del carburante, in prova sulla vettura si è innescato un incendio che ha causato serie ustioni a Nuvolari. Demoralizzato, il Campione mantovano ha annunciato il suo ritiro dalle corse. Certamente in buona fede in quel momento, dopo poco ha accettato l'offerta dell'Auto Union (nonostante il contratto con l'Alfa, ma la Federazione Italiana non si è opposta), che gli ha consentito di tornare alla vittoria in tre Gran Premi di prima grandezza.

Per i Gran Premi del '38, l'Alfa Corse ha trasformato la 12C del '37, portando la cilindrata del V12 a 2995 cc (350 Cv a 6500 giri/m). Battezzata 312, ha preso parte a vari GP, senza risultati apprezzabili. Più complesso il progetto della 316, iniziato a Modena presso la Scuderia Ferrari nel '37 e completato a Milano. Il motore, studiato dal tecnico Alberto Massimino, aveva 16 cilindri disposti a U (2958 cc) e derivava dall'unione di due unità complete della monoposto 158, quindi con due alberi motore, collegati da un ingranaggio, per trasmettere il moto al cambio, collocato posteriormente e in 'blocco' con il differenziale. Il nuovo 16 cilindri, che erogava 440 Cv a 7500 giri/m, è stato montato sul telaio della 12C/'37. Senza modifiche sostanziali, l'Alfa aveva quindi ripreso la ultra-criticata monoposto di Jano, che aveva causato le dimissioni dello stesso tecnico torinese. Nelle prove del GP di Tripoli, dove ha debuttato, la 316 (guidata da Biondetti, grande 'stradista', non eccelso in pista), ha ottenuto il miglior tempo in prova (media 219,962 km/h), davanti alle Mercedes W154. In gara non è stata schierata per mancanza di preparazione ma in occasione del GP d'Italia di settembre, a Monza, è stata affidata a Giuseppe Farina e a Biondetti. Ottimo il risultato: in mezzo alle solite Auto Union e Mercedes, il futuro Campione del Mondo di F.1 ha ottenuto il 2° posto e Biondetti il 4°. A vincere, era stato però Nuvolari con l'Auto Union.

L'incredibile Grand Prix Bimotore del 1935

SOLO NUVOLARI POTEVA DOMARLA

La più incredibile Alfa Romeo mai realizzata non è totalmente un'Alfa Romeo, o almeno lo è per metà. La Bimotore è infatti nata a Modena nel 1935, da un'idea del tecnico Luigi Bazzi, che un paio di anni prima era passato alla Scuderia Ferrari, dopo averne trascorsi 10 nel reparto corse del 'Portello'. Bazzi in realtà aveva mantenuto il rapporto di dipendenza con l'Alfa, che lo aveva 'girato' a Ferrari, quando quest'ultimo aveva iniziato a gestire direttamente le auto da corsa progettate e costruite a Milano. Una gestione che tra il '34 e il '35 si era fatta molto dura a causa dell'arrivo, sulla scena dei Gran Premi internazionali, delle formidabili squadre Mercedes e Auto Union, dotate di mezzi inimmaginabili per l'Alfa e tanto meno per Ferrari.

Per cercare di battere le auto tedesche, dotate di motori di cilindrata nettamente più elevata rispetto alla monoposto Tipo B, abitualmente utilizzata dai piloti della Scuderia Ferrari, è stato scelto un percorso fin troppo diretto e coraggioso: la costruzione di una vettura da Gran Premio dotata di due motori. L'idea ha ricevuto l'approvazione dell'Alfa Romeo, e quindi di Vittorio Jano che ne era il direttore tecnico, ma la Casa milanese ha preferito tenersi distante dal progetto, interamente sviluppato da Luigi Bazzi e dall'ingegnere Arnaldo Roselli. La Bimotore ha corso infatti senza il marchio dell'Alfa, ma con il Cavallino rampante della Scuderia Ferrari, e può quindi essere ritenuta la prima auto realizzata dal futuro grande Costruttore.

Base del progetto, l'utilizzo di due motori a 8 cilindri in linea di 3165 cc (alesaggio e corsa: 71x100 mm), in grado di erogare 270 Cv a 5400 giri/m. I motori erano gli stessi utilizzati sulla Tipo B, ma era stata aumentata leggermente la cilindrata, ovviamente conservando la sovralimentazione tramite il compressore tipo Roots, realizzato dalla stessa Alfa.

Nuvolari osserva la Bimotore prima del tentativo di record sull'Autostrada Firenze-Lucca; alla sua destra, Ferrari che aveva realizzato la vettura tramite l'organizzazione della sua Scuderia.

L'intera vettura si basava su un telaio della Tipo B, allungato tramite la variazione della misura del passo, passata da 265 cm a 280 cm. Era stato necessario ricavare lo spazio per alloggiare il secondo motore alle spalle del pilota, dove abitualmente era previsto il serbatoio del carburante da 140 litri. Sulla Bimotore i serbatoi sono diventati due: alloggiati lungo i fianchi, avevano una capacità totale di 240 litri, scelta necessaria per 'sfamare' i 6330 cc complessivi dei due propulsori. Che naturalmente avevano bisogno di una adeguata lubrificazione, e così il serbatoio dell'olio da 20 litri, previsto sulla Tipo B, è stato raddoppiato nella capacità. Inevitabilmente il peso della vettura ne ha risentito, tanto da raggiungere i 1.080 kg 'a secco', che diventavano 1.300 circa sulla linea di partenza delle gare.

Pezzo forte della vettura, la trasmissione, ottimo esempio di ingegneria meccanica. Il motore anteriore e quello posteriore erano collegati da un'unica frizione e da un cambio di velocità a tre marce, attraverso il quale passava l'albero di trasmissione, a sua volta abbinato al differenziale. Da quest'ultimo partivano due alberi di trasmissione obliqui, che portavano il moto a ciascuna delle due ruote posteriori. Un sistema geniale e solo apparentemente complicato, che comprendeva anche un giunto per l'accoppiamento o il distacco dei motori; in caso di avaria di una delle due unità: era infatti possibile proseguire la marcia, a velocità ovviamente molto ridotta.

È paradossale che la Bimotore sia stata concepita quando nei Gran Premi internazionali le monoposto dovevano rispettare una regola fondamentale, alla base della categoria tra il '34 e il '37: peso non superiore a 750 kg, senza le ruote e i liquidi di rifornimento. È ovvio che i responsabili della Scuderia Ferrari non avevano minimamente ipotizzato di schierare la Bimotore tra le Grand Prix 'classiche', ma il calendario prevedeva anche alcuno gare per monoposto della cosiddetta 'Formula libera', in par-

Ricostruita dall'Alfa Romeo secondo il progetto originale, la Bimotore esposta al Museo di Arese ha alcune parti della carrozzeria realizzate in plexiglas, in modo da ammirare la disposizione dei due motori.

ticolare quelle (con ricchi premi) sui velocissimi circuiti di Tripoli e dell'Avus (Berlino), dove si sperava che i 540 Cv complessivi e la velocità (teorica) di 340 km/h, potessero avere ragione delle Mercedes W25 (430 Cv) e delle Auto Union Tipo B (375 Cv).

A meno di quattro mesi dall'inizio dei lavori, la Bimotore è stata presentata alla stampa, a Modena, e subito dopo (il 10 aprile, un mercoledì) il collaudatore Marinoni e Tazio Nuvolari hanno percorso i primi chilometri sull'autostrada 'Milano-Brescia', tra il km. 78 e il casello di Brescia. Due esemplari della vettura, destinati a Tazio Nuvolari e a Louis Chiron, sono stati quindi inviati a Tripoli, dove il 12 maggio era previsto un Gran Premio sul veloce circuito della 'Mellaha'. Nel corso delle prove, le nuove monoposto non hanno accusato alcun problema meccanico, ma il consumo dei pneumatici è risultato elevatissimo a causa del peso eccessivo. Per trovare una soluzione, la squadra ha richiesto alla Casa belga Englebert una fornitura di coperture più robuste, rinunciando ai sofisticati Dunlop da corsa, ma il problema è stato risolto solo in minima parte. Considerando il numero degli iscritti (30), il 4° e 5° posto di Nuvolari e Chiron (quest'ultimo alla guida di una Bimotore equipaggiata con due unità di 2905 cc, da 255 Cv ciascuna), non ispirano un giudizio del tutto negativo, anche se le due vetture non hanno mai impensierito le Mercedes di Caracciola (primo con una media di 198,0 km/h sui 524 km di gara, e autore del giro più veloce a 220,2 km/h) e Fagioli (3°), nonché l'Auto Union di Achille Varzi (2°). I lunghissimi rettilinei del circuito hanno favorito le indubbie doti velocistiche della nuova auto, nonostante una guidabilità decisamente 'brutale', ma hanno anche accentuato l'ecatombe di pneumatici. In pratica, Nuvolari è stato costretto a fermarsi ai box ogni tre giri (39,3 km); e la gara ne prevedeva ben 40.

Il 26 maggio la sfida si è ripetuta sull'ancor più veloce circuito dell'Avus (Berlino), dove la media sul giro arrivava a 260 km/h! Un 'carosello' incredibile, leggermente 'ingentilito' dalla decisione di dividere la corsa in due batterie e una finale. Nuvolari, lottando al solito come un leone, è stato ancora una volta ritardato dai pneumatici, mentre Chiron, alla guida della Bimotore meno potente e soprattutto grazie a una tattica meno arrembante, ha ottenuto il 2° posto, alle spalle della Mercedes di Luigi Fagioli, ma davanti ad altre Mercedes ed Auto Union.

Giudicata, storicamente, una 'follia tecnica', la Bimotore non si è rivelata comunque un fallimento, e i record mondiali di velocità, ottenuti prima del suo 'pensionamento' (a livello internazionale), ne sono la conferma. Alleggerita di circa 80 kg (riducendo soprattutto drasticamente la capacità dei serbatoi del carburante), il 15 giugno la Bimotore 6.3 è stata portata sull'Autostrada Firenze-Mare (base il casello di Altopascio) per battere i record di velocità per vetture dotate di motore con cilindrata tra i 5.0 e gli 8.0 litri (Classe B). Con un miglior passaggio, sugli otto chilometri cronometrati, alla media di 336,252 km/h, la Bimotore ha conquistato il record mondiale sul km lanciato alla media di 321,428 km/h, e quello sul miglio con una media di 323,125 km/h. Alla guida del 'mostro', naturalmente Tazio Nuvolari, forse l'unico pilota che non si lasciava impressionare dalle violente reazioni innescate dai due motori, che lo costringevano a continue correzioni con il volante.

Con la fresca gloria dei record (all'epoca portatori di un enorme prestigio), la Bimotore 6.3 è stata smontata per utilizzare i motori su altre vetture. L'esemplare guidato da Chiron è stato invece venduto in Gran Bretagna, nel 1937, dove è apparso in gara anche nel dopo-guerra (veniva utilizzato spesso un solo propulsore), per chiudere successivamente la carriera in Nuova Zelanda, dove è stato recuperato, intorno al 1970, dall'appassionato Tom Wheatcroft, proprietario della pista di Donington e dell'annesso Museo dell'Auto. La monoposto è stata restaurata con l'appoggio dei tecnici dell'Alfa Romeo che, sulla spinta dell'illuminato presidente dell'epoca, Giuseppe Luraghi, ne hanno approfittato per realizzarne una copia perfettamente conforme al progetto originale. Unica differenza: non compare il Cavallino di Ferrari ma il marchio Alfa Romeo. Da allora è ammiratissima nel Museo del 'Biscione' ad Arese.

Il 13 maggio 1950, con il Gran Premio di Gran Bretagna sul circuito di Silverstone, ha preso il via il primo Campionato del Mondo di F.1. La gara è stata vinta da Giuseppe 'Nino' Farina, con l'Alfa Romeo 158, che nel settembre successivo sarà anche il primo Campione del Mondo. Farina ha lottato, per tutta la stagione, soprattutto con Manuel Fangio, suo compagno di squadra all'Alfa. Il 26 agosto 1950 i due piloti si sono incontrati in una specie di rivincita del GP di Gran Bretagna, sempre a Silverstone, dove era previsto il 'Daly Express Trophy', non valido per il titolo. Ha vinto ancora Farina e la foto si riferisce all'arrivo trionfale del pilota torinese, che era nipote del celebre carrozziere Battista 'Pinin' Farina. Nella pagina accanto, Farina al GP di Gran Bretagna '50, in una interpretazione della pittrice veneziana Eleonora Böhm (Collezione Armin Ramsey).

La lunga vicenda agonistica delle Alfetta 158/159 tra il 1938 e il 1951

PROGETTO NATO A MODENA FINITO CON DUE MONDIALI

Al solito, la vista più lunga l'aveva avuta Enzo Ferrari: nel 1936 aveva capito che per l'Alfa Romeo la sfida contro i tedeschi nei Gran Premi, era insostenibile (per ragioni economiche, soprattutto) e aveva suggerito un programma alternativo, legato alla monoposto 158, la celebre 'Alfetta', nata, come ha scritto lo stesso Ferrari '*da una mia personale idea, realizzata per mio desiderio*'.

L'Alfetta 158 era stata programmata per le corse riservate alle auto 'monoposto' appena sotto le Grand Prix, le cosiddette 'Voiturettes', che stavano diventando di moda. Dotate di motore sovralimentato di 1500 cc, piacevano agli organizzatori, perché offrivano uno spettacolo di buon livello, senza i costi della categoria superiore. E piacevano sia ai 'gentlemen', sia agli ambiziosi che consideravano la categoria un passaggio per arrivare alle Grand Prix.

Con i mezzi a disposizione, l'Alfa Romeo poteva realizzare una 1500 più sofisticata rispetto alle dominatrici del periodo (la Maserati e le inglesi Era e Alta), con ottime prospettive di successo e di popolarità.

La proposta di Ferrari era piaciuta al direttore generale dell'Alfa, l'ingegnere Ugo Gobbato, ed aveva avuto il benestare del direttore tecnico Vittorio Jano, impegnato con le Tipo C che avrebbero dovuto contrastare Mercedes e Auto Union nei Gran Premi. Ferrari però si rendeva conto che sarebbe stato impossibile progettare e realizzare la nuova monoposto al 'Portello', dove il reparto corse era ormai striminzito, a causa dell'impegno dell'Alfa con i motori aeronautici e gli autocarri militari. In ogni caso, la Scuderia Ferrari non aveva solo dimostrato di gestire con professionalità le auto da corsa realizzate a Milano: il suo 'capo', che già evidenziava il carattere e lo spirito indipendente che lo avrebbero portato a fondare una fabbrica con il proprio nome, aveva creato un'ottima organizzazione e si era circondato di bravi tecnici, a cominciare da Luigi Bazzi, che era passato dall'Alfa alla 'Scuderia'. Con la situazione che si era creata al 'Portello' e con la garanzia dei precedenti successi tecnici, Ferrari non ha faticato a raggiungere il proprio duplice obiettivo: costruire la 1500, però a Modena, tenendo Milano al di fuori di tutto.

La prima Alfetta è stata progettata e realizzata nei locali della Scuderia Ferrari, in viale Trento e Trieste 31, e la stessa sigla rivela una chiara origine modenese. Il numero 158 si riferisce alla cilindrata (1.5) e al numero dei cilindri (8), secondo un sistema inedito per l'Alfa, successivamente mantenuto solo nei due anni scarsi che hanno visto Ferrari direttore dell'Alfa Corse. È infine significativo che lo stesso Ferrari abbia utilizzato la stessa sigla, rovesciata, quando ha costruito la sua prima

Reparto Corse dell'Alfa al 'Portello', fine estate del 1945: in un giorno memorabile è stata organizzata una semplice cerimonia, assieme ai dipendenti, per 'festeggiare' le monoposto 158, 'tornate a casa', dopo essere state nascoste, negli ultimi due anni di guerra, in una cascina di Abbiategrasso, per evitare la requisizione da parte dell'esercito tedesco. Sono presenti anche i piloti che le riporteranno in corsa: sulla n. 12 Carlo Felice Trossi, sulla n. 2 il grandissimo Achille Varzi, sulla n. 32 il capo-collaudatore Consalvo Sanesi, sulla n. 24 il francese Jean-Pierre Wimille.

vettura in autonomia, la '815' (8 cilindri e 1.5 di cilindrata), l'inizio di una lunga serie di vetture del Cavallino, identificate da numeri di tre cifre.

Ma quale preciso accordo legava la Scuderia Ferrari e l'Alfa Romeo? Lo stesso Enzo Ferrari non lo ha mai precisato, ribadendo solo che l'idea e lo sviluppo della monoposto sono stati opera sua, anche se la Casa milanese ha dirottato a Modena il tecnico Gioachino Colombo. Quest'ultimo era entrato al 'Portello' nel 1924 e in breve aveva raggiunto il ruolo di 'numero due' di Vittorio Jano. Per Ferrari un appoggio formidabile; non a caso, quando nel dopo guerra ha deciso di realizzare la prima auto con il marchio del Cavallino, si è rivolto a Colombo, che non era un ingegnere – come spesso viene riportato –, ma a 14 anni aveva seguito un corso da disegnatore meccanico alla 'Franco Tosi' di Legnano (dove era nato nel 1903), azienda presso la quale ha contemporaneamente iniziato a lavorare. Assieme a Colombo era stato spostato a Modena anche un giovane, validissimo disegnatore, Angelo Nasi. Entrambi erano rimasti comunque alle dipendenze della Casa milanese, tanto che quando è stata creata l'Alfa Corse (1939), sono rientrati al 'Portello'.

Un affare per Ferrari e Alfa

Altro dubbio: come è stata finanziata l'intera operazione, dal costo certamente molto elevato? Ferrari riporta testualmente: '*Questa 1500 con compressore fu da me ceduta l'anno dopo all'Alfa* (1938, ndr), *la quale acquistò il materiale delle quattro unità che avevo impostato, acquistò le unità che avevano già corso, mi fece liquidare la Scuderia Ferrari...*'. Sembrerebbe quindi che Ferrari si sia accollato interamente le spese iniziali, una somma con molti zeri, considerate le sofisticate caratteristiche tecniche della 158 e l'abbondanza di particolari meccanici costruiti, corrispondenti in pratica a sei auto complete. È stato però un investimento produttivo, concluso con la cessione dell'intero 'pacchetto 158' all'Alfa, con un guadagno (da sommare alla famosa 'liquidazione') che ha consentito a Ferrari di iniziare i lavori per la sua fabbrica di Maranello.

Un affare notevole lo aveva fatto comunque anche l'Alfa, pur se l'ingegnere Gobbato non se ne sarà reso conto al momento: nell'immediato dopo-guerra le Alfetta 158 sono state le protagoniste assolute della scena dei Gran Premi, fino alla conquista dei primi due Campionati del Mondo di Formula 1 (nel '47 il regolamento ha portato a 1500 cc i motori delle monoposto con il compressore, e a 4500 cc quelli che ne erano privi, ndr). Una serie di successi fondamentale per il prestigio nazionale, all'epoca assai basso, e per il rilancio dell'Alfa Romeo, che stava

Inverno '45/'46: incuranti del freddo (si nota la neve ai bordi della strada), i collaudatori dell'Alfa (Zanardi sulla n. 12), protetti appena dal basco, 'saggiano' le condizioni delle Alfetta 158, tornate in fabbrica, dopo essere state nascoste nel periodo più duro della guerra.

classica 'furbata all'italiana', messa in atto dalla nostra Federazione. Nel GP di Tripoli avevano sempre corso le vetture da Gran Premio, ma per evitare la consueta vittoria di un'auto tedesca, gli organizzatori avevano scelto di riservare la manifestazione alle '1500', sapendo che Mercedes e Auto Union non disponevano di monoposto della categoria inferiore. Doveva trattarsi quindi di una gara di prestigio, ma giocata tra Alfa Romeo e Maserati. A sorpresa, Mercedes ha invece costruito, in appena sei mesi, la monoposto W 165, con motore a 8 cilindri in linea, accreditato di ben 278 cavalli: ennesima dimostrazione delle enormi possibilità della Casa tedesca. Le sei Alfetta portate a Tripoli, hanno dovuto accontentarsi di un terzo posto, lontane dai protagonisti Lang e Caracciola.

In ogni caso, tra il 1938 e il 1940, l'Alfa ha preso parte a nove gare e ne ha vinte sei: comunque un successo, e si trattava solo di un anticipo, prima delle vere stagioni trionfali.

Dopo l'entrata in guerra dell'Italia il 10 giugno 1940 e la totale interruzione delle gare, nei primi tempi l'Alfa Corse ha continuato a occuparsi di progetti legati alle competizioni, senza concentrarsi eccessivamente sullo sviluppo della 158. Enzo Ferrari, d'altronde aveva lasciato la carica di 'Consulente direttivo' dell'Alfa Corse fin dal dicembre '38, anche a causa delle divergenze di vedute con l'ingegnere spagnolo Wifredo Ricart, che era arrivato alla carica di direttore del 'Servizio Studi Speciali', dal quale la stessa Alfa Corse dipendeva. In contrapposizione alla 158, Ricart (che già si era impegnato nel progetto della '162', monoposto da Gran Premio con motore V16 3.0, della quale è stato montato un solo esemplare) ha realizzato la '512', una '1500' con propulsore posteriore a 12 cilindri contrapposti che non ha superato lo stadio di prototipo, come la successiva '163', una berlinetta Sport a due posti con motore alle spalle dell'abitacolo.

Per evitare il pericolo dei bombardamenti e la requisizione da parte delle truppe d'occupazione tedesche, dopo l'8 settembre '43, tutte le sei Alfetta costruite nell'inverno '39/'40 (assieme ad altri prototipi e a macchine utensili di pregio), sono state accuratamente nascoste. Tra i rifugi scelti, una cascina nei pressi di Abbiategrasso, di proprietà dell'ingegnere Achille Castoldi, industriale di spiccata personalità e motonauta di valore, talvolta alla guida di uno scafo con motore 'Alfetta'.

Terminata la guerra, tutte le 158 sono riapparse 'freschissime': una delle poche certezze dell'Alfa post-1945, con la fabbrica da ricostruire e con piani industriali tutti da inventare. Ma stavano rinascendo le corse, importante motivo di evasione per gli appassionati, desiderosi di credere in qualcosa, dopo anni di sofferenze. Occasione colta al volo dall'Alfa Romeo, che aveva un'estrema necessità di fare capire al mondo di trovarsi nella fase di rilancio e già impegnata nella costruzione delle auto, magari poche, ma di classe e con prestazioni sportive. Sulla spinta di un nuovo direttore del settore 'Progetti ed Esperienze', il dinamico e illuminato ingegnere Orazio Satta Puliga, e dei suoi stretti collaboratori, la Casa milanese ha basato la propria rinascita sui Gran Premi internazionali. Oltre che sulla spinta di una larga parte della base operaia, fiera delle origini e della tradizione sportiva dell'Alfa Romeo.

Senza Monza, test alla Malpensa

Tornate al 'Portello' le sei Alfetta 158 (utilizzate unicamente nel GP di Tripoli del 1940) sono state smontate e sottoposte a stressanti prove, non sul circuito di Monza, trasformato in un campo 'ARAR' ('Azienda Rilievo Alienazione Residuati') e riaperto solo nel settembre 1948. Per i test è stato utilizzato l'aeroporto della Malpensa, configurando una pista caratterizzata da un rettilineo di un paio di chilometri, sul quale l'8 cilindri, che arrivava ormai a 7500 giri/m (oltre 250 Cv), diffondeva per la campagna il suo inconfondibile 'urlo'. Per guidare le 158 erano stati contattati Carlo Felice Trossi, ex-presidente della Scuderia Ferrari (pilota per passione ma di ottimo livello), e Achille Varzi. Negli Anni '30, quest'ultimo aveva diviso il tifo degli italiani, contrapponendosi quale avversario più quotato del grande Nuvolari. Intorno al 1936, quando era pilota ufficiale della Auto Union, era però caduto nel tranello della morfina, sulla spinta della donna alla quale si era legato, l'affascinante Ilse Hubach, ufficialmente moglie di un pilota tedesco. Costretto ad abbandonare le corse, aveva affrontato un periodo di disintossicazione, con ottimi risultati. E nel '46, il 42enne Varzi era tornato il pilota di prima, freddo, lucido, velocissimo. La nuova squadra dell'Alfa era stata completata dal francese Jean-Pierre Wimille e dal torinese Giuseppe 'Nino' Farina, definito da Ferrari '*l'uomo dal coraggio che rasentava l'inverosimile*' (laureato in legge era figlio del proprietario della carrozzeria Stabili-

L'abitacolo dell'Alfetta 159: sulla destra, si nota uno dei serbatoi supplementari, che permettevano di aumentare la capienza fino a un massimo di 350 litri di carburante Shell 'Dinamin'.

menti Farina e nipote del celebre Battista 'Pinin' Farina).

Il debutto post-bellico dell'Alfa ha coinciso con la prima grande corsa internazionale del periodo, il Grand Prix di St. Cloud (Parigi) del 9 giugno 1946. Un debutto sfortunato, ma il 21 luglio successivo, nel Gran Premio delle Nazioni di Ginevra (una simbolica 'riconciliazione', con la presenza di italiani, francesi e britannici), l'Alfa ha iniziato uno storico periodo di imbattibilità, durato cinque anni, con 26 vittorie in altrettante gare internazionali. A Ginevra ha vinto Farina mentre nel successivo GP di Torino (circuito del Parco del Valentino) a trionfare è stato Varzi, in una giornata che si è trasformata in una grandissima festa popolare, nel corso della quale una folla immensa chiedeva di voltare pagina in quel difficile dopo-guerra.

Al 'Portello' è comunque proseguito lo sviluppo della 158, sulla spinta dell'ingegnere Satta e dei suoi validissimi collaboratori, gli ingegneri Gian Paolo Garcéa e Livio Nicolis, rispettivamente direttori del 'Servizio Esperienze' e dell'Alfa Corse. Per la stagione 1947 il motore è stato aggiornato con il compressore a doppio stadio (anziché singolo) e la potenza è cresciuta a 275 Cv, diventati 315 l'anno successivo. Nel 1949, l'Alfa si è momentaneamente ritirata dalle competizioni, a causa dell'impegno con il progetto della berlina 1900: l'Alfa Corse era infatti una realtà virtuale, che dipendeva dalla DIPRE (Direzione Progettazione e Sperimentazione), senza una vera separazione tra produzione e agonismo. Inoltre, un destino maligno si era accanito sui piloti della squadra: Varzi, il campione che aveva sempre calcolato con inaudita lucidità i rischi, era morto in seguito ad un banale incidente durante le prove del GP della Svizzera del '48; Wimille ne ha seguito la sorte nel gennaio del '49, mentre era impegnato in una gara minore in Argentina, alla guida di una piccola Gordini; Trossi infine, dopo avere vinto il GP della Svizzera e d'Europa del 4 luglio '48, aveva accusato i sintomi di un male che lo avrebbe stroncato in meno di un anno.

Accanto a Nino Farina, nel 1950 hanno corso quindi il 52enne Luigi Fagioli (veterano degli Anni '30) e il 39enne argentino Juan Manuel Fangio, destinato a diventare uno tra i pochi, veri 'Campionissimi' dell'automobilismo. Equipaggiata con un motore portato a 350 Cv a 8500 giri/m (con una velocità che era passata dai 232 km/h iniziali ai 270 del '47 e ai 290 del 1950), l'Alfetta 158 ha dominato tutte i Gran Premi in programma e Nino Farina ha conquistato il primo titolo di Campione del Mondo della storia. Un dominio che non è bastato agli ingegneri dell'Alfa che nella stagione successiva hanno schierato la 159, evoluzione della 158 ma con alcune notevoli differenze. Lavorando sulla pressione dei due compressori Roots (portata a 3 kg per cm^3) e quindi sulla portata della miscela aria-combustibile, la potenza è arrivata a 425 Cv a 9300 giri/m, con una velocità massima superiore ai 300 km/h. Per nulla ipotetica: già nel 1950, durante il GP di Pescara (non valido per il Mondiale), la 158 era stata cronometrata, sul lunghissimo rettilineo di Montesilvano, a 310,344 km/h.

L'aumento della potenza aveva imposto un adeguamento della tenuta di strada della 159, per evitare il leggero ma fastidioso 'saltellamento' in curva delle ruote posteriori, innescato dai bracci oscillanti delle sospensioni a ruote indipendenti. Quest'ultima era una soluzione molto avanzata, considerando la data del progetto ma – lo abbiamo precisato – di difficile messa a punto, considerando l'architettura delle auto dell'epoca e i pneumatici a disposizione. L'incremento della potenza (più del doppio rispetto all'inizio) aveva consigliato l'adozione delle sospensioni posteriori con ponte 'De Dion', stessa scelta della Mercedes negli Anni '30, anche in questo caso successiva all'adozione delle più raffinate, ma complicate, ruote indipendenti. Il ponte 'De Dion' rappresentava un buon compromesso perché consentiva ai pneumatici di mantenere sempre il battistrada sul terreno e le masse non sospese erano comunque 'indipendenti' dal complesso del telaio.

Un uguale 'passo indietro' in fatto di sospensione posteriore, era stato compiuto dalla Ferrari alla fine degli Anni '40, quando la 125 C 'Doppio Stadio' era stata abbandonata in favore della nuova Formula 1 '275' con motore aspirato, dalla quale è derivata la '375' che, in occasione del Gran Premio di Gran Bretagna del 1951, ha interrotto la lunghissima striscia di successi dell'Alfetta. Per realizzare la prima vettura che portava il suo nome, Ferrari aveva chiamato a Maranello Gioachino Colombo, che nel '45 era stato sospeso dall'Alfa per motivi legati alla politica. Colombo ha progettato l'eccellente 12 cilindri, utilizzato anche per la monoposto da Gran Premio, ma in versione 1500 con compressore, il motore del 'Cavallino' non ha mai raggiunto il livello delle Alfetta 158 ed è stato giubilato.

Monza, 3 settembre 1950, Gran Premio d'Italia: l'epilogo del Mondiale: le Alfetta di Farina e Fangio in battaglia alla seconda curva di Lesmo. Poi Fangio si ritirerà per rottura del cambio ma Farina dovrà soffrire terribilmente negli ultimi giri a causa della pressione dell'olio del motore, calata paurosamente. Se non avesse vinto il GP, Fangio gli avrebbe 'soffiato' il Mondiale. Sotto, il pilota argentino durante il precedente GP di Francia a Reims, vinto davanti alla terza 'F' della Squadra Alfa, l'indomabile Luigi Fagioli, un 'grande' dei Grand Prix degli Anni '30.

Con il tecnico Aurelio Lampredi, a partire dal 1950, la Ferrari aveva sviluppato un progetto diverso rispetto all'Alfa, puntando sul propulsore V12 aspirato che, per regolamento, poteva raggiungere i 4500 cc. La 375 di Maranello è arrivata fino a 375 Cv, 50 in meno rispetto alla 159 ma il motore aspirato aveva un consumo nettamente inferiore: nei circuiti veloci, l'Alfa percorreva infatti circa 800 metri con un litro di carburante Shell 'Dinamin' (metanolo in percentuale maggiore, più il 2% di acqua distillata e una piccolissima quantità di olio di ricino). Il consumo aveva imposto l'adozione di serbatoi di grande capienza (225 litri standard, ma sono stati utilizzati anche serbatoi da 320 e 350 litri), che appesantivano l'auto. Comunque i piloti dell'Alfa dovevano prevedere un maggior numero di rabbocchi, rispetto alla Ferrari, nei 500 km di percorrenza di un GP (598 nel caso del GP di Francia '51!).

Con una tattica basata anche sui rifornimenti, l'argentino Froilan Gonzalez ha ottenuto la prima vittoria per la Ferrari in un Gran Premio iridato (Gran Bretagna, 14 luglio 1951). Con il grande Alberto Ascari la Ferrari ha vinto anche il successivo Gran Premio di Germania, sulla pista del Nürburgring: successo spiegato anche con le doti del pilota milanese, che stranamente non è mai stato preso in seria considerazione per un posto all'Alfa Corse, nonostante un test sostenuto nel 1948. Eppure Alberto era figlio di Antonio Ascari, che con l'Alfa P2 aveva perso la vita nel GP di Francia del 1925. Lo stesso Ascari ha poi vinto il Gran Premio d'Italia, portandosi a tre sole lunghezze da Fangio nella classifica di Campionato e con il solo GP di Spagna da disputare. Un finale travolgente, giocato in questo caso sul consumo dei pneumatici: Gioachino Colombo, tornato ad occuparsi della sua creatura dopo gli anni trascorsi alla Ferrari, ha suggerito l'adozione di gomme Pirelli di dimensioni maggiori. È stata la mossa vincente e Fangio ha ottenuto gara e il primo dei suoi cinque titoli iridati.

Nei primi Anni '50, era abituale l'abbinamento dell'auto con personaggi più o meno spontanei. Anche se si trattava della ammiratissima Alfa Romeo 1900, che da sola avrebbe ottenuto comunque successo. Queste immagini restano interessanti per la storia del costume e l'evoluzione della moda femminile. Nella pagina a lato, una pubblicità dell'Alfa successiva alla conquista del secondo titolo iridato di F.1 nel '51: oltre alla 1900, compare ancora la 6C 2500, in quell'anno costruita in sole 108 unità.

La grande stagione della 1900 e delle 'consorelle' più sportive

SVOLTA DECISIVA PER DIVENTARE GRANDE

A guerra terminata, l'Alfa Romeo si è trovata di fronte all'ennesima scelta. Oltre alla necessità della ricostruzione, era stata pressoché azzerata la produzione dei motori per aereo, in precedenza sviluppata per l'utilizzo militare. Il grande '135' a 18 cilindri 'a stella' e i più piccoli '123' e '126' potevano essere impiegati con successo nell'aviazione civile, ma non risultavano convenienti, a causa dell'enorme disponibilità di unità provenienti dai settori bellici e del successivo passaggio ai propulsori a turbogetto.

Il ritorno alla produzione automobilistica sembrava quindi la scelta più logica per una fabbrica che contava oltre 7.000 dipendenti e che per migliorare il fatturato (circa 5 miliardi di lire: 7 milioni di euro), intorno al 1945 produceva anche eccellenti cucine per comunità, mobili metallici, serramenti, motori elettrici e respingenti per vagoni ferroviari.

Veniva prodotta anche le 6C 2500 (pagina 91 e seguenti), modello in sintonia con la tradizione Alfa Romeo, ma derivato da un progetto superato, non più conveniente sotto l'aspetto industriale.

Nell'agosto del 1946, alla presidenza dell'Alfa era stato nominato l'ingegnere Pasquale Gallo, che per breve tempo aveva occupato la posizione di direttore generale alla fine degli Anni '20 ed era stato commissario straordinario nei mesi successivi al 25 aprile '45. Il nuovo presidente e il nuovo direttore generale, l'ingegnere Antonio Alessio, hanno cercato di restituire all'Alfa l'immagine di una grande Casa automobilistica, grazie anche al positivo ritorno alle corse delle monoposto Alfetta 158. Con una politica, però, a volte tentennante, condizionata dai preoccupanti bilanci di fine anno, che nel '48 hanno evidenziato una perdita di 640 milioni (circa 9 milioni di euro), saliti a 800 l'anno successivo.

Tra i principali problemi spiccava la mancanza di una coerente organizzazione generale, nonostante l'Alfa disponesse di dirigenti e progettisti eccellenti, la maggioranza dei quali cresciuta alla impegnativa 'scuola' dei motori aeronautici. Erano uomini appassionati e preparati, che si sarebbero rivelati fondamentali per la rinascita del marchio, ma avevano bisogno di una forte guida dall'alto. Anche per ragioni economiche: la ricostruzione dell'azienda e l'acquisto di nuovi e più flessibili impianti di fabbricazione passavano non solo attraverso l'IRI, ma dipendevano anche dalle complicate procedure del Fondo Industrie Meccaniche, della Import Export Bank e del 'Piano Marshall' (aiuti economici forniti dagli USA all'Europa per la riqualificazione delle imprese).

La professionalità e la coesione di quel fantastico gruppo di tecnici sono stati comunque decisivi per convincere lo Stato a investire nella creazione di una moderna fabbrica di automobili. Il loro 'capo' era l'ingegnere Orazio Satta Puliga (nato nel 1910), uomo di profonda cultura tecnica, aperto anche alle discipline umanistiche. Carattere pacato, ma notevole carisma e volontà inflessibile: così lo descrivevano i suoi collaboratori, che ricordavano anche il suo amore per la guida veloce. Satta era pressoché l'unico, tra i progettisti, a dividere l'abitacolo di un'auto in fase di sviluppo con il capo-collaudatore Consalvo Sanesi, pilota eccellente, talvolta a... rischio. Capitava che i due si scambiassero il volante, in modo che l'ingegnere potesse avere la conferma del giudizio del collaudatore. Progettista completo, nel '38 Satta aveva assunto la responsabilità delle divisioni 'Ricerca Scientifica' e 'Progetti Speciali' mentre dal '45 gli era stato assegnato il ruolo di direttore del settore 'Progetti ed Esperienze'. Tra il 1946 e il 1972 sono stati contati 55 progetti, legati a modelli di serie e da corsa, dei quali era stato responsabile l'ingegnere torinese, che proveniva da

Al 'Portello' la costruzione della 1900 è iniziata nel '51 con la prima catena di montaggio realizzata dall'Alfa. Come si nota, il lavoro era comunque estremamente manuale. In basso, ancora un abbinamento tra auto e moda femminile per un 'concorso d'eleganza' dei primi Anni '50.

una famiglia di origine sarda. In nessun caso però si era attribuito il totale merito di un progetto, ma aveva sempre preferito dividerlo con la sua squadra.

Il più stretto collaboratore di Satta era l'ingegnere Gian Paolo Garcéa, nato a Padova nel 1912, autore – molti anni dopo – di un volumetto di ricordi personali, alcuni dei quali ripresi in alcune pagine di questa pubblicazione. I due erano legati da amicizia e stima personale: nel '45 a Garcéa era stata proposta la direzione 'Progetti', ma aveva rinunciato a favore di Satta, con il quale ha sempre collaborato in veste di responsabile del 'Servizio Esperienze' (dal '41) e successivamente del neonato 'Centro Studi e Ricerche' (1956). Garcéa abbinava a una mentalità scientifica una innata curiosità e una rara capacità di sintesi: i suoi lavori (coperti da numerosi brevetti) sono risultati utilissimi per lo sviluppo e il collaudo dei progetti legati alle auto di serie. A partire dal '47, l'ingegnere Garcéa ha avuto come assistente, il collega Livio Nicolis (nato a Brescia nel 1916), entrato all'Alfa nel 1940. Con il benestare dell'ingegnere Satta, è stato Garcéa a inserire Nicolis a capo dell'intera attività sportiva del 'Portello'. Con la conquista dei Campionati del Mondo di F.1 nel '50 e 51, l'Alfa si è ufficialmente ritirata dalle corse ma l'ingegnere Nicolis è rimasto nel settore con l'incarico di seguire i piloti 'clienti'. Anche Nicolis era legato a Satta da una amicizia personale, accentuata dalla comune specializzazione in ingegneria aeronautica al Politecnico di Torino.

Gioachino Colombo: chi si rivede!

Anche Giuseppe Busso si è rivelato prezioso per la progettazione, non solo della 1900, ma di tutti i modelli successivi fino al 1977, quando è stato pensionato. Torinese, classe 1913, Busso era entrato all'Alfa nel '39 come disegnatore e 'calcolatore matematico'. Non era laureato ma alla non comune capacità progettuale abbinava una solida preparazione. Era un tecnico innamorato dell'auto, in grado di progettare qualsiasi elemento meccanico. Assieme all'ingegnere Satta, la 'squadra' impostava le caratteristiche generali di un progetto e Busso le traduceva in disegni completi, con ampia facoltà decisionale, perché lo stesso Satta si fidava totalmente del suo capo-servizio 'Progettazioni'.

Nel giugno del 1946, quando all'Alfa non si prospettavano nuovi progetti automobilistici, Busso era 'emigrato' alla neonata Ferrari, d'accordo con Satta, che lo avrebbe richiamato una volta chiariti i programmi del 'Portello'. A Maranello Busso si era impegnato nella costruzione della nuova Ferrari 125, secondo il progetto di Gioachino Colombo. Quest'ultimo

La plancia della 1900 Berlina 'primo tipo' ('50/'54) prevedeva un grande strumento centrale di forma semicircolare. Mancava il contagiri, aggiunto nella più completa strumentazione della 'Super' ('54/'58). Al centro, spicca la radio, con ben quattro manopole per la ricerca delle stazioni.

Per gli standard dell'epoca, il vano bagagli dell'Alfa Romeo 1900, era considerato piuttosto vasto. Si intuisce che i tecnici si erano posti il problema ed erano riusciti a definire uno spazio regolare (a parte la presenza della ruota di scorta, sulla destra), scelta per nulla scontata in quel periodo.

era l'ex-collaboratore numero uno di Vittorio Jano, famoso per l'ideazione dell'Alfetta 158. Per motivi politici (piuttosto blandi), nel '45 Colombo era stato sospeso dall'Alfa e Ferrari lo aveva contattato per il progetto della sua prima vettura, con il motore a 12 cilindri. All'inizio del '46, quando il clima politico si era calmato, era tornato all'Alfa, in qualità di capo del settore 'Vetture Sportive'. Nell'ottobre dello stesso anno, Colombo aveva però ceduto alla richiesta dell'azienda ALCA, che intendeva costruire una micro-vettura a due posti, dal prezzo molto popolare. Nel tempo libero, Colombo è così passato dalla Ferrari alla 'Volpe', la vetturetta con motore di 124 cc di cui ha curato progetto e sviluppo, all'insaputa dei dirigenti Alfa. Un peccato veniale, ma i responsabili della 'Volpe' avevano accettato prenotazioni per circa 300 milioni di lire (oltre quattro milioni di euro attuali, non inflazionati!), senza arrivare alla produzione del modello né a una messa a punto accettabile. Una situazione imbarazzante per Colombo, che a quel punto ha preferito cambiare aria, dando il cambio a Busso, a sua volta rientrato all'Alfa nel gennaio 1948. Ma i viaggi 'Milano-Maranello' di Colombo non erano terminati: alla fine del '49 era passato dalla F.1 alle vetture di produzione, perché la 'sua' Alfetta 158 si era rivelata superiore alla Ferrari 125 'Compressore Doppio Stadio', che aveva realizzato per il 'Cavallino'. Una retrocessione che non aveva digerito e che al termine del 1950 lo ha convinto ad accettare l'invito a tornare al 'Portello', rivoltogli dallo stesso presidente Pasquale Gallo e dal direttore Alessio, con la benedizione del potentissimo presidente dei concessionari Alfa, il commendatore Oreste Peverelli di Como. L'armonia interna non era tra le caratteri-

Tra i compiti dell'Esperienza anche i telegrammi!

Un altro piccolo spaccato della realtà dell'Alfa Romeo tra gli Anni '40 e '50, uscito dai ricordi di Gian Paolo Garcéa. L'ingegnere padovano era un pilastro del 'Biscione', ma si occupava anche dei telegrammi di ringraziamento destinati alla Shell.

'C'era una volta al Portello un Servizio esperienze; siamo nei primi anni del dopo-guerra: da qualche anno il mio Servizio Esperienze Avio ha assorbito quanto era rimasto dei reparti auto e autocarri, ha convertito all'auto e all'autocarro tutto ciò che era stato 'avio'. Satta è a capo della Dipre: Direzione Progetti ed Esperienze (...) Siamo in tutto un centinaio di persone al Servizio Esperienze, a farsi in quattrocento attorno ai modelli vecchi e nuovi di motori a scoppio e diesel, di autotelai auto, autocarri, autobus ma anche attorno a filobus e a gruppi elettrogeni. Non basta: da un paio d'anni è ripresa anche l'attività sportiva: le 158 d'anteguerra sotto cataste di legna nella cascina di Achille Castoldi ad Abbiategrasso hanno evitato bombardamenti e requisizioni tedesche; sono tornate a correre e a vincere nelle corse di Gran Premio (...). Puntualmente e gratis la Shell ci fa avere al Portello o sulla pista dei circuiti in Italia e all'estero tutto il metanolo che ci occorre: l'idea del telegramma mi è venuta alla fine della prima corsa vittoriosa; da allora subito dopo ogni vittoria compilo un telegramma che il signor Cassani spedisce; l'indomani tutti i giornali riportano a mezza pagina il facsimile del telegramma di ringraziamento dell'Alfa Romeo alla Shell per la collaborazione.'

Roma, Stadio del Marmi: la consegna di un primo gruppo di Alfa Romeo 1900 'Pantera' ai reparti di 'Squadra Mobile' della Polizia di Stato. Erano modificate con parabrezza anteriore antisfondamento, tetto apribile per eventuali scontri a fuoco, faretto esterno mobile e radio rice-trasmittente. In basso, la 1900 'Pantera' della Collezione Righini.

stiche migliori dell'Alfa in quel periodo, e Peverelli riusciva ad avere influenza sulle scelte. La situazione è stata corretta solo alla fine del 1951, con l'arrivo del nuovo direttore generale, l'ingegnere Francesco Quaroni. All'Alfa, Colombo si è occupato ancora di auto da corsa ma era noto il suo rapporto conflittuale con Busso. Non legava nemmeno con l'ingegnere Satta, che intanto aveva creato la sua famosa e 'inattaccabile' squadra tecnica. Impensabile che Colombo potesse farne parte, considerato il suo carattere non facile. In ogni caso ha fornito il suo contributo per la definitiva evoluzione dell'Alfetta 159 e non gli è parso vero quando il direttore Alessio gli ha chiesto di intervenire su un difetto (vero o presunto?), legato alla tenuta di strada della 1900.

La nuova berlina era stata posta in vendita nel 1951 ed era dotata di sospensioni posteriori ad 'assale rigido', con molle elicoidali, ammortizzatori telescopici, puntoni longitudinali e barra trasversale tipo 'Panhard'. Quest'ultima era fissata su ciascuna delle due sospensioni per migliorare la rigidezza trasversale. Colombo ha sostituito la barra con un braccio centrale triangolare (con angolo acuto fissato al telaio e base ancorata al differenziale), che ha reso comunque fenomenale la tenuta di strada della velocissima 1900. La variante è stata introdotta all'inizio del '52, quando erano già state costruite circa 1.400 vetture (la cosiddetta 1ª Serie): alcuni mesi dopo Colombo (attirato dalla Maserati) lasciava definitivamente l'Alfa, nella quale era entrato il 7 gennaio 1924.

Della famosa 'squadra' dell'ingegnere Satta, facevano parte anche Ivo Colucci e Consalvo Sanesi. Il primo (nato a Livorno nel 1914) era entrato all'Alfa nel '32, come operaio del neonato settore 'Carrozzeria'. Promosso in fretta 'disegnatore', nei primi anni di guerra era stato trasferito nella nuova fabbrica 'Avio' di Pomigliano, dove aveva appreso la tecnica di costruzione delle fusoliere da aeroplano. Un'esperienza che si rivelerà molto utile, una volta rientrato al 'Portello' nel settore automobili. Modesto di carattere, Colucci è stato valorizzato

Con una lunghezza di 444 cm, l'Alfa 1900 era considerata una 'ammiraglia'. Il divano anteriore permetteva di ospitare due passeggeri più il guidatore. In basso, la 1900 Super in una rara edizione bicolore. A destra, l'abitacolo della stessa vettura, che permette di notare il nuovo cruscotto con tre strumenti circolari, tipico della 'Super'.

da Satta che lo stimava per la sua capacità nella costruzione delle carrozzerie (dopo la 'lezione aeronautica', integravano anche il telaio; erano quindi 'portanti') e nella creazione dello stile. All'inizio del '48, passato al ruolo di capo del Reparto Carrozzeria, si era impegnato con successo nella realizzazione del primo telaio a scocca portante, in lamiera di acciaio, per la nuova 1900.

Anche Consalvo Sanesi (nato a Terranuova Bracciolini, in provincia di Arezzo, nel 1911) proveniva, fin dal '29, dalla impegnativa scuola dei meccanici dell'Alfa Romeo. Sanesi possedeva però doti da pilota di alto livello. Con l'insegnamento del grande Attilio Marinoni, nei primi Anni '30 è diventato collaudatore delle auto di serie e intorno al '38 l'ingegnere Gobbato lo ha inserito nel prestigioso gruppo degli addetti alle prove. Dopo la morte di Marinoni nel '40, causata dalla sconsiderata manovra di un camion sull'Autostrada Milano-Varese, Sanesi ne ha assunto l'eredità, dividendosi fino alla pensione tra collaudi e corse. Ha disputato vari Gran Premi con le Alfetta 158 e 159, ottenendo ottimi piazzamenti. Straordinaria la sua capacità di giudizio, utilizzata per una lunga serie di prototipi: gli ingegneri si fidavano della sua opinione, a volte determinante. Come nel caso della berlina, a due volumi, 6C 2000 'Gazzella', un interessante prototipo concepito sotto la direzione dell'ingegnere Ricart tra il '43

Anche Pinin Farina ha prodotto dal '52 una versione 'coupé' della 1900, con successo però nettamente inferiore rispetto alla Sprint della Touring. L'auto fotografata, presentata al Concorso d'Eleganza 'Castello di Miramare' nel 2012, ha una storia particolare: a fine carriera, negli Anni '60, era utilizzata da contrabbandieri italiani per 'trasporti veloci' nell'ex-Iugoslavia. Sequestrata dalla locale polizia è rimasta ferma per decenni, per poi essere acquistata e restaurata da un appassionato sloveno.

e il '45. Era un'auto moderna, con scocca portante, sospensioni a ruote indipendenti e un nuovo motore a 6 cilindri in linea di 1954 cc, che permetteva di raggiungere i 158 km/h. Avrebbe potuto entrare in produzione in fretta, come alternativa anticipata alla 1900, ma il test di Sanesi – basato soprattutto sulla tenuta di strada – era risultato negativo, e il progetto è stato bocciato.

Prima della nascita della 1900, l'Alfa aveva già sperimentato l'impiego della scocca portante, al posto dei telai con longheroni e traverse, ormai superati. Non solo con la 6C 2000 'Gazzella': tra il '38 e il '40 erano nati i prototipi S10 e S11, lussuose berline, equipaggiate rispettivamente con un motore V12 di 3560 cc e con un V8 di 2260 cc e dotate di scocca portante. Di ciascuno dei due modelli sono stati realizzati due prototipi completi e nel dopo-guerra un'imponente S10 era utilizzata dall'Alfa come berlina di rappresentanza. Nel '48 era stato invece impostato il prototipo 6C 3000, moderna berlina a 5/6 posti, caratterizzata da un'ampia 'vetratura'. Tre le vetture allestite, tutte con un motore a 6 cilindri in linea di 2955 cc (lo stesso utilizzato per la bellissima coupé 3000 C50, iscritta alla Mille Miglia del '50). Un'Alfa di classe, secondo la tradizione, ma in quel periodo quanti l'avrebbero acquistata? Per un futuro sereno, l'Alfa doveva costruire un maggior numero di auto. È nata così l'idea della 1900, berlina di livello comunque elevato, da produrre con i più razionali sistemi moderni e con un prezzo inferiore di circa un milione di lire rispetto alla versione meno costosa della '6C 2500'. Anche la scelta del motore, un 'bialbero' di 1884 cc (alesaggio e corsa 82,5x88 mm) con 'soli' 4 cilindri, è stata determinata da ragioni di costo ma anche dalla necessità di contenere la tassa di circolazione, che 'puniva' le vetture a 6 cilindri. A titolo di esempio, il 'bollo' della 6C 2500 era pari a 87.386 lire all'anno, quello della 1900 arrivava a 51.864. Differenza che può apparire non determinante (erano comunque circa 500 euro all'anno), ma nei primi Anni '50 aveva un peso.

Data storica: 14 gennaio 1950

Il motore a 4 cilindri era stato scelto per il costo di produzione inferiore rispetto a un 6 cilindri. Con qualche iniziale critica nei confronti di Satta e della sua squadra, da parte di chi riteneva che un motore Alfa Romeo non potesse scendere sotto un frazionamento a 6 cilindri, per ragioni di prestigio e di equilibratura. Il risultato ha però smentito tutti: se ad alcuni regimi un orecchio attento poteva registrare qualche piccola vibrazione, questa era ampiamente compensata dai 'generosi' 90 Cv a 5200 giri/m (con alimentazione a singolo carburatore) e dalle doti di ripresa, unite ad una robustezza destinata a diventare leggendaria. Il motore, naturalmente con distribuzione a due alberi a camme in testa e camera di scoppio emisferica, è stato provato per la prima volta al banco il 14 gennaio 1950. In quel caso il monoblocco e la testata erano in lega di alluminio, scelta raffinata ma che comportava qualche rischio a causa delle dilatazioni del metallo. Del problema se ne è occupato il Reparto Esperienze dell'ingegnere Garcéa, che ha optato per il monoblocco in ghisa, conservando la testa in alluminio. Anche l'opzione dell'albero motore che ruotava su tre soli supporti (sempre per contenere

Convincente nella zona anteriore, la 1900 Sprint di Pinin Farina perde la sfida con la versione Touring nella vista laterale e posteriore. La Sprint della Carrozzeria milanese, foto in basso, ha una linea più definita e maggiormente coerente con l'intero corpo della vettura (Collezione Caprioglio). A sinistra, l'abitacolo della Sprint 'Touring'; il volante è un 'Nardi' in alluminio e legno, un accessorio d'epoca tipico sulle vetture sportive, in sostituzione della versione di serie.

il costo) è stata bocciata e sono stati scelti i più raffinati cinque supporti.

Il 2 marzo 1950, Consalvo Sanesi, accompagnato da Garcéa, Busso e Nicolis, è uscito dal 'Portello' con il primo prototipo marciante. Ai naturali timori legati a qualsiasi modello nuovo, si aggiungevano i dubbi sul telaio a 'scocca portante', volutamente leggero. Satta e i suoi collaboratori provenivano dalle lavorazioni aeronautiche e avevano il culto del risparmio sul peso. Con un risultato ottimo: la vettura pesava appena 1.000 kg a secco (circa 600 in meno rispetto alla 6C 2500) e la scocca ha superato brillantemente l'esame.

Tra i particolari che hanno reso celebre la 1900, la linea moderna ed elegante ma al tempo stesso ricca di grinta, grazie soprattutto all'indovinato musetto, con lo 'scudetto' Alfa abbinato ai 'baffi' laterali: scelta che ha fatto scuola. Lo stile derivava dagli studi effettuati su vari prototipi, uno dei quali era stato esposto all'esterno del Salone di Torino, il 4 maggio 1950. Casualmente la linea

Evoluzione della Sprint, la 1900 Super Sprint della Carrozzeria Touring è stata ritoccata nella zona anteriore, che presenta i 'baffi' laterali più sottili. In basso, i vincitori del 'Giro Automobilistico d'Italia' del '54 (5.755 km, con numerose prove di velocità). La 1900 Super Sprint di Taramazzo e Gerino ha prevalso tra le Gran Turismo di serie (foto a sinistra); la Berlina TI di Carini e Gay, tra le Turismo di serie speciale.

ricordava quella della nuova Fiat 1400, che debuttava nella stessa manifestazione. Si è così arrivati alla configurazione definitiva: risultato degli stilisti del Reparto Carrozzeria, con qualche leggero (e amichevole) affinamento suggerito da Gaetano Ponzoni, contitolare della Carrozzeria Touring.

A fine estate la 1900 era pronta e il 2 ottobre 1950 l'Hotel Principe e Savoia, a Milano, ha ospitato la presentazione-stampa, poco prima del debutto internazionale al Salone di Parigi.

Verso il termine del 1950, la messa a punto definitiva della vettura non era ancora stata completata, ma il progetto era comunque pronto per essere avviato alla produzione. Mancava però l'ultimo ostacolo, forse il più difficile, rappresentato dall'investimento economico e dalla diffidenza della 'proprietà' della fabbrica, vale a dire lo Stato. Nel 1948 era stata creata la Società Finanziaria Meccanica (Finmeccanica), costola dell'IRI e incaricata di gestire le aziende di indirizzo meccanico di proprietà della stessa IRI. Nonostante il prestigio del marchio, consolidato dalle vittorie dell'Alfetta, e il riconosciuto valore dei tecnici, la volontà di risanare l'Alfa Romeo non era universalmente condivisa. Nel 1951 si è però verificato un miracolo: la direzione generale della Finmeccanica è stata assunta da Giuseppe Luraghi (nato a Milano nel 1905), personaggio straordinario, dotato di una grande onestà intellettuale e di una altrettanto vasta apertura mentale. Nel 1960 Luraghi diventerà presidente dell'Alfa Romeo, gestita dal manager milanese con competenza e amore.

In quel fatidico 1951, Luraghi aveva valutato che al 'Portello' la preparazione tecnica era elevatissima, dai progettisti agli operai. Occorreva solo una scossa per iniziare a operare in regime di concorrenza, e a provocarla ha provveduto l'uomo che lo stesso Luraghi aveva scelto come direttore generale in sostituzione dell'ingegnere Alessio: era l'ingegnere Francesco Quaroni, nato a Stradella (Pavia) nel 1908, che proveniva dalla Pirelli, presso la quale si era occupato di promozione e di vendite. Oggi lo si definirebbe un 'uomo di marketing', perfetto comunque per l'Alfa, che sotto questo aspetto era molto carente.

È curioso, ad esempio, che per favorire la tenuta di strada della neonata 1900, nessuno avesse avuto il coraggio di adottare le nuove gomme 'radiali' della Michelin (le celebri 'X'), a causa dell'ultradecennale rapporto esclusivo con la Pirelli, ferma ancora ai pneumatici convenzionali. Le 'X' avevano un comportamento nettamente migliore e Quaroni non ha avuto dubbi nel 'creare il caso' che ha convinto la Pirelli a

Il gruppo motore-cambio dell'Alfa 1900, oltre che la trasmissione, le sospensioni e i freni, sono stati talvolta utilizzati per realizzare delle 'barchette' Sport.

realizzare in fretta il nuovo 'Cinturato' di tipo 'radiale', che si è poi rivelato ottimo.

Come abbiamo visto, era stato scelto Gioachino Colombo (che non faceva parte della squadra di Satta) per rivisitare la sospensione posteriore della 1900. Durante il 1951, l'impegno nel Campionato del Mondo di F.1 era diventato gravoso a causa della competitività della nuova Ferrari 375, e il Reparto Esperienze, dal quale dipendevano le corse, era oberato di lavoro (vedi piccolo 'box' di pagina 123). Colombo aveva comunque trovato un'ottima soluzione e nei primi mesi del '52, la 1900 è stata proposta, con notevole successo, in una versione più definitiva. È stata apprezzata dalla nuova borghesia imprenditoriale che stava riscontrando i primi effetti del 'boom' postbellico, ma anche da grandi industriali e da personaggi dello spettacolo.

Sempre nel '52, la berlina normale è stata affiancata dalla versione TI (Turismo Internazionale), con 100 Cv a 5500 giri/m, grazie a valvole di aspirazione e scarico più grandi, all'aumento del rapporto di compressione e all'adozione di un carburatore a doppio corpo. Toccava i 170 km/h e costava 2.550.000 lire. È stata la TI a creare il mito della '*Berlina da famiglia che vince le corse*', slogan azzeccato e veritiero. Fino ai primi Anni '60 non ha avuto avversari nella Classe 2000 della categoria Turismo, con una sequenza di vittorie importanti. Della sua presenza alla Mille Miglia si parla nello specifico capitolo dedicato alla celebre corsa (pagina 69) ma non meno importanti sono stati i successi al Tour Auto 1953, al Giro d'Italia del '54 e alla Targa Florio del '56.

A metà produzione, prezzo più basso

Nel '54 è arrivata la versione 'Super', con motore portato a 1975 cc (84,5x88 mm): uguale la potenza (90 Cv) ma migliora l'erogazione. Deciso invece il salto nel caso della 'TI Super', alimentata da due carburatori a doppio corpo: 115 Cv e velocità di 180 km/h. Rare le rivali, con la stessa tipologia, nell'intera produzione mondiale.

Il successo commerciale e il miglioramento della catena di montaggio, con attrezzature suggerite dall'ingegnere Rudolf Hruska (personaggio fondamentale per la produzione della successiva Giulietta), hanno consentito di abbassare il prezzo di acquisto: la Berlina Super costava 1.950.000 lire mentre la TI era venduta a 2.130.000 lire.

Fin dal 1951, l'Alfa forniva anche le scocche 'nude' per consentire ai carrozzieri di realizzare i modelli speciali, secondo una tradizione che sarebbe scomparsa negli Anni 2000, quando tecnologia e costi avrebbero reso impossibili le piccole 'serie'. Tra le versioni più celebri della 'gamma 1900' (vendute tramite la rete ufficiale), le coupé Sprint (1951-1955) e Super Sprint ('55-'58), entrambe della Carrozzeria Touring e realizzate sulla scocca a passo corto (250 cm: 13 in meno rispetto alla berlina). La Sprint adottava il motore della Berlina TI e 'viaggiava' a 180 km/h. Fascinosa la carrozzeria in alluminio e indovinata l'adozione delle classiche ruote Borrani a raggi, attraverso i quali spiccavano i grandi tamburi dei freni, in alluminio, vanto della 1900. La linea della Sprint è stata ristilizzata con la 2ª Serie ('54), riconoscibile per il nuovo frontale, meno simile a quello della Berlina e più intrigante. La stessa carrozzeria e il motore da 115 Cv della TI Super, sempre nel '54 hanno tenuto a battesimo la Super Sprint, una *gran turismo* in grado di regalare notevoli soddisfazioni grazie anche al nuovo cambio a 5 marce. Le autostrade erano rare ma nei tratti esistenti la SS permetteva di viaggiare in 5ª a oltre 150 km/h, ad un regime lontano da quello massimo. Nel '56 è stata presentata l'ultima versione, con una linea più dolce, che ricordava quella della Giulietta Sprint. In totale, l'Alfa ha approntato 1.796 scocche destinate ai carrozzieri, ma non è semplice attribuire una identità ai vari allestimenti di Touring, Pinin Farina, Ghia, Castagna, Vignale, Boneschi, Bertone (che ha realizzato le tre 'BAT' dello stilista Scaglione), Boano e Zagato, autore delle 39 affascinanti 'SSZ', spesso utilizzate in gara. Touring ha avuto il ruolo maggiore e le circa 1.200 versioni coupé attribuite alla carrozzeria milanese, si avvicinano alla realtà. Comprendendo anche la 1900 M (la fuoristrada nota come 'Matta'), in totale il modello, tra il '50 (6 prototipi) e il '58, ha sommato 21.304 unità.

Presentata al Salone di Torino del '57, l'Alfa Romeo 2000 Berlina aveva gli stessi organi meccanici della 1900, ma non ha avuto uguale successo. A destra, la successiva 2600 Berlina del '62, equipaggiata con un motore a 6 cilindri in linea di 2584 cc (132 Cv/173 km/h): 2.051 le unità costruite. Sotto, la 2000 Sprint del '60/'62 (Bertone), evoluta poi nella '2600 Sprint', con motore a 6 cilindri (145 Cv/197 km/h).

Modello prestigioso e di buon effetto estetico, nel '62 la 2600 Spider di Touring ha preso il posto della precedente 2000 Spider, quasi identica nello stile, ma con il motore a 4 cilindri. La versione a 6 cilindri si distingueva soprattutto per la più vistosa presa d'aria sul cofano. Sotto, il posto di guida. A sinistra, la 2600 Sprint nella interpretazione della Carrozzeria Zagato, costruita in 105 esemplari tra il '65 e il '67.

Due modi per presentarla, ma la protagonista è sempre lei, la Giulietta: nella foto grande, è di scena la Berlina, assieme a una modella decisamente 'Anni '50'. Nella foto a destra, ripresa da 'Auto Italiana', una sofisticata mannequin possa accanto alla versione Sprint, in occasione del Salone di Parigi del 1954.

Attrazione fatale per la rivoluzionaria 1300

TUTTI PAZZI PER GIULIETTA

Arrivata in produzione, la 1900 aveva cambiato le caratteristiche dell'Alfa Romeo. La prima catena di montaggio introdotta al 'Portello', seppure limitata nella funzionalità, aveva avviato il marchio verso la costruzione di grande serie, con maggiore attenzione ai costi e alla competitività del prodotto. Quest'ultimo aspetto era stato poco avvertito in precedenza, a causa del lungo ed esclusivo rapporto con lo Stato, per la fornitura dei motori aereonautici.

La 1900 era comunque un'auto di livello elevato, che non poteva aspirare a una larga diffusione. Nell'anno più brillante (1954) è stata prodotta in 3.755 unità: troppo poche per giustificare le dimensioni della fabbrica, che nei primi Anni '50 contava su circa 6.000 dipendenti. L'allargamento della produzione era l'idea fissa di Giuseppe Luraghi, dal '53 direttore generale di Finmeccanica (dalla quale dipendeva l'Alfa), nonché influente membro del consiglio di amministrazione del 'Portello'. Luraghi aveva preso a cuore il rilancio del marchio e almeno un giorno alla settimana lo dedicava interamente all'Alfa, spostandosi a Milano dal suo ufficio romano. A sua volte, anche il direttore generale dell'Alfa Romeo, l'ingegnere Francesco Quaroni, era totalmente allineato con le opinioni di Luraghi, e dalle loro lunghe conversazioni, incoraggiate dalle risposte dei responsabili dei settori tecnici, era nata l'idea della 'Tipo 750'. Si trattava della vettura che sarebbe entrata in produzione con il nome di 'Giulietta', un'auto che occupa un capitolo a parte nella storia dell'automobilismo. Con la sua personalità ha influenzato mode e costumi, sia nella versione Berlina che nelle celebri e seducenti versioni Coupé (Sprint e derivate) e Spider, tanto da meritarsi un posto al vertice in quel particolare settore che sarebbe stato successivamente definito il 'made in Italy'.

Una lunga serie di caratteristiche divideva la Giulietta Berlina dalla concorrenza dei primi Anni '50, a cominciare dalla cilindrata del motore. A parte le 'utilitarie', le auto di livello medio erano tradizionalmente equipaggiate con motori di non oltre 1100 cc. Restando in Italia, un caso classico era rappresentato dalla Fiat 1100, ma anche la ben più costosa e

AUTO ILLUSTRAZIONE

DUE ELEGANZE A PARIGI

La singolare bellezza dell'Alfa Romeo "Giulietta,, Sprint trova un degno complemento in questa leggiadra fanciulla indossante un magnifico modello "dernier cri,,.

La Giulietta Berlina 'normale' si distingueva dalla successiva TI per le 'codine' posteriori tondeggianti e con i fanalini sporgenti. L'esemplare della foto è uscito dal 'Portello' nel 1955. In basso, la brochure realizzata dall'Alfa per i 50 anni della Giulietta nel 2004.

ambiziosa Lancia Appia adottava un 4 cilindri di cilindrata analoga. Le auto con maggiori pretese disponevano 'almeno' di un '1500', ma erano ben di più i casi di motori di 2000 cc e oltre. Con la Giulietta, l'Alfa ha in pratica 'inventato' una cilindrata inedita per le auto: la '1300'. Un motore quindi abbastanza 'piccolo', per limitare costi di produzione e prezzo di acquisto della vettura, ma con ben altra seduzione rispetto alle Case più o meno direttamente concorrenti. Al giorno d'oggi, la stragrande offerta dei costruttori in fatto di motori e cilindrate, non permette di capire con esattezza la scelta dell'Alfa, che nel 1954 era invece apparsa rivoluzionaria. L'intera vettura era d'altronde qualcosa di speciale, a cominciare dalla linea, moderna, 'leggera', ricca di personalità. Era stata disegnata dal Centro Stile del 'Portello', strettamente collegato all'Ufficio Progettazione Carrozzerie, diretto da Ivo Colucci. La Giulietta era inoltre letteralmente senza rivali in fatto di prestazioni, guidabilità (ottimo lo sterzo, preciso e leggero), tenuta di strada e frenata. Il motore di 1290 cc (alesaggio e corsa 74x75 mm), compatto e realizzato interamente in alluminio, erogava 53 Cv a 5500 giri/m nella versione che equipaggiava la Berlina nel 1955 (velocità, 140 km/h). L'auto costava 1.375.000 lire: 575.000 lire in meno rispetto alla 1900 Super; non poco: in quell'epoca la cifra corrispondeva al prezzo di una Fiat 600.

Con la versione Berlina TI (Turismo Internazionale) del 1957, migliorata nell'estetica con alcuni piccoli ma geniali ritocchi, la potenza è passata a 65 Cv a 6100 giri/m (74 nel 1961) e la velocità è salita a 155 km/h. La TI ha dominato per anni nella classe 1300 della categoria Turismo, in pista e su strada, 'giocandosela' spesso con vetture di cilindrata più che doppia.

Fin dal giorno della presentazione, l'Alfa era stata letteralmente sopraffatta dai clienti desiderosi di acquistare al più presto la Giulietta. Il classico 'successo senza precedenti', che ha permesso a Giuseppe Luraghi di vincere una scommessa non priva di rischi. La Giulietta ha definitivamente inserito l'Alfa tra le Case con numeri di produzione elevata, grazie a uno sforzo notevole per accontentare le richieste della clientela, che tra il '55 e il '57 era costretta ad attendere una quindicina di mesi prima di vedere esaudito il proprio 'sogno'. L'aggiornamento delle linee di produzione del 'Portello' ha consentito di ridurre il tempo di attesa ad appena due settimane alla fine del '57, passando quindi dalle iniziali circa 25 Giulietta costruite ogni giorno a circa 70. Ma a partire dal '59/'60 la cifra sarebbe stata più che raddoppiata.

La Giulietta, nelle versioni Berlina, Coupé e Spider era diventata in fretta

Risale al 4 marzo 1955 questa immagine, con la Giulietta Sprint davanti all'Arco della Pace a Milano. In basso, quattro personaggi che hanno fortemente contribuito a creare il mito dell'Alfa nel dopo guerra: da sinistra, Orazio Satta Puliga, Giuseppe Busso, Giuseppe Luraghi e Carlo Chiti.

un sogno collettivo, anche se il prezzo la rendeva accessibile a un numero relativamente basso di acquirenti. Aveva comunque creato una moda, tanto da convincere all'acquisto anche la clientela di livello elevato, che avrebbe potuto accedere facilmente a vetture più esclusive. Ma che in molti casi avevano prestazioni inferiori rispetto alla seducente Giulietta.

La 'squadra' che aveva progettato e sviluppato la Giulietta era la stessa che aveva realizzato la 1900, alleggerita però dalle precedenti interferenze esterne, grazie all'azione decisa del direttore generale Francesco Quaroni. L'ingegnere Orazio Satta Puliga aveva 'firmato' il progetto assieme al collega Gian Paolo Garcéa (direttore del Servizio Esperienze), a Giuseppe Busso (responsabile del Servizio Progettazione), all'ingegnere Livio Nicolis ('Esperienze Speciali') e a Ivo Colucci (scocca e stile). Come già in passato, veniva tenuto in grande considerazione il giudizio del 'capo' dei collaudatori, Consalvo Sanesi, e dei suoi assistenti, tra i quali spiccavano Guido Moroni e Bruno Bonini.

Fin dal 1951 era stato inserito nella 'squadra' anche l'ingegnere Rudolf Hruska (nato a Vienna nel 1915), inizialmente con il ruolo di consulente tecnico di Finmeccanica, per organizzare la produzione della 1900. È stato Hruska a cambiare il volto dell'Alfa nel complicato settore della costruzione delle auto nella 'catena di montaggio', inesistente in precedenza. L'ingegnere, che si era laureato al Politecnico di Vienna nel 1935 e che nel '54 sarebbe

Una semplicità assoluta e un grande equilibrio formale: la Giulietta Sprint, qui nella versione originale, è davvero un miracolo di bellezza e di fascino. In basso, l'abitacolo della stessa vettura, ugualmente elegante e armonioso. Non a caso ne sono state costruite 36.901 unità tra il '54 e il '65.

stato promosso direttore tecnico del settore Progettazione/Produzione, spiccava per le sue doti di organizzatore, emerse fin dagli anni precedenti la guerra, quando aveva lavorato per lo Studio Porsche nell'allestimento della fabbrica destinata a costruire la KdF-Wagen, diventata poi la Volkswagen 'Maggiolino'.

Nel dopo-guerra Hruska era rimasto legato allo Studio Porsche che lo aveva inviato alla Cisitalia di Torino per coordinare il montaggio della avveniristica monoposto da Gran Premio, commissionata dalla piccola Casa italiana ai celebri tecnici d'Oltralpe. Nel periodo torinese, Hruska aveva conosciuto Giuseppe Luraghi, all'epoca vice-direttore generale del gruppo SIP (settore elettricità e telefoni), che lo avrebbe poi chiamato all'Alfa nel 1951.

Hruska era indubbiamente un uomo d'ordine, ma aveva anche la fantasia del progettista (confermata nella successiva 'operazione Alfasud', creata, 'chiavi in mano', dal nulla) e la sensibilità del collaudatore di auto. Con il 'progetto Giulietta' l'ingegnere viennese si è occupato soprattutto della produzione (gli era stato consentito di avvalersi anche di alcuni operatori tedeschi, specializzati nel settore), intervenendo nei dettagli tecnici per migliorare la fabbricazione e innalzare il livello della qualità. Al punto che il suo parere ha avuto peso quando si è trattato di bloccare nientemeno che la presentazione della Giulietta Berlina, nel 1954. Dopo i suoi test di guida con i prototipi, aveva promosso l'intera parte meccanica, non la carrozzeria, ancora bisognosa di interventi ulteriori per migliorare l'insonorizzazione.

Il prototipo della Giulietta Spider aveva il parabrezza avvolgente e i finestrini laterali di tipo 'asportabile', ma la meravigliosa linea di Pinin Farina era già definita, come si nota dall'immagine in basso, nella quale la Spider è protagonista assieme all'umorista Marcello Marchesi.

La Sprint anticipa la Berlina!

Il rinvio dell'evento ha creato un caso unico nella storia dell'automobile: la versione coupé a due posti (battezzata 'Sprint': debutto al Salone di Torino nella primavera del 1954) ha anticipato di un anno la Berlina a quattro porte, apparsa ugualmente all'esposizione torinese, ma nel '55. Una scelta che è stata più o meno ufficialmente spiegata con la necessità di tenere fede a una 'lotteria', riservata a chi aveva sottoscritto le obbligazioni di Finmeccanica. La 'lotteria' avrebbe premiato con una Giulietta alcuni fortunati possessori delle cedole vincenti, estratte a sorte. È stato l'ingegnere Hruska ad impegnarsi in merito alla presentazione anticipata della Sprint, motivata però non solo dalla 'lotteria' che avrebbe potuto assegnare i premi in un tempo successivo. Molti anni dopo, l'ingegnere Quaroni ha spiegato che i motivi della strana decisione erano altri e tutti legati alla situazione economica e organizzativa che ancora pesava sull'Alfa Romeo. La Finmeccanica e la stessa IRI non avevano la possibilità di finanziare la costruzione della Giulietta, ma Luraghi aveva superato l'ostacolo grazie a un finanziamento dell'investitore tedesco Otto Wolf. La mancata presentazione nei tempi annunciati avrebbe creato allarmismo ed alimentato le voci negative che ancora circolavano intorno all'Alfa Romeo, la cui credibilità poteva essere messa in discussione. Inoltre, giocando bene intorno al lancio della Sprint, si sarebbe creata una aspettativa vantaggiosa per favorire i successivi ordini per la versione Berlina. Quaroni era un grande uomo di 'marketing' e, pur rischiando parecchio, aveva visto giusto. Ma c'era un 'piccolo' problema: nel tardo autunno del 1953, la Sprint ancora non esisteva. L'unica realtà era un prototipo, dalla linea grezza, evidentemente non definitiva, derivato da un modellino in scala 1:10, realizzato in gesso su disegno

Giulietta Spider 'prototipo' di Bertone: esemplare unico.

1900 C52 'Disco Volante' di Touring: esemplare unico.

750 Competizione 1.500 (1955): due esemplari prodotti.

2000 Sportiva (1954): due esemplari costruiti (design Scaglione).

dello stilista Giuseppe Scarnati. Realizzato dal settore Carrozzerie Speciali dell'Alfa e impiegato per le prove su strada a partire dall'estate del '53, il prototipo utilizzava la scocca (adattata) e la meccanica della Giulietta Berlina, della quale aveva conservato anche la misura del passo: 238 cm. L'Alfa aveva previsto di destinare il prototipo a uno o più carrozzieri specializzati, che avrebbero magari suggerito variazioni stilistiche importanti, per realizzarne una piccola serie, con un programma simile a quello avviato per la 1900 Sprint. Ma nel '53 non esisteva alcun accordo, mentre l'urgenza stava togliendo il sonno a Quaroni e Hruska, ormai esposti in prima persona nell'iniziativa. Non era tuttavia semplice trovare una Carrozzeria in grado di impegnarsi nella costruzione della Sprint, anche se i prudentissimi calcoli del 'Portello' avevano previsto al massimo un migliaio di unità. La Touring era alle prese con la 1900 mentre Pinin Farina e Viotti dovevano assolvere le precedenti commesse di Lancia e Fiat. Inevitabile rivolgersi a imprese più piccole e, ovviamente, più rischiose. Per limitare le incognite sono stati avviati accordi con tre aziende differenti: le torinesi Bertone e Ghia e la milanese Boneschi. Quest'ultima è uscita di scena quasi subito, a causa del modello di stile presentato, giudicato eccessivamente fantasioso. A quel punto Quaroni e Hruska sono riusciti a convincere Nuccio Bertone e Felice Mario Boano (comproprietario e responsabile dello stile della Carrozzeria Ghia) a dividersi la commessa: la Bertone avrebbe costruito le scocche grezze mentre la Ghia avrebbe provveduto alla verniciatura e all'allestimento dell'impianto elettrico e della selleria.

Ma a chi va attribuito lo stile della Giulietta Sprint, inimitabile esempio di vettura sportiva, nella quale la semplicità, l'eleganza e la grinta si fondono in una fantastica armonia? Nuccio Bertone, grande imprenditore e scopritore di talenti (Franco Scaglione, Giorgetto Giugiaro, Marcello Gandini), ma che non ha mai disegnato alcuna vettura, ha sempre difeso la propria paternità. Il designer Franco Scaglione, che per conto di Bertone stava realizzando quasi contemporaneamente la meravigliosa Alfa Romeo 2000 Sportiva (coupé con meccanica della 1900), ha invece sempre sottolineato di avere suggerito numerose modifiche al progetto originale, la maggiore delle quali (il portellone posteriore abbinato al lunotto) non è stata accettata nella produzione. Concetto espresso anche da Felice Mario Boano (nel '57 avrebbe creato il Centro Stile Fiat per conto della Casa torinese) che ha seguito assiduamente la costruzione del primo prototipo realizzato da Bertone.

In definitiva, dal modello originale dell'Alfa, un po' grossolano quanto a fattura ma che già comprendeva tutti i dettagli che hanno fatto la fortuna della Sprint (compre-

La scena di sapore rétro *non mette in dubbio l'eterna bellezza della Giulietta Spider, caratterizzata anche da una guidabilità e da una semplicità di utilizzo, che nel periodo della produzione la ponevano avanti anni luce, rispetto alla concorrenza diretta.*

so l'ampio lunotto posteriore), gli esperti di due Carrozzerie – abitualmente in concorrenza – hanno delineato un capolavoro.

La Giulietta Sprint è stata ufficialmente presentata al 'Portello' l'11 aprile 1954, Domenica delle Palme, nel corso di una singolare cerimonia. Due figuranti, in costume medioevale, che rappresentavano Giulietta e Romeo (quest'ultimo, nella 'versione motoristica', era il furgone, debuttante come la Sprint) hanno sfilato accanto ai due nuovi modelli, agghindati con inserti floreali. La Giulietta Sprint di colore rosso, utilizzata per la cerimonia (e per placare i vincitori della famosa 'lotteria'), non era però quella definitiva, bensì il primo prototipo della Bertone, caratterizzato dal portellone posteriore e dal tappo del serbatoio esterno. Un fatto curioso, perché il 19 aprile successivo, Lunedì dell'Angelo, si sarebbe aperto il Salone di Torino, dove una Giulietta Sprint, di colore azzurro 'Capri' e totalmente definitiva, avrebbe ottenuto un clamoroso successo.

Erano trascorsi appena nove anni dalla fine della guerra, eppure l'Italia – anche se tra mille contraddizioni – iniziava a guardare il futuro con fiducia. Nella sola settimana di apertura dell'esposizione torinese, sono state oltre 700 le prenotazioni per acquistare la Sprint, proposta a 1.735.000 lire.

Le traversie per produrre questa meravigliosa coupé non erano però terminate: al momento della partenza, Felice Mario Boano ha avuto un dissidio con Luigi Segre, suo socio alla Ghia, ed è stato costretto a lasciare la compagnia. In assenza di Boano, uomo esperto e pratico, Quaroni e Hruska non erano più sicuri della collaborazione con la Ghia e hanno preferito affidare l'intera operazione a Nuccio Bertone. Un affare felicissimo, ma lì per lì a Bertone sono tremate le vene dei polsi: la Sprint sarebbe stata costruita con tecnica quasi interamente manuale e, considerato il suo immediato successo, i primi 1.000 esemplari dovevano essere allestiti in fretta. Per tenere fede all'impegno, Bertone ha inizialmente subappaltato parte delle lavorazioni a piccole aziende artigiane, all'epoca diffuse a Torino. Nel '59 la 'Giuliettina' è stata leggermente ritoccata nella linea, con un intervento dovuto a Giorgetto Giugiaro, un nome che sarebbe diventato celebre.

Sulla scia del successo della Sprint, nel '60 la Bertone è stata trasferita nello stabilimento di Grugliasco, oggi di proprietà del gruppo FCA e adibito al montaggio di alcuni modelli Maserati. Nella nuova sede, la coupé del 'Biscione' è stata finalmente prodotta con il moderno sistema dello stampaggio delle lamiere ed ha proseguito il cammino fino al 1965. In totale, la Giulietta Sprint è arrivata a 24.084 unità, alle quali vanno aggiunte le 3.058 versioni 'Sprint Veloce'.

Alla presentazione, la Sprint disponeva di 65 Cv a 6000 giri/m, sufficienti per ar-

In alto, la Giulia Sprint Speciale, identica nella linea alla precedente Giulietta SS. Con 113 Cv, il motore di 1570 cc permetteva di superare i 190 km/h. Sopra, l'abitacolo della Giulietta TI '57, caratterizzato dall'aggiunta del contagiri, alla sinistra del cruscotto. A lato, volante, plancia e strumentazione, della Giulietta Spider, identica a quella della Sprint. Lo strumento centrale comprende contagiri e manometro per la pressione dell'olio.

rivare a 165 km/h. Il peso, limitato a 880 kg, contribuiva a rendere la guida agile e divertente. Nel 1958 i Cv sono diventati 80 a 6300 giri/m e la velocità è salita a 170 km/h: potenza e prestazioni uguali a quelle della 'reginetta' delle Giulietta, la versione Sprint Veloce apparsa nel 1956, che però era stata alleggerita di circa 100 kg. Costruita in appena 595 unità, ha dominato la Classe fino a 1300 cc della categoria Gran Turismo, inserendosi molto spesso ai piani alti delle classifiche assolute. Sostituita nelle corse dalle versioni studiate dalla Carrozzeria Zagato, dal '58 la Sprint Veloce è stata 'imborghesita', pur disponendo di 96 Cv a 6500 giri/m (velocità, 180 km/h). Con l'allestimento 'confort', il peso era però salito a 970 kg.

Giulietta vincente nel segno della 'Z'

Appena nata, la Giulietta Sprint è stata utilizzata nelle competizioni. Con grande successo, soprattutto dopo l'arrivo della versione Sprint Veloce (1956), che ha letteralmente cancellato la Porsche 356 dalle classifiche della Classe 1300 Gran Turismo. Durante la Mille miglia del 1956, i gentlemen milanesi Carlo e Dore Leto di Priolo sono stati protagonisti di un incidente mentre si trovavano in buona posizione con la loro Sprint Veloce. A causa del fondo stradale scivoloso, nel tratto successivo al Passo di Radicofani, l'auto è finita nel greto del torrente Formone, con lievi conseguenze per i due fratelli, ma con gravi danni per la vettura. Una volta a Milano, i Leto di Priolo hanno avuto l'idea di ricostruire la Giulietta con una nuova carrozzeria, più leggera e profilata. Il regolamento della categoria Gran Turismo era molto severo nella parte tecnica ma lasciava parecchia libertà in merito all'estetica. L'operazione è stata portata a termine dalla Carrozzeria Zagato che fin dagli Anni '20 collaborava con l'Alfa Romeo: celebri, ad esempio le 6C 1750 GS. Dalla Carrozzeria di via Giorgini, a Milano, gestita da Ugo Zagato assieme ai figli Elio e Gianni, è uscita così la prima Giulietta Sprint Veloce 'Zagato', interamente in alluminio e più bassa e profilata rispetto alla versione di serie. Il vantaggio maggiore della Giulietta 'Z' derivava però

La prima Giulietta Sprint Zagato (telaio 001) è stata acquistata dalla Scuderia milanese St. Ambroeus per il 'gentleman' bolognese Sergio Pedretti (nelle corse 'Kim'). L'auto ha debuttato al Circuito di Napoli del 15 maggio 1960 (sopra) e ha vinto. Sotto, il motore della Giulietta Sprint Zagato che fa parte della Collezione Righini (Foto Domenico Fuggiano).

414646 ROMA

All'inizio del 1960, è stata presentata la prima, 'vera', Giulietta Sprint Zagato di serie, adatta all'uso stradale ma concepita soprattutto per le gare della categoria Gran Turismo: in precedenza il carrozziere milanese aveva 'rivestito' (con grande successo) numerose 'Sprint Veloce', operazione consentita dal regolamento sportivo (Foto Domenico Fuggiano – Collezione Righini).

Progettata sul pianale a passo corto della Spider (225 cm contro i 238 cm della versione Sprint), la Giulietta Sprint Zagato ha una linea decisamente compatta, perfetta per le gare sui tracciati ricchi di curve. Nelle versioni elaborate per le corse, il motore erogava circa 130 Cv e la velocità massima era vicina ai 220 km/h.

dalla leggerezza: il peso (circa 850 kg) si identificava con quello della scheda di omologazione, mentre le Sprint Veloce di serie erano gravate da circa 80 kg in più. Guidata da Massimo Leto di Priolo (fratello di Carlo e Dore), la Giulietta rinnovata ha debuttato il 2 settembre '56 alla Coppa Intereuropa di Monza. In prova, il pilota milanese ha ottenuto un tempo inferiore di 2" rispetto alle altre Sprint Veloce presenti, per dominare poi la corsa con oltre 22 secondi di vantaggio sullo svedese Joachim Bonnier, che l'anno dopo sarebbe passato con successo in F.1. Tra il '57 e il '59, la Zagato ha realizzato altre 17 vetture dello stesso tipo, ma con particolari diversi l'una dall'altra (in tre casi con il tetto a due gobbe), talvolta partendo da esemplari appena acquistati. Un'operazione analoga è stata portata a termine anche dal celebre carrozziere modenese Sergio Scaglietti per il pilota gentleman Rabino; inevitabilmente questa particolare SV ricordava, 'in piccolo', le Ferrari Berlinetta del '57/'58. Bisogna anche ricordare il caso paradossale della Sprint Veloce Zagato del pilota Carlo Peroglio, ricostruita (dopo un incidente) in una 'terza versione', con carrozzeria disegnata dal famoso stilista Giovanni Michelotti. È la famosa 'Goccia', curata dal tecnico torinese Virgilio Conrero, che detiene il primato (ufficioso) della velocità massima raggiunta da una Giulietta SV in corsa: 222 km/h sul circuito completo di Monza ('stradale' e 'alta velocità'). Conrero denunciava una potenza massima di circa 130 Cv a 7400 giri/m per i suoi migliori propulsori. Sullo stesso livello, un suo grande rivale, il milanese Piero Facetti, che era assistito dai figli Carlo (successivamente uno dei migliori piloti ufficiali dell'Alfa Romeo) e Giuliano.

Si trattava di 100 Cv per ogni litro di cilindrata: un'enormità per un motore di serie, comunque limitato dai vincoli regolamentari della categoria Gran Turismo.

L'Alfa non ha mai concesso alla Zagato i telai 'nudi', quindi il cliente doveva acquistare una Sprint Veloce di serie (2.350.000 lire) e poi investire 1.200.000 lire per la 'trasformazione'. Con la sicurezza però di disporre di una vettura assolutamente vincente su tutti i terreni di gara: dalla pista alle maratone stradali, quali la Liegi-Roma-Liegi o la Coppa delle Alpi.

Il successo delle 'SVZ' ufficiose è stato certamente importante per convincere

Caratteristica la coda 'bombata' della Giulietta Sprint Zagato, costruita in appena 187 unità, in questa veste, tra il '60 e il '62. La carrozzeria è in alluminio e il peso dell'auto (con ruota di scorta e attrezzi) è di appena 840 kg. Sotto, la strumentazione, con il grande contagiri centrale (Foto Domenico Fuggiano – Collezione Righini).

Le ultima 30 Sprint Zagato costruite (definite anche 2ª Serie) si distinguevano per la carrozzeria leggermente più bassa e con coda 'tronca' oltre che per il montaggio dei freni a disco sulle ruote anteriori.

l'Alfa Romeo a inserire nel listino una Giulietta Sprint Veloce Zagato, finalmente ufficiale. La nuova versione è stata presentata al Salone di Ginevra del 1960 e spiccava per la sua linea compatta, con sbalzi minimi davanti e dietro. D'accordo con l'Alfa (che ovviamente forniva le scocche 'svestite'), Zagato aveva impostato il progetto sul telaio della Giulietta Spider, con passo di 225 cm: ben 13 cm in meno rispetto alla Sprint. La carrozzeria tondeggiante era realizzata in alluminio e il peso totale era di 854 kg. Nella versione di serie (che costava 2.750.000 lire), il 4 cilindri di 1290 cc erogava 98 Cv a 6500 giri/m. La Giulietta Sprint Zagato è stata costruita in 215 unità tra l'aprile del '60 e il novembre del '62. Le ultime 30 erano caratterizzate da una linea diversa, più bassa e con coda 'tronca', in anticipo di qualche mese rispetto alla Giulia Berlina.

Speciale ma non da corsa

È sicuramente la versione più caratterizzata tra tutte le Giulietta, nella quale non è difficile riconoscere il deciso tratto stilistico del designer Franco Scaglione. È la Giulietta Sprint Speciale, realizzata da Bertone e apparsa al Salone di Torino del 1957, con carrozzeria in alluminio. Colpiva la forma affusolata e avveniristica, anche se la SS era piuttosto distante dalla eterea bellezza dell'allestimento Sprint. In realtà l'Alfa aveva commissionato a Bertone un modello che potesse interessare la clientela più sportiva, in grado di migliorare le prestazioni della Sprint Veloce nelle corse, forse non tenendo ancora bene in considerazione gli exploit delle Giulietta modificate da Zagato. Per favorire la compattezza del nuovo modello, in favore della guidabilità in corsa, l'Alfa aveva imposto l'utilizzo del telaio a passo corto (225 cm) della Giulietta Spider, ma nel progetto ha finito per prevalere l'estrosa fantasia di Franco Scaglione. La SS non solo era più lunga e più larga della Sprint (14 cm in entrambi i casi), ma era caratterizzata da notevoli sbalzi davanti e dietro, che ne limitavano la maneggevolezza. Bocciata per le corse, la SS è stata trasformata in un originale modello stradale che, in ogni caso, con 98 Cv a 6500 giri/m (la stessa potenza della successiva Sprint Zagato che ne ha ereditato i compiti agonistici) superava il limite dei 180 km/h. È stata presentata in forma definitiva il 24 giugno 1959 all'Autodromo di Monza, con una spettacolare cerimonia che ha coinciso con la consegna delle prime 40 vetture. Sembra che alcune di queste avessero la carrozzeria in alluminio, o almeno alcuni particolari (porte, cofani) ma dai registri dell'Alfa non è mai stato possibile trovare una precisazione, tranne che per quattro esemplari costruiti all'inizio, definiti effettivamente di 'tipo alleggerito'. La SS ha conosciuto un ottimo successo ed è stata costruita in 1.252 unità fino al 1962, alle quali vanno sommate le 1.400 unità prodotte tra il '63 e il '65, con il motore Giulia di 1570 cc (113 Cv).

Il cliente più singolare? Probabilmente il dottor Giuseppe Luraghi, all'epoca 54enne, che ha acquistato una Giulietta SS, di colore bianco gardenia, il 6 luglio 1959, quando era amministratore delegato della Lanerossi. L'uomo che, in veste di direttore generale di Finmeccanica aveva 'inventato' la Giulietta, sarebbe trionfalmente rientrato all'Alfa l'anno dopo, con la funzione di presidente. Guidando la SS, ovviamente...

L'origine del nome Giulietta

Non c'è dubbio che il nome Giulietta derivi dalla leggendaria vicenda dei due giovani amanti di Verona, collegata alla seconda parte del marchio milanese. Non a caso la Giulietta Sprint ha debuttato assieme furgone Romeo, in un legame spontaneo. Incerto invece il suggerimento iniziale: ufficiosamente viene attribuito all'ingegnere-poeta Leonardo Sinisgalli, consulente di Finmeccanica per l'immagine e la pubblicità, negli Anni '50/'60. Altri ritengono che derivi da una intuizione della compagna di Sinisgalli, la baronessa e poetessa Giorgia De Cousandier.

L'ingegnere Gian Paolo Garcéa, a lungo responsabile del Reparto Esperienze dell'Alfa, ha più volte sottolineato che l'origine del nome sarebbe diversa. In occasione di un Salone di Parigi, intorno al 1950, lo stesso ingegnere e alcuni colleghi erano stati invitati in un locale notturno. In quell'ambiente, un esule russo che intratteneva i clienti con poesie e battute, ha apostrofato così il gruppo, dopo averlo esaminato: '*Siete otto Romei e non c'è nemmeno una Giulietta!*'. Se ne sarebbero ricordati...

La Fidanzata d'Italia

Se si dovesse assegnare il titolo di più affascinante vettura 'aperta' dell'era moderna, è molto probabile che la Giulietta Spider vincerebbe a mani basse. In via ufficiosa, quel titolo le è stato assegnato in numerose occasioni, con motivazioni evidenti: l'armonia della linea, ricca di carattere, senza nulla di eccessivo. Con la Giulietta Spider Giovanni Battista 'Pinin' Farina e il suo disegnatore di riferimento, Franco Martinengo, sono riusciti nel raro miracolo di creare un'auto perfetta che – con i naturali aggiornamenti – potrebbe essere riproposta con successo al giorno d'oggi.

Definita la Fidanzata d'Italia per l'amore trasversale nei suoi confronti, la Giulietta Spider è nata soprattutto per le insistenze di Max Hoffman, un austriaco emigrato negli Stati Uniti, che nel dopoguerra ha avuto un ruolo determinante nell'importazione, oltre-Oceano, di numerosi marchi europei di auto, con la società 'Hoffman Motor Car Inc.' di New York.

Hoffman si era impegnato ad acquistare 600 vetture quando ancora la Giulietta Spider era solo un'idea vaga e a quel punto Quaroni e Hruska non hanno perso tempo a commissionare sia a Pinin Farina che a Bertone un prototipo completo, per decidere successivamente a chi dei due affidare la commessa. Base di partenza, la scocca della versione Sprint, con passo accorciato: da 238 a 220 cm. Bertone ha presentato un modello fascinoso ma anche rischioso, se prodotto in serie: la linea, decisa e marcata, ideata dallo stilista Franco Scaglione (derivata, in parte, dal prototipo '2000 Sportiva'), difficilmente sarebbe stata accolta con favore unanime. A differenza della proposta di Pinin Farina che ha immediatamente sciolto i dubbi dei dirigenti dell'Alfa e dell'importatore americano, grazie alle sue linee morbide. Era evidente che lo stile della nuova Spider fosse stato influenzato dalla Lancia Aurelia B24, ugualmente carrozzata da Pinin Farina, ma non si trattava di una 'copiatura', bensì della decisione di mantenere una eccezionale tendenza artistica.

Anche per accontentare le indicazioni di Hoffman, il carrozziere torinese aveva previsto, per i primi due prototipi, il parabrezza avvolgente, i finestrini laterali in plexiglas e asportabili (erano bloccati da un paio di ganci) e l'apertura delle porte tramite un cavo, inserito nella parte interna delle porte stesse. Per accedere al cavo, era necessario fare scorrere il finestrino in plexiglas, privo di qualsiasi sistema di sicurezza: soluzione tipica delle spider inglesi. Gli americani apprezzavano questo tipo di vettura spartana (anche per l'eventuale impiego nelle gare) ma hanno accolto con grande favore la versione definitiva della Giulietta Spider, apparsa al Salone di Parigi dell'autunno 1955, con parabrezza, porte e finestrini laterali tradizionali, perfino migliorata nella linea, grazie alla parte anteriore più snella e abbassata.

Entrata in produzione nel 1956 con la stessa meccanica della Sprint (1290 cc, 65 Cv e 157 km/h), le è stata subito affiancata la versione 'Spider Veloce' (79 Cv e 170 km/h). Nel primo anno di vita ne sono state prodotte 1.026 unità, quasi tutte 'emigrate' negli Stati Uniti, anche se in Europa la richiesta è stata immediatamente fortissima. Nel '59 è apparsa la 2ª serie, con passo portato a 225 cm: in listino ancora la Spider (80 Cv a 6300 giri/m e 165 km/h) e la Spider Veloce (90 Cv a 6500 giri/m e 180 km/h). È del '61 la 3ª serie, con meccanica invariata, lievi ritocchi alla linea e livello di finitura migliore. Come nel caso della Sprint di Bertone, scocche e carrozzerie della Spider erano prodotte a Torino dalla Pinin Farina mentre al 'Portello' venivano completate con gli organi meccanici. E se Bertone ha assunto una dimensione industriale sulla spinta della Sprint, lo stesso concetto vale per Pinin Farina e per la Spider, prodotta fino al '62 in 17.096 unità. La catena di montaggio non è stata però interrotta: nel '62 veniva costruita la Giulia Spider, con linea immutata e meccanica della nuova Berlina del 'Portello' (1570 cc, 92 e 112 Cv nelle versioni Spider e Spider Veloce, con velocità di 172 e 'oltre 180' km/h). Fino al '65, sono state 10.341 le unità prodotte.

L'Alfa Romeo e i veicoli commerciali

CAMION, AUTOBUS E IL ROMEO

In tutto il 1929, l'Alfa Romeo ha costruito 829 automobili: troppo poche, anche se vendute a un prezzo elevato. Per favorire il fatturato, è stato quindi deciso di differenziare il prodotto, scelta attraente ma che nel corso degli anni ha sottratto energie al settore auto, in favore dei veicoli industriali, costituito in gran parte (almeno dal '34/'35) dai camion militari.

In un nuovo reparto del 'Portello', la produzione di autocarri e autobus è iniziata alla fine del '29. Erano mezzi costruiti su licenza della tedesca Bussing (variava la calandra, in stile Alfa), equipaggiati con motori Deutz (risultato di un ulteriore accordo): Diesel a 6 cilindri in linea, di notevole cilindrata (10.594 cc/90 Cv a 1.200 giri/m e 11.530 cc/120 Cv a 1600 giri/m), destinati ai modelli 40 N e 50 N ('Nafta') e al più grande 'tre assi' 80 N. Si trattava per lo più di autobus urbani ma anche di autotreni, allestiti secondo gli impieghi necessari. A partire dal 1934 sono apparsi i modelli 85 e 110, con il motore del precedente 80, prodotti fino al '38/'39, rispettivamente in circa 520 e 180 unità, alcuni allestiti in versione 'filobus' a trazione elettrica. In altri casi erano stati trasformati per l'alimentazione a metano o tramite un sistema a gasogeno. Scelte autarchiche e conseguenza delle 'sanzioni', inflitte all'Italia dalla Società delle Nazioni (novembre '35/luglio '36), che impedivano l'importazione di petrolio e carbone.

La tradizione sportiva dell'Alfa Romeo ha comunque permesso di prevalere anche in questo particolare settore: era stato infatti organizzato un concorso internazionale per autocarri a gasogeno, sul percorso di 3.000 km, Roma-Bruxelles-Parigi, e la vittoria è andata a un 85 G, gravato – secondo il regolamento – da 70 quintali di carico.

La trasformazione a gasogeno, possibile solo con motori a benzina, consisteva fondamentalmente nella sistemazione di un 'gassificatore' all'esterno del veicolo, destinato a bruciare un combustile (carbone o legna) che creava quindi un gas povero, in grado di alimentare il propulsore tramite un miscelatore che sostituiva il carburatore. L'alimentazione a gasogeno, adottata anche dalle automobili, è diventata obbligatoria per gli autobus urbani al termine degli Anni '30 e si è poi diffusa nel periodo di guerra. I motori degli Alfa Romeo 85 e 110, erano però dei Diesel, e la conversione per il funzionamento a benzina prevedeva la sostituzione della testa, operazione complicata, che ne ha limitato l'impiego.

La cilindrata elevata condizionava la diffusione degli 85/110, tanto che l'Alfa, fin dal '35, aveva presentato il modelli 350, seguito dal 500 nel '37. Di dimensioni relativamente ridotte, erano 'carrozzati' in versione autocarro o autopullman interurbano, ed equipaggiati con un 6 cilindri Diesel di 6126 cc, da 75 Cv a 2000 giri/m, proposto anche in versione a benzina per i mezzi militari.

La serie 350/500 è stata l'ultima di tipo tradizionale offerta dall'Alfa e caratterizzata dal motore separato dall'abitacolo, con la caratteristica linea 'a musone'. Nel 1940 è apparso il tipo 800 (la cifra indicava la portata utile), con cabina avanzata, costruito negli anni di guerra per esigenze militari e dopo il 1945 per uso civile, con cabina più ampia e dotata di cuccetta. Il motore Diesel, a 6 cilindri in linea di 8725 cc e con quattro valvole per cilindro, erogava 108 Cv a 2000 giri/m e consentiva una velocità di 50 km/h. Nel dopo-guerra, un bellissimo '800', caratterizzato da un enorme scudo 'Alfa Romeo' anteriore e con carrozzeria bicolore rossa e gialla, è stato utilizzato per trasportare le auto della Scuderia Ferrari. Dal tipo 800 è derivato nel 1947 il 900, con motore di 9495 cc e 130 Cv, trasformato nel tipo 950 a partire dal 1954 e prodotto ancora per quattro anni. La stessa meccanica è stata utilizzata per i modelli 902 AU e 902 AS, costruiti in poche unità tra il '58 e il '59. Caratterizzati dalla collocazione posteriore del motore, erano previsti in versione autobus (ribattezzato 'Marziana' a Milano) e autopullman di livello superiore.

Fin dal 1942, dal tipo 800 era però derivato il modello 430, che con il 'fratello maggiore' condivideva la caratteristica linea tondeggiante della cabina. Era equipaggiato con un motore Diesel a 4 cilindri di 5816 cc, da 80 Cv a 2000 giri/m. Sotto l'aspetto tecnico, spiccavano le sospensioni anteriori a ruote indipendenti: scelta sofisticata, all'epoca non esente da problemi, in anticipo di una ventina d'anni rispetto alla concorrenza. Apprezzato anche all'estero, un 430 allestito dalla Carrozzeria svizzera Seitz, con una linea slanciata e ampie finestrature (era destinato ai servizi 'gran turismo' sugli itinerari alpini), ha costituito l'attrazione del Salone di Ginevra del 1948.

Nel 1947, il 430 è stato sostituito dal più potente 450 (90 Cv), proposto con avantreno tradizionale, ad assale rigido. È stato prodotto in versione autocarro e autopullman di linea, con carrozzerie di varia foggia, spesso caratterizzate dallo scudo anteriore 'Alfa'.

Nel dopo guerra, la costruzione dei veicoli industriali, era proseguita nello stabilimento di Pomigliano d'Arco: primo modello totalmente nuovo, realizzato al sud, il 140 A, con telaio a tre assi e motore a 6 cilindri Diesel di 12517 cc da 140 Cv, situato anteriormente in cabina. L'intera serie 140 A (autobus e i filobus 140 AF) è stata prodotta fino al 1958. La meccanica robusta ne ha consentito l'utilizzo fino alla metà degli Anni '60, nonostante disponesse di un cambio a sole tre marce, che costringeva ad utilizzare la 2ª nelle salite cittadine, tipiche ad esempio di Roma, con il motore al massimo dei giri.

La versione furgone 'chiuso' è stata quella più diffusa ma tra il '54 e il '67, il Romeo è stato prodotto con numerose carrozzerie. Le più richieste: 'tetto alto' (anche per mini-camper), 'promiscuo' (finestrini laterali e sedili posteriori) e con cassone posteriore. In basso, due pubblicità legate al settore 'veicoli commerciali' dell'Alfa.

Fin dai primi Anni '50, l'Alfa aveva intuito che le nuove esigenze del lavoro e dello sviluppo economico, avrebbero favorito la creazione di un veicolo commerciale di dimensioni limitate. È nato così il 'furgone' Romeo, precursore (assieme a pochi altri modelli coetanei) di un tipo di mezzo da trasporto di diffusione universale. Presentato al Salone di Torino del 1954, spiccava per l'ampio spazio a disposizione (pur con dimensioni limitate: lunghezza 449 cm, larghezza 180 cm), e per il vano di carico molto basso, favorito dalla trazione anteriore (innovativa per l'epoca), senza l'ingombro della trasmissione. Disponibile nei più svariati allestimenti, era spinto dal motore a 4 cilindri di 1290 cc, della Giulietta, depotenziato a 35 Cv a 3500 giri/m. Il Romeo è stato proposto anche con un motore Diesel, a due tempi di 1158 cc, abbinato a un compressore tipo Roots. Ma la potenza limitata (30 Cv a 2800 giri/m) e varie carenze tecniche non ne hanno favorito la diffusione.

Con il modello 'Mille', presentato nel 1957, l'Alfa ha definitivamente chiuso il settore dei veicoli industriali di elevata portata. Un'uscita in bellezza, con un mezzo all'epoca all'avanguardia, equipaggiato con un motore Diesel a 6 cilindri di 11050 cc che erogava 165 Cv a 2000 giri/m. Dal 'Mille' sono derivati gli ultimi autobus con marchio Alfa, i modelli 10 P ('60/'64) e AU7 ('62/'64); entrambi con una moderna carrozzeria portante, differivano per la posizione del motore: in cabina il primo; orizzontale, sotto il pianale, il secondo. Dotati di servosterzo e di asse anteriore arretrato per favorire la guida in curva, sono rimasti in servizio fino ai primi Anni '80.

L'Alfa aveva comunque continuato a produrre il 'furgone' Romeo, arrivato nel 1967 a quasi 22.000 unità. La serie successiva (nuovo stile, stesse dimensioni) è stata battezzata 'F12' (Furgone) e 'A12' (Autocarro). Disponibili un motore a benzina di 1.290 cc, portato a 54 Cv a 5000 giri/m, e un Diesel della inglese 'Perkins', di 1760 cc e 50 Cv a 3800 giri/m. Sempre nel '67, in seguito ad un accordo tra la Casa del Biscione e la Renault, è nata la società 'Alfa Romeo-Saviem' (Societé Anonime Véhicules Industriels et Equipments Mécaniques), con lo scopo di realizzare veicoli commerciali di media portata, con motore anteriore (Diesel di 3017 e poi 3319 cc) e trazione posteriore. Con le sigle A15/A19/A38 e F20, sono stati costruiti in circa 3.500 unità fino al 1974. Da un ulteriore accordo tra Alfa Romeo/ Saviem e Fiat, nel '74 è nata la Sofim (Società Franco Italiana Motori), che nel nuovo stabilimento di Borgo Incoronata (Foggia) ha iniziato a produrre motori Diesel nel 1978. Nello stesso anno, da una collaborazione tra Alfa, Fiat, OM e Iveco sono nati i veicoli commerciali 'leggeri', con motore Sofim di 2455 cc da 72 Cv a 4200 giri/m. Con il marchio Alfa e siglati 'AR8', sono stati proposti in varie versioni. Nel 1985 è nata la serie 'AR6', nella realtà un Fiat Ducato 14, personalizzato Alfa: anteprima del totale ingresso del 'Biscione' nel Gruppo torinese che alla fine del 1989 ha escluso l'Alfa Romeo dal settore dei 'commerciali'.

Giulia e le eredi: indimenticabile dinastia

FAMIGLIA MODERNA MOLTO APERTA

Chissà se, osservando il manichino in legno del modello '105', i dirigenti e i tecnici dell'Alfa Romeo convocati nello stabilimento del 'Portello' si rendevano conto che con quel prototipo stavano per inventare una nuova categoria di vetture. È l'inizio degli anni Sessanta. L'Italia, grazie ai precedenti aiuti economici americani, alla stabilità monetaria e ai conti dello Stato ancora in ordine, sta conoscendo un periodo definito 'miracolo economico'. Il Paese svela, tuttavia, molte contraddizioni, di cui la più evidente è la differenza tra un centro-nord sempre più industrializzato e un meridione piuttosto arretrato. Emerge una nuova classe sociale di piccoli e medi imprenditori, liberi professionisti, commercianti. È a loro, gente dalle buone disponibilità economiche desiderosa di passare dall'utilitaria a un'automobile di media cilindrata, che il progetto della nuova Alfa si rivolge. Mercoledì 27 giugno 1962, all'Autodromo di Monza, la Casa milanese rivela che cosa si nascondeva sotto il numero di codice '105': la nuova Giulia, una berlina destinata a prendere il posto della Giulietta. Con la quale l'Alfa Romeo aveva intrapreso la strada delle automobili più economiche e della produzione in grande serie, arrivando a costruirne, nel 1960, quasi 60mila. Non molte rispetto alle 290mila della Fiat, ma certamente

Arese: catena di montaggio della Giulia 1600 Super alla fine degli Anni '60. Sulla destra, la celebre coda alta e 'tronca', comune a tutte le Giulia. Studiata alla 'Galleria del vento' del Politecnico di Torino, aveva contribuito a raggiungere un coefficiente aerodinamico (Cx) da record per l'epoca.

Una delle prime pubblicità, studiate per la Giulia TI nel 1962. In basso, le copertine di due serie distinte di house organ *pubblicati dall'Alfa; da sinistra, il primo numero del raffinato 'Alfa Romeo', datato maggio-giugno 1960, e una copertina del 'Quadrifoglio', edito tra gli Anni '80 e '90.*

indicative di come la Casa del 'Portello' stesse lasciandosi alle spalle la dimensione di costruttore di nicchia.

La Giulia è stata ideata dalla solita squadra che ha già dato prova di elevate capacità, composta da tecnici con la passione dell'automobile, personaggi che hanno segnato la storia dell'Alfa: l'ingegnere Orazio Satta, direttore generale del Reparto Progettazione; Giuseppe Busso, responsabile della progettazione meccanica; Livio Nicolis per la Sperimentazione; Ivo Colucci che si è occupato della carrozzeria e l'architetto Giuseppe Scarnati, responsabile del Centro Stile Alfa Romeo.

Il lancio avrebbe dovuto coincidere con l'apertura del nuovo stabilimento di Arese, un paese appena a nord di Milano, ma i ritardi dei lavori di costruzione, iniziati nel febbraio di due anni prima, hanno impedito l'evento. Il modello presentato alla stampa è siglato TI, acronimo di Turismo Internazionale: le iniziali lasciano chiaramente intendere l'indole sportiveggiante della nuova berlina. In questo senso, la Giulia fa scuola, diventando la capostipite di una nuova generazione, o segmento, di vetture che ancora oggi rappresenta una quota niente affatto secondaria del mercato: quella, appunto, delle berline di classe 'media' dalle prestazioni spinte.

Il motore, con testa e monoblocco in lega di alluminio, che equipaggia la TI, è un 4 cilindri 'Bialbero', cioè con distribuzione a doppio albero a camme in testa, cilindrata di 1570 cc, alimentazione a carburatore doppio corpo verticale prodotto dalla francese Solex, potenza 92 Cv a 6200 giri/m. Le prestazioni della Giulia sono sorprendenti: velocità massima dichiarata 165 km/h, ma in realtà supera agevolmente i 170 km/h; accelerazione da 0 a 100 km/h in 14 secondi. Un altro segno distintivo della Giulia TI è il cambio a 5 rapporti: una soluzione che, all'epoca, veniva impiegata soltanto per le macchine di classe superiore. La leva per innestare le marce è posta accanto al volante; due anni più tardi verrà sostituita da un comando collocato sul tunnel centrale. La trazione è, naturalmente, sulle ruote posteriori. Le sospensioni sono di derivazione Giulietta, sebbene profondamente riviste, e costituiranno uno dei punti di forza del nuovo modello: anteriormente presentano uno schema a ruote indipendenti, degno di un'auto sportiva di livello elevato; posteriormente sono a ponte rigido. La Giulia TI viene venduta a 1.622.635 lire.

La nuova berlina dell'Alfa Romeo è tecnologicamente all'avanguardia: scocca molto leggera, completamente saldata, massima rigidezza, una delle prime a deformazione (o resistenza) differenziata e abitacolo rinforzato; due soluzione costruttive, quest'ultime, che aumentato la sicurezza passiva dei passeggeri.

Le qualità stradali sono notevoli. Non ha il confort di una Lancia, la rivale torinese che punta sulla comodità e sulle finiture curate, e neppure di certe inglesi tutte radica e pelle. Ma quando affronta una curva la Giulia lascia tutti con un palmo di naso per tenuta e agilità. E quando si accelera, il motore spinge che è una meraviglia. Laddove la berlina dell'Alfa Romeo è davvero un passo avanti è nel design: le linee appaiono certamente innovative se non addirittura sconcertanti per l'epoca. Lo slogan che accompagna la campagna pubblicitaria del nuovo modello sintetizza perfettamente lo stile della vettura: '*Disegnata dal vento*'. Difatti, le forme della Giulia sono stata definite alla nuova 'Galleria del vento' del Politecnico di Torino; e le danno lo status di prima berlina di serie con una carrozzeria derivata da calcoli scientifici. Ecco, quindi, il parabrez-

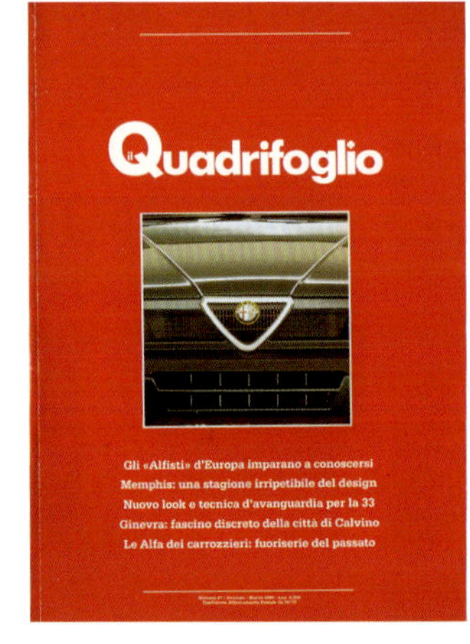

Una Giulia 1600 TI 'contro mano' all'ingresso della prima curva di Lesmo, sulla pista di Monza? Solo una innocente esigenza fotografica, che consente anche di ricordare quali notevoli difficoltà comportasse la celebre pista brianzola negli Anni '60.

Il confronto tra il Centro Direzionale del nuovo stabilimento di Arese e la palazzina della Direzione, accanto all'ingresso della antica fabbrica del 'Portello' (in basso), rende perfettamente l'idea della crescita dell'Alfa Romeo negli Anni '60. Si nota l'edificio a punta conica, uno dei sei rifugi anti-aerei costruiti durante la guerra, rimasti intatti per decenni a causa della difficoltà di smantellamento.

za così inclinato e sfuggente come mai si era visto su un'automobile di grande produzione; linee arrotondate e assenza di spigoli vivi; sezione frontale molto bassa rispetto agli standard di allora. E ancora: fiancate piatte ma al tempo stesso slanciate per effetto della lunga scanalatura che corre dal muso all'estremità posteriore. E, soprattutto, la coda tronca, come tagliata di netto: un piccolo capolavoro non solo di design – fortemente caldeggiato dall'ingegnere Orazio Satta – ma anche di miglioramento aerodinamico. Essa, infatti, riduce i vortici d'aria nella parte posteriore contribuendo al Cx (coefficiente di resistenza aerodinamica) particolarmente basso per una berlina: 0,34, lo stesso valore di penetrazione della sportivissima coupé Porsche 911, che sarebbe stata presentata un anno più avanti.

A ispirare lo stile della Giulia è stato, in realtà, il prototipo di una vetturetta economica a trazione anteriore, nome in codice 'Tipo 103', disegnata nel 1959 dal Centro Stile Alfa Romeo sulla base di un progetto partito molti anni prima. Lo studio, accantonato per un inspiegabile veto governativo (vedi pag. 168), verrà ripreso nel 1967 per il progetto di un'auto a due volumi e trazione

Nella fabbrica di Arese, la catena di montaggio della Giulia Berlina ha iniziato a funzionare dopo un paio d'anni dall'inaugurazione (1962). Nei primi tempi, la Giulia è stata prodotta al 'Portello' mentre ad Arese veniva assemblata fin dall'inizio (1963) la Giulia Sprint GT. Sotto, una Giulia sottoposta al test per controllare il funzionamento con temperature polari, in uno speciale reparto di Arese.

È durata ben 16 anni la produzione della Giulia Berlina, con numerosi miglioramenti tecnici ed estetici. Sopra, la plancia e il posto di guida della 1300 Super versione '70/'72, con il caratteristico pomello 'anatomico' per il comando del cambio. Sotto, la versione Super del 1972: con questa nuova serie, la 1300 e la 1600 risultavano identiche, a parte i motori.

Sulla pista del 'Centro sperimentale' di Balocco e con il Monte Rosa sullo sfondo, la Giulia TI Super, costruita in appena 501 esemplari, a partire dal 1963. Battezzata anche 'Quadrifoglio' per i caratteristici adesivi sulle fiancate, era stata concepita per essere competitiva nelle gare 'Turismo'. Il motore di serie erogava 112 Cv a 6500 giri/m e il peso era stato portato a 910 kg a secco.

anteriore: l'Alfasud. Dai tratti della '103' prenderà spunto anche la Renault, con la quale l'Afa Romeo aveva un rapporto di collaborazione industriale, per lo stile della R8, una piccola berlina di fascia medio-bassa di grande riscontro commerciale.

Alla presentazione, la Giulia è accolta con qualche critica dalla stampa specializzata nazionale ed estera, che giudica le linee troppo disorientanti e boccia la coda tronca. Ma, come spesso accade, il pubblico ribalta le valutazioni dei giornalisti accogliendo con entusiasmo la nuova berlina dell'Alfa Romeo, che subito viene elevata a simbolo dell'Italia del benessere. Ne saranno prodotte 530.758 (escludendo le varianti con carrozzeria sportiva) fino al 1977: un numero superiore a ogni aspettativa. Grazie anche ad essa, la Casa milanese assume una dimensione europea.

Inizialmente costruita nello storico stabilimento del 'Portello', la Giulia ha cominciato a uscire dalle linee di montaggio della nuova fabbrica di Arese nel 1965, quando il più grande sito produttivo dell'Alfa è entrato a regime, anche se da un paio di anni era attiva la catena di montaggio della Giulia GT. Fortemente voluto dal presidente Giuseppe Luraghi, che puntava a espandere l'azienda fino a farle raggiungere nell'arco di un decennio una produzione di mezzo milioni di vetture l'anno, e attrezzato con i reparti di fonderia, stampaggio, assemblaggio e montaggio dotati di macchinari modernissimi, il complesso di Arese ha richiesto uno sforzo economico notevole.

Una versione più spinta della Giulia arriva nel 1963: la TI Super, riconoscibile dal grande quadrifoglio verde sulla fiancata. A sollecitare l'Alfa Romeo ad approntare un allestimento 'competizione' da schierare nelle gare di velocità e nei rally, è stata la affermata scuderia milanese Jolly Club. Il regolamento tecnico Gruppo 2 definisce le 'automobili di produzione migliorate', cioè elaborate rispetto al modello costruito in serie e con un'abitabilità di almeno quattro posti. La potenza del motore viene incrementata a 112 Cv, che diventano circa 135 una volta preparato, o 'truccato' come si usa dire all'epoca, nelle specifiche del Gruppo 2. Il peso viene ridotto a 910 kg: cofani e portiere sono in alluminio, lunotto e finestrini posteriori in plexiglas; l'abitacolo è essenziale; i due fari anteriori più piccoli sono sostituiti con prese d'aria. Raggiunge i 185 km/h, accelera da 0 a 100 km/h in 12 secondi. Ne vengono prodotti soltanto 501 esemplari. La Giulia 'Quadrifoglio', come viene soprannominata dagli alfisti, ottiene numerosi successi nella propria categoria in pista, nelle corse in salita e pure nei rally, in Italia e all'estero. L'Alfa ha reinventato la '*Berlina che vince le corse*'.

Utilizzando il motore 1.6 litri della berlina del Biscione, nel 1963 viene costruita una piccola serie di una *gran turismo* a due posti: la Giulia TZ. È l'acronimo di Tubolare

Nel suo 'periodo d'oro', lo stabilimento Alfa Romeo di Arese era avveniristico per lo spazio a disposizione e per l'automazione dei processi lavorativi. Nella foto, si notano le scocche grezze della Giulia, trasportate verso il reparto verniciatura, mentre altre scocche, tra le quali alcune della Sprint GT, hanno completato l'operazione e vengono controllate dagli addetti. Nella vista dal basso, si possono scorgere alcuni dettagli della scocca della Giulia, del tipo a 'struttura differenziata', in grado quindi di deformarsi progressivamente in caso di incidente, scelta d'avanguardia negli Anni '60.

Negli Anni '60 la Giulia Sprint GT ha ripetuto il grande successo che negli Anni '50 aveva riscosso la sua antenata diretta, la Giulietta Sprint. Piaceva la linea semplice ma ricca di personalità, studiata da Bertone, dove non a caso operava all'epoca un giovane designer, Giorgio Giugiaro. E convincevano le prestazioni, assicurate dai 106 Cv a 6000 giri/m del 4 cilindri di 1570 cc, tanto che i 'mitici' 180 km/h non erano affatto una illusione. In varie edizioni (1300, 1600, 1750 e 2000), tra il '63 e il '76 ne sono state costruite ben 225.215 unità.

Zagato e indica, appunto, il telaio in tubi di acciaio al nichel cromo sul quale viene stesa la carrozzeria aerodinamica in lega di alluminio, realizzata dalla milanese Zagato in appena 112 unità. A questo modello seguirà, nel 1965, l'affascinante evoluzione TZ2 con potenza di 170 Cv e velocità di 250 km/h: realizzata in appena 12 esemplari – anche se sembra che un paio di TZ1 siano state trasformate in TZ2 dall'Autodelta –, è destinata esclusivamente alle competizioni. Sebbene sfavorite dai cambi regolamentari, specialmente l'ultima versione, la Tubolare Zagato infila una lunga serie di affermazioni di classe in prestigiose gare internazionali, quali 24 Ore di Le Mans, Targa Florio, 1.000 Km del Nürburgring e di Monza, 12 Ore di Sebring, Tour de Corse e Tour de France.

Il successo commerciale della Giulia convince i dirigenti dell'Alfa Romeo a introdurre nel listino del 1964 un allestimento economicamente più accessibile, definito 'base'. Equipaggiata con il motore 1.3 litri della precedente Giulietta opportunamente aggiornato a 78 Cv, che permette una velocità massima dichiarata di 155 km/h, la Giulia 1300 diventa la berlina più veloce al mondo nella sua categoria. Si differenzia esternamente dalla TI per il frontale con due fari invece di quattro. Alla 1300 'base' seguono nel 1964 la TI con potenza elevata a 82 Cv e finiture più curate; e nel 1970 la 1300 Super, che sostituisce l'allestimento di ingresso. Nel 1972, dopo un decennio di presenza sul mercato, la Giulia viene leggermente aggiornata in alcuni particolari della carrozzeria e dell'abitacolo. Due anni dopo viene commercializzata la seconda serie, denominata 'Nuova Super'. Le motorizzazione sono ancora 1.3 e 1.6 litri. A seguito della prima crisi petrolifera, nel 1973, che fa schizzare alle stelle il prezzo del carburante, inizia a diffondersi in Italia la motorizzazione Diesel, favorita dal basso costo del gasolio rispetto alla benzina: poco meno della metà. Ecco che nel 1976 l'Alfa Romeo inserisce in listino la versione Giulia Diesel, dotata del 4 cilindri di 1760 cc da 52 Cv, costruito dalla britannica Perkins Engines: è lo stesso propulsore montato sul furgone F12. Sistemato senza adeguate modifiche alla scocca progettata per unità a benzina, il Diesel d'Oltremanica lascerà

Sorella 'cattiva' della Sprint GT, la GTA (Gran Turismo Alleggerita) si è inserita in fretta nell'elenco delle Alfa più celebri e mitizzate. Alla GTA 1600 da corsa e alle sue 'sorelle' (GTA Junior 1300 e GT Am) abbiamo dedicato un intero capitolo di questo volume, ma non tutte le 500 GTA 1600 prodotte, hanno preso la strada delle competizioni, come questo esemplare che fa parte del Museo dell'Alfa. Anche nella versione di serie, la GTA pesava appena 820 kg (760 nella versione omologata corse) e i 115 Cv (185 km/h) regalavano un'esperienza unica. In basso, il posto di guida della 1750 GT.

un brutto ricordo, a causa delle vibrazioni che generano una moltitudine di inconvenienti tecnici. E l'operazione si risolve di fatto in un insuccesso commerciale; un incidente di percorso.

Il 'periodo' della Giulia, soprattutto fino ai primi Anni '70, si è rivelato particolarmente vivace per l'Alfa Romeo, grazie anche a personaggi illuminati e di grande spessore, come il mitico capo Ufficio Stampa Camillo Marchetti. Tra le tante iniziative di quest'ultimo, la rievocazione della Mille Miglia con le 6C 1750 degli Anni '20 e '30, su suggerimento del giornalista ed ex-pilota Giovanni Lurani. Da quella iniziativa è poi nata l'attuale Mille Miglia storica.

Già in fase di progettazione, la Giulia berlina è stata pensata non soltanto come un 'monoprodotto', piuttosto come piattaforma sulla quale derivare alcune varianti. Arrivano quindi la seducente coupé Sprint GT del 1963 disegnata dalla Carrozzeria Bertone: da essa verrà sviluppata la leggendaria GTA da competizione. La gamma delle '2+2' Alfa Romeo si allarga alla GT 1300 Junior del 1967 – sulla quale nel 1969 la Carrozzeria Zagato elabora la variante Junior Z – e alle 1750 e 2000 GT Veloce di fine anni Sessanta-primi Settanta. E anche all'allestimento cabriolet Sprint GTC in realtà poco apprezzato dal pubblico. La trasformazione da coupé a vettura aperta con telino, un'operazione tecnicamente non facile all'epoca, era stata eseguita dalla Bertone ma la costruzione in piccola serie è stata affidata alla Carrozzeria Touring di Milano. E, infine, la famosa Spider del 1966 passata alla storia come Duetto. A darle il curioso nomignolo con cui è conosciuta non è stata l'Alfa Romeo, ma un ingegnere, Guidobaldo Trionfi, che aveva partecipato al concorso promosso dalla Casa milanese per trovare una denominazione appropriata al nuovo modello creato dalla Pininfarina. La sorte ha impedito che 'Duetto' diventasse la sigla ufficiale: il nome era già stato registrato dall'industria dolciaria Pavesi di Novara.

Caratterizzata dall'originale coda a 'osso di seppia', la spider del 'Biscione', una delle 'scoperte' di maggiore successo mai costruite nella storia dell'automobile, ha conosciuta una lunga carriera: uscirà di produzione nel 1994 dopo l'invidiabile risultato di 124.105 esemplari venduti.

Sulla meccanica della Giulia 1600 vengono assemblati anche alcuni esemplari in variante 'famigliare', o 'giardinetta' secondo le denominazioni in uso all'epoca, oggi sostituite da 'station wagon', destinati principalmente alla Polizia Stradale. A realizzarle, tagliando il tetto fino ai montanti delle porte e sostituendolo con un altro di lunghezza maggiore, nel quale viene poi inserito il portellone posteriore, sono aziende specializzate in questo genere di trasformazioni: in particolare, la carrozzeria Colli di Milano, che aveva già collaborato con l'Alfa Romeo negli Anni Cinquanta per alcuni

Alta appena 120 cm e con un peso a secco di 660 kg, la Giulia TZ ('Tubolare Zagato'), è stata la regina della classe 1600, categoria Gran Turismo, tra il '64 e il '65. Costruita in soli 112 esemplari, nella versione normale il motore a 4 cilindri disponeva di 113 Cv a 6500 giri/m e la velocità era pari a 215 km/h. Le versioni preparate per le corse disponevano però di circa 160 Cv (Foto Domenico Fuggiano – Collezione Righini).

Con la Giulia TZ, l'Alfa Romeo è tornata ufficialmente alle corse nel 1964, anche se in alcuni casi le vetture sono state iscritte dalla Scuderia St. Ambroeus di Milano. Come alla 24 Ore di Le Mans del 1964 (sopra), gara che ha portato all'Alfa il 13° posto assoluto e la vittoria nella classe fino a 1600, con la coppia Bussinello-Deserti. Sotto, alla 1.000 Km del Nürburgring del '66, spicca l'inconfondibile linea della TZ2, guidata da Bianchi-Shultze. Evoluzione al debutto nel '65, la TZ2 è più bassa e grintosa rispetto al modello originale.

modelli da competizione, Giorgetti di Montecatini e Grazia di Bologna.

La Giulia berlina esce di produzione nel 1977 sostituita da un modello per il quale è stato rispolverato un nome carico di significato per l'Alfa Romeo: Giulietta. Per dare un'idea di che cosa abbia rappresentato la Giulia nel panorama automobilistico europeo, vale la pena riportare il ricordo di un ex alto dirigente della tedesca BMW: *'Quando apparve la Giulia ne restammo affascinati. Era il tipo di berlina ideale, moderna, innovativa, originale e sportiva. A quell'epoca la nostra ambizione era diventare l'Alfa Romeo bavarese'.*

La mossa vincente della 1750

Entrare nel mercato delle vetture di lusso è uno degli obbiettivi del presidente dell'Alfa Romeo, Giuseppe Luraghi. L'alto dirigente deve fare i conti con i costi di produzione in salita; con gli investimenti per il nuovo stabilimento di Pomigliano d'Arco; e con una concorrenza già affermata in quel genere di automobili. Meglio, quindi, pensare a un modello un gradino sopra la Giulia, ma non ancora di segmento superiore, costruito con quanto di meglio c'è già in casa. Inoltre, il sistema di produzione dello stabilimento di Arese è organizzato con linee di montaggio strutturate per lavorare su uno stesso pianale.

Nasce, nel 1968, la berlina di alta gamma '1750', sviluppata sulla collaudata piattaforma della Giulia. La sigla viene scelta in onore della omonima e celebre Gran Sport Spider vittoriosa nelle Mille Miglia del 1929 e 1930. La carrozzeria porta la firma di Bertone, che non è caduto nell'errore di interpretare il progetto semplicemente come una Giulia maggiorata: le linee delle 1750 sono eleganti, equilibrate, discrete. Viene commercializzata a un prezzo che sfiora i due milioni di lire. Non sono pochi ma neppure molti, considerando le qualità dinamiche della vettura: una superba tenuta di strada e prestazioni da vera sportiva grazie al brillante motore 1.8 litri da 118 cavalli, capace di farle raggiungere una velocità massima di 180 km/h. Il gradimento supera ogni aspettativa: nei primi dieci mesi, gli ordini di acquisto in Italia sono quasi 18.000. Nell'arco di tre anni, dallo stabilimento di Arese escono 101.880 esemplari. Nel 1971, con l'introduzione del 4 cilindri 2 litri da 132 Cv, e una serie di interventi estetici, la grande berlina assume la denominazione '2000': resta in produzione fino al 1977, cioè anche quando è già in circolazione l'Alfetta, raggiungendo la ragguardevole quota di 89.840 unità vendute. L'Alfetta sarebbe stata l'ultima Alfa Romeo della presidenza Luraghi.

Si nota nell'immagine, la parte anteriore del leggero telaio tubolare, progettato dall'Alfa per la Giulia TZ e costruito dalla azienda aeronautica 'Ambrosini' di Passignano sul Trasimeno. Spiccano anche i grandi carburatori Weber 45 DCOE e l'accensione con due candele per cilindro, tipica della versione TZ2 ma adottata anche per alcune TZ1. Questa vettura è appartenuta al pilota-gentleman Carlo Benelli, noto nelle corse con lo pseudonimo di 'Riccardone'. In basso, l'essenziale e 'corsaiolo' abitacolo (Foto Domenico Fuggiano – Collezione Righini).

15616 EE

Nella pagina accanto: sorprende, e non poco, che la rossa Spider 1600 (battezzata poi, con scarsa convinzione, 'Duetto') sia arrivata su una pista da sci con i propri mezzi. Ma l'effetto è meraviglioso. Sopra, nella vista laterale spicca la coda a 'osso di seppia' della 'Duetto' che nella edizione con motore 1.6 disponeva di 109 Cv e arrivava a 185 km/h. All'inizio del '68 la 1.6 è stata sostituita dalla 1750 Spider Veloce: 118 Cv e 190 km/h. Identica la linea. Sotto, a sinistra, la 1750 Spider Veloce nella versione 1969, con la coda 'tronca'. A destra, l'attore Vittorio Gassman ammira la Spider 1600 in occasione di una presentazione a bordo della turbonave Raffaello; sulla destra della foto si nota anche il presidente dell'Alfa, Giuseppe Luraghi.

Giuseppe Luraghi: presidente illuminato

PASSIONE CONTRO POLITICA

Nel 1959 il dottor Giuseppe Eugenio Luraghi aveva 54 anni. In quel periodo era presidente e amministratore delegato della Lanerossi ma tra il '50 e il '56, in veste di direttore generale di Finmeccanica, si era dedicato con slancio e competenza alla trasformazione dell'Alfa Romeo, aumentandone progressivamente i volumi di produzione, in precedenza bassissimi. La difficile e rischiosa operazione era perfettamente riuscita grazie alla Giulietta, modello che lo stesso Luraghi aveva ispirato prima ancora che il progetto fosse definito.

Dopo cinque anni di successo di vendite, nel giugno del '59 è stata presentata la versione Sprint Speciale, la più spinta e vistosa della serie 'Giulietta', un 'siluro' a due posti dedicato ai più tenaci appassionati del marchio Alfa. Tra questi, proprio il dottor Luraghi, che il 6 luglio dello stesso anno si è 'regalato una Sprint Speciale di colore bianco gardenia, immatricolata a suo nome. Una dimostrazione di passione e fede da parte del grande manager, personaggio speciale che all'amore per l'automobile abbinava quello per la cultura ad alto livello.

Nel 1959, i dirigenti industriali nella posizione di Luraghi, viaggiavano in 'auto blu', quasi obbligati a prendere le distanze da certi atteggiamenti. Nella Sprint Speciale acquistata a 54 anni, si riflettono invece l'attaccamento del dirigente d'industria milanese per l'Alfa Romeo e il costante impegno per difenderla e farla crescere, anche dopo il suo ritorno al 'Portello' nel 1960 in veste di amministratore delegato e presidente. Era lontanissimo da certi pregiudizi, tanto che sua è stata l'idea dell'Alfasud, ma da milanese difendeva l'origine dell'Alfa e probabilmente, se non fosse stato costretto a dare le dimissioni nel 1974, sarebbe stata conservata – con diversa funzione – almeno una parte della originale fabbrica del 'Portello', cancellata per fare posto a nuovi palazzi.

A 17 anni, Giuseppe Luraghi era stato colpito dalla morte del padre e due anni dopo della madre, ma aveva proseguito con profitto gli studi e nel '27 si era laureato in economia all'Università Bocconi, prestando anche il servizio militare a Torino. Nel 1930 ha iniziato a lavorare per la Pirelli, società che alla fine degli Anni '40 gli permetterà di esprimere anche il suo amore per la cultura e l'arte. Assieme all'ingegnere-poeta Leonardo Sinisgalli, ha infatti fondato la rivista *Pirelli*, che da *house organ* pubblicitario, è diventata una pubblicazione ricca di temi letterari e artistici. Lo stesso Luraghi, tra il '40 e il '47, aveva d'altronde espresso la sua vena poetica, con una serie di poesie, pubblicate in quattro edizioni distinte. Con il passaggio di Luraghi alla Finmeccanica, l'abbinamento tra la cultura e il mondo del lavoro è proseguito con la rivista *Civiltà delle Macchine*, ugualmente realizzata assieme a Sinisgalli. Ha poi favorito le pubblicazioni *Alfa Romeo* e *Alfa Romeo Notizie*, rispettivamente una rivista di grande eleganza e un mensile con l'aspetto e il formato dei quotidiani 'lenzuolo' degli Anni '60.

Luraghi si è dedicato anche alla narrativa, con un romanzo (*Due milanesi alle piramidi*, datato 1966) e vari saggi, ma nel dopoguerra la sua passione per la cultura era sfociata nella gestione della piccola Casa Editrice Meridiana, che dava spazio a poeti esordienti ma anche a nomi già affermati, come Tobino e Zanzotto. La Meridiana occupava Luraghi nelle ore serali e nei giorni festivi, eppure nel '47 ha tenuto a battesimo la prima edizione italiana delle poesie di Rafael Alberti, tradotte dallo stesso manager milanese.

Dalla Pirelli, che lo vedeva ormai in una posizione di vertice, nel '50 Luraghi era passato alla SIP (Società Idroelettrica Piemontese) ma nel dicembre 1951 aveva accettato la direzione generale di Finmeccanica, che comprendeva numerose aziende di proprietà dello Stato, più o meno in crisi, a causa delle difficoltà di riconversione dopo la fine della guerra.

Nel nuovo ruolo Luraghi riceverà grandi soddisfazioni (quella più grande, per il salvataggio-capolavoro dell'Alfa Romeo) ma si renderà presto conto che lo Stato imprenditore non sempre rispetta le regole della sana gestione, ma segue strade più tortuose, per calcoli di opportunità. Se non peggio. La prima vicenda di questo tipo è storicamente curiosa ma irrilevante, se paragonata alle terribili esperienze che Luraghi avrebbe vissuto negli Anni '70. Dopo avere vinto il secondo Campionato del Mondo di F.1 (1951), a malincuore l'Alfa aveva abbandonato le competizioni, per la necessità di utilizzare uomini e mezzi in funzione della produzione della nuova 1900. Subito dopo la decisione, Luraghi è stato convocato dal presidente del Consiglio del Governo in carica, il celebre Alcide De Gasperi, che gli chiedeva di fare uno strappo e prendere parte alle gare della Temporada argentina, che avrebbe aperto la stagione 1952. Ovviamente De Gasperi era stato sollecitato, a sua volta, dal Governo del paese sudamericano, che con l'Italia aveva stretti rapporti economici. Senza contare che Campione del Mondo con l'Alfa era l'argentino Juan Manuel Fangio. De Gasperi si è reso conto delle ragioni dell'interlocutore e non ha insistito ma non sarebbe sempre andata così.

Sulla scia del successo della Giulietta, in Alfa era nata l'idea di realizzare una vettura di limitate dimensioni, destinata a un pubblico più vasto rispetto a quello legato agli storici modelli del 'Portello', da produrre nello stabilimento di Pomigliano d'Arco. Si trattava del prototipo '103'. Nata per le passate esigenze legate all'aviazione, la fabbrica 'napoletana' poteva essere riconvertita con una spesa limitata; d'altronde nel 1961 avrebbe ospitato la catena di montaggio della Renault R4, costruita su licenza. Il progetto è stato inspiegabilmente bocciato dal ministro per il Mezzogiorno, Pietro Campilli, e Luraghi ha avuto la netta sensazione che il veto fosse stato influenzato da Vittorio Valletta, potente amministratore delegato della Fiat, gelosa della crescita dell'Alfa in settori gestiti, quasi in esclusiva, dalla Casa torinese.

Dopo il 'periodo Lanerossi', Luraghi è tornato all'Alfa, con un impegno ancora maggiore, dimostrando a più riprese come un'industria di stato possa creare reddito, se gestita con sani criteri economici. Sulla sua spinta sono nate la fabbrica di Arese (attiva dal '62) e la prestigiosa pista di prova di Balocco (Vercelli, inaugurata nel 1962); in realtà un complesso di tracciati, studiati per le esigenze delle auto da corsa e di serie. L'impianto, ribattezzato 'Centro Sperimentale di Balocco', al momento della cessione dell'Alfa è stato ereditato dal Gruppo Fiat, che ne ha fatto uno dei suoi 'fiori all'occhiello'.

Giuseppe Luraghi

Sotto la sua presidenza l'Alfa è passata dalle 57.870 vetture costruite nel 1960, alle 140.595 vetture del 1972, con un export di oltre 66.000 auto, a conferma che era stata creata una importante rete di distribuzione e assistenza.

Fondamentali per il successo dell'Alfa, la lunga serie di modelli lanciati sotto la presidenza-Luraghi, a cominciare dalla Giulia, un'auto nata nel '62 e che nel '78 era ancora in listino! L'elenco prosegue con tutte le derivate dalla Giulia oltre che con la 1750, la 2000, l'Alfetta in versione Berlina e GT e la nuova Giulietta, impostata quando Luraghi era ancora al timone della Casa milanese. E naturalmente l'Alfasud, creata dal nulla, primo esempio di industria dell'auto attiva nel Meridione, a lungo ostacolata dalla Fiat, che negli anni successivi avrebbe a sua volta cambiato opinione, con l'apertura delle fabbriche di Cassino e di Termoli.

L'avvocato Agnelli aveva definito l'Alfasud '*Solo un'operazione clientelare in grande stile...*', mentre Luraghi – nonostante la necessità di interagire con i governi dell'epoca – aveva sempre ragionato da imprenditore, evitando che la politica entrasse nelle questioni dell'Alfa. Ci è riuscito fino alla fine del 1973, quando un pesante 'ordine' di due potenti ministri del Governo, retto dal democristiano Mariano Rumor, ha destabilizzato l'equilibrio dell'Alfa e ne ha iniziato la decadenza inarrestabile. I ministri erano i democristiani Ciriaco De Mita (Industria) e Antonino Gullotti (Partecipazioni Statali), fautori di un nuovo piano per l'Alfa, con l'approvazione dell'IRI (dal quale la Casa milanese dipendeva), presieduto da Giuseppe Petrilli.

Nel pieno della 'Crisi del petrolio', con il prezzo della benzina che stava andando alle stelle (da 175 a 500 lire!) e l'inevitabile contrazione delle vendite di automobili, i politici hanno imposto all'Alfa un piano che prevedeva, tra l'altro, la realizzazione nella provincia di Avellino, di una nuova fabbrica da 70.000 unità annue. Non a caso, un impianto localizzato nel feudo elettorale di Ciriaco De Mita: una vera follia, considerando che era appena sorta l'Alfasud. Non bastasse, il piano prevedeva l'apertura di altre fabbriche, in zone non definite ma comunque depresse, spostando la fonderia di alluminio e la lavorazione delle sellerie, già attive ad Arese.

Luraghi è stato facile profeta: ha capito che i politici avrebbero portato l'Alfa alla rovina; ha cercato di opporsi ma all'inizio del 1974 è stato destituito. In conseguenza, ha rassegnato le dimissioni il direttore generale, Adolfo Bardini, importante riferimento per la produzione.

Dodici anni dopo l'Alfa, precipitata in fondo al baratro, era contesa dalla Ford e dalla Fiat. In attesa della soluzione, Luraghi era stato intervistato da Giorgio Bocca per il quotidiano *La Repubblica* e le sue dichiarazioni – mai smentite! – rappresentano un documento insostituibile per capire le ragioni del tracollo della Casa milanese: '*I politici hanno fatto perdere all'Alfa migliaia di miliardi (...) Carlo Donat Cattin, nel 1973 ministro del Lavoro, l'altro ministro delle Partecipazioni Statali Gullotti, l'onorevole De Mita che voleva a tutti i costi una fabbrica Alfa ad Avellino, i dirigenti dell'IRI di allora, Petrilli e Medugno. Sono tutti nomi che ho fatto, cose che ho scritto, senza che succedesse alcuno scandalo. (...) Essendo entrata in produzione ad Arese l'Alfetta, Petrilli mi fece questa proposta: 'Perché il montaggio dell'Alfetta non lo fai ad Avellino?'. Risposi: perché dovrei licenziare cinquemila operai ad Arese e triplicare i costi. Perché mi chiedi di affossare l'Alfa. (...) I politici volevano l'Alfa ad Avellino e l'Alfa ci è andata ad Avellino, a fabbricare quell'obbrobrio che è l'Arna. (...) Io dico che qualcuno dovrebbe pur rispondere di questa colossale dilapidazione. In quindici anni non hanno tirato fuori un solo tipo di automobile. Non uno. La 33 è una copia dell'Alfasud, la 75 è la copia dell'Alfetta (...) Come fa una azienda che vive su progetti avanzati a stare quindici anni senza produrre niente di nuovo? (...) Gli ignobili trucchi di bilancio fatti in questi quindici anni non si contano. Hanno liquidato tutta la rete di distribuzione e di assistenza, una rete stupenda che copriva Stati Uniti, Francia, Germania, Inghilterra e Italia. Per vendere a mille ciò che nel bilancio era segnato cento. Per aggiustare i conti anche a costo di affossare l'azienda*'.

L'Alfa Romeo GTA 1300 Junior di Nino Vaccarella, qui al volante, e Spartaco Dini (che all'epoca correva con lo pseudonimo 'Paco'), mentre affronta la curva del Karussell sul circuito del Nürburgring durante la 6 Ore del Challenge Europeo Turismo 1972: sarà costretta al ritiro. Nell'altra pagina, la pubblicità per il titolo continentale Costruttori vinto nel 1971: il primato verrà ripetuto l'anno dopo.

GTA E DINTORNI TOCCARE CON CURA

Seduto di fronte al tecnigrafo, il giovane architetto della Carrozzeria Bertone dà un'occhiata al grande disegno che svela una coupé a quattro posti di impostazione classica: motore anteriore, trazione posteriore. Tutto gli appare come l'ha immaginato per mesi: dimensioni, volumi, proporzioni, armonia d'insieme. E sportività. Cercava l'eleganza, e l'ha trovata nella sobrietà delle forme. Voleva un forte segno di identità, e l'ha individuato nelle fiancate filanti e nella coda affusolata. Da qualunque lato la osservi, quell'idea di vettura tracciata su un foglio di carta velina gli trasmette innovazione e modernità: la forma segue la funzione. Manca qualcosa che infonda più aggressività al frontale. Il designer prende la matita, traccia una linea che separa il cofano dalla calandra, come a creare uno scalino, quindi posa il portamine e ammira soddisfatto il bozzetto. Giorgetto Giugiaro, non ancora venticinquenne ma già astro nascente del design industriale, ha definito il progetto stilistico di una vettura destinata a occupare un posto in prima fila nella storia dell'automobile: la Giulia Sprint GT. È la tarda estate del 1962.

Sviluppata sulla base meccanica e sul pianale, con passo accorciato (da 251 a 235 cm) della Giulia berlina, la coupé Sprint GT viene presentata nel settembre del 1963. E diventa subito un'automobile ambita: allo stile originale e all'avanguardia associa prestazioni da vera sportiva.

A rendere immortale la GTA del Biscione sono le competizioni, in quegli anni un formidabile mezzo pubblicitario che poggia, senza tante ricerche di marketing, su un concetto molto semplice: vincere la domenica, vendere il lunedì. L'abitabilità a quattro posti della Sprint GT, veri e non i '2+2' delle coupè dell'epoca, permettono infatti l'omologazione nella categoria Turismo; che ammette appunto 'automobili di produzione migliorate', cioè elaborate rispetto alla versione stradale, costruite in serie in almeno 1.000 unità identiche, nell'arco di dodici mesi consecutivi. Il presidente Luraghi e il capo ricerca e sperimentazione Alfa Romeo, l'ingegnere Orazio Satta, convinto assertore delle corse, '*dove l'eccellenza è indispensabile*', come insostituibile campo di ricerca per migliorare il prodotto di serie, decidono

Rally dei Jolly Hotel 1965 (Palermo-Trieste). Sopra, il via della prova di velocità per le Turismo all'autodromo di Pergusa, in Sicilia: le prime file sono monopolizzate dalle Alfa Romeo GTA 1600. Sotto a sinistra, sul traghetto da Messina a Reggio Calabria, appoggiati alla coupé del Biscione si riconoscono Roberto Di Bona e, a braccia conserte, Giancarlo Baghetti, che vediamo impegnato, sotto a destra, sul circuito di Imola, dopo una 'toccata' in partenza.

Lunga 408 cm e larga 158 cm, la GTA 1600 in allestimento-corsa Autodelta dispone di circa 165 Cv e ha un peso inferiore a 750 kg grazie al largo uso della lega d'alluminio Peraluman 25. Veniva quindi facilmente raggiunto il peso di omologazione: 760 kg. Sotto, Jochen Rindt alla 4 Ore di Sebring del 1966 con il celebre esemplare immatricolato nel maggio 1965 'UD 108812', pesantemente danneggiato in prova: l'asso austriaco vince guidando per tutta la gara da solo.

6 Ore del Nürburgring 1967: l'Alfa GTA 1600 dell'italo-belga Luciano Bianchi, alla guida, e del francese Jean Roland, è già al comando subito dopo il via della corsa valida per il Challenge Europeo Turismo. La coupé milanese otterrà una clamorosa vittoria assoluta, a 130 km/h di media, battendo le favorite e più potenti Porsche 911 2 litri.

A sinistra, il centro-prove di Balocco, nei pressi di Vercelli, costruito dall'Alfa Romeo nel 1962: tra i vari tracciati, vi è anche un triovale di 7,8 km con curve sopraelevate. A destra, nella parte inferiore della GTA 1600 si nota il curioso 'slittone' di ancoraggio del ponte posteriore, realizzato per migliorare la tenuta di strada.

la trasformazione della Sprint GT in un modello da competizione. La destinazione è specialmente il Challenge Europeo Turismo, un campionato in forte espansione, articolato su più prove in Paesi diversi e capace di attrarre un grande pubblico: alla 4 *Ore* di Monza del 1966 saranno presenti oltre 20mila spettatori. Battezzata GTA, acronimo di Gran Turismo Alleggerita, la vettura è pronta nel febbraio del 1965, e viene posta in vendita a tre milioni di lire; quanto una monoposto di Formula 3.

La 'silhouette' è inalterata rispetto alla Giulia Sprint tranne in un paio di dettagli: la diversa griglia e le due prese d'aria supplementari sotto la calandra. Laddove le differenze si fanno marcate è nella riduzione del peso: dai 950 kg della Sprint GT ai 760 della 'competizione'. Il dato comprendeva però i liquidi di rifornimento (acqua, olio, ruota di scorta e alcuni accessori) tanto che scendeva a poco più di 700 kg per i migliori esemplari preparati dal reparto corse Autodelta di Settimo Milanese. Un margine notevole che consentiva facilmente di schierare in gara queste particolari GTA al limite dei 760 kg di omologazione sportiva. Per raggiungere tale risultato, fondamentale per le prestazioni agonistiche, viene fatto largo uso di una lega di alluminio, manganese, magnesio, zinco e rame denominata Peraluman 25, le cui principali proprietà sono la resistenza e l'elevata duttilità. Sulla scocca a struttura portante in acciaio della Sprint GT vengono quindi sostituite alcune parti con le lastre, o pannelli, in Peraluman 25 dello spessore di 1,2 mm. La nuova 'pelle' esterna in lega leggera viene applicata mediante rivetti ad espansione o, laddove è possibile, con punti di saldatura. Gli interventi di alleggerimento comprendono anche l'adozione di vetri in plexiglas, ruote in lega di magnesio da 14 pollici realizzate dalla Campagnolo e la campana del cambio (a 5 rapporti) in elektron e 'coda' in fusione di alluminio. La cura dimagrante si spinge fino a sostituire l'acciaio della vasca del pavimento con l'alluminio. Questa modifica, tuttavia, interesserà soltanto una decina di esemplari destinate alla squadra ufficiale Alfa Romeo. L'abitacolo, infine, viene spogliato di tutto ciò che non è indispensabile.

E veniamo al propulsore. I motoristi dell'Autodelta, lavorando con precisione millimetrica bielle, pistoni, condotti di aspirazione e di scarico, e altro ancora, riescono a elevare dai 115 Cv di serie, a 165 Cv la potenza del 4 cilindri bialbero 1.6 litri, doppia accensione e alimentazione a due carburatori Weber a doppio corpo. Quanto alle sospensioni, lo schema è quello della vettura di serie. Il cinematismo originale viene migliorato con un semplice ma efficace dispositivo proget-

La GTA 1600 ufficiale di Nanni Galli alla chicane che immette nell'anello di alta velocità dell'autodromo di Monza, durante la 4 Ore del 1967, gara in cui le coupé del Biscione vincono nella propria divisione.

Sopra, l'Alfa Romeo GTA SA di Nanni Galli, al volante, e Baghetti, sulla sopraelevata di Monza alla 4 Ore del 1968, dove ha toccato i 240 km/h: ritirata per lo scoppio di una gomma mentre era al comando. Sotto, Giunti in leggero controsterzo con la GTA 1600 ufficiale alla Parabolica di Monza, durante la Coppa Carri 1968: il pilota romano vince la classe 1.600 cc a quasi 175 km/h di media.

tato da Filippo Surace, un geniale ingegnere 35enne al quale verrà affidata nel 1983 la direzione generale dell'Alfa Romeo. Surace suggerisce di fissare al ponte rigido posteriore il cosiddetto 'slittone': si tratta di un perno in bronzo che, scorrendo a seconda delle oscillazioni della sospensione, permette alle ruote motrici di scaricare tutta la potenza, con conseguente alleggerimento dell'avantreno. Lo 'slittone' conferisce alla GTA da corsa una caratteristica che, in un certo senso, contribuisce non poco alla sua fama: nella percorrenza delle curve, specialmente soprattutto quelle medio-veloci, la ruota anteriore interna, cioè quella meno carica, tende a staccarsi dal suolo diventando l'immagine stessa della coupé milanese. La GTA in versione 'pronto-corsa' viene venduta alle scuderie e ai piloti privati a un prezzo inferiore al suo costo reale: circa 3 milioni di lire invece di 3,5 milioni. È una scelta del presidente Luraghi, sicuro di recuperare la differenza con il ritorno pubblicitario dell'attività agonistica.

Già dai primi collaudi, effettuati sulla pista di prova dell'Alfa a Balocco, dove tocca una punta di 224 km/h, la GTA evidenzia ampi margini di miglioramento. Sono però le strade collinari del Mugello, in provincia di Firenze, quelle preferite dai tecnici e piloti dell'Autodelta per mettere a punto la coupé alleggerita; una pratica che, in quegli anni, si limita essenzialmente all'assetto. Provare una macchina da corsa su percorsi aperti al traffico appare oggi una follia. Ma nell'Italia degli anni

Lo 'spaccato' della GTA 1600 da competizione mette in evidenza, tra l'altro, la sospensione posteriore a ponte rigido e il roll-bar, obbligatorio nelle corse Turismo dal 1966. Sotto, il motore 4 cilindri 1.6 litri della versione SA del 1967: sovralimentato mediante due turbo volumetrici, azionati dalla pressione dell'olio e non dai gas di scarico, eroga oltre 220 Cv a 7500 giri/m.

Sessanta non lo è affatto: lungo le statali e le provinciali che attraversano zone ancora poco o niente frequentate, il traffico è inesistente. Il circuito di prova del Mugello, unico nel suo genere, con tratti veloci e lenti, salite e discese, è anche il teatro di una delle più affascinanti gare di velocità dell'epoca. Ogni giro misura 66 km: gli alfisti, che fanno base al Grand Hotel Excelsior di Firenze, lo raggiungono percorrendo l'Autostrada fino a Barberino, da lì cominciano a scorazzare passando per i paesi di Scarperia e di Firenzuola, scollinano il passo della Futa e si gettano verso San Piero a Sieve; infine, il ritorno a Firenze. Nessuno protesta.

La GTA calca la scena agonistica dal 1965 al 1974, contribuendo a formare una generazione di piloti italiani, alcuni dei quali sono poi arrivati in Formula 1: l'indimenticabile romano Ignazio Giunti, Nanni Galli, Andrea De Adamich. Altri, invece, si sono affermati come professionisti delle 'ruote coperte': Spartaco Dini, Enrico Pinto, e Teodoro Zeccoli, un romagnolo non più giovanissimo che alternava il ruolo di capo collaudatore a quello di pilota ufficiale Autodelta. Il palmarés della leggendaria coupé milanese è impressionante: titoli Marche nella divisione fino 1.6 litri nel Challenge Europeo Turismo 1966-1967, ai quali si aggiungono i due nella classifica 'Conduttori' conquistati da De Adamich; l'Europeo della Montagna categoria Turismo con Ignazio Giunti nel 1967; ancora i primati Marche e Piloti nella propria classe nel Challenge del 1969. A essi vanno aggiunte le migliaia di vittorie assolute e di classe e i campionati nazionali ottenute in tutto il mondo, nelle corse in circuito, nelle cronoscalate e nei rally. Una delle affermazioni da incornicia-

4 Ore di Jarama, Spagna, 1972: con il quarto posto assoluto e primo della Divisione 1, la GTA 1300 Junior degli olandesi Hezemans e van Lennep conquista i punti che danno all'Alfa Romeo il titolo Europeo Costruttori per il secondo anno di fila. Per i meccanici dell'Autodelta è festa grande al termine di una stagione in cui la coupé milanese ha sempre vinto la classe fino a 1.300 cc. A fine anno la Casa italiana si ritira dalle corse Turismo.

re della GTA, tra l'altro la prima assoluta in una competizione internazionale, è la 4 Ore di Sebring, in Florida, nel marzo del 1966. Il fuoriclasse austriaco Jochen Rindt, astro nascente della Formula 1, taglia il traguardo davanti a tutti dopo aver guidato per tutta la gara da solo. La piccola Alfa Romeo GTA numero 36, sebbene non del tutto a posto, dopo essere stata coinvolta in un incidente nelle prove per colpa di una vettura americana mentre era al volante l'altro componente dell'equipaggio, Roberto Bussinello, ha mortificato non solo le consuete rivali europee (Ford Cortina Lotus e BMW 1800) ma anche le più potenti vetture locali: Dodge Dart 4.5, Plymouth Barracuda

L'Alfa Romeo GT Am viene schierata dalla Casa milanese a partire dalla stagione 1970. Sopra, Carlo Facetti alla curva Parabolica durante la 4 Ore di Monza del 1972 con un esemplare Autodelta nell'inusuale colore giallo: in coppia con Hezemans, finirà solo al quinto posto. La vettura non è più competitiva per puntare alla vittoria assoluta.

4.5 e Ford Mustang 4.7. La supremazia del Biscione è completata dal terzo posto di De Adamich e Zeccoli.

Le imprese sportive delle coupé milanesi non portano esclusivamente la firma dell'Autodelta. Molti successi che figurano nel chilometrico palmarès sportivo dell'Alfa Romeo sono arrivati grazie ai preparatori privati, veri e propri 'maghi' che passavano notti intere a modificare questo o quel pezzo del motore. Elaboravano nelle loro officine le scattanti GTA con mezzi limitati ma tanta passione e inventiva. I più noti: Virgilio Conrero e Renato Monzeglio, entrambi di Torino, il fiorentino Gianfranco Cortini e il romano Franco Angelini. In parecchie occasioni le loro macchine, guidate da piloti spesso talentuosi ma non già dei professionisti, battevano le Alfa ufficiali. Nell'elaborazione della GTA 1.6 si è distinta anche la famosa famiglia Facetti (il padre Piero e i figli Giuliano e Carlo: quest'ultimo notissimo pilota ufficiale dell'Alfa, anche con le biposto Sport), più al vertice con la successiva GTA Junior 1.3, vettura che ha dato successo anche al fiorentino Cortini.

Della GTA 1.6 è stata approntata anche una versione speciale siglata SA. Sviluppata nel '67 dall'ingegnere Carlo Chiti all'Autodelta, in collaborazione con il collega Garcéa, capo del Servizio Esperienze, la SA era dotata di un motore analogo a quello della GTA 1.6 (1570 cc) ma con differenti misure di alesaggio e corsa: 86x67,5 mm. La potenza era di 220/230 Cv, grazie alla sovralimentazione tramite due compressori centrifughi, da cui appunto la denominazione 'SA', cioè Sovra Alimentata. Velocità, 240 km/h. Interessante notare che le turbine che davano movimento ai compressori, erano azionate da un circuito idraulico (olio) ad elevata pressione, non dai gas di scarico.

La vettura non ha avuto molta fortuna. Il principale problema veniva dall'erogazione del surplus di potenza generato dai compressori in modo violento e improvviso, tanto da rendere la GTA SA difficile da controllare in curva. Ne sono stati assemblati dieci esemplari, che hanno gareggiato soprattutto in Francia, Belgio e Germania.

Maggiore fortuna, e che fortuna!, l'ha invece conosciuta la GTA Junior. Nel 1966, l'Alfa Romeo, allo scopo di attirare la clientela più giovane, allestisce una versione della Sprint GT dal prezzo certamente invogliante: 1.792.800 lire. È la GT Junior, meno accessoriata della 1.6, con il motore 1.3 litri da 89 Cv. Le prestazioni di una Junior elaborata dall'Autodelta alle cronoscalate Trento-Bondone e Cesana-Sestriere, nell'estate del 1967, dove la vettura fa meglio delle agili Mini Cooper e delle Lancia Fulvia HF, entrambe a trazione anteriore, ha indotto l'Alfa a insistere con lo sviluppo corsaiolo della coupé 1.3 litri. Ed ecco che l'anno seguente viene presentata la GTA Junior in configurazione stradale: la livrea rosso Alfa è contraddistinta da due bande laterali bianche e, nello stesso colore, dal quadrifoglio sui parafanghi anteriori e dal grande 'Biscione' sul cofano. Il motore 4 cilindri, bialbero, 'superquadro' (alesaggio e corsa 78x67,5 mm) 1.3 litri da 96 Cv, doppia accensione, utilizza alcuni dettagli tecnici della SA (è identica la misura della corsa). Nelle versioni da gara i due carburatori sono sostituiti dall'inie-

Sviluppata nel 1970 dalla coupé 1750 GT Veloce per il mercato nord americano, l'Alfa Romeo GT Am, appunto da America, è equipaggiata con il motore 4 cilindri portato al limite dei 2 litri, potenza 240 Cv a 7500 giri/m, velocità 230 km/h. Il peso minimo imposto dal regolamento tecnico, 980 kg, ne penalizza le prestazioni.

zione meccaniva Spica. Il nuovo modello diventa subito l'oggetto del desiderio dei giovani appassionati: il prezzo di listino della Junior viene fissato in 2.198.000 lire. Nella versione competizione 'Autodelta', il costo sale a 3.148.000 lire, corrispondenti come potere d'acquisto a 32.000 euro attuali. La più piccola della generazione delle coupé Alfa alleggerite si rivela pressoché imbattibile nella propria classe di appartenenza, la 1.300 cc. Le versione preparate dall'Autodelta con gli stessi interventi previsti per la GTA 1.6 litri – a cominciare dalle pannellature in lega di alluminio per la carrozzeria – sviluppavano una potenza attorno ai 165 Cv, con un arco di utilizzo tra i 5000 e gli 8000 giri/m. Nel 1974, con l'introduzione della testata a 4 valvole per cilindro, l'ultima evoluzione raggiungerà la ragguardevole quota di 180 Cv. Nell'albo d'oro della Junior figurano le vittorie nella 2ª divisione del Challenge Europeo Turismo 1970 con il toscano Carlo Truci e l'anno successivo con il laziale Gianluigi Picchi. Nel 1972, la GTA Junior stabilisce il primato di affermazioni nella propria classe: 8 gare disputate e altrettanti centri, tra cui quello alla 24 Ore di Spa-Francorchamps. Che assicurano alla Casa milanese un altro titolo Costruttori.

L'ultima, e la più potente, delle Giulia coupé è la 1750 GT Veloce, la cui versione da competizione è siglata GT Am, da 'America' appunto. Il motore deriva infatti dalla versione USA della 1750 GT, al limite dei 2 litri: 1985 cc. Equipaggiata con l'iniezione Spica, sviluppa una potenza di 240 Cv a 7500 giri/m. Rispetto alle prime GTA, che avevano la carrozzeria in lega di alluminio, la GT Am del 1970 si fa ammirare per gli spettacolosi e voluminosi parafanghi anteriori e posteriori in plastica rinforzata con fibra di vetro, con cui vengono costruiti anche il cofano motore e le porte. Il peso minimo, imposto

Campionati Internazionali Turismo: i titoli dell'Alfa Romeo Giulia

GTA 1600
1966
Challenge Europeo Piloti:
Andrea De Adamich
1967
Challenge Europeo Piloti:
Andrea De Adamich
Campionato Europeo della Montagna:
Ignazio Giunti
1969
Challenge Europeo Piloti:
Spartaco Dini
Campionato Europeo - 2ª Divisione:
Alfa Romeo
GTA 1300 Junior
1969
Campionato Europeo - Divisione 1300:
Enrico Pinto
1970
Campionato Europeo - 2ª divisione:
Carlo Truci
1971
Campionato Europeo Marche:
Alfa Romeo
Coppa Conduttori 1ª Divisione:
Gianluigi Picchi
1972
Campionato Europeo Marche:
Alfa Romeo
GTAm
1970
Challenge Europeo Piloti:
Toine Hezemans
1971
Coppa Conduttori 2ª divisione:
Toine Hezemans

Sopra, la GT Am-Autodelta di Zeccoli e Dini sul circuito stradale 'Masaryk', di 13,9 km, nei pressi di Brno. Sotto, Dini sull'autodromo di Salisburgo, nel marzo 1971, con la GTA 1300 Junior del preparatore romano Franco Angelini: finirà terzo in 1ª Divisione dietro le Alfa ufficiali di Uberti e del vincitore Picchi.

dalla Federazione Internazionale dell'Automobile, è abbastanza elevato: 980 kg. E finirà per penalizzarla in alcune piste sul fronte delle prestazioni. Le rivali della GT Am nel Challenge Europeo Turismo si chiamano Ford Capri RS 2.6 e BMW 2800 CS, e anche la più piccola, quanto a cilindrata, e più leggera Ford Escort equipaggiata con lo stesso propulsore 1.7 litri derivato dal Cosworth di Formula 2, in grado di erogare 250 Cv. Nel 1970, Toine Hezemans, un olandese grande maestro delle corse con vetture a ruote coperte, sfruttando l'affidabilità della coupé italiana, conquista il titolo assoluto, grazie al regolamento che premia il pilota che, nell'ambito delle tre divisioni, raggiunge il punteggio più alto. L'anno successivo, grazie ai successi di classe della GT Am e della piccola GTA Junior, l'Alfa Romeo primeggia nella classifica del Challenge Europeo riservata alla Marche. Il 1972 è l'ultima stagione in cui le GT Am e le GTA Junior vengono schierate ufficialmente dall'Alfa Romeo. Alcuni esemplari saranno successivamente portati in gara da scuderie private ma, senza aggiornamenti nè evoluzioni, per le 'alleggerite' del 'Biscione' non resteranno che le posizioni di rincalzo e sporadici exploits. A dominare la scena delle competizioni Turismo saranno in particolare Ford e BMW.

Non è stato facile, per un'industria di Stato com'era l'Alfa Romeo, mettere in produzione una prestigiosa granturismo del calibro della Montreal, che nel 1972 costava 5.500.000 lire, più o meno quanto una Ferrari Dino 246 GT o una Porsche 911 S. Dalla presentazione dei due prototipi (Esposizione Universale di Montreal, 1967) alla definizione del modello finale (Salone di Ginevra, 1970), sono trascorsi tre anni e un altro paio si sono resi necessari per la vendita effettiva. Con il suo V8 di 2593 cc da 200 Cv, aveva classe la Montreal, ma è arrivata in ritardo. A destra, la plancia con il volante a 'calice'.

MIRACOLO ALFASUD

Tra i tecnici di massimo livello, attivi nelle Case automobilistiche, è abbastanza raro che si stabilisca un vero rapporto di amicizia, a causa della rivalità che prima o poi viene a galla. Per un lungo periodo ha fatto eccezione l'Alfa Romeo, con l'incredibile esempio di capacità lavorativa e amicizia personale, instaurato tra i primi tre nomi della gerarchia tecnica, gli ingegneri Satta, Garcéa e Nicolis. Un rapporto che lo stesso Nicolis ha definito '*di vera simbiosi*'.

Un identico legame ha coinvolto gli ingegneri della generazione successiva, entrati all'Alfa nei primi Anni '50 e arrivati progressivamente al vertice: Filippo Surace, Domenico Chirico (nati entrambi a Reggio Calabria nel 1928, amici fin dai banchi di scuola) e Carlo Chiti, pistoiese, classe 1924. Dall'inizio del loro lavoro al 'Portello', si sono affiancati ai famosi predecessori con lo stesso spirito: grande passione e solida base scientifica. Ennesima conferma che nel successo dell'Alfa Romeo è stato determinante l'impegno delle singole persone.

Surace e Chirico hanno avuto un percorso professionale molto simile, sempre all'interno dell'Alfa Romeo, mentre Chiti, dopo tre anni trascorsi al Servizio Esperienze Speciali (auto da corsa), nell'estate del 1957 ha ricevuto una chiamata da parte di Enzo Ferrari, che gli ha affidato la direzione tecnica della Casa di Maranello.

Elegante ed equilibrata, la 1750 era una 'regina della strada' nel suo periodo (1968-1972); giudizio uguale per l'erede diretta, la 2000, che conservava le stesse caratteristiche generali, con un motore più potente: 132 Cv invece che 118. Velocità rispettivamente 190 e 180 km/h.

L'ingegnere toscano era uno sconosciuto, ma quel grande intenditore di uomini, e scopritore di talenti, che era Ferrari, aveva avuto un'intuizione perfetta: con Chiti al vertice, ha vinto due mondiali di F.1 'Piloti' e un mondiale 'Costruttori' oltre a tre titoli iridati per vetture Sport. Alla fine del '61, Chiti è uscito dalla Ferrari (era uno dei sette dirigenti licenziati, a causa di una delle più incredibili vicende legate alla storia del Cavallino) e nel '65 è tornato all'Alfa con la funzione di direttore dell'Autodelta, lo speciale reparto voluto dal presidente Luraghi per riportare il 'Biscione' nelle corse. Chiti avrebbe successivamente guidato l'Autodelta verso i maggiori successi (elencati in altre parti di questo volume), coadiuvato da altri ingegneri tra i quali, Garbarino, Gherardo Severi, Gianni Marelli e Luigi Marmiroli.

Dopo essere rientrato all'Alfa, Chiti abitava a pochi passi dal collega Surace, con il quale ha stretto una lunga amicizia, probabilmente alimentata anche dalla comune versatilità tecnica. Chiti e Surace erano degli studiosi, portati all'approccio teorico, suffragato però da metodi scientifici. Dopo il suo ingresso in Alfa, Surace era stato affiancato all'ingegnere Gian Paolo Garcéa, numero uno del Servizio Esperienze per le auto di serie. Alla conoscenza pratica e alla metodologia sperimentale del suo capo, Surace ha però progressivamente aggiunto la ricerca scientifica. Un fatto naturale: Surace faceva parte di una generazione che iniziava ad apprezzare l'utilizzo del computer, strumento che lui stesso ha introdotto all'Alfa. All'inizio, si trattava del 'grande mostro' adottato dal reparto contabilità, che Surace utilizzava nei fine settimana per una serie infinita di velocissimi calcoli, utili per trovare in fretta delle rispose scientifiche ai propri quesiti tecnici, legati a motori e telai, ma anche allo stile e all'aerodinamica. Alla fine degli Anni '50, Surace e Garcéa hanno sviluppato il famoso freno a tamburo a tre ganasce, più efficace e con vibrazioni minori, rispetto agli abituali freni a due ganasce. È stato adottato sulle Giulietta SZ, impiegate soprattutto in corsa, quando i freni a disco, montati sull'ultima serie della stessa vettura, non erano ancora stati deliberati. Nel 1967, Garcéa ha assunto il ruolo di assistente diretto dell'ingegnere Satta, lasciando la direzione del Settore Ricerca e Sviluppo a Surace, che – assieme agli ingegneri Gabriele Toti e Aldo Bassi – ha definitivamente traghettato l'Alfa verso le moderne metodologie di sviluppo.

Alla morte di Satta, nel 1974, Surace è stato promosso direttore del Servizio Progettazione e Sperimentazione; era in pratica il numero uno dell'Alfa per le questioni tecniche e il suo amico e compagno di scuola, Domenico Chirico, è diventato suo vice. Si è così costituita una nuova 'squadra' di progettisti, motivata dalla passione come quella precedente, anche se purtroppo non c'erano più le condizioni per operare con serenità.

Chirico, laureato al Politecnico di Milano, nell'Alfa degli Anni '60 si era occupato di veicoli pesanti, ma nel '62 era entrato a fare parte del gruppo di progettisti vicini a Satta, che lo ha affiancato a Nicolis per le 'sperimentazioni speciali'. Tra i migliori lavori dell'ingegnere Chirico, spicca lo sviluppo del motore della Giulia, destinato alla nuova e più accattivante versione Super, per anni modello di punta dell'Alfa, a partire dal 1965. Un lavoro raffinato, apparentemente semplice e invece piuttosto complicato. Si trattava di aumentare la potenza del motore di 1570 cc, adottato dalla versione 'base' della Giulia, ma senza esagerazioni, evitando di variare sensibilmente il consumo e – soprattutto – puntando a migliorare l'elasticità di guida (valore di coppia massima più favorevole).

Di solito la tradizione suggeriva di operare sul motore 'base', in questo caso il 4 cilindri della Giulia TI da 90 Cv a 6000 giri/m, con una coppia di 12,1 kgm a 4400 giri: valore buono ma ottenuto a un regime un po' alto. Quindi con necessità

Immagine-simbolo dell'Alfa Anni '70: davanti al Centro Direzionale di Arese (che ora ospita il Museo della marca): l'Alfetta 159 di F.1, Campione del Mondo 1951 con Manuel Fangio, tiene a 'battesimo' le Alfetta della generazione 'Anni '70: la GT 1.6 e la 2.0 Li, entrambe con paraurti che rispettano le norme americane sulla sicurezza.

Presentata nel 1972, l'Alfetta 1.8 riprendeva la popolare denominazione attribuita alle monoposto di F.1 158 e 159, vittoriose nei primi due Campionati del Mondo della storia ('50/'51). Questo foto 'simbolo' è eloquente. Dalla monoposto da corsa, la nuova Alfetta aveva ereditato lo schema della trasmissione.

di passare spesso a un rapporto inferiore, per evitare una ripresa lenta; con conseguente aumento del consumo. A Chirico il capitolato imponeva di ottenere 8 Cv in più rispetto ai 90 della TI, ma con l'alimentazione originale, tramite il singolo carburatore, ne mancavano ancora due o tre e soprattutto peggiorava la coppia. A questo punto, Chirico ha avuto un'idea geniale: è partito non dal basso ma dall'alto, cioè dal motore di una delle versioni più 'cattive' della Giulia, la 1600 Sprint GT con alimentazione tramite due carburatori Weber 40 DCO, a doppio corpo. Potenza: 103 Cv a 6000 giri/m, con 14,2 kgm di coppia a 3000 giri/m. 'Trafficando' con questo motore, Chirico ha scoperto i vantaggi della elaborazione 'al contrario': ha 'trovato' 98 Cv ad appena 5500 giri/m, con l'ottima coppia di 13,3 kgm a soli 2900 giri/m. Un propulsore quindi potente ma elastico e 'risparmioso'.

Nel '67 l'ingegnere Chirico è stato totalmente assorbito dalla progettazione della nuova Alfasud, mentre dal '76 è diventato responsabile della meccanica di tutte le Alfa, impegno mantenuto fino alla fine degli Anni '80, quando si è occupato dei progetti '75' e '164', prima della pensione.

La Montreal arriva... lentamente

Per l'Alfa Romeo l'alba degli Anni '70 è arrivata con uno strascico dei '60: al Salone di Ginevra è stata infatti presentata la versione 'quasi' definitiva della Montreal, una coupé di livello elevato, già apparsa in versione prototipo all'Esposizione Universale di tre anni prima. È una storia un po' complicata per una delle auto di maggiore prestigio realizzate dall'Alfa; purtroppo non ha avuto il successo che avrebbe meritato, a causa degli anni trascorsi tra la progettazione del prototipo e la effettiva commercializzazione, avvenuta solo nel 1972.

Nel 1967 l'Esposizione Universale si era tenuta a Montreal e l'Alfa Romeo era stata invitata dagli organizzatori a presentare un nuovo modello che rispecchiasse '*la massima aspirazione dell'uomo in fatto di automobili*'. Una richiesta di grande prestigio, perché l'Esposizione non era strettamente dedicata alle auto e l'Alfa era stata l'unica Casa a ricevere l'invito. Partendo dalla scocca e dalla meccanica della Giulia GT 1600, l'Alfa aveva quindi progettato un'interessante *granturismo*, inevitabilmente battezzata Montreal, e ne aveva affidato lo studio dello stile alla Bertone, che a sua volta si era avvalsa della fantasia di Marcello Gandini, fresco reduce dal successo ottenuto con la Lamborghini Miura. Rispetto a quest'ultima, la Montreal rivelava tutt'altro che un'impostazione radicale: aveva un carattere sportivo ma non esasperato, con una vocazione evidente ai viaggi veloci e comodi. L'auto aveva comunque ottenuto l'effetto desiderato e, sulla scia del successo canadese, il presidente Luraghi ha dato parere favorevole alla costruzione in serie della Montreal, sviluppata però con un motore V8 di 2593 cc (alesaggio e corsa 80x64,5 mm), derivato da quello della biposto 33 da corsa, modificato per renderlo 'docile' ed elastico. Nella

Al Salone di Ginevra del '77, l'Alfetta 2000 si è affiancata alle precedenti 1.8 e 1.6, con notevoli novità, soprattutto estetiche. In basso, una pubblicità per la nuova Giulietta, destinata alle pubblicazioni francesi, con un accostamento alla tradizione sportiva che viene fatta risalire alla RL SS del 1925.

versione definitiva, la Montreal disponeva di 200 Cv a 6400 giri/m, che le permettevano di arrivare a 220 km/h.

L'adozione del voluminoso V8, al posto del 'piccolo' 4 cilindri della Giulia, ha però costretto Gandini a portare più in alto il cofano anteriore (l'altezza è passata da 118 a 120 cm), modifica che ha tolto un po' di slancio alla vettura. Considerazione legata anche alle misure definitive della carrozzeria: la Montreal di serie ha perso ben 8 cm in lunghezza (da 430 a 422 cm) e 6 cm in larghezza (da 173 a 167 cm). Il lungo elenco di ritocchi e il tempo trascorso dalla presentazione del prototipo, hanno sgonfiato l'iniziale consenso, malgrado la presenza dello stimolante motore V8 e le apprezzabili doti di guida, ennesima dimostrazione della validità del telaio della Giulia GT, nonostante la potenza nettamente maggiore. La 'Crisi del petrolio' del 1973 ha ulteriormente ostacolato le vendite della Montreal, costruita in 3.925 esemplari fino al 1977.

Per saggiarne le doti di comoda e veloce *granturismo*, nel 1972 il mensile *Quattroruote*, in collaborazione con l'Alfa Romeo, ha organizzato un raid senza sosta da Reggio Calabria a Lubecca, sul Mar Baltico. Una 'tirata' unica, che ha messo alla prova soprattutto le doti di Bruno Bonini, mitico collaudatore dell'Alfa, che per percorrere i 2.574 km previsti ha impiegato poco meno di 21 ore, alla media di circa 140 km/h. Molto elevata: in quell'epoca non esistevano limiti di velocità in autostrada, ma numerosi collegamenti non erano ancora stati completati.

Il miracolo Alfasud

L'idea di portare l'industria nel sud dell'Italia, ricco di manodopera ma altrettanto bisognoso di lavoro, era oggetto di discussione da decenni. A partire dal dopo-guerra sono decollate varie iniziative, soprattutto in area napoletana, molte delle quali entrate velocemente in crisi. Giuseppe Luraghi, grande presidente dell'Alfa, aveva però le idee chiare: intorno alla metà degli Anni '60 era ormai chiaro che in un futuro abbastanza prossimo, il mercato – nonostante le crisi ricorrenti – avrebbe assorbito un numero di vetture più che doppio, rispetto alle 1.300.000 unità circa prodotte in Italia nel 1966. La fabbrica di Arese, nell'ipotesi (ardua) che venisse potenziata al massimo, avrebbe potuto costruire 1.000 auto al giorno, quindi circa 240.000 all'anno. Luraghi guardava però lontano, ad una produzione superiore alle 400.000 unità

La salita dello Stelvio, con tanto di signora che ammira il panorama, intende evidenziare le doti di comodità dell'Alfetta 2.0 Turbodiesel, ma anche la capacità di 'tiro' del nuovo 4 cilindri di 1962 cc, da 82 Cv a 4300 giri/m. Nel 1978, l'Alfetta 'TD' è stata la prima automobile italiana ad essere proposta con motore sovralimentato a gasolio.

annue, escludendo però che il risultato si potesse raggiungere tramite una eventuale nuova fabbrica al nord, che avrebbe comportato una ulteriore immigrazione, senza le strutture necessarie per gestirla, quindi con inevitabili conflitti sociali.

Nel febbraio del 1966 è nato così il progetto Alfasud, che prevedeva la costruzione di un nuovo modello di vettura media, di livello appena sotto rispetto alle Alfa costruite ad Arese, ma con prestazioni e tecnologia degne della tradizione del marchio. Il piano è stato approvato dal Cipe (Comitato Interministeriale per la Programmazione Economica), che ha concesso un finanziamento a tasso agevolato di 150 miliardi di lire per il rifacimento dello stabilimento di Pomigliano d'Arco, nato nel '38 e inizialmente destinato alla costruzione dei motori per aereo.

Per la progettazione della vettura e dello stabilimento, Luraghi ha richiamato l'ingegnere Rudolf Hruska, il quale era uscito dall'Alfa nel 1959 per un contrasto con la dirigenza dell'IRI. Era stato quindi contattato dalla Fiat che lo aveva incaricato di occuparsi della consociata Simca. A Hruska veniva universalmente riconosciuta una competenza assoluta su tutto quello che ruotava intorno all'automobile: progettazione della meccanica, del telaio e della carrozzeria; organizzazione della fabbrica, gestione economica e del personale, prove, impegni agonistici e aspettative dell'utente. Capacità accompagnate da una grande passione per l'auto, che gli hanno permesso di portare a compimento dal nulla l'operazione Alfasud in appena quattro anni, come lui stesso ha ricordato nel corso di una apprezzatissima conferenza, tenuta al Museo Nazionale della Scienza e della Tecnologia di Milano, nel 1991, e dalla quale riprendiamo alcuni passaggi: *'Il dottor Luraghi non poteva fornire il personale, perché le risorse Alfa erano impegnate nello stabilimento di Arese, in fase di completamento. Una prima risposta al problema venne dall'ex-personale Simca, che in quel periodo era stata venduta dalla Fiat alla Chrysler; si trattava di 28 persone, quasi tutte italiane, molto esperte in problemi del personale, organizzazione, tecnologie, impiantistica e amministrazione. Per il progetto della vettura, il dottor Luraghi mi mandò l'ingegnere Domenico Chirico, assieme a qualche altro tecnico. (...) A metà gennaio 1968 è stata fatta la prima presentazione al management di Finmeccanica con un modello in gesso della vettura a quattro porte, un modello di abitabilità, un 'espanso' della versione giardinetta e tutta la documentazione necessaria, nella quale si indicava in 300 milioni l'investimento totale, 60 dei quali previsti per il prodotto (progetto, prototipi, messa a punto). Erano quindi disponibili quattro anni per creare il prodotto e la fabbrica. (...) Desidero ricordare che andammo in produzione con tre mesi di ritardo perché avemmo quasi un milione di ore di scioperi in cantiere, (...) mentre i consuntivi indicavano la rimanenza di 25 miliardi di lire rispetto al budget previsto. (...) La vettura doveva essere una utilitaria di lusso, a*

Geometrica, secondo la moda dell'epoca, ma elegante e razionale la plancia dell'Alfetta 2000. In basso, la disposizione degli organi meccanici sull'Alfetta: motore anteriore e gruppo frizione-cambio-differenziale al retrotreno, che è di tipo De Dion.

cinque posti con bagagliaio molto capiente. Si doveva trattare naturalmente di un'Alfa Romeo (l'ingegnere allude al temperamento, ndr). *Scontato che fosse a trazione anteriore, si voleva il motore in asse per poter realizzare facilmente la versione a quattro ruote motrici. Ed eravamo nel 1967! (...) È stato scelto il motore a quattro cilindri contrapposti perché basso e molto ben bilanciato. È stato così possibile realizzare una berlina piuttosto bassa con una buona visibilità anteriore. (...) Per lo stile mi sono avvalso di Giorgio Giugiaro* (titolare della Italdsign, ndr), *con il quale avevo già lavorato quando collaborava con Bertone*'.

L'Alfasud ha debuttato al Salone di Torino del 1971, con un motore a 4 cilindri di 1186 cc da 63 Cv a 6000 giri/m. Peso, 830 kg; velocità, oltre 150 km/h. In versione a due e a quattro porte, con cilindrata portata a 1351 cc e poi a 1490 cc, la berlina di Pomigliano è stata costruita in 900.925 unità tra il 1972 e il 1985, più le 5.899 unità della versione 'Giardinetta', una station wagon spaziosa ma poco capita. Nel 1986, dalla berlina è derivata la gradevole versione Sprint, spaziosa coupé a due porte, quattro posti, dotata di comodo portellone posteriore, proposta con motori 1.3, 1.5 e infine con un 1712 cc da 105 Cv e 202 km/h. Tra il '76 e il 1989 ne sono state costruite 121.434 unità.

L'Alfa non ha mai avuto la possibilità di realizzare una versione 4x4 dell'Alfasud, ma quando è stata progettata la 33, che riprendeva l'intera parte meccanica dell'Alfasud, la trazione sulle quattro ruote era diventata di moda. È stata così apprezzata l'antica scelta degli ingegneri Hruska e Chirico: la 33, in versione a trazione integrale inseribile e poi 'Permanent 4', ha ottenuto un notevole successo.

Scontro con la politica e i sindacati

La nascita dell'Alfasud ha coinciso con un lungo e tormentato periodo di mobilitazione politico-sindacale, sinteticamente battezzato 'Autunno caldo'. L'autunno era quello del 1969, quando le rivendicazioni economiche, legate al rinnovo del contratto di lavoro dei metalmeccanici, si sono inserite in lotte ben più aspre e radicali, che non si sono arrestate con la firma dell'accordo, nel dicembre dello stesso '69. A par-

La produzione Alfa Romeo dei primi Anni '70, posizionata sul prato davanti al Centro Direzionale che faceva capo alla fabbrica di Arese: da sinistra, 2000 Berlina, Alfetta 1.8, Giulia Nuova Super '74, Montreal, Spider, Giulia GT '74, Alfasud. In primo piano, Alfasud Sprint e Alfetta GT.

Inserita nel 'listino' alla fine del 1977, la nuova Giulietta è stata spesso utilizzata nel cinema: sopra in un 'insabbiamento' con Giancarlo Giannini; sotto, la versione Super apparsa nel 1981.

tire da quel periodo, negli anni successivi i sindacati avrebbero trovato spazio nel controllo e nella gestione degli impianti, intervenendo non solo nei settori legati al contratto, ma anche sotto l'aspetto dell'organizzazione e della tecnologia. I 'consigli di fabbrica' avevano un peso significativo sia ad Arese che all'Alfasud di Pomigliano, che occupava circa 15.000 addetti. E la politica spesso costituiva un intralcio ulteriore. Significativo, il caso delle assunzioni all'Alfasud, ricordato dal presidente Luraghi in una intervista al quotidiano *La Repubblica*: '*Alla vigilia dell'apertura della fabbrica, eravamo perfino riusciti a preparare il personale, usando tutti i centri di addestramento e riqualificazione tra Napoli e Caserta. Insomma avevamo pronti i tubisti, i meccanici, gli elettricisti eccetera. Stiamo per assumerli, quando Donat Cattin* (Ministro del Lavoro del Governo Rumor, ndr) *blocca tutto. Le assunzioni, dice, le fanno gli uffici di collocamento. Roba da pazzi! Ci mandano pregiudicati, ammalati, gente che abita a cento chilometri da Pomigliano. Non importa, vogliamo partire ugualmente, rifaremo la preparazione del personale...*'.

Un condizionamento che ha reso difficili i primi anni dell'Alfasud (tra il '74 e il '75 sono stati 2.920 i fermi per sciopero, ma solo 143 quelli indetti dal sindacato), nonostante l'ottima accoglienza del modello da parte degli acquirenti. La cosiddetta 'microconflittualità' era all'ordine del giorno e il livello dell'assenteismo arrivava talvolta al 35%. Fino al dramma vero del 26 giugno 1977, quando il responsabile dei rapporti con il personale, Giovanni Flick, è stato ferito alle gambe da due terroristi incappucciati, mentre si trovava in auto in una zona isolata. Azione rivendicata dagli 'Operai Combattenti per il Comunismo'.

Per un certo tempo, le difficoltà della gestione hanno influito anche sul controllo della qualità, con il famoso 'caso della ruggine', riscontrata sulle carrozzerie delle Alfasud: l'inizio di una fama negativa che ha impiegato anni a farsi dimenticare. Eppure la spiegazione era abbastanza semplice, come ha ricordato l'ingegnere Domenico Chirico in una intervista rilasciata al 'Club Alfa Sport': '*È stata una sciagura quella storia! Quasi tutte le settimane dovevo trasferirmi da Milano a Pomigliano, una stanchezza che non vi dico. (...) Arrivò il gennaio del 1974 e mandarono via il presidente Luraghi* (per ragioni politiche: vedi pagina 168). *Subito dopo, anche se non ne conosco il motivo perché con Luraghi non c'entrava nulla, hanno mandato via anche Rudolf Hruska, che era stato il factotum di tutta Pomigliano* (l'ingegnere austriaco in realtà era stato 'promosso' direttore di tutti i progetti e le sperimentazioni dell'Alfa Romeo: incarico prestigioso ma che sapeva di 'promoveatur ut amoveatur', ndr). *Tutti i dirigenti li aveva assunti lui, godeva di un grande carisma. Era un uomo particolarissimo: dopo essere tornato in Alfa dalla Fiat, un giorno mi disse: 'Voglio andare a vedere lo stabilimento di Arese'. E siamo andati. Avete mai visto dei capetti di officina che si buttano ad abbracciare un direttore generale, tedesco per giunta? (...) Baci, ab-*

La Giulietta 1.8 'serie 1981' si riconosce per l'ampia fascia 'paracolpi' sulle porte, invariato il motore con 122 Cv che aveva debuttato nel 1979. In basso, un settore della fabbrica di Arese: si stanno confezionando i fasci di cavi elettrici colorati da montare sulle vetture.

bracci, quasi lacrime, e ciò per dire che l'uomo era una persona particolarissima. E l'hanno mandato via. Al posto di Hruska arrivarono vari personaggi che non avevano la capacità per diventare direttori generali dell'Alfa. Con Hruska a Pomigliano, la ruggine sarebbe stata sicuramente eliminata molto rapidamente e la qualità non sarebbe crollata, ma i responsabili di allora sembravano inerti. Io andavo spesso nelle linee, camminavo in giro e non vedevo mai qualcuno della 'Qualità' che verificasse quello che succedeva: mai! E finiva poi che gli operai, abbandonati a loro stessi, si arrangiavano come potevano. In un mio libro ho riportato quanto riferitomi da Achille Moroni, mandato finalmente da Arese a svolgere la funzione di direttore della 'Qualità' a Pomigliano. Da quel momento la ruggine è finita, perché lui ne ha scoperto le cause'.

Le raffinate Alfette e nuova Giulietta

Due modelli ad alto contenuto tecnologico, identici sotto molto aspetti, a parte lo stile, la cilindrata dei motori e il prezzo di acquisto.

L'Alfetta, che riprendeva il nome della F.1 'iridata' nel '51/'52, è stata presentata nel 1972, equipaggiata con un motore di 1779 cc da 122 Cv a 5500 giri/m; velocità 180 km/h. Sostituiva la 2000 e ha avuto un'ottima accoglienza. Brillantissima, era la 'regina' nel settore delle berline di cilindrata intorno ai due litri. Il pubblico sopportava volentieri un'abitabilità interna un po' sacrificata, compensata dalle prestazioni e da una guidabilità eccezionale, anche su strade a fondo bagnato: il terrore della concorrenza, soprattutto straniera. Il mensile *Quattroruote*, sotto questo aspetto, la definì '*la migliore della classe*'.

Allo scopo di perfezionare la tenuta delle precedenti Giulia e 1750/2000 (già ottima, tenendo conto del periodo), la squadra dell'ingegnere Satta non era andata per il sottile: motore anteriore e gruppo 'cambio-frizione-differenziale-dischi dei freni' (in blocco), disposto al retrotreno, che a sua volta era del tipo De Dion, come nel caso dell'ultima versione dell'Alfetta di F.1. Era stata così migliorata la distribuzione dei pesi sui due assali, mentre il 'De Dion' (soluzione intermedia tra il ponte rigido e le sospen-

L'Alfasud, qui la prima versione del '72 a quattro porte, ha rivoluzionato la storia della marca milanese, entrata in un 'segmento' commerciale più basso rispetto alla propria tradizione, con una nuova fabbrica distante oltre 600 km da Milano. Accolta positivamente, l'Alfasud ha comunque permesso di raddoppiare in fretta i numeri globali di produzione. Sotto, l'Alfasud 1.5 ti a 2 porte del 1978: arrivava a 171 km/h.

sioni a ruote indipendenti) aveva permesso di alleggerire le famose 'masse non sospese' (30% in meno rispetto alle 1750/2000 con ponte rigido), cioè i freni, le sospensioni e gli organi che trasmettono il moto alle ruote.

Per l'avantreno dell'Alfetta, le sospensioni a ruote indipendenti con i classici bracci trasversali, erano state 'arricchite' dalle barre di torsione longitudinali al posto degli abituali ammortizzatori telescopici. Una scelta raffinata e costosa che dall'Alfa era stata abbandonata con l'ultima versione della 6C 2500 nel 1952. Con questa soluzione l'Alfetta aveva perso la tendenza al coricamento laterale in curva delle Giulia e delle 1750/2000.

Con caratteristiche tecniche identiche, oltre che con le dimensioni fondamentali molto simili (uguale il passo di 251 cm), nel 1977 è stata presentata la nuova Giulietta, prima vettura dell'Alfa con la linea fortemente a cuneo. Per evitare il 'cannibalismo commerciale', il livello di finitura della Giulietta era leggermente inferiore rispetto a quello (non eccelso) dell'Alfetta. Diversa

A partire dal 1976 l'Alfa Romeo ha organizzato il campionato monomarca 'Alfasud ti Trofeo'. Era previsto un kit per la versione corsa (sopra), comprendente tutti i particolari tecnici e gli accessori. Con la preparazione, il 4 cilindri 'boxer' (sotto), aveva una potenza di circa 126 Cv a 6500 giri/m e la velocità era pari a 190 km/h. A sinistra, l'ingegnere Rudolf Hruska, notevole tecnico, appassionato di automobili, nonché esperto nella organizzazione delle fabbriche. Ha messo a punto la prima catena di montaggio dell'Alfa (con la 1900 nel 1951) e successivamente ha razionalizzato la produzione della Giulietta. A lui si deve il 'progetto Alfasud', automobile e fabbrica.

Gradevole coupé a quattro posti effettivi, l'Alfasud Sprint (qui in versione 1.5 'seconda serie' '78: 84 Cv, 170 km/h), è stata accolta positivamente dal mercato. Sotto, il posto di guida. In basso la 33, proposta a partire dal 1983: era una berlina a 4 porte con la stessa meccanica dell'Alfasud.

anche la cilindrata dei motori, i soliti ottimi 'Bialbero' del 'Biscione': inizialmente 1.3 e 1.6 da 95 e 109 Cv rispettivamente. Velocità, 166 e 174 km/h. Nel 1982, la Giulietta ha ottenuto un 2.0 da 130 Cv, lo stesso dell'Alfetta evoluta. Le due auto hanno condiviso anche il motore a gasolio di origine VM (1995 cc, 82 Cv), adottato nel 1982 dall'Alfetta (prima 'Turbodiesel' proposta da una Casa italiana) e l'anno successivo dalla Giulietta. Quest'ultima è stata proposta anche in versione 2.0 'Turbodelta' con motore dotato di compressore 'Alfa Avio' a gas di scarico, da 170 Cv e 206 km/h. Ma l'Alfa in quel periodo era ormai in crisi e ne sono state costruite solo 361.

In totale sono state 379.691 le Giulietta costruite tra il 1977 e il 1985, mentre l'Alfetta è arrivata a 475.722 unità tra il 1972 e il 1986.

La Casa continuava a essere grande protagonista nella tecnica (è del 1980 il variatore di fase per la distribuzione, un record assoluto), ma tra gli Anni '70 e '80 aveva perso quota nel segmento più ricco del mercato, passando dall'1,91 % all'1,56%. Del tutto scoraggiante, osservare che la BMW, inesistente alla fine degli Anni '60, era arrivata a superare la quota del 4% del mercato. Non certo per colpa dei tecnici del 'Biscione'.

Alfa 6: eccellente ammiraglia, arrivata troppo tardi

L'OCCASIONE BUTTATA AL VENTO

Il presidente Giuseppe Luraghi aveva dimostrato che un'industria di Stato, se guidata in modo corretto, può avere successo, quanto un'impresa privata. Dopo le sue dimissioni (1974), l'Alfa non è stata gestita in modo ugualmente attento.

Il caso della berlina Alfa 6 è solo una delle numerose conferme. Forse la più clamorosa, perché quella voluminosa ammiraglia, presentata nel 1979, era un concentrato di raffinatezza tecnologica: ottimo il motore V6 di 2492 cc (158 Cv a 5600 giri/m, coppia di 22,4 kgm a 4000 giri/m), progettato dall'Ufficio Tecnico diretto da Giuseppe Busso, raffinatissimo il cambio ZF, 'secco' e preciso, altrettanto valida la tenuta di strada, favorita da sospensioni anteriori a 'barre di torsione' e ponte posteriore tipo De Dion. A differenza dell'Alfetta, il cambio era però abbinato al motore, non posizionato sul retrotreno, in blocco con il differenziale. La scelta era stata resa possibile dal maggiore spazio a disposizione, rispetto all'Alfetta, più corta come misura di passo (251 cm contro 260) e di lunghezza generale (438,5 cm rispetto a 476 cm). Il comando del cambio era quindi più diretto rispetto all'Alfetta, che prevedeva una lunga serie di collegamenti per arrivare al ponte posteriore, con evidente vantaggio in fatto di manovrabilità.

L'Alfa 6 aveva le caratteristiche da 'ammiraglia' di classe, ma consentiva ugualmente una guida sportiva (193 km/h), tipicamente 'Alfa Romeo', con la garanzia di quattro freni a disco della tedesca Ate, dotati ciascuno di quattro 'pompanti', e di uno sterzo diretto e preciso. Quest'ultimo era di tipo servoassistito, con servocomando idraulico, prodotto dalla tedesca ZF. Un servosterzo che ha coinciso con il positivo debutto dell'Alfa nel settore. Peccato che tanto 'ben di Dio' equipaggiasse una berlina destinata alla vendita nel 1973, ma arrivata nelle concessionarie ben sei anni dopo! La lunga sospensione era stata suggerita dalla 'Guerra del petrolio', iniziata a fine '73, che aveva messo in crisi il mercato delle vetture con motore esuberante. Nel frattempo, la linea dell'Alfa 6, indubbiamente non un capolavoro già nel '73, all'alba degli Anni '80 era ormai superata.

Una grande occasione mancata, quando la concorrenza tedesca arrancava ancora alla ricerca di prestazioni onorevoli e di una tenuta di strada sicura, soprattutto con fondo stradale bagnato. Doti che l'Alfa 6 possedeva in abbondanza.

Andrea De Adamich con il prototipo Alfa Romeo T33/3 numero 54, al via della 1.000 Km di Brands Hatch, in Inghilterra, del 1971: l'italiano e il francese Henri Pescarolo vincono la gara del Campionato Marche davanti alle Porsche 917 e Ferrari 312P e 512S. Nell'altra pagina, la prima versione della 33 2 litri, detta anche 'periscopio,', alla 1.000 Km del Nürburgring del 1967, con il toscano Nanni Galli al volante.

INGEGNERI CORAGGIOSI

Nell'inverno del 1963, a Feletto Umberto, un piccolo borgo poco fuori Udine, riprende l'avventura sportiva dell'Alfa Romeo dopo l'interruzione seguita ai titoli iridati di F.1 del '50 e '51. Il presidente Giuseppe Luraghi intravede nelle competizioni automobilistiche un'opportunità di affermazione per il marchio. Ha appena deliberato il progetto della berlinetta *granturismo* Giulia TZ, carrozzata da Zagato, ma non vuole, e come lui il direttore tecnico, l'ingegnere Orazio Satta Puliga, sottrarre personale alla produzione di serie. L'alto dirigente prende la decisione di affidare l'assemblaggio degli esemplari della 'Tubolare Zagato' a un'organizzazione esterna: l'Autodelta. Costituita nel marzo 1963 da Lodovico Chizzola, concessionario Innocenti di Udine, e dall'ingegnere Carlo Chiti, già all'Alfa negli Anni '50, la cui collaborazione con la piccola e sfortunata Casa automobilistica bolognese ATS è ormai agli sgoccioli, la società ha un capitale sociale di un milione di lire, equamente spartito tra i due soci.

La sede logistica viene ricavata in un capannone nel retro della concessionaria, a Feletto Umberto. I rapporti con la Casa-madre li tiene Giorgio Chizzola, fratello di Lodovico e ingegnere al Reparto Esperienze della stessa Alfa Romeo. Gli impegni sportivi sempre maggiori convinceranno Carlo Chiti a trasferire, nel 1965, l'Autodelta a Settimo Milanese, non lontano dalla stabilimento di Arese. È qui che vengono realizzate le TZ2 e le Giulia GTA da competizione. Un anno più tardi, l'Autodelta viene acquistata dall'Alfa Romeo

Sopra, l'Alfa Romeo 33 2 litri sulle strade della Targa Florio del 1969 affidata a Ignazio Giunti, qui al volante, e a Nanni Galli. L'ottimo motore V8, progettato da Giuseppe Busso, sviluppa 270 Cv a 9500 giri/m. Sotto, la biposto nella versione evoluzione rivista dall'ingegnere Chiti per il 1968: debutta alla 24 Ore di Daytona e viene appunto denominata 'Daytona'. Per le gare su piste veloci, come Le Mans, verrà approntata una coda aerodinamica detta 'lunga'.

Sopra, il capolavoro Alfa Romeo 33 'stradale'. Disegnata da Franco Scaglione e costruita nel 1967 in appena 18 esemplari, ha un telaio in tubi di acciaio e fusioni in magnesio e un V8 2 litri da 230 Cv. Il prezzo sfiorava i 10 milioni di lire, un cifra enorme per l'epoca. Sotto, la Sport 33/2 del 1968: in alcune gare è stato montato il motore con cilindrata elevata a 2.500 cc.

e trasformata in 'Reparto corse'. Il nome originale verrà comunque utilizzato a lungo per la squadra ufficiale.

Coinvolgere il marchio Alfa Romeo nelle competizioni internazionali di più alto livello è diventato un obbiettivo irrinunciabile per Luraghi e i suoi collaboratori. Esclusa la Formula 1, troppo distante dalla produzione in serie, e scartata un'evoluzione della *granturismo* TZ2, la scelta cade sulla categoria Sport e sulle gare di gran fondo. Il progetto che prende il via verso la fine del 1964 è identificato con il codice '105.33', più semplicemente 33: la prima Alfa Romeo da corsa con motore posteriore-centrale, schierata effettivamente nelle competizioni. Lo studio della 'biposto' spider, o 'barchetta' secondo il gergo in uso all'epoca, viene affidato al Reparto Progettazione e Sperimentazione, che vede al vertice l'ingegnere Orazio Satta, oltre che al settore Progettazione Meccanica, diretto da Giuseppe Busso. Viene definito un originale telaio costituito da tre tubi di alluminio da 200 mm di sezione, opportunamente ovalizzati, che costituiscono il pianale a forma di H asimmetrica e che accolgono all'interno i serbatoi in gomma del carburante. La costruzione del telaio viene commissionata a un'azienda di Palermo specializzata in campo aeronautico: la Aeronautica Sicula.

Le prime prove del prototipo 33 equipaggiato con il 4 cilindri 1.6 litri della TZ2, sulla pista dell'Alfa Romeo, a Balocco, deludono: i tempi sono incredibilmente più alti della TZ2. Nel frattempo viene completato il motore definitivo, un nuovo 8 cilindri a V di 1995 cc (alesaggio e corsa 78x50,4 mm); potenza 240 Cv a 9600 giri/m. In questa configurazione, nei primi mesi del 1965 la

Sopra, un suggestivo passaggio dell'Alfa Romeo T33/3 di Rolf Stommelen alla Targa Florio del 1972: il tedesco e il suo compagno, l'idolo locale Nino Vaccarella, detto 'il preside volante', sono costretti ad abbandonare per rottura del motore. Nel disegno, sotto, si può notare la struttura scatolata portante del telaio.

33 passa nelle esperte mani dell'ingegnere Carlo Chiti, capo dell'Autodelta di Settimo Milanese. Il tecnico pistoiese si rende subito conto di alcune insufficienze del progetto e promuove soltanto il propulsore V8. Vorrebbe rivedere totalmente ogni particolare, a cominciare dalle sospensioni, specie quelle anteriori. Ma deve rispettare il progetto studiato dai colleghi, e quindi limitarsi a sostituire tutto il possibile senza operare una vera rivoluzione. Nel marzo del 1967, ritenendo la vettura oramai pronta, l'Alfa Romeo presenta la 33 alla stampa sul circuito di Balocco. Il prototipo, caratterizzato da una vistosa presa d'aria posteriore a forma di periscopio per convogliare l'aria al motore, non è competitiva. Preoccupa in particolare la tenuta di strada. L'unica cosa che funziona è il motore V8.

Il debutto della 33 avviene il 12 marzo, in occasione di una corsa in salita, soltanto una settimana dopo la presentazione: la cronoscalata di Fléron in Belgio, una 'garetta' di poco più di un minuto. Il pilota-collaudatore Zeccoli ottiene la vittoria assoluta precedendo di un secondo – distacco notevole, considerando il percorso tanto breve – una mastodontica McLaren con motore Ford di 4.7 litri. A quella sortita, ne seguono altre, nelle gare in salita, e nelle competizioni di durata più prestigiose: 12 Ore di Sebring, Targa Florio, 24 Ore di Le Mans, Circuito del Mugello e 1000 Km del Nürburgring; in quest'ultima Zeccoli e Roberto Bussinello ottengono il 5° posto assoluto, unico risultato di un certo rilievo della stagione.

La 33 è scarsamente competitiva spe-

La T33/3 del francese Henri Pescarolo, al volante, e dell'italiano Andrea De Adamich alla curva del Karussell durante la 1.000 Km del Nürburgring 1971: finirà al quarto posto. Il prototipo dell'Alfa Romeo, con telaio a scocca scatolata e potenza del V8 3 litri di 440 Cv, vincerà in quella stagione 3 corse.

cialmente sul fronte dell'affidabilità. Passo dopo passo, Carlo Chiti individua dove e come intervenire. Alla fine dell'anno è pronta la 33 'evoluzione'. La carrozzeria, non più aperta ma con tettuccio, ha una linea più aerodinamica ed è sparita la vistosa presa d'aria 'periscopio'; le sospensioni completamente riviste assicurano una migliore tenuta di strada; la potenza del V8 viene elevata a 270 Cv. Non è azzardato affermare che senza la competenza mista alla passione dell'ingegnere toscano, la 33 sarebbe oggi ricordata come un fallimento e, non come una delle vetture da corsa più significative della fine degli Anni Sessanta. Il debutto della 'evoluzione' avviene alla 24 Ore di Daytona, in USA, nel gennaio 1968; e la biposto dell'Alfa Romeo verrà appunto chiamata anche 'Daytona'. Il risultato in Florida evidenzia la raggiunta affidabilità della 33/2, che chiude al quinto, sesto e settimo posto assoluto rispettivamente con gli equipaggi Schutz-Vaccarella, Andretti-Bianchi e Zeccoli-Casoni-Biscaldi. Decisamente più competitiva del modello precedente, la 33-2 sfiora poi una clamorosa vittoria lungo i 720 km della Targa Florio: seconda in classifica generale e prima delle 2 litri, con il romano Ignazio Giunti e il toscano Nanni Galli: le due promesse dell'automobilismo italiano vengono battute per 2'30" dalla più maneggevole Porsche 907 2.2 litri dell'inglese Vic Elford e del grande stradista Umberto Maglioli.

In una domenica di fine luglio di quell'anno, sugli spettacolari saliscendi del circuito stradale del Mugello, l'Alfa Romeo torna a vincere una grande corsa internazionale dai tempi delle Alfetta di Formula 1: la 33/2, sulla quale si sono alternati l'italo-belga Lucien Bianchi, il siciliano Nino Vaccarella e, nel finale, Nanni Galli, si mette dietro, dopo un epico duello, la Porsche 910 degli svizzeri Jo Siffert e Rico Steinemann. Un paio di mesi più tardi, le Alfa 33/2 compiono un'altra grande impresa finendo al quarto, quinto e sesto posto della classifica generale della leggendaria 24 Ore di Le Mans, cui vanno aggiunte le prime tre posizioni nella classe Prototipi fino a 2 litri. La prestazione finale avrebbe potuto essere migliore se la biposto di Giunti e Galli non avesse dovuto fermarsi al box una ventina di minuti per sostituire il cuscinetto di una ruota, rinunciando così al secondo posto assoluto.

Campione del Mondo Marche

Con la sua 33, Carlo Chiti ha convinto la dirigenza Alfa Romeo che innalzare l'impegno del Biscione nelle competizioni internazionali non solo è possibile ma anche conveniente. È il momento di sfidare ad armi pari la Porsche, la Ford e, naturalmente, la Ferrari. Il periodo a cavallo tra la metà degli Anni Sessanta e i primi Anni Settanta viene ricordato, giustamente, come l'epopea delle grandi corse di durata, che stavano conoscendo un seguito maggiore rispetto ai Gran Premi di Formula 1.

Sopra, l'Alfa T33/3 dell'austriaco Marko, qui alla guida, e dell'inglese Elford, alla 24 Ore di Le Mans del 1972: fuori gara per rottura della frizione. Nel 1975 la Casa milanese conquisterà il titolo Marche con la 33TT12 di cui vediamo, sotto, l'esemplare affidato a Pescarolo e Bell nella vittoriosa 1.000 Km di Spa, in Belgio.

I vertici dell'Alfa Romeo approvano quindi, già a metà del 1968, la realizzazione di una biposto spider con telaio in Avional e titanio, motore 8 cilindri a V di 3 litri in lega leggera, potenza 400 Cv. Denominata appunto 33/3, è l'arma con la quale puntare al Campionato Internazionale Marche. L'esordio della vettura, che gareggia nella categoria Prototipi, è funestato dall'incidente in cui perde la vita, durante le prove preliminari della 24 Ore di Le Mans, nel marzo del 1969, il pilota italiano naturalizzato belga, Luciano Bianchi, schiantatosi contro un palo al volante di una delle due 33/3 dell'Autodelta. Aveva 35 anni ed era uno specialista delle gare di gran fondo: l'anno prima aveva vinto, al volante di una Ford GT40 e in coppia con il messicano Pedro Rodriguez, la maratona francese. In segno di lutto, la Casa milanese ritira le proprie vetture dalla corsa più famosa al mondo.

Il 1969 si trasforma in una stagione di sviluppo e di messa a punto. L'unico piazzamento significativo della 33/3 arriva alla 500 Km di Imola, non valida per il Campionato Marche e ridotta a 350 km a causa di un violento acquazzone: seconda con Ignazio Giunti dietro la Mirage con motore Ford Cosworth V8, lo stesso utilizzato in Formula 1, dell'asso belga Jacky Ickx.

Le cose vanno meglio nel 1970, malgrado il prototipo dell'Alfa Romeo debba vederserla non soltanto con le 3 litri, ma anche con le più potenti vetture della categoria Sport quali, in particolare, le Porsche 917 e Ferrari 512 dotate motori di 5 litri. Chiti e i suoi uomini debbono quindi accontentarsi di piazzamento di un certo prestigio: il terzo posto assoluto dell'olandese Hezemans e dello statunitense Masten Gregory alla 12 Ore di Sebring, e il secondo dell'equipaggio italo-francese De Adamich-Pescarolo alla 1000 Km di Zeltweg in Austra, ultima gara del Campionato Internazionale Marche. Già nella seconda parte della stagione, l'ingegnere pistoiese ha iniziato a progettare la versione per il 1971. Sono anni di grandi cambiamenti nello sport dell'automobile: appaiono nuovi materiali e si fanno rapidamente largo tecniche costruttive innovative. Niente può essere lasciato al caso.

Nel 1977, l'Alfa rivince il Campionato del Mondo, ora denominato Sport, con 8 affermazioni in 8 prove. Sopra, le 33SC12 a telaio monoscocca alla 500 Km di Le Castellet, in Francia. Sotto, il motore a 12 cilindri contrapposti, 520 Cv. A fine anno, la Casa milanese considera conclusa la lunga avventura nelle corse di durata.

E servono investimenti sempre maggiori.

Per la nuova 33 viene ideato un telaio a scocca scatolata 'portante', come le monoposto di Formula 1, con pannelli in alluminio e titanio; la carrozzeria, in vetroresina, è resa più aerodinamica con un frontale di forma squadrata e una coda più filante. L'impiego di materiali leggeri permette di ridurre il peso di una cinquantina di kg, mentre la potenza del V8 3 litri viene elevata a 440 Cv. Il pacchetto di interventi non soltanto accresce le prestazioni velocistiche ma migliora anche il bilanciamento generale, e quindi la maneggevolezza, specialmente sui tracciati tortuosi.

I benefici della cura Chiti si avvertono già in occasione della 12 Ore di Sebring, dove le 33-3 si classificano sorprendente-

400 Km di Valleunga 1977: Vittorio Brambilla si avvia verso il successo con l'Alfa Romeo 33SC12. In quell'occasione il monzese, vincitore nel 1975 del GP d'Austria di Formula 1 con una monoposto privata, e il suo compagno di squadra Arturo Merzario, poi secondo, hanno gareggiato senza alternasi al volante con altri piloti.

Nel 1976, l'Alfa Romeo fornisce l'ingombrante motore 12 cilindri 'piatto' al team Brabham di Formula 1: sopra, la BT45 col 3 litri italiano. Il diffondersi del cosiddetto 'effetto suolo' obbliga il reparto corse della Casa milanese a progettare un propulsore adeguato alle esigenze del nuovo corso aerodinamico che impone fiancate molto strette. Il nuovo V12 è pronto nel 1979 e montato sulla BT48: sotto, Watson al Gp di Monaco.

mente al secondo posto con Galli-Stommelen e al terzo con De Adamich-Pescarolo. Il risultato pieno viene raggiunto un paio di settimane più tardi, sulle colline del Kent, in Inghilterra: Andrea De Adamich e il francese Henri Pescarolo vincono la 1000 Km di Brands Hatch, precedendo la Ferrari 312 PB di Ickx-Regazzoni e la poderosa Porsche 917 di Siffert-Bell. È la prima affermazione della barchetta Alfa Romeo in una gara del Mondiale Marche. Anche alla 1000 Km di Monza le 33/3 si fanno ammirare, finendo terza, quarta e quinta assoluta. La spider milanese non è più soltanto una comparsa, ma un'avversaria temibile.

La conferma la danno le tortuose strade del circuito delle Madonie, in Sicilia, dove l'idolo locale Nino Vaccarella e Toine Hezemans portano la 33/3 numero 5 a un clamoroso succcesso nella leggendaria Targa Florio. L'Alfa Romeo chiude il 1971 con una terza affermazione in campionato: alla 6 Ore di Watkins Glen, negli USA, De Adamich e il giovane e velocissimo svedese Ronnie Peterson, considerato l'astro nascente della Formula 1, precedono di due giri le Porsche 917 di Siffert-Van Lennep e di Bell-Attwood.

Dal 1972, il Campionato del mondo Marche viene riservato unicamente ai Prototipi fino a 3 litri. Ritiratasi, ma solo momentaneamente, la Porsche, la sfida nelle gare di gran fondo è circoscritta a Ferrari e Alfa Romeo: il Cavallino contro il Biscione. Delle 11 corse in calendario, la spider di Maranello, di fatto una monoposto di Formula 1 a ruote coperte, ne vince 10 lasciando la 24 Ore di Le Mans alla francese Matra. L'Alfa Romeo 33/3 deve accontentarsi di qualche piazzamento. Anche l'anno seguente si rivela avaro di risultati. Il motivo è riconducibile alla difficile messa a punto della nuova biposto, la 33TT12. Il telaio scatolato viene sostituito con una struttura a traliccio tubolare: da questa l'acronimo 'TT'. Il numero 12, invece, indica l'architettura del nuovo motore: 12 cilindri contrapposti, definito 'piatto', da 500 Cv. Tale soluzione consente di spostare più in basso il baricentro della vettura, con carrozzeria aperta. L'esordio della 33TT12 avviene alla 1000 Km di Monza

I due motori Alfa Romeo di Formula 1 progettati dall'ingegnere Carlo Chiti tra metà Anni '70 e primi '80. Sopra, il 12 cilindri a V di 60° 3 litri, da 510 Cv, apparso nel 1979; sotto, il V8 di 1.500 cc sovralimentato mediante due turbocompressori, potenza inizialmente di 650 Cv in gara, successivamente elevata a circa 750, impiegato nel periodo 1983-85.

La prima monoposto di Formula 1 'tutta Alfa Romeo', cioè telaio e motore, è siglata 177 ed esordisce senza fortuna al GP del Belgio 1979, a Zolder con Bruno Giacomelli, sopra. Il pilota bresciano, che vediamo con Chiti (in basso), abbandona per un incidente. Sotto, il monzese Vittorio Brambilla e il francese Patrick Depailler, quest'ultimo deceduto in un'uscita di strada durante un test sulla pista tedesca di Hockenheim, nell'agosto del 1980.

del 1974 con una spettacolosa tripletta: Arturo Merzario e Mario Andretti precedono gli altri equipaggi dell'Autodelta, Jacky Ickx-Rolf Stommellen e Carlo-Facetti-Andrea De Adamich. L'exploit monzese non verrà ripetuto nelle altre manches del Mondiale Marche.

Lo sviluppo della nuova vettura si mostra più difficile del previsto; e gli alfisti non andranno oltre qualche piazzamento d'onore. Ma l'ostinato Carlo Chiti ha gettato le basi della riscossa. Aggiornata la 33TT12 in tutti i settori, e rafforzata la squadra con l'ingaggio di piloti esperti e veloci, l'Alfa Romeo si fa ammirare nella stagione 1975 con 6 affermazioni: è prima alle 1000 Km di Digione, di Monza, di Spa-Francorchamps, del Nürburgring e di Zeltweg e alla 6 Ore di Watkins Glen. Le vittorie portano i nomi di Arturo Merzario, Vittorio Brambilla, dei francesi Henri Pescarolo e Jacques Laffite, dell'inglese Derek Bell e del tedesco Jochen Mass.

L'avventura della Casa del Biscione nelle competizioni dell'era moderna, iniziata una dozzina di anni prima in un capannone nella campagna friuliana, tocca il

L'Alfa Romeo 177 del 1979 viene presto sostituita dalla 179, che sarà usata fino al 1982. Bruno Giacomelli, qui con la monoposto evoluzione 179C schierata nel 1980, ha disputato con il Biscione 49 corse di Formula 1 ottenendo quale miglior risultato il terzo posto al GP di Las Vegas, negli USA, nel 1981.

Nato nel 1940 in Istria, quando era ancora italiana, Mario Andretti nel 1981 è in Formula 1 con l'Alfa Romeo. In 15 corse colleziona 8 ritiri. All'esordio con il Biscione, al GP di Long Beach, cui si riferisce la foto, l'asso naturalizzato americano, campione del mondo F.1 1978 e vincitore della 500 Miglia di Indianapolis 1969, ottiene il suo miglior risultato: quarto. Nella pagina a fianco, l'ingegnere Chiti osserva i meccanici intervenire sulla 179C di Andretti, a Silverstone nel 1981.

punto più alto: la conquista del titolo di Campione del Mondo Marche.

Alla 33TT12 segue nel 1976 la spider 33SC12. Sviluppata su un nuovo telaio scatolato, cioè monoscocca in alluminio, da cui appunto la sigla 'SC', mantiene il collaudato 12 cilindri contrapposti, la cui potenza è salita nel frattempo a 520 Cv. Prima di rituffarsi a tempo pieno nel Mondiale Marche, l'ingegnere Chiti vuole essere certo dell'affidabilità meccanica della vettura. Che, difatti, prende il via solo in qualche gara. Il capo dell'Autodelta, in realtà, temporeggia: aspetta di conoscere le specifiche del nuovo regolamento tecnico che introduce il concetto di vettura 'silhouette', veri e propri prototipi, certamente spettacolari ma assai costosi, derivati da modelli di produzione, dei quali conservano soltanto la forma esteriore.

Ma c'è dell'altro. Fortemente voluto dalla Porsche, il campionato viene sdoppiato: in uno gareggiano le 'silhouettes'; nell'altro le biposto Sport fino a 3 litri. Nel 1977, quindi, l'Alfa Romeo partecipa a quest'ultimo. Il quale, vuoi per il calendario che prevede corse sulla media distanza dei 400/500 km o delle quattro ore, vuoi per la mancanza di squadre ufficiali, si trasforma purtroppo in una serie secondaria. La concorrenza è limitata alle biposto Chevron, March, Lola e Osella, iscritte da scuderie private ed equipaggiate con motori 2 litri BMW o Ford. Per la Casa milanese la conquista del titolo si risolve in una semplice formalità: la 33SC12 vince facilmente tutte le 8 gare in cui viene schierata. A fine stagione l'Alfa Romeo considera finita l'esperienza con le biposto Sport.

L'infelice ritorno in Formula 1

Carlo Chiti e il suo staff vengono dirottati sulla Formula 1. Dove, comunque, il marchio del Biscione sta dandosi da fare già da un anno con la fornitura del motore 3 litri alla scuderia inglese Brabham. Già in passato gli Alfa V8 3 litri, gli stessi del prototipo 33-3, sono stati utilizzati in For-

Shell Super
22

mula 1: ma si trattava di fallimentari tentativi attuati da privati. Con la Brabham, sembra invece che le cose possano andare meglio. Il 12 cilindri milanese si rivela eccellente, tanto da superare il diffusissimo Ford Cosworth V8 quanto a potenza pura: 520 contro circa 480 Cv. Sconta però un maggiore consumo di benzina e un ingombro che poco si adatta alle esigenze aerodinamiche delle monoposto di nuova generazione; che la rapida affermazione delle 'bandelle laterali', meglio conosciute come 'minigonne', sta costringendo i progettisti a rivedere in fretta.

Siamo nel 1978 e l'innovativo sistema aerodinamico escogitato dal geniale patron della Lotus, Colin Chapman, per 'incollare' letteralmente la vettura al suolo e che permette una velocità in curva altrimenti impensabile, fa la differenza. E che differenza! Non potendo modificare la monoposto a causa del motore italiano – che ha un ingombro maggiore rispetto al V8 Cosworth, che consente un migliore sfruttamento dei flussi aerodinamici –, l'ingegnere Gordon Murray, geniale progettista sudafricano della Brabham, corre ai ripari inventando un originale stratagemma tecnico: un grande ventilatore carenato, collocato sul posteriore della monoposto allo scopo di aumentare l''effetto suolo'.

Il dispositivo funziona talmente bene che al Gran Premio di Svezia la Brabham-Alfa dell'austriaco Niki Lauda vince con una superiorità schiacciante. Qualche settimana più tardi, la Federazione Internazionale dell'Automobile mette al bando il curioso dispositivo. Chiti allestisce dunque in tempi record un V12 conforme al nuovo corso tecnico della Formula 1. Il vulcanico ingegnere toscano, uno dei più fecondi e creativi tecnici nella storia delle corse automobilistiche, e personaggio dal grande spessore umano, è anche impegnato da un paio d'anni nell'organizzare il ritorno a tempo pieno dell'Alfa Romeo nella massima categoria: l'obiettivo è costruire anche il telaio. Ettore Massacesi, presidente della Casa milanese dalla primavera del 1978, dà il via libera finale all'ambizioso e costosissimo programma 'Alfa-Alfa' di Formula 1.

Al Gran Premio del Belgio del 1978, sul circuito di Zolder, debutta la 177, una monoposto con monoscocca in alluminio, affidata a Bruno Giacomelli, un 27enne bresciano che si è fatto un nome vincendo in Formula 3 e 2, ma con limitata esperienza in Formula 1. L'esordio si conclude con un ritiro per guasto meccanico. Alla 177 segue subito dopo la 179 con il nuovo V12 'stretto', 540 Cv. Viene poi sostituita nel campionato 1982 dalla 182 a 'effetto suolo', progettata dal tecnico francese Gérard Ducarouge; è una delle prime monoposto con la scocca in fibra di carbonio. Nella stagione 1983, l'Alfa Romeo schiera la 183T, disegnata dall'ingegnere Mario Tolentino. Il motore è il nuovo V8 di 1.500 cc sovralimentato mediante 2 turbocompressori in grado di erogare 650 Cv.

Malgrado la raffinata tecnologia costruttiva, le Alfa Turbo del veloce Andrea De Cesaris e di Mauro Baldi collezionano 18 ritiri. Non va affatto meglio nel biennio 1984-85, quando le 184T vengono affidate all'esperto Riccardo Patrese e all'americano Eddie Cheever, ma sono gestite dalla scuderia milanese Euroracing, un'organizzazione proveniente dalle formule minori. Alla fine della stagione 1985, il 'Biscione' abbassa la serranda. Non ci sono più i mezzi per continuare.

La drammatica situazione industriale e finanziaria in cui versa la Casa milanese già da qualche anno, impedisce quegli ingenti investimenti che oramai l'impegno nella massima categoria richiede. Senza di essi è impossibile tenere il passo della concorrenza, o sperare in una competitività almeno dignitosa. L'avventura dell'Alfa Romeo come costruttore di Formula 1 non è stata quindi premiata da alcuna affermazione. Il frangente in cui ci è andata più vicino è stato il Gran Premio degli USA del 1980, a Watkins Glen, dove Giacomelli è stato costretto al ritiro mentre era al comando. Il bilancio finale di tanto impegno, e di una montagna di denaro lasciata sulle piste di tutto il mondo, è decisamente deludente. I momenti di soddisfazione si contano sulle dita di una mano: tre terzi posti e due secondi. Oltre a due pole position e a un giro più veloce in gara. Carlo Chiti lascia dopo un ventennio il Biscione e fonda la Motori Moderni, un'azienda che avrebbe progettato e realizzato motori da corsa. Accantonata la presenza come costruttore, l'Alfa Romeo continua in Formula 1 fino al 1988 nella veste di fornitore di motori alla piccola squadra torinese Osella.

Sopra, Giacomelli con l'Alfa Romeo 182 del 1982: progettata dal francese Gérard Ducarouge, è una delle prime F.1 con telaio 'monoscocca' in fibra di carbonio. A lato, la 184T del 1984-85. Progettata dagli ingegneri Marmiroli e Tolentino, e dall'austriaco Brunner per l'aerodinamica, ha ottenuto soltanto un terzo posto, al GP d'Italia 1984 con Patrese.

Marlboro
Motta
Agip
BRUNO
Alfa Romeo
Marlboro
Motta
23
Marlboro
Agip

SISLEY
GOODYEAR
CHAMPION
012
benetton
Alfa Romeo
TURBO
benetton
WORLD'S LARGEST KNITWEAR PRODUCER
SKF
brembo
GOODYEAR
GOODYEAR
Agip

Alfetta GTV: snobbata ma vincente nei rally e in pista

DOMINA NEL CAMPIONATO EUROPEO TURISMO

Non possedeva il fascino della Giulia Sprint GTA, né ha ripetuto le stesse imprese sportive, eppure la versione coupé dell'Alfetta ha vissuto vicende corsaiole di tutto rispetto, sia nella breve avventura nei rally sia in quella, più lunga, nelle competizioni in pista. Disegnata da Giorgetto Giugiaro e presentata nel giugno del 1974, l'Alfetta GT comincia a calcare la scena sportiva nel 1975. L' Autodelta ha organizzato un reparto per l'allestimento di vetture da schierare nei rally, una specialità molto diversa dalle corse di velocità in circuito ma interessante sia sotto il profilo tecnico, sia sotto quello pubblicitario-promozionale. Un primo tentativo vede l'Autodelta impegnata nella preparazione di un'Alfetta berlina utilizzando il motore 2 litri a 'testa stretta' della GT Am. Con quel modello il torinese Luciano Trombotto vince il Rally di San Martino di Castrozza. Il passaggio dalla berlina alla coupé è breve. Rafforzato il parco-piloti con l'ingaggio di due specialisti di livello europeo, quali il ligure Amilcare Ballestrieri, un ex motociclista diventato uno dei più forti rallisti italiani, e il francese Jean-Claude Andruet. Ai due si aggiungono Federico Ormezzano, Chicco Svizzero e Leo Pittoni.

Nel 1975 l'Autodelta trasferisce sull'Alfetta GT Gruppo 2 – vetture derivate dalla serie ma elaborate – le esperienze acquisite con la berlina. I risultati arrivano rapidamente con il successo di Ballestrieri nel Rally dell'Elba, che si corre su un micidiale percorso sterrato, e il terzo posto di Andruet al Tour de Corse, il più famoso rally su asfalto. Nei due anni successivi, tuttavia, l'attività rallistica dell'Alfa Romeo subisce, anche per la difficile situazione economica aziendale, un forte rallentamento.

L'Alfa Romeo GTV6 Gruppo A di Lella Lombardi e Giorgio Francia alla 500 Km di Pergusa, in Sicilia, valida per il Campionato Europeo Turismo 1984.

Nel 1978, grazie all'interessamento dell'ingegner Carlo Chiti, e all'arrivo di Mauro Pregliasco, un ligure veloce ed esperto nella difficile arte della messa punto di una vettura da rally, le Alfetta GT conquistano il Campionato Italiano Gruppo 2. È un successo di categoria, ma vale parecchio. A quel modello avrebbe dovuto seguire la versione sovralimentata mediante turbocompressore, cioè la GTV Turbodelta costruita in 400 esemplari e omologata in Gruppo 4 – Gran Turismo Speciale – con motore da 280 Cv e peso di 1.050 kg. A causa delle difficoltà incontrate nello sviluppo, l'esordio viene rinviato all'anno successivo. A Pregliasco viene affiancato un altro pilota assai noto, il romagnolo Maurizio Verini, ex campione d'Europa. Il debutto è promettente: al Rally della Costa Brava, in Spagna, febbraio 1980, Pregliasco chiude al terzo posto, Verini al sesto. E alla Targa Florio, da un paio d'anni trasformata in rally, Verini è terzo. Finalmente arriva il giorno dell'Alfetta GTV Turbodelta Gr. 4: in Romania, al Rally del Danubio, Pregliasco s'impone davanti alle agili Renault 5 Alpine. La stagione riserverà poi una lunga serie di ritiri per guasti meccanici. Di base la Turbodelta è valida, può contare su un'ottima distribuzione dei pesi tra gli assi anteriore e posteriore, e i cavalli a disposizione sono sufficienti. Ma è penalizzata dalla scarsa affidabilità. E dal mediocre funzionamento dello scambiatore di calore del turbocompressore: a causa delle elevate temperature, non smaltite dal sistema di raffreddamento, la potenza cala vistosamente.

In occasione di una riunione con l'ingegnere Chiti, Pregliasco punta il dito contro il rendimento del turbo, specie il ritardo nella risposta. La mediocre competitività della GTV Turbodelta è, in realtà, un effetto delle poche risorse finanziarie destinate all'attività rally: l'impegno in Formula 1 si sta prendendo praticamente tutto. Inoltre al presidente dell'Alfa Romeo Ettore Massacesi, le automobili di produzione trasformate per le competizioni non piacciono affatto. Malgrado le migliorie, tra cui la potenza elevata a 330 Cv, le abbia permesso di sfoderare, nelle ultime uscite, una certa esuberanza, e pure una discreta affidabilità, la GTV Turbodelta viene ritirata dalla scena agonistica a fine stagione.

Sandro Munari sfida il Safari Rally con la GTV6

Una speciale versione da rally della GTV6 è stata protagonista di un'avventura sportiva davvero unica e originale. Vale la pena raccontarla. Il fuoriclasse italiano Sandro Munari, l'uomo delle quattro vittorie al Rally di Montecarlo, ha un conto aperto con il leggendario Safari, una fantastica Mille Miglia equatoriale che si snoda come un serpente di polvere rossa sulle strade del Kenya. Malgrado le sette precedenti partecipazioni, il 'Drago' non è ancora riuscito a conquistare la maratona africana. Nel 1983, Munari convince l'ingegnere Chiti ad allestire una GTV6 Gruppo 2 da schierare al Safari e a mettere insieme una piccola squadra di meccanici per l'assistenza. La massacrante gara richiede una preparizione speciale del mezzo: la scocca viene alleggerita e al tempo stesso rinforzata; le sospensioni vengono dotate di doppi ammortizzatori; il ponte posteriore De Dion viene rialzato allo scopo di evitare che le ruote affondino nel passaggio sui tratti fangosi; la trazione, che è naturalmente sulle ruote posteriori, viene migliorata con un differenziale non del tipo autobloccante bensì 'autosbloccante', più adatto sulla fanghiglia. E ancora: il retrotreno, completo di ponte, freni, cambio, differenziale, è predisposto per venire sostituito in mezz'ora. Il motore dispone di oltre 250 Cv. La velocità di punta, importante sugli interminabili rettifili sterrati nella savana, supera i 200 km/h. L'edizione 1983 del Safari prevede un percorso di oltre 5mila km spartiti in 87 settori 'competitivi'. Alla fine della prima tappa, 1.500 km da Nairobi a Mombasa, Munari è sorprendentemente 6° malgrado il tempo perso nella ricerca di carburante: un meccanico non aveva riempito del tutto il serbatoio. Il giorno seguente, atterrando da un dosso, il motore della GTV6 'Africa' si spegne. L'intervento degli uomini dell'assistenza, giunti dopo un'ora, non risolve il problema. Munari e il coéquiper Ian Street sono costretti ad alzare bandiera bianca: eppure, aveva ceduto un banale particolare dello spinterogeno.

La coupé GTV6 pigliatutto nell'Europeo Turismo

Se nei rally ha raccolto poco, l'Alfetta coupé ha invece messo insieme un palmarés niente male nel Campionato Europeo Turismo. Il primo passo è l'allestimento, nel 1976 presso l'Autodelta, delle Alfetta GTV in configurazione 'America', cioè con motore 4 cilindri 2 litri, potenza elevata a 185-190 Cv, per due concessionarie Alfa Romeo di Firenze: la SCAR Autostrada e l'Autovama. Schierate nell'Euro Turismo, le coupé Gr. 2 si fanno ammirare nella propria divisione – la seconda che comprende le vetture fino a 2.000 cc – con 6 vittorie in 9 gare. La sequenza di successi, con il primato assoluto alla 500 Km di Vallelunga dell'equipaggio formato da Amerigo Bigliazzi e Spartaco Dini, quest'ultimo una vecchia conoscenza dei tempi delle Giulia GTA, consegna all'Alfa Romeo il titolo continentale.

Il cambio del regolamento tecnico e l'introduzione del nuovo Gruppo A, più restrittivo rispetto al Gruppo 2 quanto a modifiche e a livello di elaborazione di motore, meccanica e carrozzeria, mettono fuori gioco le coupè milanesi. Che ricompaiono nella stagione di corse 1982 nella variante GTV6. L'iniziativa non vede però coinvolta la Casa madre: il presidente Massacesi è fortemente contrario alle corse per le derivate dalla serie.

Ad allestire le vetture da competizione è infatti il belga, di origine italiana, Luigi Cimarosti, titolare della Luigi Racing. Lo segue, poco dopo, Elio Imberti, un tecnico bergamasco preparatore di fiducia della scuderia milanese Jolly Club, da sempre legata al Biscione. Campo d'azione delle coupé GTV6 è il Campionato Europeo Turismo, articolato su più gare di 500 km o di 4 ore. Il robusto e generoso motore, che raggiunge i 220 Cv e sviluppa una coppia motrice elevata, associato all'eccellente assetto, la rendono la vettura da battere nella seconda divisione; ma non sono affatto rare pregevoli incursioni nella classifica assoluta. Avvalendosi di piloti di grande esperienza, quali per esempio gli ex di Formula 1 Giorgio Francia, l'indimenticabile Lella Lombardi, purtroppo deceduta a soli 50 anni per un male incurabile, e Gianfranco Brancatelli, oltre che gentlemen di buon livello, quali Maurizio Micangeli e Rinaldo Drovandi, le GTV6 della Luigi Racing e del Jolly Club fanno incetta di affermazioni. Nel quadriennio 1982-85 infilano 39 vittorie di classe in 49 corse disputate, con il primato di 12 centri su 12 nella stagione 1984, e portano nell'albo d'oro dell'Alfa Romeo quattro titoli europei 'Costruttori'. Davvero niente male per un modello boriosamente snobbato dai vertici del 'Biscione'.

Sandro Munari sconsolato dopo il ritiro al Rally Safari, in Kenya, nel 1983. L'asso italiano ha affrontato la maratona africana con un'Alfa Romeo GTV6 da 250 Cv allestita specificatamente dall'Autodelta per permettergli di puntare a quel successo che mancava nel suo palmarès. Lo stop è arrivato a causa di un banale guasto allo spinterogeno mentre il 'Drago' occupava il sesto posto.

Il Chrysler Building sullo sfondo, rivela che questa Alfa Romeo 75 è una versione 'America' con motore V6 di 2959 cc. A destra, evoluzione dello scudetto Alfa Romeo: in sequenza, 75 Berlina del 1985, Giulietta Sprint versione 1960 e Alfa Romeo 1900 Berlina del 1950.

Alfa in difficoltà nei primi Anni '80 e ingresso nell'emisfero Fiat

RIVOLUZIONE E APPIATTIMENTO

È una crisi oramai irreversibile, quella che investe l'Alfa Romeo tra la fine degli Anni '70 e i primi '80. Ettore Massacesi, classe 1921, presidente in quota Democrazia Cristiana, esperto di problemi del lavoro più che di auto, il 30 maggio 1978 ha preso il posto di Gaetano Cortesi, l'intraprendente ex-amministratore delegato di Fincantieri. Lo 'scorbutico', almeno secondo il giudizio dei suoi stretti collaboratori, costretto a dimettersi, dopo appena tre anni e mezzo di direzione, non è riuscito a raddrizzare le sorti dell'azienda.

L'Alfa Romeo sta scivolando versa l'orlo del baratro economico: ha chiuso l'esercizio 1978 con 134 miliardi di lire di passivo. Proseguono le conflittualità sociali e sindacali, iniziate a fine Anni '60, e lo stabilimento di Arese è un 'laboratorio' del movimento dei metalmeccanici italiani, con massicce rivendicazioni salariali e frequenti scontri. E con il grave problema dell'assenteismo. Il fenomeno tocca livelli impressionanti, con punte superiori al 30 per cento. La produzione cala addirittura a 500 automobili al giorno, contro una capacità industriale di 700. È evidente che con una tale differenza risulta impossibile ripartire i costi fissi generali. L'Alfa costa di più di quanto produce. A rallentare le catene di montaggio sono anche gli scioperi che, sebbene più che dimezzati nel numero rispetto a qualche anno prima, restano frequenti. I picchettaggi impediscono agli operai e agli impiegati che non aderiscono alle agitazioni di varcare i cancelli della fabbrica. I direttori di reparto e i capi officina subiscono continue intimidazioni. Nel giugno del 1981, nel pieno della trattativa tra azienda e sindacati, viene sequestrato, a Milano l'ingegnere Renzo Sandrucci, responsabile dell'organizzazione del lavoro Alfa Romeo. L'azione è rivendicata dalla colonna 'Walter Alasia' delle Brigate rosse, i cui componenti verranno rinviati a giudizio nel 1984; il processo si concluderà con 19 ergastoli. Sandrucci verrà rilasciato, incolume, verso la fine di luglio, ma molti problemi resteranno irrisolti.

L'accordo sindacale del 1981 dovrebbe imprimere una svolta all'Alfa, ristrutturandone l'organizzazione del lavoro. L'intesa prevede: aumento della produzione a 620 unità al giorno ad Arese e a 680 a Pomigliano d'Arco, incremento dei salari, costituzione dei gruppi di produzione, eliminazione dei tempi morti, verniciatura delle auto che passa da '4 a 3 mani', blocco del 'turn over'. E l'introduzione di una singolare categoria di lavoratori: i cosiddetti 'battipaglia'. Si tratta di operai che sostituiscono i colleghi che, per le ragioni più svariate, si allontanano dalla propria postazione. Con il nuovo piano si riscontrano dei miglioramenti ma il livello di produttività resta al di sotto della diretta concorrenza.

La prima versione del motore con 6 cilindri a V, progettata dall'Ufficio Tecnico diretto da Giuseppe Busso, con distribuzione a un solo albero a camme in testa. In seguito è stato trasformato in 'Bialbero'.

Secondo una consuetudine introdotta dal presidente Massacesi, vengono anche commissionate costosissime ricerche di mercato a società internazionali di consulenza. Una di queste, redatta dalla americana 'Arthur D. Little', che nel 1986 ritroveremo come consulente per valutare le offerte di Ford e Fiat per l'acquisizione dell'Alfa, reca il titolo '*Studio sullo scenario automobilistico per il decennio e delle caratteristiche richieste a un produttore del tipo come l'Alfa Romeo*'. Quella corposa analisi resterà soltanto una delle tante inutili voci di spesa. Il piano di 'ristrutturazione negoziata' escogitato da Massacesi, che prima di essere paracadutato all'Alfa Romeo non ha ricoperto ruoli dirigenziali in un'azienda, tanto meno di automobili, e dal suo amministratore delegato Corrado Innocenti, fallisce: i recuperi di efficienza e di produzione, condizioni irrinunciabili per la sopravvivenza del marchio, si rivelano troppo lenti. A comandare, anzi a governare gli impianti di Arese, così come in tutte le aziende a partecipazione statale, sono gli esponenti politici e i sindacati, che fanno il bello e il cattivo tempo. Nel 1982, anno in cui lo stabilimento raggiunge il più elevato numero di dipendenti, oltre 19.000, il consiglio di fabbrica conta 400 rappresentanti: un record.

Il quadro è reso ancora più fosco dalla scelta di Finmeccanica di ridurre fortemente gli investimenti per i nuovi modelli. È in questo clima aziendale, e sociale, che nel 1982 vengono deliberati due progetti: una berlina di dimensioni medie, da realizzare sfruttando il materiale dell'Alfetta, e un'altra leggermente più compatta. Si tratta delle future 90 e 75, quest'ultima da assemblare con quanti più elementi possibili della Giulietta.

Il presidente Massacesi non è riuscito a mantenere la promessa di raddrizzare, nell'arco di quattro anni dal suo ingresso, i conti dell'Alfa Romeo. E la progettazione e la produzione vengono fortemente limitate dalle cosiddette 'economie di scala'.

Il compito di rivestire la meccanica della riuscita Alfetta, trasformandola nella nuova berlina 90, viene affidato alla Carrozzeria Bertone. L'operazione è condizionata in modo eccessivo, tanto che sarà mantenuta la stessa sagoma delle porte della precedente Alfetta, datata 1972. Il risultato finale – almeno sotto il profilo stilistico – è modesto, a causa appunto dei numerosi vincoli imposti dal telaio originale. Presentata al Salone di Torino del 1984, la nuova Alfa 90 non riscuote grandi applausi. Viene considerata un semplice restyling della Alfetta. Meccanicamente, invece, la berlina è ancora all'avanguardia con il complesso sistema 'Transaxle', cioè la disposizione 'motore anteriore-trazione posteriore', con il gruppo cambio-differenziale collocato al retrotreno, a sua volta basato su uno schema De Dion: scelte che assicurano una tenuta di strada invidiabile. I propulsori sono gli stessi della gamma Alfetta: i 4 cilindri 'Bialbero' a benzina, con iniezione elettronica: 1.8 litri da 120 e 2.0 da 128 Cv, 2.5 litri V6 da 158 Cv e Diesel 2.4, sovralimentato mediante turbocompressore da 112 Cv, realizzato dalla VM di Cento.

Lo stile certamente non attraente e il mediocre livello di finitura mettono subito fuori gioco la berlina Alfa, non soltanto rispetto alla Lancia Thema ma anche alle dirette concorrenti Audi, BMW, Mercedes e Volvo. Tutti costruttori che stanno producendo vetture di tecnologia sempre più avanzata e, particolare di fondamentale importanza, con carrozzerie che prevedono misure di larghezza e passo superiori ai 164 e 251 cm della 90. Gli ingombri maggiori si traducono in un aspetto più piacevole e moderno, e in una migliore abitabilità.

La situazione finanziaria della Casa milanese è sempre grave e la 90, costruita in appena 56.428 unità tra il 1984 e il 1987, non contribuisce certo a migliorare

Tipica la linea a cuneo dell'Alfa Romeo 75, qui in versione con motore 3.0 V6. In basso, un bozzetto che evidenzia uno stile pressoché definitivo; la linea della vettura è stata studiata dal Centro Stile Alfa, all'epoca diretto da Ermanno Cressoni.

il bilancio. Il 1984 si chiude con un altro passivo: 80 miliardi di lire che si sommano ai precedenti e portano le perdite, nel biennio 1985-86 a oltre 300 miliardi di lire l'anno. Cresce la sfiducia e in Europa svariati concessionari passano alla concorrenza. La rete commerciale e di assistenza è stata, di fatto, abbandonata a se stessa. Massacesi attribuisce la crisi anche alla crescita dell'inflazione, in Italia superiore all'aumento del prezzo delle automobili – con il conseguente calo della domanda interna – al peggioramento del rapporto costi-ricavi e alla maggiore competitività della concorrenza estera favorita dalla minore inflazione. Ma nell'affossamento dell'Alfa certamente pesano le infelici scelte industriali del marchio, tra cui la tragica esperienza dell'Arna. Il traguardo delle 220mila unità all'anno (sfiorato nel 1980) non viene raggiunto. Anche se la quota 200mila viene superata, di poco, sia nel 1983 che nel 1984, grazie all'Alfasud, costruita fino al 1984, e alla sua erede, la 33 a 4 porte. Intanto inizia il conto alla rovescia del traghettamento verso la Fiat.

Se i dirigenti di vertice dell'Alfa sono espressione della politica italiana, il parco tecnico annovera sempre, fortunatamente, ottimi progettisti. A capo della Direzione Tecnica e della Progettazione Meccanica ci sono ancora due ingegneri che in passato hanno ottenuto grandi successi: Filippo Surace e Domenico Chirico. Tecnici che con niente riescono a fare molto. La dimostrazione arriva con la compatta berlina 75 del 1985: la sigla ricorda il 75esimo anniversario della fondazione

Le appendici aerodinamiche studiate per la versione Turbo Evoluzione, si 'sposano' bene con la linea dell'Alfa 75, in questo caso equipaggiata con il 4 cilindri di 1762 cc da 155 Cv (Foto Domenico Fuggiano – Collezione Righini).

75 EVOLUZIONE
TURBO

Particolari i cerchi in lega dell'Alfa 75 Turbo Evoluzione del 1986, con piccole feritoie per il raffreddamento dei freni: ospitano dei pneumatici di misura 205/50 VR 15, all'epoca considerati 'a fianco basso'. Sotto, l'abitacolo, dominato dal colore rosso per la strumentazione (Foto Domenico Fuggiano – Collezione Righini).

dell'Alfa Romeo ed è veramente un curioso scherzo del destino: il modello celebrativo per i 75 anni resterà l'ultima vera Alfa Romeo. La 75, come già la 90, è in realtà un'automobile che parte da un progetto del passato: la scocca è la stessa della Giulietta, della quale riprende anche il 'giro' delle porte. Sulla scocca viene appoggiata la nuova 'pelle', cioè i lamierati esterni che danno alla vettura una nuova forma, comunque vincolata dalle misure di un modello della generazione precedente La meccanica – motore anteriore, trazione posteriore e gruppo cambio-differenziale collocato al retrotreno – è di derivazione Alfa 90 e Alfetta. Il riuscito profilo a cuneo, con muso basso e coda alta, e le linee geometriche e tese, sono state definite dai designers del Centro Stile Alfa Romeo, da un decennio diretto dall'architetto Ermanno Cressoni, che si era già fatto apprezzare con la 33 e la Giulietta. La 75, ultima berlina sportiva a trazione posteriore costruita nello stabilimento di Arese, viene subito accolta con commenti favorevoli: è una vera Alfa nell'impostazione e nella guida e si rivelerà un successo commerciale con oltre 375.257 unità vendute in due serie successive.

Nella seconda metà degli Anni '80 il mercato dell'auto è in profonda trasformazione. La concorrenza è cresciuta, l'offerta delle Case è ampia e copre oramai tutti i segmenti, e i clienti esigono più motorizzazioni e allestimenti dello stesso modello. All'Alfa Romeo non si fanno prendere in contropiede: la 75 viene commercializzata con una scelta di propulsori sufficiente per rispondere alle richieste degli alfisti vecchi e nuovi. Sono previsti gli immortali 4 cilindri 'Bialbero' 1.6 litri da 110 Cv, 1.8 da 120 Cv, e 2.0 cc da 128 Cv ; 2.0 litri Turbodiesel da 95 Cv e il superbo V6 2.5 litri da 156 Cv (e 205 km/h di velocità massima). Siccome nelle competizioni sportive si è oramai affermata la sovralimentazione mediante turbocompressore, con evidente diffusione anche nelle auto di serie, nel listino della 75 non manca una versione specifica: la 1.8i Turbo che eroga 155 Cv e raggiunge i 205 km/h. Apprezzata per la vivacità, unita a una valida tenuta di strada, resterà un mito tra gli appassionati del marchio, ancor più nella versione 'Evoluzione', prodotta nel 1986 in 500 esemplari.

La motorizzazione più adeguata alle scelte degli acquirenti si rivela l'eccellente 4 cilindri 2 litri Twin Spark, cioè a doppia accensione: due candele per cilindro. La scelta è un po' figlia delle ristrettezze economiche in cui versa l'Alfa. Non potendo realizzare una costosa testata a 4 valvole per cilindro, come il mercato e la concorrenza imporrebbero, i tecnici di Arese hanno rispolverato, adattandola alla produzione in serie, una tecnologia utilizzata per i motori da corsa: la doppia accensione, appunto, che vale un 'plurivalvole' quanto a rendimento e prestazioni.

Al top della gamma, le versioni equipaggiate con l'eccellente V6 2.5 litri, dotato di un solo albero a camme in testa e con 156 Cv. La 2.5 viene esportata negli Stati Uniti, munita di catalizzatore e do-

L'Alfa 75 e la Formula 1 '185T', unite dal comune spirito sportivo. Sotto, la coda della versione 'Milano', con tanto di bandiera americana riflessa: era destinata agli Stati Uniti.

tata degli specifici paraurti richiesti dalle normative locali. A partire dal 1987, il V6 viene portato a 2959 cc ed è equipaggiato con testate a doppio albero a camme in testa. La versione USA viene chiamata 'Milano', dispone di 183 Cv, che diventano 189 nella successiva versione 3.0i V6 catalizzata (222 km/h), apprezzata anche dal mercato europeo. Ultima vera Alfa Romeo del periodo pre-Fiat, la 75 è uscita di scena nel 1993.

Era stata studiata da Pininfarina la linea dell'Alfa Romeo 164, con un ottimo risultato, che univa l'eleganza alla sportività. Sotto, l'ampio abitacolo.

Il 'Biscione' passa alla Fiat

Il 1985 è l'annus horribilis dell'Alfa Romeo. Il debito accumulato, arrivato all'incredibile cifra di oltre 1.500 miliardi di lire, l'ha messa in ginocchio. L'IRI, assodata una crisi irreversibile, decide di cederla. Vengono avviate trattative con la Ford di Detroit. Ma sarà la Fiat a impossessarsi del glorioso marchio del 'Biscione'. La situazione patrimoniale del gruppo torinese è fortissima: nel 1986 ha fatturato 29mila miliardi lire con un utile operativo che sfiora i 3mila miliardi. L'acquisizione dell'Alfa Romeo da parte della Fiat avviene nel novembre del 1986, con modalità che ancora oggi non sono chiare in molte parti. Massacesi e l'amministratore delegato, Giuseppe Tramontana (in carica dal 1985) ne sono stati i traghettatori. Romano Prodi, numero uno dell'IRI e futuro presidente del Consiglio, è stato il regista che sostanzialmente è stato costretto a preferire il gruppo Fiat agli americani della Ford, semplicemente a causa della, almeno teorica, migliore offerta economica. Una condizione irrinunciabile per una azienda di stato. La Casa di Detroit, pur se la trattativa non stava rivelandosi semplice, sulla carta offriva migliori prospettive per l'azienda e per i circa 30mila dipendenti, divisi tra Arese e Pomigliano. Nel maggio del 2001, in un'intervista al quotidiano *La Repubblica*, Romano Prodi racconterà: '*Io volevo vendere l'Alfa Romeo alla Ford, ma fecero di tutto per impedirmelo, e ci riuscirono. Invece se ci fosse stata più concorrenza interna, oggi starebbero tutti meglio: di certo starebbe meglio l'economia italiana, ma anche la stessa Fiat*'.

Per l'acquisizione del mitico 'Biscione', il gruppo Fiat avrebbe dovuto spendere

Prima ancora dell'acquisizione dell'Alfa da parte della Fiat, il progetto 'base' della 164 era derivato da un accordo comune con la stessa Fiat e con la Saab, per abbattere i costi unitari. Però con notevoli possibilità di modificare la 'piattaforma' e lo stile, tanto che la 164 – caratterizzata da un'altezza minore – non sembra parente della Thema e della Croma.

1.750 miliardi di lire nominali, di cui 700 per pagare i debiti, mentre i restanti 1.050 sarebbero stati corrisposti solo dopo il 2 gennaio del 1993 e rateizzati in cinque anni. Per effetto della dilazione, la conquista dell'Alfa è costata alla Fiat in realtà meno della metà del prezzo concordato: 450 miliardi di lire. Un'inchiesta della Comunità Economica Europea, condotta nel 1987, ha stabilito che '*Il valore attuale del prezzo d'acquisto pagato dalla Fiat appare sostanzialmente più basso del valore attuale del prezzo offerto dalla Ford*': più che una vendita, quasi un regalo.

Tra il 1976 e il 1986, nonostante la produzione sostanzialmente in aumento, l'Alfa Romeo aveva letteralmente bruciato 15.000 miliardi di lire, equivalenti come potere d'acquisto a una dozzina di miliardi di euro attuali. Riversando fiumi di denaro, condizionati da piani di riorganizzazione e sviluppo aziendale che si sono rivelati inadeguati, l'azionista pubblico, controllato dalla classe politica al Governo, è stato il principale colpevole della lunga agonia del Biscione. Come ha stabilito un rapporto della Commissione Economica Europea, reso noto nel maggio del 1989.

L'inizio della 'fiatizzazione' dell'Alfa Romeo è datato primo gennaio 1987: quel giorno il passaggio di proprietà diventa effettivo. Che cosa succede? Apparentemente nulla. Accade, però, che i famosi 6mila miliardi di lire di investimenti promessi dalla Fiat per il rilancio sfuggono a qualsiasi controllo. Accade anche che l'ingegnere Vittorio Ghidella, il dirigente che aveva fatto della Fiat una 'gallina dalle uova d'oro' grazie a modelli di grande successo commerciale, e che aveva ideato un coraggioso piano di rilancio per l'Alfa, soprattutto nel segmento delle vetture 'premium', si scontra con l'amministratore delegato Cesare Romiti. Il primo vuole incentrare tutto sull'auto, e pensa anche a una partnership industriale con la Ford; l'altro, bene introdotto negli ambienti politici, punta invece sulla finanza e sulla diversificazione, non correlata al settore automotive. Ghidella lascia la Fiat nel novembre del 1988: nella contesa tra i due, l'avvocato Agnelli ha preferito non l'ingegnere appassionato dell'automobile, ma l'uomo forte, cioè Romiti. Il quale inizia lo smembramento del 'Biscione'. Finisce un'epoca, che l'ingegnere Orazio Satta Puliga, responsabile del Settore Progetti dal '46 al '72, aveva sintetizzato con queste eloquenti parole: '*L'Alfa Romeo non è una semplice fabbrica di automobili: le sue auto sono qualche cosa di più che automobili costruite in maniera convenzionale*'.

D'ora in avanti tutto, o quasi tutto, verrà conformato: le Alfa Romeo condivideranno pianali, telai, sospensioni e altro ancora con Fiat e Lancia. E dovranno rinunciare alla trazione posteriore, giudicata troppo onerosa per un costruttore generalista. La lentezza nella sostituzione temporale dei modelli, più avanti nel tempo porrà dubbi sul reale interesse del gruppo torinese per la storica Casa milanese, trattata come un marchio rivale finalmente vinto.

164: prima Alfa a trazione anteriore

Il primo prodotto dell'Alfa Romeo 'fiatizzata' arriva nel 1987. Siglata 164, è la prima ammiraglia del Biscione ad adottare la trazione anteriore. Il progetto era stato deliberato dagli ingegneri di Arese prima dell'arrivo dei torinesi e prevedeva, data la situazione economica che impediva di investire in nuove piattaforme, l'impiego di elementi comuni con la svedese Saab e con vetture del gruppo Fiat. Sfruttando le sinergie industriali, il modello 164 viene dunque rielaborato e completato dalla nuova proprietà, che utilizza il pianale della Fiat Croma e della Lancia Thema, entrambe a trazione anteriore. È tuttavia errato sostenere che i modelli di Torino e Milano siano stati studiati assieme. La parentela è ancora relativa, tanto che la 164 è più bassa e filante rispetto a Thema e Croma. Non sarà così per la successiva 155, sorella di Fiat Tempra e Lancia Dedra.

La linea della 164, è invece opera della Pininfarina, che ha applicato un suo tipico concetto chiave: una giusta combinazione tra eleganza e sportività. L'Alfa 164 si fa ammirare anche per l'abitacolo: spazioso, confortevole, sobriamente rifinito. Come si conviene a una vettura 'premium'. Per nobilitarne lo spirito sportivo, viene scomodato perfino Enzo Ferrari, ritratto accanto alla nuova automobile. È una delle ultime foto del Costruttore di Maranello: scomparirà alla vigilia di Ferragosto del 1988.

Quanto ai motori, l'ammiraglia prevede il 2 litri Twin Spark da 145 Cv, il V6 3.000 cc da 188 Cv e il Turbodiesel 2.5 litri da 114 Cv, fornito dalla VM. Nel 1988, la 164 eredita dalla Lancia Thema il 4 cilindri turbo 2.0 da 171 Cv,

Il caso Alfa Arna

Come sciupare un marchio

Chissà se qualche studioso della fenomenologia automobilistica riuscirà, prima o poi, a spiegare per quale ragione nel 1983 l'Alfa Romeo ha sostituito l'Alfasud con la Arna. Forse perché il nuovo modello italo-giapponese, a parità di lunghezza (400 cm per entrambe) e di motorizzazione (il 1200 boxer da 63 cavalli), era più largo di 3 cm e aveva un passo superiore di un cm? Le caratteristiche generali dei due modelli erano praticamente identiche e d'altronde l'Arna (Alfa Romeo Nissan Auto) adottava motore e avantreno dell'Alfasud. La linea di quest'ultima risaliva a oltre 10 anni prima, ma almeno non mancava di personalità. Per la conferma del giudizio negativo sullo stile dell'Arna sono sufficienti i dati di produzione: in quattro anni sono state prodotte (nel nuovo stabilimento di Pratola Serra, appositamente costruito!) 58.810 vetture, comprese quelle vendute come Nissan Cherry. Tra il 1980 e il 1984, l'Alfasud – ormai considerata al capolinea – era stata invece costruita in oltre 258.000 esemplari nella sola versione berlina, senza quindi considerare la 'Sprint'.

'*Arna e sei subito alfista*', recitava lo slogan pubblicitario: lo hanno seguito in pochi.

La differenza dello stile, pur partendo da una 'piattaforma' comune, ottenuta nel caso della 164, non è riuscita con la successiva 155, che risulta 'parente' della Fiat Tempra e della Lancia Dedra, soprattutto nella zona posteriore. In basso, la RZ presentata alla fine del 1992: si trattava della versione 'aperta' della precedente SZ, una coupé di impostazione sportiva derivata dalla 75. Entrambe le versioni (prodotte dalla Carrozzeria Zagato complessivamente in 998 unità) erano equipaggiate con il motore V6 'Busso' di 2959 cc, che erogava 207 Cv. Velocità, 245 km/h per la coupé e 230 km/h per la spider.

per evitare l'IVA al 36%, ma gli alfisti apprezzeranno maggiormente la versione sovralimentata proposta con la nuova gamma nel 1991: viene infatti adottato il celebre V6 progettato da Giuseppe Busso, in versione 2.0 con 201 Cv e velocità di 240 km/h. Malgrado le dimensioni e l'impostazione meccanica 'tutto avanti', l'Alfa 164 si fa apprezzare per la buona tenuta di strada, anche se con i motori più potenti si accentua inevitabilmente il fenomeno del sottosterzo, tipico delle trazioni anteriori. Della 164 viene allestita anche la versione a trazione integrale Q4, cioè 'Quadrifoglio a 4 ruote motrici', spinta dal V6 3 litri, da 232 Cv. Lo stesso poderoso motore, caratterizzato dalla distribuzione a 4 valvole per cilindro, è stato montato sulla versione 3.0i V6 24V, che sfiorava i 250 km/h.

Sotto l'aspetto commerciale, la 164 si è rivelata un discreto successo: nel decennio '87/'97 ne saranno costruite circa 260.000.

155: modello che delude gli alfisti

Oramai il dado è tratto. Indietro non si torna. E la seconda Alfa Romeo 'fiatizzata' si rivela inevitabilmente un'operazione di assemblaggio. La 155, berlina di fascia media, viene presentata nel 1992. Ad essa viene affidato, senza molta convinzione da parte della 'vecchia guardia' dell'Alfa, ma con la fiducia del neo-amministratore delegato del Gruppo Fiat, l'ingegnere Paolo Cantarella, il non facile compito di prendere il posto della affermata 75. La 155 fatica a farsi riconoscere come un'Alfa. Le cosiddette sinergie industriali e le econo-

Presentata nel 1997, l'Alfa 156 è stata 'firmata' da un grande designer: Walter de Silva, all'epoca attivo presso il Centro Stile di Arese, successivamente al vertice di altre Case straniere. Nella 156 i classici elementi dell'Alfa, a partire dallo scudetto, si fondono in una gradevole armonia. Sotto, l'abitacolo, ugualmente ricco di personalità.

mie di scala le hanno assegnato il pianale, le sospensioni a ruote indipendenti e lo schema a motore anteriore trasversale e trazione sulle ruote davanti, delle Fiat Tipo e Tempra e Lancia Dedra. Passo e dimensioni del pianale sono vincoli che non concedono molto margine di manovra agli stilisti dell'I.De.A Institute di Torino, specializzato nel design industriale, cui è stato chiesto di definire l'estetica della carrozzeria. Il risultato finale è tutt'altro che emozionante: la linea a cuneo è mutuata dalla 75, ma si rivela poco armoniosa mentre la coda appare troppo massiccia e sbilanciata rispetto al frontale. Manca, insomma, di personalità. Di mediocre livello la qualità dei rivestimenti, mai migliorati nell'arco di vita della vettura e – in occasione di una presentazione del modello al Centro Sperimentale di Balocco – motivo di forte risentimento dello stesso ingegnere Cantarella, colpito da una guarnizione di un finestrino che 'sventolava' per conto suo.

Di Alfa Romeo, la 155 conserva soltanto i motori a 4 cilindri, 'Bialbero' Twin Spark 1.8 e 2 litri e l'intramontabile V6 2.5 da 163 Cv; il resto è di provenienza Fiat, come il 2.000 cc 16 valvole turbo da 192 Cv, montato sulla versione a quattro ruote motrici, che utilizza lo stesso sistema di trazione integrale della Lancia Delta 4WD. A partire dal 1993 la gamma comprenderà anche i propulsori Turbodiesel 1.9 e 2.5 litri. Tra prima e seconda serie, la controversa 155 viene prodotta, nello stabilimento di Pomigliano d'Arco, fino

Apprezzata la linea della 156 Sportwagon, nonostante il limitato spazio interno, tenendo conto della tipologia della vettura. La sportività del modello è accentuata dalla versione 2.5 V6 24 valvole (nelle foto) da 190 Cv. Velocità massima, 230 Km/h.

Caratterizzata da una compatta linea a due volumi, anche la 147 è stata 'firmata' da Walter de Silva, in collaborazione con Wolfgang Egger, autore della successiva e strepitosa 8C Competizione. In basso, l'arioso abitacolo della 147.

al 1997 in poco più di 192.000 esemplari.

La 156 recupera un po' di immagine

Malgrado sia passato un decennio dall'ingresso dell'Alfa Romeo nell'orbita del gruppo Fiat, costruttore 'generalista', obbligato a fare i conti con il contenimento dei costi e con il mercato globale, gli alfisti più irriducibili continuano a sperare in una svolta, cioé in un modello che riprenda la tradizione di sportività del 'Biscione'. Se il ritorno alla trazione posteriore, certamente costosa e per questo oramai esclusiva di pochi marchi elitari, è fuori discussione, il tentativo di risvegliare l'interesse attorno a un marchio che gode ancora di grande attrattiva pare tuttavia possibile. Originario di Lecco, classe 1951, Walter de Silva è un designer entrato in Alfa Romeo poco prima che il marchio passasse nelle mani della Fiat. Si occupa dello stile, della forma esterna di una vettura. È poco noto in campo internazionale. Il suo nome, conosciuto però tra gli addetti ai lavori, inizia a varcare i confini di Arese con la presentazione, nel giugno del 1997, della nuova berlina a tre volumi di classe media, siglata 156. A parte il periodo attuale, successivo alla creazione del gruppo FCA, è ritenuta l'Alfa Romeo dell'era Fiat meglio riuscita. La matita di de Silva, partendo dalla calandra anteriore, ha tracciato linee tondeggianti, armoniose ed equilibrate, che conferiscono all'insieme una sportività discreta. E ha introdotto una soluzione stilistica cer-

La classica difficoltà di creare una linea filante per una vettura a due volumi e con ampio portellone posteriore, è stata risolta positivamente nel caso della 147, che ricorda una coupé, pur essendo molto spaziosa.

tamente audace e originale: le maniglie delle porte posteriori sono nascoste nei montanti dei finestrini.

La 156 non soltanto è attraente, tanto da riconquistare il cuore di molti alfisti, ma è anche tecnologicamente all'avanguardia. La piattaforma è condivisa con altri modelli del gruppo torinese. Le modifiche specificamente apportate al pianale, quali le nuove sospensioni a ruote indipendenti, con 'quadrilateri' anteriori e schema MacPherson dietro, lo rendono tuttavia più adeguato alla classe e alla sportività del modello, che vanta qualità stradali notevoli. L'inserimento in curva è rapido, lo sterzo diretto, preciso e pronto. La trazione anteriore, che tende a portare le ruote motrici verso l'esterno della traiettoria, allargandola, viene reinterpretata con un accenno progressivo di sottosterzo in funzione della velocità di percorrenza, comunque sempre facilmente controllabile. La tenuta è elevata, il compromesso tra confort e stabilità altrettanto. Meno apprezzabili risultano invece l'abitabilità del divanetto posteriore, più adatta per due passeggeri, e soprattutto la scelta di alcuni materiali che conferiscono una qualità non propriamente adeguata al tipo di vettura, quindi inferiore agli standard delle dirette concorrenti tedesche, Audi A4, BMW Serie 3 e Mercedes Classe C. Che stanno spadroneggiando nel segmento delle berline di classe medio-alta. Inoltre, il bagagliaio è meno capiente rispetto alla 155. La nuova vettura è però la prima Alfa che dispone del cambio manuale sequenziale semiautomatico Selespeed, realizzato dalla Magneti Marelli, decisamente più rapido di una trasmissione tradizionale.

Laddove la 156 sembra poter giocare meglio le proprie carte è nel prezzo di acquisto più abbordabile delle rivali germaniche, e nella motorizzazione Diesel, dotata del sistema di alimentazione ad iniezione diretta denominato 'JTD', acronimo di 'Unijet Turbo Diesel'; meglio conosciuto come 'common rail'. Progettato e sviluppato dalla Magneti Marelli, il brevetto dell'innovativo impianto è stato poi ceduto nel 1994 alla Bosch, che lo ha fornito in esclusiva alla Mercedes. La Fiat non aveva ritenuto redditizia la sua industrializzazione!

Il dispositivo permette un aumento della potenza e al tempo stesso una significativa riduzione dei consumi. Grazie al

Nel 2002 è stata presentata la più 'cattiva' delle 147, la versione GTA con motore V6 di 3179 cc e 250 cavalli. Velocità, 246 km/h. La 'base' della GTA è stata utilizzata per una versione particolare, che adottava il 4 cilindri Twin Spark di 1970 cc da 220 Cv, utilizzata per il campionato monomarca 'Alfa 147 Cup'.

'common rail', i Diesel hanno compiuto un notevole balzo in avanti, pareggiando con i propulsori a benzina sul fronte delle prestazionis. La scelta delle motorizzazioni della 156 è ampia: dal 4 cilindri con testata a 16 valvole 1.6 Twin Spark da 120 Cv al V6 2.5 litri a 24 valvole da 190 Cv, passando per le unità 1.8 e 2 litri; ai Turbodiesel 1.9 da 105 Cv e 2.4 litri a 5 cilindri in linea, da 136 cavalli. Alcuni di essi sono i cosiddetti 'modulari' a 4 e 5 cilindri costruiti dalla Fiat nello stabilimento di Pratola Serra, in provincia di Avellino. Al vertice della gamma arriva, nel 2002, la grintosa GTA spinta dal V6 3.2 litri, oramai definito 'Busso', dal nome del suo mitico progettista (entrato in Alfa nel '39!), capace di 250 Cv – potenza davvero notevole per una trazione anteriore – e in grado di permetterle una velocità massima di 250 km/h. Saranno complessivamente 25 i propulsori che equipaggeranno la berlina Alfa nel corso della sua carriera durata otto anni. Preferita da oltre 600mila clienti, prodotta anche nelle varianti Sportwagon, cioè familiare, e a quattro ruote motrici, la 156 è stata premiata nel 1998 con il riconoscimento di 'Auto dell'Anno'.

Un buco nell'acqua chiamato 166

L'ultima ammiraglia del 'periodo Fiat'. con il simbolo del Biscione, la 166 del 1988, entra ed esce nella storia dell'Alfa Romeo senza lasciare una traccia indelebile. Se la 164 aveva comunque una sua personalità, la nuova grande berlina ha l'aspetto di una evoluzione sbagliata e anonima della 164, che non spaventa affatto la concorrenza. Disegnata dal Centro Stile di Arese, sviluppata partendo dal pianale della Lancia K, assemblata negli stabilimenti torinesi Fiat di Rivalta e Mirafiori, la 166 nasce già vecchia. La linea anonima e una meccanica che comincia a risentire del tempo, non le lasciano alcuna possibilità di sfondare nella fascia alta che unisce lo stile, l'esecuzione delle finiture e la tecnologia d'avanguardia, alle qualità stradali. Pen-

Nonostante svariate caratteristiche positive, la 166 del 1998 non è stata in grado di contrastare la concorrenza straniera nel difficile settore delle 'ammiraglie', ruolo che aveva interpretato bene la precedente 164.

sata senza ambizioni e con investimenti insufficienti per reggere il mercato delle vetture 'premium', l'ammiraglia resta in produzione per un decennio raggiungendo complessivamente circa 100mila unità vendute. Un colpo basso per la reputazione dell'Alfa Romeo.

L'ambiziosa 147

Si dice che, visitando il Salone dell'Auto di Parigi del 2000, il presidente della Francia, Jacques Chirac, si sia fermato ad ammirarla ed abbia esclamato '*C'est magnifique*'. L'oggetto di tanto interesse – un francese che elogia un prodotto straniero è un fatto certamente curioso – è l'Alfa Romeo 147, la nuova compatta a due volumi, o 'hatchback' nella definizione inglese, che avrebbe dovuto portare le vendite del Biscione a quota 480.000 unità nell'arco di un triennio. Il modello che, come affermò l'allora amministratore delegato di Fiat Auto, l'ingegnere Roberto Testore, in uno slancio di ottimismo, avrebbe dovuto fortemente contribuire al ritorno del marchio negli Stati Uniti, assente ormai da un decennio. Dovranno invece trascorrere altri quindici anni prima di riparlare dell'Alfa Romeo negli USA.

A Torino puntano parecchio sulla 147 e, sebbene si tratti di un modello di fascia relativamente economica, sono state impiegate la stessa piattaforma e le medesime costose sospensioni della berlina 155. Tale scelta farà della due volumi Alfa un'automobile dalla tenuta di strada inarrivabile per molte concorrenti, a cominciare dalla grande protagonista della categoria: la Volkswagen Golf. Il disegno della carrozzeria, inizialmente a due porte con portellone posteriore, seguita un anno dopo dalla variante a quattro porte, è tracciato da Walter de Silva e dal più giovane designer tedesco Wolfgang Egger, già impegnato presso il Centro Stile Lancia. Particolarmente riuscita, la parte posteriore, dove spicca la soluzione stilistica cosiddetta 'fuoribordo', cioè l'accenno di sbalzo tra il paraurti e il portellone; scelta che farà scuola. Sulla 147 vengono montate quattro motorizzazioni a benzina, tra cui il V6 2.5 litri sovralimentato da 250 Cv per la speciale versione sportiva GTA, e addirittura sette evoluzioni del Turbodiesel, con potenze tra 100 e 170 Cv. Vincitrice del riconoscimento giornalistico 'Auto dell'Anno' nel 2001, l'Alfa Romeo 147 è uscita di produzione nel 2010, dopo oltre 650mila esemplari venduti. Per la Casa del 'Biscione', comunque un successo.

Produzione Alfa Romeo 1945-1997

Anno	Unità	Anno	Unità
1945	3	1972*	140.595
1946	160	1973	204.902
1947	281	1974	208.386
1948	444	1975	189.682
1949	467	1976	201.145
1950	305	1977	201.118
1951	1.336	1978	219.499
1952	3.591	1979	207.514
1953	5.445	1980	219.571
1954	3.921	1981	197.287
1955	5.807	1982	188.773
1956	11.748	1983	206.926
1957	16.675	1984	200.103
1958	20.580	1985	157.625
1959	32.089	1986	168.074
1960	57.870	1987	192.024
1961	57.181	1988	229.003
1962	56.460	1989	233.207
1963	85.605	1990	223.643
1964	65.193	1991	174.630
1965	61.236	1992	152.354
1966	59.971	1993	109.598
1967	76.831	1994	108.097
1968	97.220	1995	156.867
1969	104.305	1996	113.800
1970	107.989	1997	160.590
1971	123.309		

*Compresa l'Alfasud

Vendite Alfa Romeo in Italia 1998-2015

Anno	Unità	Anno	Unità
1998	113.563	2007	73.742
1999	103.920	2008	52.911
2000	104.388	2009	55.312
2001	92.764	2010	51.939
2002	80.234	2011	58.209
2003	81.309	2012	42.221
2004	75.970	2013	31.661
2005	62.428	2014	28.323
2006	71.984	2015	30.592

Dati ANFIA

MAGNETI MARELLI
ERG
MICHELIN

SFIDA ALLE TEDESCHE

Dall'Autodelta si torna all'antica denominazione di Alfa Corse. È così che, a metà degli anni Ottanta viene ribattezzata a Settimo Milanese la divisione sportiva, ora sotto la direzione tecnica di Gianni Tonti, un novarese classe 1942 che per oltre un ventennio è stato responsabile del reparto corse Lancia. Oltre ai motori di Formula 1 – impegno oramai agli sgoccioli – viene realizzata la Formula Alfa Boxer. Progettata dall'ingegnere Giorgio Stirano, la monoposto 'monomarca', destinata principalmente ai giovanissimi piloti provenienti dal kart, monta il propulsore 1.7 litri 'boxer' di serie, da 123 Cv, successivamente sostituito con il 16 valvole da 150 Cv.

Nel 1986, prima del passaggio del marchio del 'Biscione' alla Fiat, ad Arese allestiscono una versione da competizione della nuova berlina 75. Preparata sulla base del modello 1.8i Turbo (1779 cc, 175 Cv) secondo le specifiche tecniche del Gruppo A, molto più vincolante rispetto al precedente Gruppo 2, la vettura è pensata in funzione del Campionato del Mondo Turismo dell'anno successivo. Per l'omologazione internazionale vengono quindi realizzati 500 esemplari stradali della 75 1.8i Turbo Evoluzione, tutti verniciati in rosso, motore 4 cilindri di 1.8 litri. La potenza rispetto alla versione originale resta invariata ma l'assetto, i freni, le ruote, il motore e i passaruota allargati, sono studiati in funzione delle corse. Sovralimentato tramite un compressore Garrett, il motore da corsa eroga 280 Cv a 5500 giri/m. Il roll-bar a gabbia di protezione dell'abitacolo è studiato anche allo scopo di irrigidire la scocca. La vettura pesa 990 kg in ordine di marcia.

L'Alfa Evoluzione dovrà misurarsi contro due modelli di concezione più avanzata: la Ford Sierra Coswort RS, motore 2 litri turbo, 370 Cv poi elevati a 450 con la versione RS500, che sarebbe apparsa a metà stagione; e la berlinetta BMW M3 progettata specificatamente per le corse, propulsore aspirato 4 cilindri-16 valvole 2.3 litri, potenza 280 Cv, telaio e sospensioni all'avanguardia.

Nel Campionato del Mondo Turismo 1987, che prevede gare di 500 km o di 4 ore, oltre alla classica 24 Ore di Spa-Francorchamps, l'Alfa Romeo schiera 6 vetture tra ufficiali e private, quest'ultime comunque assistite direttamente dal reparto corse. Malgrado la squadra sia composta da piloti di spessore, tra cui Paolo Barilla, Gabriele Tarquini, Jacques Laffite, Jean-Louis Schlesser, Giorgio Francia e Rinaldo Drovandi, la 75 Evoluzione non riesce a inserirsi nella lotta per la vittoria. E in settembre, dopo il Tourist Trophy a Silverstone, in Inghilterra, dove Schlesser e Francia hanno chiuso al terzo posto assoluto, l'Alfa Corse si ferma: non affronterà le ultime gare in Australia, Nuova Zelanda e Giappone. Le prestazioni della 75 Evoluzione sono state complessivamente deludenti. Le cause? Principalmente il ponte posteriore De Dion, certamente raffinato ma di vecchia concezione, difficile e complicato da regolare in una macchina da corsa; quindi il ritardo della risposta del turbo e la brutale erogazione della coppia motrice.

Nella pagina precedente, le Alfa Romeo 155 per la stagione di corse 1993: in primo piano le versioni V6 TI a 4 ruote motrici e motore 2.5 litri da 420 Cv per la serie tedesca DTM 1993; dietro, la TS classe D2 a trazione anteriore con il 4 cilindri-16 valvole 2000 cc, 280 Cv, per i campionati nazionali. Sopra, Larini nella gara d'esordio del DTM, a Zolder: vince sfruttando la trazione integrale sulla pista bagnata. Quell'anno, Larini e Nannini, sotto, ottengono 12 successi in 20 gare.

L'Alfa 75 Evoluzione continuerà tuttavia a gareggiare schierata da scuderie private, sempre appoggiate dal reparto corse del 'Biscione', nel Campionato Italiano SuperTurismo. Nel 1988 l'Alfa ha contribuito al rilancio della 'serie tricolore', schierando piloti molto noti come Riccardo Patrese e Alessandro Nannini, e conquistando le prime due posizioni della classifica finale con Gianfranco Brancatelli e Giorgio Francia. L'impegno della 75 nel SuperTurismo tricolore si chiude nel 1991.

La 155 V6 Ti che batte la Mercedes

Accolta con una certa riluttanza dagli alfisti, che considerano la meccanica Fiat e la trazione anteriore incompatibili con lo spirito del 'Biscione', la berlina Alfa Romeo 155 richiede un certo sostegno pubblicitario-promozionale. E allora: che cosa meglio delle competizioni per darle un'immagine sportiva? Utilizzando la trasmissione a quattro ruote motrici e il motore 2 litri turbo da 400 Cv della Lancia Delta HF Integrale, dominatrice nei rally, e modificando vistosamente la carrozzeria

L'Alfa Romeo 155 V6 TI dell'ex pilota di F.1 Alessandro Nannini precede la vettura gemella del 'poleman' Larini nella gara d'apertura del DTM 1994, sul circuito belga di Zolder. Ogni tappa della serie prevede due gare distinte: nella prima prova della stagione, Nannini se le aggiudica entrambe. Malgrado ottengano un numero maggiore di successi rispetto ai rivali della Mercedes, il titolo sfuggirà ai piloti del 'Biscione'.

di serie, nella stagione 1992 l'Alfa Corse schiera in pista la 155 GTA. Che si riprende la rivincita sulla BMW, vincendo a mani basse il Campionato Italiano SuperTurismo, con 17 vittorie su 20 gare. Il titolo va al toscano (di Camaiore) Nicola Larini. A fine stagione, cambia però il regolamento e l'Alfa della riscossa si ritrova senza un futuro.

Giorgio Pianta, un popolare ex pilota e collaudatore milanese con un lunga carriera in pista e nei rally, capo delle attività sportive Fiat-Alfa-Lancia, individua un nuovo campo d'azione per la 155 GTA: il campionato DTM, acronimo di Deutsche Tourenwagen Master, cioè Campionato Tedesco per Vetture Turismo. Inventato nel 1984 e immediatamente innalzatosi a un livello di spettacolarità molto elevato per la presenza dei team ufficiali di costruttori quali Audi, BMW e Mercedes, il DTM mantiene comunque una dimensione tedesca. E richiede ingenti investimenti. Sono ammesse vetture a trazione libera con motori aspirati, e non più di 6 cilindri, 2.5 litri di cilindrata. L'Alfa Romeo non bada a spese e allestisce una vettura che già nei primi test rivela di essere competitiva: la 155 V6 Ti, meglio conosciuta come 155 DTM. Sviluppata attorno a un telaio in tubi di acciaio, rivestito con un guscio in fibra di carbonio che riprende la 'silhouette' del modello di serie, la vettura è equipaggiata con il motore V6 24 valvole progettato dall'ingegnere Giuseppe D'Agostino, in grado di erogare 420 Cv. Assente per protesta con gli organizzatori la BMW, e con la Mercedes presente con la oramai datata sebbene ancora competitiva 190 2.5 Evo2, il DTM 1993 si trasforma in un trionfo per l'Alfa Romeo: Nicola Larini conquista il titolo vincendo metà delle 20 corse del calendario, tra cui le due all'esordio, sull'asfalto bagnato del circuito belga di Zolder, ma i successi del 'Biscione' ammontano complessivamente a 12, grazie alle due affermazioni di Alessandro Nannini. Difficile fare meglio.

Nella stagione successiva, il corpo di spedizione alfista deve fare i conti con la nuova arma della Mercedes: la Classe-C V6 da 420 Cv, aerodinamica all'avanguardia e peso inferiore alla 155 V6 Ti. Malgrado l'Alfa Romeo metta a segno più vittorie rispetto ai rivali, il campionato finisce al pilota di punta della stella a tre punte, Klaus Ludwig. Anche il 1995 si chiude senza il primato finale. L'avventura del Biscione nel DTM prosegue fino al 1996, quando la serie assume la denominazione di ITC (International Touring Car Championship) e il tedesco dell'Alfa Christian Danner vede sfuggire il titolo all'ultima gara.

Negli ultimi due anni di attività, la 155 V6 Ti conosce una continua evoluzione – la potenza del V6 arriverà a quota 520 Cv e il telaio sarà completamente rifatto – specialmente sul fronte dei dispositivi elettronici, tra cui un sistema sperimentale con ABS a controllo laser, che avrebbe dovuto permettere una lettura precisa delle imperfezioni del fondo stradale assicurando, in teoria, una frenata perfetta. Troppo complicati da mettere a punto singolarmente e, soprattutto, difficili da far interagire l'uno con l'altro, tanto da compromettere l'affidabilità generale, i congegni 'hi-tech' finiscono per penaliz-

Sopra, Gabriele Tarquini conquista il titolo del BTCC 1994, cioè il Campionato Britannico Turismo, con l'Alfa Romeo 155 TS classe D2. Sotto, Nicola Larini vincitore del DTM 1993 con 10 affermazioni in 20 gare. Classe 1964, ex pilota di Formula 1, il toscano è diventato uno specialista di questo genere di competizioni.

zare le prestazioni delle vetture. Lo stop all'avventura della 155 DTM viene deciso, alla fine della stagione 1996, anche per i costi divenuti oramai insostenibili.

La Fiat smantella il reparto corse Alfa Romeo di Settimo Milanese, e mette alla porta il capo delle attività sportive Giorgio Pianta, grande fautore e sostenitore del dispendioso programma DTM.

Nel 1993 l'Alfa Romeo ha approntato anche un'altra versione da competizione della 155. Siglato TS, il modello viene allestito secondo il regolamento tecnico della classe D2 (Divisione 2) della Federazione Internazionale dell'Automobile, che ammette unicamente le berline a 4 porte prodotte in grande serie, con motore aspirato 2 litri, senza modifiche alla carrozzeria ori-

Per il Campionato del Mondo Turismo 1987, l'Alfa Corse prepara la versione competizione della berlina 75 1.8i Turbo Evoluzione, costruita in soli 500 esemplari per l'omologazione sportiva: motore sovralimentato da 280 Cv. Ecco la vettura ufficiale di Giorgio Francia e Paolo Barilla alla 500 Km di Monza.

ginale. Realizzata dall'Abarth di Torino sotto la direzione tecnica dell'ingegnere Sergio Limone – si tratta degli esperti uomini della ex squadra rally Lancia – la 'tutto avanti' del Biscione, potenza 280 Cv, viene schierata nel Campionato Italiano SuperTurismo dove, però, è sconfitta nella corsa al titolo dalla BMW 318 a trazione posteriore. L'anno successivo, la 155 TS attraversa la Manica e affronta il BTCC – British Touring Car Championship – il più importante e competitivo tra i campionati nazionali della categoria D2. Gabriele Tarquini, pilota di punta della squadra Alfa Corse, infila cinque successi nelle prime cinque gare. Poi scoppia una polemica a causa dello spoiler posteriore della berlina Alfa, ritenuto non conforme al regolamento. Tarquini segna il passo in qualche corsa, ma si riprende e, capitalizzando i punti messi in tasca nella prima parte della stagione, riesce a portare il Biscione al successo finale. Il primato nel BTCC 1994 resterà il risultato più altisonante nel palmarés della 155 strettamente derivata dalla grande serie.

Negli ultimi due anni di attività, 1996 e 1997, la 155 TS aggiornata nella meccanica e nella carrozzeria, e dotata del motore Twin Spark a 4 valvole da 310 Cv, viene schierata nel tricolore SuperTurismo dalla Nordauto, concessionaria Alfa Romeo di Cremona. Delle due versioni da competizione della 155, la spettacolosa DTM e la TS, più vicina alla produzione, va indubbiamente il merito di aver ridato uno smalto di sportività a un marchio glorioso.

156: ultima Alfa da competizione

Nonostante il disimpegno della Fiat dall'attività sportiva, anche la riuscita berlina 156, presentata nel 1997, conosce uno sbocco corsaiolo. L'iniziativa parte dalla Concessionaria Nordauto di Cremona che riesce a ottenere l'appoggio tecnico ed economico della Casa-madre per allestire un paio di esemplari da schierare nel Campionato Italiano SuperTurismo, il cui regolamento tecnico per la classe 2, ricalca, più o meno, il precedente D2 internazionale. Ecco, dunque, il motore aspirato, 4 cilindri 2 litri, con potenza di 275 Cv; la carrozzeria è dotata di appendici aerodinamiche, la scocca è alleggerita. Il cambio fornito dall'inglese Hewland, è di tipo sequenziale. Con le

Nel Campionato Italiano Superturismo 1993-94 corre, con una delle 155 TS classe D2 dell'Alfa Corse, Tamara Vidali: sopra, in acrobazia sul circuito di Imola. La giovane trevigiana non sfigura affatto: ottiene una pole position e piazzamenti di valore. Sotto, la March di Formula Indy del 1989 con motore Alfa Romeo V8 2.6 litri turbo da 700 Cv strettamente derivato da un'unità Ferrari: l'avventura del Biscione nelle corse USA è stata deludente.

Alfa 156 GTA – la sigla sarà utilizzata anche per il modello stradale con motore V6 – la Nordauto si impone al vertice per quattro anni di fila: il modenese Fabrizio Giovanardi conquista in successione i titoli nazionali nel 1998-'99 e, nelle due stagioni seguenti, la Coppa Europa SuperTurismo.

Nel 2002, con la decisione della Federazione Internazionale dell'Automobile di istituire nuovamente il Campionato Europeo Turismo, la 156-Nordauto viene aggiornata secondo il nuovo regolamento Super2000. L'Alfa Romeo ha intravisto nell'iniziativa della FIA un veicolo pubblicitario-promozionale decisamente interessante e a buon mercato: la copertura televisiva della serie continentale, infatti, è assicurata dall'emittente Eurosport e tutte le gare vengono trasmesse in diretta. Della precedente versione, la 156 Super2000 mantiene il gruppo motore-cambio mentre la carrozzeria viene modificata con un

Nicola Larini in azione a Monza nel 1998 con la 156 nell'allestimento SuperTurismo, schierata dal team Nordauto.

nuovo frontale aerodinamico e i passaruota allargati. Anche la BMW si getta a capofitto nell'Europeo Turismo, suo tradizionale terreno di caccia, approntando la berlina 320 – motore 6 cilindri, 280 Cv, trazione posteriore – che sconta un inevitabile periodo di messa a punto. A imporsi nel 2002 è quindi Fabrizio Giovanardi; e le 156 Super2000 primeggiano in 12 delle 18 gare in calendario. Il 'Biscione' si ripete anche l'anno seguente conquistando, nell'ultima sfida stagionale, il titolo con Gabriele Tarquini. Malgrado l'evoluzione del motore, la cui potenza viene elevata a 300 Cv, successivamente la berlina della Nordauto perde la sfida con la BMW, che si aggiudica l'Europeo del 2004 con il britannico Andy Priaulx. Le 156 Super2000 vengono schierate anche nel Campionato del Mondo Turismo, che dal 2005 sostituisce la serie continentale. Ma è ancora la BMW, sempre con Priaulx, a chiudere a proprio favore la partita. Un po' per effetto di una supremazia venuta meno, molto per il risanamento finanziario cui è sottoposto il settore auto del Gruppo Fiat, il programma Alfa Romeo nel Mondiale Turismo viene tagliato. Nel biennio 2006-2007, le 156 Super2000 vengono quindi schierate in forma privata dalla Nordauto, ora N-Technology. Nonostante la mancanza di un vero e proprio sviluppo, le berline Alfa ottengono comunque svariati exploit. Come quello dell'inglese James Thompson sul circuito spagnolo di Valencia, nel 2007: due gare, altrettante vittorie. Resterà l'ultimo successo dell'Alfa Romeo in un campionato internazionale. A fine stagione, dopo un decennio di attività, la 156 da competizione finisce a testa alta la sua onorevole carriera.

Tra il 1998 e il 2007, la berlina 156 ha portato all'Alfa Romeo due campionati italiani Superturismo, altrettante coppe d'Europa di categoria e il titolo continentale 2002 con Giovanardi, sopra, in azione a Imola nel 2004, e un altro con Tarquini. Il motore della 156 in versione Super2000, è arrivato a erogare 300 cavalli.

Negli Anni 2000 l'Alfa ritrova la tradizione

RITORNO ALL'ORGOGLIO

All'alba degli Anni 2000, pareva che per l'Alfa Romeo si prospettasse un futuro più sereno rispetto alle consorelle Fiat e Lancia, tutte unite nel Gruppo Fiat. Disponeva di una gamma di vetture non larghissima – come è sempre stata consuetudine del 'Biscione' – ma sufficientemente brillante per competere in un mercato che nel 2000 ha registrato, in Italia, il record di immatricolazioni: 2.425.542. In quel periodo, sulle vendite pesavano gli incentivi economici dello Stato, la spinta all'acquisto di un'auto catalizzata e l'inizio della politica sempre più aggressiva, messa in atto dai concessionari.

Dopo il fatidico anno 2000, in modo progressivo ma inesorabile, per il mercato è però iniziata una fase calante, culminata nel crollo di dieci anni dopo, quando sono state immatricolate appena 1.384.451 vetture. Nello stesso periodo, il Gruppo Fiat ha dovuto affrontare una pesante crisi di vendite e di immagine, dalla quale si è lentamente ripresa solo a partire dal 2007, quando è nato il Fiat Group Automobiles, sotto la guida dell'amministratore delegato Sergio Marchionne. Una rinascita non velocissima, che ha ritrovato la spinta con la straordinaria acquisizione del Gruppo Chrysler (l'ingresso, progressivo, è iniziato nell'aprile 2009) e la successiva nascita il 15 dicembre 2014 di Fiat Chrysler Automobiles, che controlla la produzione di

Seducente e ricca di personalità, l'Alfa Romeo 8C Competizione è stata una eccellente risposta alla crisi del marchio, intorno alla metà degli Anni 2000. A lato, il posto di guida: il cambio, di tipo 'elettroattuato' (manuale oppure automatico), viene comandato tramite le 'palette' dietro il volante.

I coperchi delle teste verniciati in rosso promettono energia e potenza: il V8 di 4691 cc, adottato dall'Alfa 8C Competizione, eroga 450 Cv a 7000 giri/m con una coppia di 48 kgm a 4750 giri/m.

Fiat, Alfa Romeo, Lancia, Abarth e dei veicoli commerciali 'Fiat Professional'.

Per il Gruppo Fiat le difficoltà erano partite da alcuni progetti decisi fin dagli Anni '90, che si erano rivelati deludenti una volta arrivati sul mercato, come quelli relativi alle Fiat 600 (semplice evoluzione della veterana 500) o Stilo. Stesso discorso per le Lancia Lybra e Kappa, stritolate da una concorrenza concreta e che aveva investito su una migliore qualità.

Nel caso dell'Alfa Romeo, la 156 e la 147 (presentate rispettivamente nel '97 e nel 2000) non ponevano dubbi sul loro successo commerciale, anche se l'immagine generale del Gruppo e la non eccelsa qualità di tanti particolari (soprattutto legati all'abitacolo), ne ha certamente limitato il potenziale. Un piccolo aiuto alle vendite, lo ha dato anche la GT Coupé, sportiva a due porte e a quattro posti, presentata nel 2003 sulla base della 156. Proposta con i 4 cilindri 1.8 e 2.0, oltre che con un V6 3.2 e un Turbodiesel 1.9 JTD, è stata prodotta in poco più di 80.000 esemplari fino al 2010. Negativo invece il 'saldo' della 166, la grande berlina che nel 1998 aveva preso il posto della brillantissima 164. Senza la spiccata personalità del modello precedente (tanto per cominciare, lo stile), non aveva la forza di competere alla pari nella fascia occupata dalle 'ammiraglie' da 60 milioni di lire in su. In circa 10 anni, ha superato di poco le 100.000 unità: poco più di un terzo rispetto al risultato globale della 164. Cifre 'nude' ma che spiegano una realtà che stava diventando sempre più difficile, fino al caso clamoroso della 159, il modello che nel 2005 ha preso il posto della 156. Era certamente difficile sostituire la piacevole linea ideata da Walter de Silva per la 156, eppure la proposta di Giugiaro per la nuova 159 era certamente di buon livello, in particolare nel caso della versione Sportwagon. Quest'ultima non solo si faceva apprezzare per lo stile personale e convincente, ma garantiva una capacità di carico da vera 'sw', ben diversa rispetto alla limitata 156. Inoltre, per entrambe le versioni si notava lo sforzo per migliorare la qualità e la gradevolezza dell'abitacolo, ma i risultati commerciali sono stati purtroppo nettamente inferiori alle attese. Non era il 'momento' dell'Alfa, condizionata dai risultati del Gruppo Fiat, eppure la159 non meritava di terminare la carriera dopo appena sette anni e circa 250.000 esemplari costruiti.

A spiegazione dell'insuccesso (comunque relativo), sono state proposte varie tesi, tutte legate al periodo della progettazione e sviluppo del modello.

Nel giugno del 2002, la carica di am-

La misura del passo (distanza tra i 'centri ruota' davanti e dietro: 265 cm) non è limitata, in modo da favorire la dolcezza della guida anche ad elevate velocità. La 8C Competizione è comunque molto compatta: è lunga appena 434 cm ed è larga 188 cm. Bellissimi i sedili, del tipo a 'conca' per il contenimento laterale in curva. Le feritoie del cerchio permettono di osservare il disco ventilato del freno anteriore: ha un diametro di 33 cm.

La versione Spider della 8C Competizione è identica alla Coupé, sotto l'aspetto tecnico; cambia però il peso: 1.675 kg contro 1.585 kg.

ministratore delegato del Gruppo Fiat era passata dall'ingegnere Paolo Cantarella a Paolo Fresco, manager di esperienza e presidente dello stesso Gruppo dal giugno 1998. Già nel 2000, Fresco e Cantarella avevano costituito una alleanza industriale strategica con la General Motors, che aveva sottoscritto una partecipazione del 20% in Fiat Auto, in cambio di azioni della stessa GM per una quota del 5,1%. Nel 2004 le critiche condizioni del Gruppo Fiat avevano spinto General Motors ad uscire dall'accordo, nonostante una penale di ben due miliardi di dollari, pagata all'azienda italiana.

Quella 159 tanto discussa

Nel frattempo i tecnici avevano già realizzato dei progetti comuni, a partire da una piattaforma destinata ad Alfa, Cadillac e Saab, ma anche nel settore dei motori, l'influenza della Casa americana sarebbe stata ugualmente importante. Il pianale era stato concepito per un modello di dimensioni maggiori rispetto alla 159 (unica ad utilizzarlo, dopo la rottura dell'accordo), 'dettaglio' che ha influito nettamente sul peso finale della vettura. Anche i motori a benzina hanno riservato qualche sorpresa negativa, magari motivata dalla mole della vettura più che dalle caratteristiche tecniche. I tradizionali clienti dell'Alfa erano però abituati a una brillantezza che la 159 faticava ad esprimere, tanto che la 'leggenda' dei 'paciosi' motori Opel adottati da uno dei più sportivi marchi del mondo, ha finito per influenzare negativamente le vendite. In realtà l'unico motore totalmente Opel/General Motors era l'1.8 Ecotec, da 140 Cv a 6.500 giri/m, montato sulla versione d'attacco della 159. I propulsori a 4 cilindri, di 1859 e 2198 cc, della serie JTS (Jet Thrust Stoichiometric: tecnologia dell'Alfa Romeo per lo sviluppo dell'alimentazione ad iniezione diretta secondo l'ottimale rapporto 'stechiometrico' tra aria e carburante), erano in effetti di origine Opel, ma le testate erano state interamente modificate dall'Alfa. Con potenze rispettivamente di 160 Cv a 6500 giri/m e 185 Cv ad uguale regime, mentre la coppia massima disponibile con i due motori, era pari a 19,3 kgm e 23,4 kgm, a 4500 giri/m. Risultati validi, anche se effettivamente il 4 cilindri della 156 (1969 cc, 83x91 mm), 'originale Alfa' ma ugualmente con tecnologia JTS, regalava 165 Cv a 6400 giri/m con una coppia di 21 kgm, però a un regime molto basso: 3250 giri/m; quindi con un bel 'tiro' anche con i rapporti più alti del cambio.

Discorso simile per il motore a 6 cilindri a V, di 3195 cc, adottato dalle versioni più prestigiose: non si trattava del mitico propulsore progettato (almeno nella versione iniziale) dal celebre tecnico Giuseppe Busso e adottato da 164, 156 e 166. Il 'V6 Busso', con il tempo diventato un feticcio per gli Alfisti, era stato soppiantato da un meno costoso V6, ugualmente a 24 valvole, realizzato dalla Holden, marchio australiano della GM. Come nel caso dei 4 cilindri, anche il V6 era stato ampiamente rivisto dai motoristi dell'Alfa, coordinati dall'ingegnere Paolo Lanati, con iniezio-

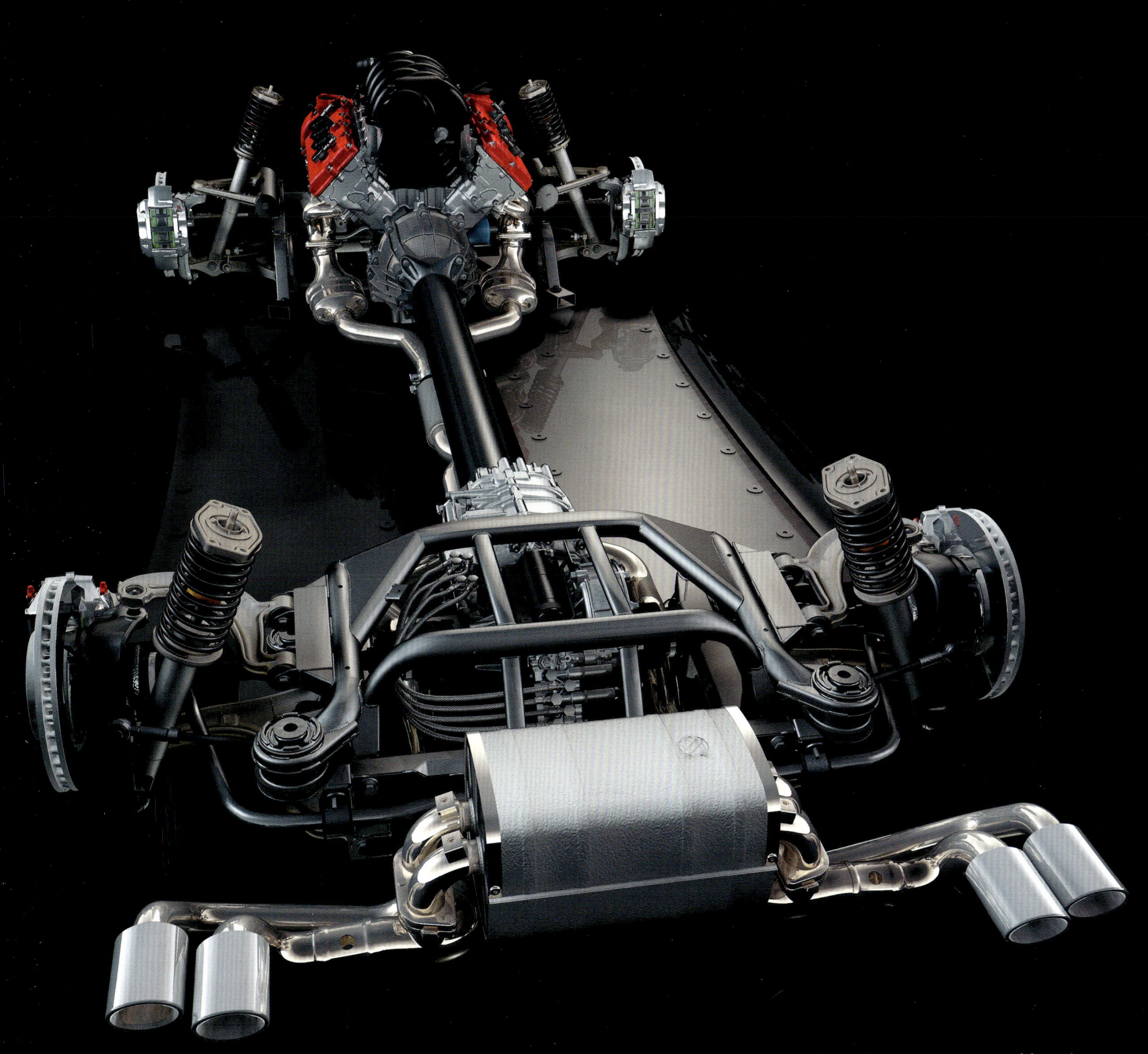

L'Alfa Romeo 8C Competizione è stata la prima vettura del 'Biscione' con trazione sulle ruote posteriori, dopo la 75 degli Anni '80. La trasmissione è del tipo 'transaxle', come sulle famose Alfetta e 75: motore anteriore e gruppo cambio-differenziale posizionato al retrotreno. La scelta permette un ottimo bilanciamento del peso tra l'anteriore (in questo caso, 49%) e il posteriore (51%). Per una maggiore rigidità, l'albero della trasmissione è inserito in un tubo. Gli antichi dubbi legati alla manovrabilità del cambio (tipici dell'Alfetta e in parte della 75), spiegati con la notevole lunghezza dei leveraggi, sono spariti, perché il sistema è 'elettroattuato'.

Sobria ed elegante, non priva di personalità, l'Alfa Romeo 159 ha avuto la sfortuna di essere proposta in un periodo difficile per il marchio del 'Biscione'. Sotto, lo schema del sistema Electronic Q2, che evita il 'pattinamento' della ruota interna in curva, limitando il 'sottosterzo'.

ne diretta (tecnologia JTS) e distribuzione con variatori di fase per l'aspirazione e lo scarico. Il V6 australiano erogava 260 Cv a 6300 giri/m, con una coppia di 33 kgm a 4500 giri/m. Quindi, non sfigurava affatto con il 'V6 Busso' adottato dalla 156 GTA, che erogava 250 Cv a 6200 giri/m, con una coppia di 30,6 kgm a 4800 giri/m. L'ostracismo nei confronti del nuovo V6 (più economico nei consumi e con minori emissioni allo scarico) è stato però totale e ne hanno risentito soprattutto le due gradevolissime versioni derivate dalla 159: la Brera Coupé e la Spider, realizzate sullo stesso pianale ma con passo accorciato a 251 cm, dagli originali 270. Agli effetti della guidabilità e della tenuta di strada, l'ottima rigidità torsionale del telaio e le sospensioni anteriori a quadrilatero e di 'tipo multilink' dietro, facevano il loro dovere. Il peso superiore di circa 100 kg rispetto ad altri analoghi progetti dell'Alfa (sulla 156 la traversa della plancia e le strutture di volante e sedili

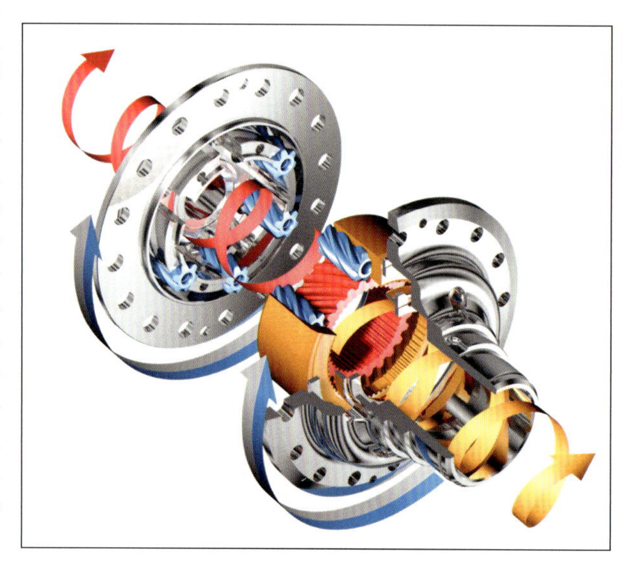

erano in magnesio), ha comunque 'condannato' la 159, nonostante la cura dimagrante (circa 45 kg in meno), prevista in occasione del restyling del 2008. Le vendite si sono così concentrate sulle versioni con motore a gasolio, non solo nel caso delle 159 Berlina e Sportwagon, ma anche delle sportive Brera e Spider. Erano tutte più pesanti rispetto alle 'sorelle' a benzina (1.540 kg per la Sportwagon 2.2 JTS e 1.680 kg per la versione Diesel) ma la spinta del motore JTDm a 5 cilindri (2387 cc, 210 Cv a 4000 giri/m), si faceva sentire grazie alla coppia di ben 40,8 kgm ad appena 2000 giri/m.

Nonostante le numerose buone qualità, la Brera e la Spider (proposte fino al 2010) sono state comunque costruite in un numero limitato di esemplari: rispettivamente 21.786 e

Derivata dalla 159, l'Alfa Romeo Brera poteva ospitare quattro persone pur con una linea da vera sportiva. Il suo successo è stato limitato anche a causa dell'adozione di motori a benzina (in particolare il 2.2 JTS), giudicati non del tutto consoni alla tradizione Alfa Romeo.

12.488 unità. Cifre sensibilmente inferiori, rispetto ai modelli di identica tipologia, proposti tra il 1995 e il 2000: la GTV e la Spider, che avevano raggiunto 36.759 e 30.330 unità.

All'inizio degli Anni 2000, l'Alfa aveva perso uno dei suoi simboli storici, la fabbrica di Arese, operativa fin dal 1962, e che da qualche anno era condizionata dalle regole anti-inquinamento e dalle abitazioni private, edificate in zone sempre più vicine allo stabilimento. Ultime vetture costruite ad Arese, le Alfa GTV e Spider nel 2000; in seguito, per qualche tempo, il complesso è stato utilizzato per il montaggio dei motori V6 della 'serie Busso', mentre le aree destinate allo sviluppo tecnico hanno funzionato fino alla completa definizione dei progetti Mito e Giulietta. Ultimo reparto, ad abbandonare Arese per Torino, il Centro Stile, nel 2011.

Le testimonianze della presenza dell'Alfa ad Arese sono comunque ancora notevoli: le costruzioni destinate alle direzioni sono state conservate e ospitano, tra l'altro, il Museo dell'Alfa, interamente riprogettato e ampliato. Sempre ad Arese, è operativa una parte del Customer Service Centre di FCA, destinato a risolvere, giorno e notte, gli eventuali problemi dei clienti che hanno scelto vetture del gruppo. In un'altra area si trova il 'Motor Village', una speciale concessionaria (Alfa Romeo e Jeep), che utilizza anche l'ex-pista di prova, rivista e valorizzata.

Derivata dalla Brera, l'Alfa Romeo Spider ha debuttato al Salone di Ginevra del 2006. Piacevole nella guida, nonostante il peso un po' eccessivo, e di linea attraente, ha incontrato le stesse difficoltà di diffusione della 'consorella' Brera.

Nonostante il periodo di crisi, attraversato dal gruppo di appartenenza, nel 2003 l'Alfa ha avuto un'impennata di orgoglio e, al Salone di Francoforte, ha presentato la concept 8C Competizione, finalmente costruita nel 2007. La produzione, limitata a 500 esemplari (prezzo: 162.000 euro), è stata letteralmente 'divorata' da una fila di appassionati che non vedevano l'ora di poter acquistare una 'vera Alfa'. Non importa che il motore V8 di 4691 (450 Cv a 7000 giri/m) fosse di origine Maserati, come il cambio, la trasmissione e lo schema delle sospensioni. Il progetto era degno della miglior tradizione del 'Biscione': motore anteriore, trazione posteriore con trasmissione 'transaxle' (come l'Alfetta e la 75) e gruppo cambio-differenziale al retrotreno, per migliorare la distribuzione del peso. Ovviamente notevoli le prestazioni: 292 km/h e 4"2 per accelerare da 0 a 100 km/h.

Lo stile, fascinoso ed emozionante, era opera del Centro Stile Alfa (all'epoca guidato da Wolfgang Egger) mentre il progetto era stato sviluppato dalla stessa Alfa, con la collaborazione della Maserati e della Dallara Automobili. Tutte le 500 8C sono state d'altronde costruite nello stabilimento Maserati di Modena, nella stessa catena di montaggio che alternava la coupé Alfa alle *granturismo* del Tridente. Alla 8C Competizione, è seguita la 'gemella' 8C Spider, dal 2009 ugualmente prodotta in 500 esemplari. Singolare che il prototipo della 8C Spider sia stato realizzato dalla Carrozzeria Marazzi, che tra il '67 e il '69 aveva assemblato l'intera produzione (18 esemplari) della 33 Stradale, il cui stile ha molti punti di contatto con la 8C.

La 'concept' Mito GTA è stata presentata al Salone di Ginevra 2009. L'aspetto grintoso e l'adozione di un motore di 1742 cc da 240 Cv hanno creato notevoli aspettative, ma è rimasta un esemplare unico.

I modelli Alfa Romeo del periodo 2003-2009

	Cilindrata cm^3	Alimentazione	Potenza Cv/giri	Peso Kg	Consumo km/l	Velocità km/h	Accelerazione 0-100 km/h
147 1.6 16V T.S. Progression	1598	B	105/5600	1.265	12,3	185	11″3
147 1.6 16V T.S. Progression	1598	B	120/6200	1.275	12,1	195	10″6
147 2.0 16V Distinctive	1970	B	150/6300	1.325	11,2	208	9″3
147 3.2 GTA	3170	B	250/6200	1.435	8,2	246	6″3
147 1.9 GTD Impression	1910	D	101/4000	1.345	16,6	180	10,5
147 1.9 GTD Progression	1910	D	116/4000	1.345	17,2	191	9″9
147 1.9 GTD Progression	1910	D	140/4000	1.365	16,9	206	9″1
GT 2.0 GTS 16V	1970	B	166/6400	1.395	11,5	216	8″7
GT 1.8 16V TS	1747	B	140/6500	1.365	11,7	200	10″6
GT 1.9 MJT 16V	1910	D	150/5000	1.440	14,9	209	9″6
GT 1.9 GTDM 16V	1910	D	170/3750	1.440	16,1	216	8″2
159 1.9 JTS 16V Berlina	1859	B	150/6500	1.555	11,5	212	9″7
159 2.2 JTS 16V Berlina	2198	B	185/6500	1.565	10,6	222	8″8
159 3.2 JTS V6 24V Q4 Berlina	3195	B	260/6200	1.755	8,9	240	7″
159 1.8 16V Berlina	1796	B	140/6300	1.505	13,1	206	10
159 1750 TBi Berlina	1742	B	200/5000	1.505	12,3	235	7″7
159 1.9 JTDm Berlina	1910	D	120/3500	1.600	16,9	191	11″
159 2.4 JTDm 20V Berlina	2387	D	200/4000	1.725	14,7	224	8″4
159 2.0 JTDm 136CV Berlina	1956	D	136/4000	1.565	18,5	202	9″9
159 1.9 JTDm 16V Berlina	1910	D	150/4000	1.610	16,6	210	9″4
159 2.0 JTDm Berlina	1956	D	170/4000	1.555	18,5	218	8″8
159 2.4 JTDm 20V Q4 TI Berlina	2387	D	209/4000	1.660	13,8	231	8″2
159 1.9 JTS 16V Sportwagon	1859	B	160/6500	1.605	11,3	210	9″9
159 1.8 JTS 16V Sportwagon	1796	B	140/6300	1.555	12,6	204	10″5

	Cilindrata cm^3	Alimentazione	Potenza Cv/giri	Peso Kg	Consumo km/l	Velocità km/h	Accelerazione 0-100 km/h
159 3.2 JTS V6 24V Sportwagon	3195	B	260/6200	1.805	8,6	237	7″2
159 1750 TBi Super Sportwagon	1742	B	200/5000	1.555	12	233	7″9
159 1.9 JTDm 16V Sportwagon	1910	D	150/4000	1.610	16,6	191	11″
159 2.4 JTDm 20V Sportwagon	2387	D	200/4000	1.730	12,5	223	8″6
159 2.0 JTDm Sportwagon	1956	D	136/4000	1.615	19,2	200	10″1
159 2.0 JTDm Super Sportwagon	1956	D	170/4000	1.615	18,1	216	9″
159 2.4 JTDm 20V Sportwagon	2387	D	209/4000	1.765	14,7	226	8″2
Brera 2.2 JTS	2198	B	185/6500	1.520	10,6	222	8″6
Brera 3.2 JTS V6	3195	B	260/6200	1.680	8,7	244	6″8
Brera 1750 TBi	1742	B	200/5500	1.505	12,3	235	7″7
Brera 2.4 JTDm 20V	2387	D	200/4000	1.675	14,7	228	8″
Brera 2.4 JTDm 20V 220 CV	2387	D	209/4000	1.650	14,2	231	8″3
Brera 2.0 JTDm	1956	D	170/4000	1.555	18,1	218	8″8
Spider 2.2 JTS	2198	B	185/6500	1.605	10,6	222	8″8
Spider 3.2 JTS V6	3195	B	260/6200	1.765	8,6	240	7″
Spider 1750 TBi	1742	B	200/5000	1.565	12,1	235	7″8
Spider 2.4 JTDm	2387	D	200/4000	1.735	14,7	228	8″
Spider 2.4 JTDm	2387	D	210/4000	1.710	14,7	231	8″1
Spider 2.0 JTDm	1956	D	170/4000	1.615	18,5	218	9″
MiTo 0.9 Turbo TwinAir	875	B	105/5750	1.205	23,8	184	11″4
MiTo 1.4	1386	B	77/6000	1.155	17,2	165	13″
MiTo 1.4 Turbo MultiAir TCT	1386	B	140/5000	1.245	18,5	209	8″1
MiTo 1.4 T	1368	B	155/5500	1.220	15,3	215	8″
MiTo 1.6 JTDm	1598	D	120/3750	1.280	20,8	198	9″9

Prima di una monoposto del Biscione,
The return to Formula 1.
Ahead of a single-seater Alfa,

Museo Storico Alfa Romeo

LA MACCHINA DEL TEMPO

Il 24 giugno 1910 è stato firmato l'atto di fondazione dell'A.L.F.A. Nello stesso giorno, 105 anni dopo, è stato riaperto il Museo Storico Alfa Romeo di Arese, che ha accolto contemporaneamente la presentazione alla stampa mondiale della nuova Giulia.

Luogo 'simbolo' della storia aziendale, il nuovo Museo, spostato nell'ex-Centro Direzionale della fabbrica ormai dismessa, non è però solo un'esposizione di vetture, seppure superlative, quanto piuttosto un centro 'multifunzione' del marchio Alfa, sorta di Motor Village con bookshop, caffetteria, un tracciato di prova per sfilate di auto storiche, spazi per eventi e naturalmente il Centro Documentazione. Quest'ultimo è un notevole fiore all'occhiello per l'Alfa, che fin dagli Anni '60 si è posta l'obiettivo di preservare e valorizzare la propria storia. Una iniziativa eccellente, costantemente aggiornata e migliorata grazie alla tecnologia: tutte le vicende sportive e commerciali dell'Alfa Romeo, sono state trasformate in documenti digitalizzati che comprendono migliaia di immagini oltre a disegni, filmati e pubblicazioni tecniche, a portata anche di studiosi e appassionati del marchio.

La versatilità del Museo Storico Alfa Romeo prevede perfino la possibilità di ordinare una vettura nell'apposito showroom e ritirarla, una volta approntata. Circostanza che si è verificata il 27 giu-

Il Museo dell'Alfa Romeo di Arese è un vero 'Paese dei balocchi' per gli appassionati del motorismo, in particolare per quelli della marca nata a Milano. A sinistra, parte dello spazio battezzato 'Le corse nel DNA': in primo piano la 6C 3000 CM Spider del '53 e la Giulia TZ2 del '65. Dietro alla monoposto di F.1 '179F', utilizzata per i test alla fine del 1981, un ritratto del pilota Bruno Giacomelli. A destra, la 'Bimotore' del 1935 con le parti meccaniche visibili.

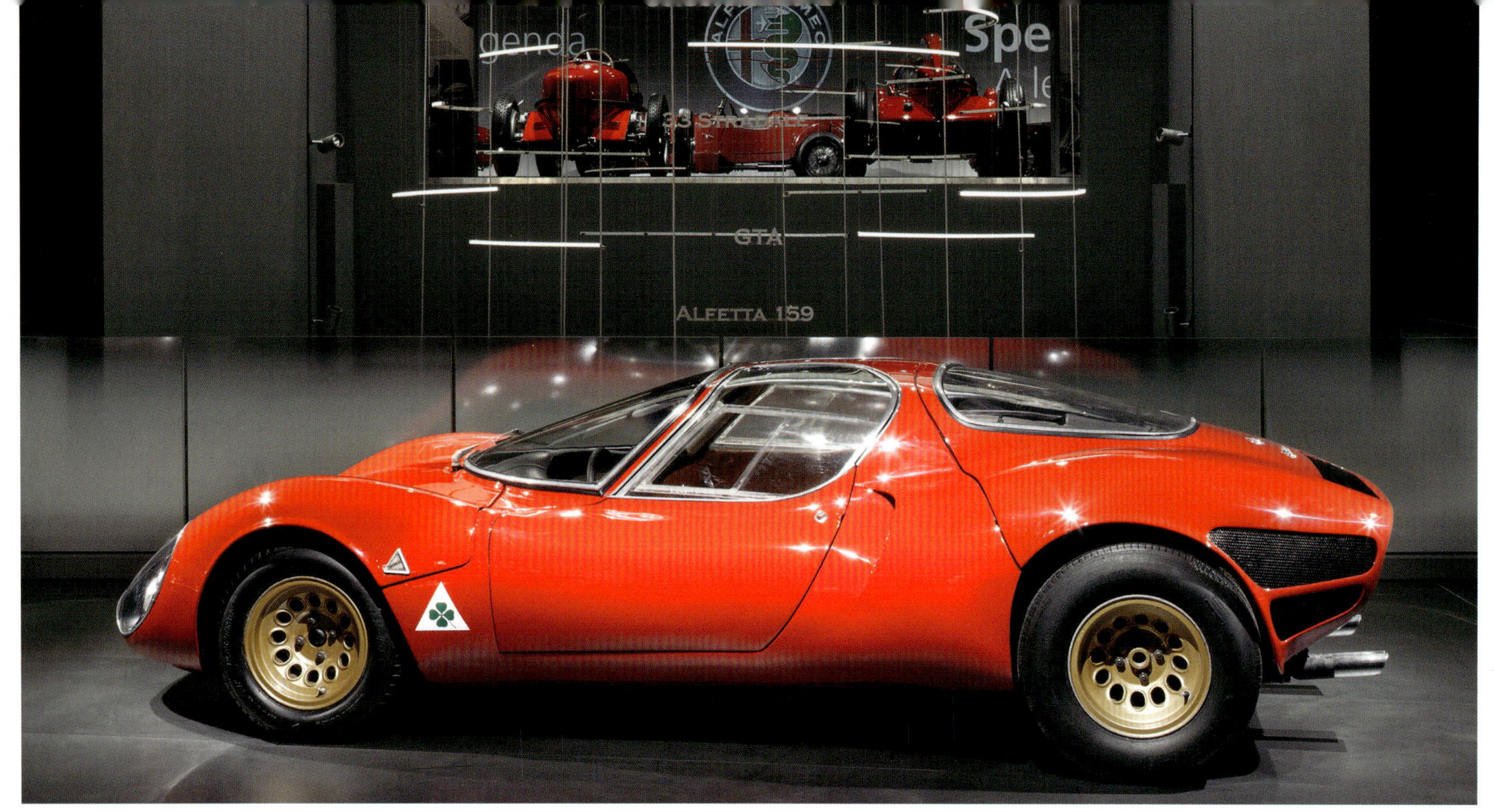

La 33 Stradale del 1967 entra di diritto tra le attrazioni maggiori del Museo di Arese. Sotto, da sinistra, due interpretazioni della Carrozzeria Touring sul tema 'berlinetta': la 6C 2300 Mille Miglia del '38 e la 6C 2500 Sport dell'anno successivo. Pagina accanto, la scenografica coreografia che arricchisce il vano-scale che divide i tre piani del Museo; in basso, si nota la 40/60 HP 'Aerodinamica Ricotti' del 1914.

gno 2016 con una Giulia Super 2.2 Diesel 180 cavalli, di colore Blu Montecarlo, una delle prime sei vetture del nuovo modello consegnate ai clienti.

Un evento legato al futuro dell'Alfa Romeo, ma già entrato nella storia per il suo valore simbolico in quel preciso momento: ultimo avvenimento degli oltre 100 anni di vicende del marchio, raccontate nel Museo, abbinando alla tradizionale e appagante esposizione delle vetture, una spettacolare e moderna scenografia, resa possibile dalla riedificazione totale del Museo, in precedenza alloggiato in una palazzina ai limiti della fabbrica.

Sono circa 70 modelli, scelti tra quelli più rappresentativi (il numero può variare leggermente ma fa fede l'elenco pubblicato a pagina 262 di questo volume), raccontati non da una tradizionale 'audio guida' ma da una 'voce' che accompagna il visitatore lungo l'intero percorso espositivo, con note storiche, aneddoti e caratteristiche tecniche di quanto viene proposto. Tutto tramite una app, battezzata 'Museo Storico Alfa Romeo', scaricabile gratuitamente in versione IOS e Android (italiano e in-

40/60 HP Aerodinamica
1913
2000

glese), una guida interattiva che fornisce anche informazioni pratiche (orari, biglietti, mappe e altro).

Divise in tre sezioni storiche (*Timeline*, *Bellezza* e *Velocità*), collocate su altrettanti piani, le auto esposte sono accompagnate da un pannello informativo multimediale, ma i visitatori possono accedere anche a una memoria interattiva per approfondire la storia dei singoli modelli.

Il percorso si conclude in una sala da cinema, dotata di poltrone interattive, per un finale spettacolare, battezzato '*Bolle emozionali*': si tratta di filmati proiettati in 4D, dedicati ai leggendari successi dell'Alfa, in una realtà virtuale a 360 gradi.

Nella sezione *Timeline* ('*Dal 1910 al Futuro*') spicca l'istallazione '*Quelli dell'Alfa Romeo*', omaggio alle imprese leggendarie ma anche alle grandi personalità che hanno permesso di raggiungerle: dirigenti, meccanici, piloti, impiegati e operai, migliaia di persone che hanno scritto la storia di un marchio celebre.

La sezione *Bellezza* si snoda in cinque aree tematiche, tutte legate a modelli celebri che hanno creato delle mode o segnato il design dell'auto. Nell'area *I Maestri dello stile/Progettare sogni*, sono esposte nove dream car firmate dai più grandi stilisti italiani che hanno rivoluzionato il concetto di estetica. *La scuola italiana/Forme nuove, uniche, sinuose*, è invece un omaggio alla Carrozzeria Touring, ai suoi geniali stilisti e agli abilissimi battilastra, creatori di forme raffinatissime: ne sono la dimostrazione i modelli esposti, tutti degli Anni '30 e '40.

Nella parte centrale della sezione, l'area *Alfa Romeo nel cinema/Come una diva*, ricorda il ruolo da protagonista ricoperto in numerosi film, da molti modelli del 'Biscione': dall'esempio più banale, rappresentato dalla 'Duetto' guidata da Dustin Hoffman-Il Laureato, alle 2000 e 2600 Spider con Ugo Tognazzi al volante in varie pellicole dei primi Anni '60.

Si prosegue con *Il fenomeno Giulietta/Lo specchio di un'epoca*: un omaggio al modello che ha segnato il passaggio dell'Alfa Romeo a grande industria e che ha rappresentato il sogno di generazioni intere di automobilisti.

Chiude infine un'esposizione di vari

Settore Anni '10/'20: da sinistra, A.L.F.A. 15 HP, RL SS e 6C 1750 Gran Sport Spider.

Spettacolare parata di modelli Anni '60/'70, con 'effetto specchio' per poterli ammirare anche da un'altra prospettiva. Da destra, Giulia 1600 Junior Zagato, Giulia 1600 GTA, Giulia 1600 Sprint GT, Giulia TZ, Giulia 1600 TI Super 'Quadrifoglio'.

Settore Anni '70, da sinistra, Montreal Coupé, Alfasud (sullo sfondo) e Alfetta Berlina.

modelli della Giulia, nell'area *Disegnata dal vento/Icona subito, leggenda per sempre*: un modo per celebrare l'innovativa Berlina, la raffinata GT, l'imbattibile GTA e la fascinosa Spider Duetto.

Un bagno di emozione ed estasi accoglie infine gli appassionati nella terza sezione, dedicata alla *Velocità*. Sempre accompagnati da installazioni multimediali si entra nel mito del Quadrifoglio con *Nasce la leggenda/L'epoca eroica dell'automobilismo*: il riferimento riguarda il periodo tra le due guerre, ricordato con l'esposizione della RL vittoriosa alla Targa Florio del '23 (primo importante successo dell'Alfa), della Grand Prix P2 'Campione del Mondo', delle 6C dominatrici delle Mille Miglia, delle successive 8C 2300, della Tipo B da Gran Premio e della incredibile 'Bimotore'. Nell'area *Campione del Mondo/Nasce la Formula 1 e l'Alfa Romeo è subito protagonista*, vengono ricordati naturalmente i Campionati del Mondo '50 e '51, dominati dalla celebre Alfetta.

L'argomento successivo riguarda Il progetto *33/Dieci anni di carriera*, due Mondiali per un grande sogno: un periodo straordinario, caratterizzato dalla eccezionale personalità dell'ingegnere Carlo Chiti e culminato con la vittoria nel Campionato del Mondo Marche nel '75 e nel '77. La sigla '33' identifica però vari modelli, nettamente differenti tra loro, e i migliori esempi della serie rappresentano uno dei passaggi più emozionanti del percorso museale. Ma non è finita qui: lo spazio battezzato *Le corse nel DNA/Le auto, i piloti, le sfide e le vittorie*, si riferisce ovviamente ancora alle competizioni, argomento infinito nel caso dell'Alfa Romeo. Le auto esposte e gli spettacolari aiuti multimediali ricordano i periodi della 6C 3000 CM, delle indimenticabili TZ2 e GTA, del ritorno in Formula 1, prima con la fornitura del motore alla Brabham, poi con la cosiddetta 'Alfa-Alfa'; per finire con le ultime versioni delle vetture Turismo, tra cui la celebre 155 vittoriosa nel DTM (Deutsche Touring Wagen). L'apoteosi finale riguarda invece Il tempio delle vittorie, che in una spettacolare carrellata di immagini, suoni e filmati ricorda i dieci trionfi più spettacolari della storia dell'Alfa Romeo.

Tra i pregi del Museo dell'Alfa, il grande spazio di esposizione; da sinistra, 2500 Freccia d'Oro, 1900 Berlina, 1900 Super Sprint, Giulietta Berlina e 2600 Coupé.

I MODELLI IN ESPOSIZIONE

A.L.F.A. 24 HP
A.L.F.A. 40/60 HP Aerodinamica
15 HP Corsa
RL Super Sport
RL Targa Florio
GP Tipo P2
6C 1500 Super Sport
6C 1750 Gran Sport
6C 1750 Gran Sport 'Paris'
8C 2300 'Corto' Mille Miglia
8C 2300 Le Mans
8C 2300 Monza
GP Tipo A
GP Tipo B
Bimotore
GP Tipo C 12C
6C 2300 B 'Corto'
6C 2300 B Mille Miglia
8C 2900 B 'Lungo'
8C 2900 B Speciale Tipo Le Mans
6C 2500 Sport
6C 2500 Freccia d'Oro
6C 2500 Super Sport 'Villa d'Este'
GP Tipo 512
GP Tipo 159 Alfetta
GP Tipo 159 Alfetta (telaio visibile)
1900 Berlina
C52 Disco Volante
2000 Sportiva
6C 3000 CM
1900 Super Sprint
Giulietta TI
Giulietta Sprint
Giulietta Spider (Prototipo)
Giulietta Sprint Speciale
Giulietta Sprint Zagato 'Coda Tronca'
2600 Sprint
Giulia Berlina
Giulia TI Super
Giulia Sprint GT
Giulia Sprint Speciale (Concept)
Giulia TZ
Giulia TZ2
Giulia GTA
Giulia GTA 1300 Junior
GT 1600 Junior Zagato
Montreal
33/2 Daytona
33 Stradale Prototipo
33/2 Speciale Pininfarina (Concept)
33/2 Carabo Bertone (Concept)
33/2 Iguana Italdesign (Concept)
33/3
33/TT 12
33 SC 12 Turbo
F.1 179 F 'Test Car'
Alfetta Berlina
Alfasud
164 3.0i V6
75 2.0 TS A.S.N.
155 V6 TI
Nuvola (Concept)
156
8C Competizione

I primi passi del Museo Alfa Romeo all'inizio degli Anni '60

QUELLA 8C 2300 ARRIVATA VIA-FIUME

Interamente riprogettato nel 2015, il Museo Storico Alfa Romeo ha una storia molto lunga. Intorno al 1965, per iniziativa dell'ingegnere Orazio Satta, direttore centrale dell'Alfa Romeo, era stato allestito all'interno dello stabilimento di Arese un salone per l'esposizione di alcuni modelli del passato. Quella raccolta, ha anticipato il Museo ufficiale, inaugurato nel dicembre 1976.

Il merito della ricerca, del restauro e della classificazione delle vetture, va attribuito soprattutto a Luigi Fusi, grande disegnatore tecnico, entrato all'Alfa nel 1920 quando aveva 14 anni. Pensionato nel 1961, è rimasto sempre all'Alfa come consulente. Oltre al Museo, ha curato l'Archivio Storico, voluto dal presidente Luraghi.

Per ricordare quel primo Museo Alfa, riportiamo quanto scrisse lo stesso Fusi per il periodico *Alfa Romeo Notizie* del maggio 1965. Con un titolo chiarissimo: *Sta nascendo il Museo dell'Alfa.*

'Ricordo ancora l'emozione che provai il 5 maggio 1963, quando entrando nel cortile antistante gli uffici della Direzione al Portello, potei ammirare una ventina di meravigliose anziane vetture Alfa Romeo degli Anni '20 e '30. Erano state convocate dal Registro Italiano Alfa Romeo (...), e nove di esse sarebbero partite per l'Inghilterra per partecipare al Rally di Brighton.

Fu dopo questo raduno che l'ingegnere Satta, fervido sostenitore di questo patrimonio storico e tecnico, ottenne dalla Direzione il consenso per aumentare la sparuta gamma delle vetture d'epoca esistenti in azienda. (...) Ad Arese, nel salone provvisorio adattato per l'esposizione, trovano posto per ora una ventina di vetture, alcune da Gran Premio, altre sportive o di serie e prototipi. (...) Il primo contatto si ebbe con il signor Eckert, nostro agente svizzero a Brugg, vicino a Zurigo (...). Dobbiamo a lui la scoperta e l'acquisto del bellissimo torpedo Alfa del 1910, del cabriolet 6C 1500 Sport del 1928, dei due spider 6C 1750 con compressore, della berlina 6C 2300 B del 1935, della berlinetta 6C 2300 Mille Miglia del 1937, del coupé 8C 2900 B del 1938 e del coupé 6C 2500 SS del 1948. Esempio significativo, le trattative intercorse per l'acquisto in Nigeria della 8C 2300 tipo Le Mans del 1931, tramite un meccanico carrozziere di Chieti, il signor Melograna (...). Egli ci segnalò l'esistenza della vettura, di proprietà di un inglese, mr. Harrison, nei pressi di una miniera a Tos, nel nord della Nigeria, e ci inviò anche delle foto. Stipulato per suo tramite, il contratto di vendita, egli stesso provvide poi ad assicurare il trasporto della 8C, prima via battello fino a Lagos e in seguito via mare fino in Italia. (...) Non meno priva di sentimento fu la trattativa con un tecnico inglese, mr. Gardiner, che a conoscenza del costituendo Museo Alfa Romeo e lui pure possessore di una vettura d'epoca, si ritenne lieto di contribuire ad arricchirlo offrendoci una magnifica torpedo RL SS carrozzata da Castagna per un maragià indiano, e da lui acquistata a Lahore nel Pakistan. (...) Laboriose furono anche le trattative per la ricerca delle altre vetture, cominciando dal finto cabriolet 6C 1750 Sport Touring del 1930 acquistato a Bibbiena (Arezzo), con la collaborazione della Filiale di Firenze; poi la berlina 6C 1750 Turismo del 1932, vendutaci dall'Autorecuperi Zanotelli di Trento, poi la berlina 6C 2500 'Ministeriale', comperata nel 1948 e arrivata con i propri mezzi dalla filiale di Padova e infine il coupé 2500 SS Touring 'Villa d'Este' del 1953, fornitoci dalla Filiale di Roma, si indicazione della Carrozzeria milanese.

Vale la pena anche segnalare le peripezie per la ricerca di gruppi e particolari originali occorrenti per il completamento di uno di quei modelli di cui verrà eseguita la ricostruzione fedele: la RL da corsa vincitrice con Ugo Sivocci della Targa Florio del 1923. Il motore proviene dal Politecnico di Milano, la scatola del cambio dall'inglese mr. Crowley, l'assale anteriore, la trasmissione e il ponte posteriore da Zanotelli di Trento, le ruote dalla Borrani e i pneumatici dalla Dunlop. Questa, come altre vetture di particolare valore storico, come la RL Targa Florio del 1924 e la 6C tipo 1750 Mille Miglia del 1928 e del 1929, compariranno nel Museo prima della fine del corrente anno.

Verrà infine carrozzato con un baquet 4 posti, l'autotelaio Alfa 15 HP offertoci dal Museo Scienza e Tecnica di Milano; si ricostruirà così la vettura che ha partecipato nel 1911 al 1° Concorso di Regolarità di Modena (...). Per completare la gamma delle vetture da Gran Premio, avremo poi da attendere solo l'arrivo dall'Argentina delle tre vetture Alfa Romeo promesseci da Fangio: la 308, tre litri 8 cilindri del 1938, la 8C 1935 di 3.8 litri (ex-Arzani) e la 12C 1936 (ex-Bucci)'.

L'A.L.F.A. 24 HP del 1910

Collezione Righini: nata da un'attività che avrebbe suggerito l'opposto

IL SALVATORE DELLE ALFA ROMEO

L'Alfa Romeo è una fede e Mario Righini non l'ha mai rinnegata. Il grande collezionista emiliano, nonché esperto di vetture storiche, ha iniziato ad apprezzare le Alfa quando era poco più che un bambino ed aiutava il padre nel commercio dei mezzi da demolizione. Un lavoro che sembrerebbe in contraddizione con l'amore per le auto storiche. Al contrario, ha permesso a Righini di scoprire la bellezza e la raffinata tecnologia delle automobili italiane del passato, e di conservarle quando ancora quasi nessuno parlava di collezionismo.

Un demolitore 'romantico', innamorato soprattutto dell'Alfa Romeo per l'emozione e il rispetto che le auto del 'Biscione' gli hanno sempre suscitato: '*Prima della guerra* – spiega – *l'Alfa costruiva poche auto che però erano la dimostrazione di cosa fosse capace la tecnologia italiana. Ottima meccanica e linea meravigliosa. Poi sono arrivati i prodotti realizzati in grande serie, ma non è cambiato lo spirito: le fusioni in alluminio delle Giulietta erano figlie dei raffinati motori per aereo fatti nel periodo precedente. Anche in tempi recenti, quando le Alfa sono state messe in discussione, spesso senza vere motivazioni, ho continuato ad apprezzarle. Vado in Alfa da sempre e la Giulietta Berlina è stata la prima auto nuova che ho acquistato: impagabile, era avanti di parecchi anni rispetto alla concorrenza mondiale. Mi fa piacere ricordare l'Alfetta, che era la fine del mondo per le prestazioni e la tenuta di strada, ma anche la 75, un'automobile notevole. E la 156? Quando è uscita, sono rimasto emozionato dalla bellezza della linea. Ora guido una 147 1.9 JTDm Q2 'Ducati Corse', che ha fatto più di 350.000 km senza problemi: e questa non sarebbe un'Alfa valida?*'.

L'amore per il marchio del 'Biscione' si è consolidato nel tempo; ma come è nato, come è scattata la molla che successivamente ha permesso di mettere assieme una collezione tanto importante e nella quale le Alfa Romeo rappresentano uno dei picchi migliori?

'*Abitavamo ad Argenta* – racconta lo stesso Righini – *e anche in pieno inverno, con mio padre, si partiva alle cinque di mattina per il lavoro. Utilizzavamo molto spesso delle Alfa Romeo, per lo più RL, 6C 1500 e 1750, 6C 2300, che avevano già almeno dieci anni. Eppure non si fermavano mai; all'alba, con il gelo, andavano in moto immediatamente. Si scaldavano in fretta e il caldo del motore vinceva il freddo. Con le 1750 ne ho fatta di strada, e ho continuato a guidarle anche nel periodo successivo, da appassionato: mai rimasto per strada. Le Alfa degli Anni '30 arrivavano facilmente a 80.000 chilometri, quasi il doppio dell'intera concorrenza. In tanti anni, ricordo un solo guasto con una 1750: la rottura del differenziale. Perché la meccanica era raffinata ed esclusiva ma semplice, realizzata in modo intelligente. Le 1750 berlina a sei posti, venivano talvolta trasformate in camioncino, soprattutto durante la guerra, quando bisognava arrangiarsi con quello che c'era. Eppure quelle Alfa, ormai con molti anni sulle spalle, non tradivano mai: quando la benzina è stata razionata e si poteva avere solo con la tessera e i bollini, quelle auto di classe andavano bene anche a metano o con il sistema 'a carbonella'* (il 'gasogeno', ndr). *Di più: quella poca benzina che c'era, veniva allungata con la grappa, quella fatta in casa, per lo più con le mele. Su 12 litri di benzina, ne aggiungevamo due di grappa e i sei cilindri delle 1750 andavano che era una meraviglia. Qualche anno dopo, ho scoperto che nella Laguna di Venezia c'erano svariate barche, sulle quali erano stati montati dei motori tipo 1750 e 2300. Li ho acquistati e i proprietari si meravigliavano perché non portavo via anche le barche*'.

La demolizione di qualsiasi mezzo a quattro ruote e il relativo commercio hanno permesso a Mario Righini di inserirsi al vertice di questo particolare lavoro, che da tanti anni svolge dal suo 'posto di comando', nei pressi di Bologna.

Mario Righini, in un angolo del suo suggestivo Museo, accanto a una delle Alfa Romeo 6C 1750.

Snella e filante, l'Alfa Romeo 8C 2300 Monza è stata impiegata sia nei Gran Premi che nelle gare per la categoria Sport.

Un lavoro svolto con competenza ma anche con una parte di... cuore.

'Eh, in effetti di 1750 ne ho demolite poche: troppo belle, troppo importanti. Tanti anni fa, nessuno le voleva, ma di fronte a quella meraviglia, non andavo oltre. Certo, nel caso di altre marche, di pentimenti ne ho avuti, ma il lavoro è fatto così. Ho sempre cercato di separare il commercio dal collezionismo, ma con l'Alfa era diverso, fin dall'inizio ho capito che avevano qualcosa di speciale. Perfino durante la guerra, dopo il 1943, quando l'ordine di demolizione arrivava dal comando tedesco e non si poteva replicare, ho trovato un ufficiale che la pensava come me: 'Rigini (la 'h' non veniva pronunciata, ndr) *– mi diceva – Lancia e Fiat kaputt, Alfa Romeo no. Tu dopo la guerra spazieren* (andrai a spasso, ndr) *con bambini...'. Le Alfa le amavano tutti, a cominciare dagli americani che sono arrivati dopo: sono come una bella donna, vanno rispettate. Ecco perché quando, a suo tempo, sono stato invitato alla presentazione dell'Arna, in un hotel nei pressi di Siena, non ho potuto fare a meno di polemizzare con il presidente Massacesi, che già conoscevo: l'Arna era proprio brutta!'.*

Grande passione, sterminata cultura automobilistica, Mario Righini spicca anche per la sua personalità. È rimasta famosa la risposta che ha dato all'Avvocato Agnelli, quando gli è stato presentato, in occasione dei 60 anni della Ferrari a Roma, dove aveva portato la celebre 815, prima auto realizzata dal futuro Costruttore di Maranello, nel 1940 (acquistata come 'rottame' oltre 50 anni fa). Agnelli non aveva capito bene quale lavoro svolgesse e Righini ha fornito una spiegazione fin troppo... esplicita: *'Avvocato, lei fa le auto, io le demolisco!'.*

Una risposta vera solo in parte, perché l'amore per le belle automobili italiane, ha consentito allo stesso Righini di allestire, in un suggestivo ambiente a Panzano, nei pressi di Castelfranco Emilia, una 'Collezione privata' di eccezionale livello storico, con oltre 30 Alfa Romeo che spaziano dagli Anni '20, fino a un'epoca più vicina a noi. Molte di queste vetture sono state appositamente fotografate per questo volume e l'appartenenza alla 'Collezione Righini' è citata nella didascalia. La visita alla Collezione (gratuita) è consentita a club o gruppi di appassionati, tramite accordi diretti, mentre il pubblico può accedere in alcuni giorni dell'anno.

L'Alfa 8C Monza di Nuvolari tra le regine della Collezione

Filante, grintosa e bellissima nella sua essenzialità di auto da corsa. Chiunque capirebbe che l'Alfa Romeo 8C 2300 Monza della Collezione Righini ha qualcosa di speciale. Ma questa vettura ha molto di più: è stata acquistata, nuova, nientemeno che dal 'Commendatore Tazio Nuvolari-Mantova'. Ne fa fede il certificato d'origine, datato 31 maggio 1933, e anche la successiva immatricolazione, l'8 febbraio 1934, seguita immediatamente dalla vendita al pilota 'gentleman' comasco Luigi Soffietti. Si tratta di un'auto estremamente importante (le foto dettagliate compaiono a pagina 80 del volume), estrema evoluzione della 8C 2300 concepita da Vittorio Jano, costruita in appena 10 esemplari tra il '31 e il '32 e destinata ai Gran Premi. L'auto di Nuvolari è stata adattata alle corse stradali (come la Mille Miglia), con parafanghi di tipo motociclistico e impianto elettrico completo, ma tecnicamente è uguale alle vere 'Grand Prix', almeno come base di partenza, (2336 cc, 165 Cv a 5400 giri/m e velocità superiore a 210 km/h).

Con le 8C 2300 Monza 'ufficiali', Nuvolari ha vinto numerose corse nel periodo '31/'32, oltre che nel '33, quando ha guidato la versione portata a 2.6 litri dalla Scuderia Ferrari. Non risulta invece che abbia mai utilizzato in gara la sua personale 8C 2300 Monza, d'altronde sia con l'Alfa che con Ferrari era un pilota ufficiale, e non ne avrebbe avuto bisogno. E allora, perché acquistare un'auto tanto particolare? Azzardiamo un'ipotesi: all'inizio del 1933, l'Alfa Romeo si era ritirata dalle competizioni e Nuvolari aveva perso l'importante ingaggio. Ma forse l'accordo prevedeva una liquidazione, e al posto della cifra pattuita, è possibile che l'Alfa (in crisi economica in quel periodo) abbia proposto la 'Monza' al Campionissimo mantovano. Che l'ha poi ceduta per 90.000 lire (lo attestano i documenti), una cifra molto bassa per un'auto nuova di quel tipo (equivalente a circa 75.000 euro attuali), ma è noto che nelle transazioni automobilistiche, il valore dichiarato era spesso fittizio.

ENGLISH TEXT

Alfa Romeo today
TRADITION MADE IN ITALY

An American citizen contributed to creating the myth of Alfa Romeo. It was none less than Henry Ford, the inventor of the mass-produced car, whom this famous sentence is credited to: "When I see an Alfa Romeo go by, I tip my hat". Not so long ago, the usual sceptics put the sentence's authenticity in doubt, stating that Ford (who died in 1947) would have had very little opportunity to admire the Alfas, which were very rare in the United States back in his day. But the account is true: in 1939, Henry Ford had met engineer Ugo Gobbato, Alfa Romeo's famous Managing Director, in Dearborn and had revealed his esteem for the Milan-based company's cars. Then again, shortly before he had had the opportunity to admire an amazing jewel of Alfa: a 8C 2900 B, bought by a member of the Rockefeller family. Another "almost American", Sergio Marchionne, has been working with determination to return Alfa Romeo to a position fit for its great past, with a complete range of models characterised by a "typically Alfa" personality and not simply extrapolated from the Group's "stock" of engines and chassis. Not a simple operation, since some great companies that once dreamed of achieving Alfa's reputation (Audi and BMW especially) grew over time and did not go through periods of crisis comparable to that experienced by the Fiat Group, which the House of the "Biscione" has been part of since 1986. Above all, they kept production aligned with technical tradition, without losing the brand's identity. Engineer Mauro Forghieri, Ferrari's mainstay for 27 years, remembers having noticed various Alfa Romeo Giulias parked below Mercedes' general management office's at Stuttgart in the early sixties. Once, in the presence of the German company's president, it was explained to him that Mercedes held Alfa Romeo in high regard and those Giulias had been bought in order for them to be studied. A respect that certainly few companies could boast at the time. This volume, inspired by the passion and admiration towards Alfa, examines its history, starting with its back-story, which is represented by the assembly of the French Darracqs in the "Portello" factory and which would become "A.L.F.A" three years later (1910). The successes and triumphs will be recounted, which were achieved despite the various economic crises and four changes in management, as well as the bad times and the numerous questionable choices.

With the new Giulia the revival seems within reach, but also there has been no lack of important signs regarding Alfa's vivaciousness in the recent past despite a lot of doubts about its future: the 8C Coupé and Spider, the Giulietta and above all the 4C, an extraordinary sports car, successfully received in the "difficult" United States. The assurances about maintaining the absolute "Made in Italy" for Alfa by Sergio Marchionne and Alfredo Altavilla, who is Fiat Chrysler Automobiles' Head of EMEA Region (Europe, Middle East and Africa), have been essential. A fundamental choice, even if romantically it is a pity that the "Biscione's" cars are no longer built in their birthplace in Milan. The example of numerous top-end companies (Porsche at the forefront) nevertheless confirms how it is important to maintain the brand's identity. Currently, the Alfas are designed by the new (top secret) Technology Centre in Modena, while the engines come from the FCA factories in Termoli (petrol engines) and Pratola Serra (diesel engines). The cars are instead built in the factories in Cassino-Piedimonte San Germano (Giulia and Giulietta) and Torino-Mirafiori (Mito) while at the Maserati factory in Modena the 4Cs are produced.

Current Alfas/New Giulia
EXPERIENCE THE EXCITEMENT

Announced, anticipated, idealised and day dreamt about: the "Alfa Romeo Giulia", the first rear wheel drive saloon offered by the brand following the departure of the 75 in the far 1992, was famous even before knowing at least its characteristics. During the years of the brand's gradual decline and waiting for a revival, only the exclusive 8C had kept alive the hope of seeing an Alfa totally in tune with the features that had upheld its myth: longitudinal front engine and rear-wheel drive, sporting performance and a general quality capable of putting it in competition with BMW, its long-standing rival and which, up until at least the early eighties, had breathlessly pursued the success of the medium-high level saloons built in Milan. It would certainly be unfair to categorically condemn the Alfa production made in a quarter of a century: numerous models from the 164 to the 156, up to the Brera and the Spider, did not disappoint in terms of dynamism and sporting spirit. However, the alfisti longed for rear-wheel drive, an act of love that did not in any way take account of the agility (aided by electronics) of modern cars with front-wheel drive. However, the production in those years, lacked that important detail that distinguishes everyday cars, and perhaps very good ones, from those special ones: an accentuated personality. Qualities that were not lacking in the 75 and so many previous models. At Alfa, everyone was obviously aware of the general nostalgia for the balanced and responsive driving favoured by the absence of "weight" in front-wheel drive. The years passed, the management changed; however, aside from a few general sighs of regret, nobody had ever truly confronted the problem due to the drive's complexity, which involved a higher cost, both for its design and subsequent production. In spring 2010, alongside the need to integrate and consolidate Fiat Group Automobiles with its new partner Chrysler Group, the global economic crisis and a few distractions triggered by the bids to purchase the "Biscione" brand (always rejected), arrived the highly anticipated announcement by the Chief Executive Officer, Sergio Marchionne: Alfa Romeo was to have an autonomous future, with a series of never-before-seen models and completely associated with Italy when it came to design and construction, while fully respecting its historical technical tradition. The first model at the starting blocks was the Giulia, which would replace the 159 (released in 2005) within three years, with characteristics capable of returning the brand to the very highest levels of the automobile scene. Among the fundamental choices, naturally was the front (and longitudinal) engine layout, combined with the long-awaited rear-wheel drive: concepts that the same Alfa Romeo managers have summarised in "mechanics of emotion". An ambitious plan that needed more time in order to be finalised: precisely during the model's development period, Fiat Group in fact gradually gained control over the Chrysler Group majority, an operation that allowed the creation of Fiat Chrysler Automobile on 15 December 2014. In parallel with this historic and impressive manoeuvre, the industrial plan was redefined: the FCA Chief Executive Officer stressed that 5 billion euro had been allocated for a new Alfa Romeo model range, developed thanks to updated and greater technical capabilities than in the past. On 24 June 2015, during the opening ceremony of the new Alfa Museum in Arese, arrived the highly anticipated Giulia, even if in only its top edition, the "Quadrifoglio", which was fitted with a 2.9-litre V6 turbo engine and developed by Ferrari technicians. An engine made entirely of aluminium, with twin turbo supply that guarantees 510 hp at 6500 rpm and "pushes" the Giulia to 307 kmh. It is fitted with electronic cylinder deactivation that switches from 6 to 3 cylinders according to the vehicle speed, thereby reducing consumption. The following year, during the Geneva Motor Show, a wider range was finally established and essentially based on a new 2.2 turbo diesel engine with 150 and 180 hp versions. This was the first FCA diesel unit, which was entirely made of aluminium and equipped with the latest generation Multijet II fuel injection and Common Rail with IRS (Injection Rate Shaping: injection with modelled analysis) system for the constant control of high fuel pressures (up to 2000 bar), independently of the engine speed and injected fuel quantity. In the same area, an innovative 200 hp 2-litre turbo petrol engine was announced for the end of 2016, developed based on MultiAir technology. Regular production in the factory in Piedimonte San Germano, close to Cassino, began in April. On 27 June, the first six 2.2TD Giulias were sent to the same number of dealerships, which were symbolically spread across Italy. It was the final act of an industrial story that had begun at the start of 2013, behind schedule compared with the very first initial plans and designed around a "platform" (chassis base) derived from the revised and elongated "Compact" of the Giulietta. It was an operation based on economy of scale, which is nowadays considered normal, but technically valid only if covered in the original study phase of the project. In order to avoid a compromise, the Giulia thus started from scratch, with the French engineer Philippe Krieg, who Sergio Marchionne and engineer Harald Wester (Chief Executive Officer of Alfa Romeo) put in charge of the group responsible for the new project. Krief, who joined Fiat Group in 1998 and switched to Ferrari in 2011 (as Head of the Vehicle Department), only moved a few kilometres. The new range of cars, of which the Giulia is the reconnaissance (waiting for a medium-sized SUV version and a saloon with "flagship" characteristics), was in fact designed in a new Technology Centre, which is operating in a large building in Modena that previously housed Iveco Bus. Devoid of any official references, the mysterious warehouses are located in via Cavazza (suburb of San Matteo), next to the headquarters of Maserati Racing.

Early on, a few dozen engineers operated in the Centre, who in short became several hundred. They were mostly young, many of which coming from abroad and were chosen for their skill, but also for their passion and their desire to create something new, yet in keeping with Alfa Romeo's tradition. This excellent group had been compared with the "Skunk Works" by Sergio Marchionne, which had managed to design the Lockheed Xp-80 jet aeroplane during the Second World in just 143 days, under a very high level of autonomy and without bureaucratic hindrances, while relying on the utmost secrecy. In Modena the group acted in the same way while carrying out the project, free from past technical influences until the creation of the prototypes, which began the tests as camouflaged models, with the body work coated with special black and white three-dimensional wrap. Due to the long delay and the messianic significance attributed to the new model by FCA, quite naturally the critics were especially attentive on the eve of the presentation. The aesthetic result (due to two groups lead by Andrea Maccolini for the exterior and Inna Kondakova for the interior) had no difficulty, however, in passing the test: the very "Italian" combination of aggressive features (especially at the front, which were deliberately violent) with other soft and balanced ones was liked. Amid traditional teaching techniques and cutting-edge choices, it also seemed clear how the Giulia project had developed. Fundamental was the weight distribution, which was equally divided between the front and rear axles, with the mass moved into the middle as much as possible: the engine is rearward with respect to the front wheel axle and the external overhangs (at the front and rear) are reduced as much as possible. These solutions were combined with the long-desired rear-wheel drive, the long wheelbase (282cm: an extra one centimetre compared with the BMW 3 Series, which is naturally a competitor of the Giulia) and the direct and responsive (electronically controlled) steering (11.8° of steering wheel rotation is sufficient for 1° of wheel turn). It was clear that the technicians had concentrated on safe, but also agile driving with a strong personality, in addition to not being too influenced by electronic systems (nevertheless present). For this reason, a lot of importance was given to the weight, a dry weight of just 1,374 kg in the case of the 2.2 turbo diesel (around 100 kg less compared to directly competing models). This objective was achieved through the use of ultra-light materials, such as carbon fibre for the drive shaft and aluminium for the engines, suspension and additional front and rear sub-assemblies. In the case of the Giulia Quadrifoglio the use of ultra-light materials was extended to other components of the body work: carbon fibre for the bonnet, roof, "AlfaTM Active Aero Splitter" (front flap for managing aerodynamic load, which improves the cornering grip) and the rear nolder (aerodynamic attachment). Instead aluminium was used for the doors and wheel arches. The rear suspension, called "Alfalink", naturally is a multilink independent wheel suspension, with four (and a half) arms for each wheel and a (patented) system for adjusting the toe-in. In general terms, it derives from the geometry studied for the Ferrari 488. At the front the suspension provides an evolution of the historic layout with quadrilateral arms: in the upper part a single arm can be seen, below, there are two arms that are responsible for resisting transverse loads that lead to tyre deflection. The "Giulia layout" has the function of keeping the tyre contact patch constant, which also benefits steering precision. Everything is for safety, but also for the driving style that so many Alfa Romeo generations have provided.

Current Alfas/4C Coupé-4C Spider
REFINEMENT AND GRIT

Officially presented at the 2013 International Geneva Motor Show, the Alfa Romeo 4C has certainly not struggled to find space in the long list of Alfa's most famous sports cars, with inevitable comparisons with the 1967 33 Stradale, and the phenomenal pre-war 8C 2900 B and C52 'Disco Volante' supercars. Attractive comparisons, especially in the case of the 33 Stradale, characterised, like the 4C, by a rear engine and a chassis inspired by racing cars.

It's always fascinating to find similarities between the most famous Alfas: however, considered some due differences and taking into account the 50 years that have passed between the two projects, the spirit of the Alfa 4C closely resembles the 1963 Giulia TZ especially: in fact, both represent the perfect example of 'street' sport, based on a 4-cylinder engine, with an average engine capacity (1570 cc for the TZ and 1742 cc for the 4C), combined with a body and a chassis that were made according to the most advanced technology of the time. Even in the purchase price the similarity seems strong: the highly refined 33 Stradale (listed at almost 10 million lira), had a higher cost than the most exclusive Ferrari of that period, whilst currently you need around 65,000 euro to buy the 4C, this is a third of the investment needed to get hold of a 488 Maranello. Long before the introduction of the innovate Giulia, with the 4C and the subsequent 4C Spider, Alfa Romeo achieved extraordinary results in terms of image, with unconditional love for the brand returning; on some level, it had only been 'frozen' due to the absence of any really exciting proposals. The confirmation came from the welcome that the 4C has enjoyed, since November 2014 in the American market, from which it had been absent for a good 19 years due to a lack of attractive models and undeniably above all in terms of reliability. Already in the remnants of 2014, Alfa placed 57 4C Coupés in the USA, in anticipation of the remarkable success achieved in 2015, when the Spider version was also put on the market: with 790 cars delivered, North America suddenly became the most important market for the 4C. The effect has also proved useful for sales of the Giulietta (Alfa's first 'saloon' model in the USA after the 164), which has reached 224 units. A car that causes intense emotions, both due to the appearance and the driving, the 4C project started with a precise aim: to achieve maximum sportiness, with cutting-edge technology, whilst maintaining a reasonable purchase price. Thus, the 1750 TBi engine (Turbo Fuel injection) was chosen, with 4 cylindersin-line, already widely tested on the Giulietta 'Green Cloverleaf'. In the version made for the 4C it produces 241 hp at 6000 rpm: six more than the unit intended for the saloon, thanks to specific intake and exhaust systems. A significant difference concerns the cylinder block, made from aluminium alloy instead, with a saving of 22 kg compared to the original version, characterised by only having the cylinder head in light alloy. The 1750 TBi combined a robotic 6-speed gearbox with 'TCT' (Twin Clutch Transmission) dual clutch, for use in sequential shift via the 'shift paddles' situated behind the steering wheel.

It obviously has the 'DNA' (Dynamic, Natural, All Weather) selector to choose the type of driving from the 'throttle' located on the central console. The 'Race' mode has been added to the three existing modes, mainly used to have exhilarating fun on a racetrack.

Particularly compact, the 4C is 399 cm long and has a 240 cm wheelbase (distance between the centre of the front and back wheels), a reduced measurement but not the result of an exasperated choice. Thus, the car's agility on curves was facilitated, without the risk of being excessively driven by experts and a passenger compartment with a limited space in length. The compactness has helped in facilitating a dry weight of a pedigree sports car, just 895 kg in the 4C Coupé, whilst the Spider is 1050 kg, because it derives from the 'US version' of the Coupé, which weighs 165 kg more in order to comply with various overseas regulations. In any case, the 'European' Coupé boasts a power-to-weight ratio equal to just 3.7 kg per horsepower.

In other words, each hp of the engine has to support a weight of just 3.7 kg to move the 4C. As a matter of comparison, in the case of a remarkably sports car like the Ferrari California, the power-to-weight ratio corresponds to 3.08 kg per horsepower.

A fundamental element that has helped the lightness, in this case combined with a high level of safety, is the 'monocoque' chassis: entirely made of carbon fibre , it ensures high levels of resistance. It was designed by designers at Alfa in collaboration with the Dallara Automobili in Varano Melegari (Parma), the worldwide most important company in the field of research and production of racing cars. The carbon fibre 'tank', which makes up the central part of the chassis, is made in a single piece, without subsequent steps, using the technology patented by engineer Gian Paola Dallara's company. This is the first case, amongst worldwide car manufacturers of a carbon fibre frame made for a car that's been produced in a relatively high number of units and offered at a non-exclusive price. A record: previously, carbon fibre frames were only used for some well-known (and very expensive) supercar models, offered by the most famous manufacturers in the sector. Thanks to the experience with racing cars that are made with similar technology (and that – it should be noted – should pass the most severe 'crash tests' in order to be approved), the safety level of the 4C is among the highest in the world.

The carbon fibre frame, produced by 'Tecno Tessile Adler' in Airola (Benevento), is connected to two aluminium chassis that have the task of supporting the engine/gearbox and suspension, by an overlapping wishbone in front and a MacPherson strut type behind. Even the roof reinforcement cage is made of aluminium, also made with the 'Cobapress' process that combines the advantages of casting (lightness) to those of forging (resistance). Always in search of lightness linked to resistance, the body frame is made of composite 'SMC' (Sheet Moulding Compounds) type material, a modern fibreglass that has a specific weight which is 50% less compared to light alloy.

A car without compromises that gives strong emotion in complete safety, the 4C has a distinctly 'Alfa Romeo' style, due to Alessandro Maccolini, head of External Design for the brand. The development of prototypes was instead taken care of by the new Alfa Romeo Centre of Development, operating in Modena in a big building situated on via Canaletto (in the suburb of San Matteo), next to the Maserati Corse headquarters. Moreover, the 4C has a close relationship with Maserati: around 3500 units a year are assembled in the historic Maserati building on via Ciro Menotti, where in the early 2000s the Alfa 8C was produced, alternating on the same assembly line with the Maserati models. Highest speed (claimed), 258 kmh; time required to accelerate from 0 to 100 kmh, 4.5 seconds: Alfa Romeo 4C's business card more than speaks for itself. There was nothing missing on the famous Nürburgring track, a 20.8 km circuit, full of curves, peaks and troughs, where all of the manufacturers that produce high pedigree sports cars compete against each other over distance to gain prestige. With a time of 8:04, the C4 was inserted at the top of production cars with a power output less than 250 hp. The car used was in mass production configuration and had Pirelli P Zero Trofeo tires measuring 205/45 R17 at the front and 235/40 R18 at the back.

Current Alfas/New Giulietta
A SEDAN WITH A HEART

In the television spot produced for the launch of the Giulietta, the car was personalised by Uma Thurman - beautiful and elegant, as well as strongly provocative. A dreamlike combination for a message of intense Shakespearian taste, combining power with elegance: "I am Giulietta, and I am such stuff as dreams are made on" and containing a conclusion to the point, which highlighted that passion that has given life to so many "Biscione" models: "Without heart, we would be mere machines". A concept in clear opposition with cold technology, which can produce perfect cars but without a soul.

There is no doubt that Alfa has always been a belief and impulse from the heart; however, in 2010 the concept was being watered down. The brand was coming from difficult years and had particularly suffered from the Fiat Group crisis, with a fall in image probably greater than the actual weaknesses of the models offered, starting with the 159.

Again in 2010 fell 100 years since the birth of A.L.F.A and the Giulietta inevitably became the anniversary's torch. A difficult role but which finally clarified the ideas on the Milan-based company's future: this new car, which continued the famous name that had been used in the past for two different models (including that of the '54, which was essential for the revival), was the first step towards recapturing a position more fitting for the brand's tradition. It was only the start, but the promises of Sergio Marchionne, Chief Executive Officer of the Group that would become "FCA" in 2014, were being realised.

The Giulietta had proved to be a beautiful surprise, starting with its design by the Alfa Style Centre directed by Lorenzo Ramaciotti, which was rich with personality without excesses. The quality level had also grown (especially when it came to materials), an eternal problem of the 147, which the Giulietta had replaced. With the Giulietta also debuted the "Compact" floor (chassis base), which was by no means the umpteenth evolution of previous projects, being the result of a compromise to produce various models with an identical base. It was rather a modern "modular" floor, which was modifiable according to the requirements of the cars to be produced, and thus completely suited to the Giulietta's needs. There was a noticeable difference compared to the materials used for the 147's floor, 65% of which was made from high resistance steel and the remaining 35% from mild steel. In the case of the Giulietta, resistant steels increased to 84% while mild steels fell to 3%, in order to leave space for aluminium components and polymeric materials. This resulted in it emerging with 5 stars (maximum score) from the Euro-NCAP impact tests, while for individual assessments it achieve 97 points out of 100 in terms of driver and passenger safety, 85 for child protection and 63 and 86, respectively, in the analysis of pedestrian protection and safety equipment installed in the vehicle. In the Giulietta, the ABS system (anti-lock braking, mandatory since 2004) is integrated with Brake Assist, which automatically increases the brake pedal pressure in the event of emergency. Furthermore, there is no shortage of VDC systems (Vehicle Dynamic Control: a device that other companies call ESP, or DSC) for electronic stability control and ASR (Anti Slip Regulation) that prevents wheelspin during acceleration. Finally, the E-Q2 (Electronic-Quadrifoglio 2 wheel drive) system, which is characteristic of the Alfas, which acts on the traction, distributing the engine torque to both wheels. In case of inside wheel spin during cornering, the E-Q2 system transfers greater engine torque to the outside wheel, thus preventing understeer, which is characteristic of front-wheel drive cars which tend to widen the cornering trajectory.

In 2016 the Giulietta underwent a stylistic restyling, clearly evident at the front, inspired by that of the Giulia. The range was also revised, providing 4 trim levels: basic, Super, Veloce (which replaces the 'Quadrifoglio Verde') and Business, with nine engine types: four-cylinder turbo petrol engine, four-cylinder turbo diesel engine and a BiFuel one (LPG and petrol). With the entry of the 1.6 JTDm 120 hp unit at 3750 rpm (paired with the TCT electro-actuated gearbox), all of the Giulietta's diesel engine range belongs to the second generation Multijet family (environmental class Euro 6), equipped with latest generation Common Rail fuel injection, characterised by 5 microinjections in three phases to improve combustion. Thus, consumption and noise are reduced, benefitting performance.

Current Alfas/New MiTo Series
SMALL GAME ROOM

A bundle of energy distributed in slightly more than four metres. The Mito has always conveyed an image of a small, gutsy car, which is upheld by the engines available in the range, which are almost all capable of giving true Alfa Romeo satisfaction, apart from a super economical base model always present in all car families. With the new "series" that debuted at the 2016 Geneva Motor Show, the Mito gave off a nervous look accentuated by an aesthetic renovation of the radiator grille, with a strong reference to the style of the new Giulia. A family feeling operation that stands out in the wider and more incisive Alfa badge and in the clearly more accentuated smaller air intakes. No fragility: the Mito's appearance is even more appropriate for the engines available in the range, starting with the brilliant TwinAir and MultiAir petrol engines, characterised by the revolutionary inlet valve timing system. The TwinAir engine is the product of modern technology that has erased every preconception on the validity of an engine with only two cylinders and having just 875 cc (bore and stroke 80.5 x 86 mm). An efficient auxiliary balance shaft (connected to the drive shaft) has removed the problems associated with the vibrations caused by the inertia forces of the twin-cylinders. A solution well known to technicians, however, suitable only in the case of high level engines, owing to the power consumption (due to the presence of the auxiliary shaft) and the higher production cost. Exactly the case for the

TwinAir, which must definitely not be mistaken for a fallback solution – and in any case cheap one – as once happened. The unique valve timing system, a four valve head for each of the two cylinders and turbocharger power supply have made an engine class capable of delivering 105 hp at 5600 rpm (this is 123 hp per litre of displacement, hence the power consumption is entirely irrelevant) and with a torque of 14.8 kgm, which "leads to" just 2000 rpm. The Mito's limited weight (1,071 kg) highlights the brilliance of the TwinAir, which allows a speed of 184 kmh, with an acceleration from 0 to 100 kmh in 11.4 s. And it is not just performance: the twin-cylinder solution was chosen by FCA technicians (the engine also equips various Fiat and Lancia models) for its low consumption and reduced CO_2 exhaust emissions. According to official data, the Mito 0.9 turbo TwinAir only requires 4.2 litres of fuel to travel 100 km, while emissions are equal to 99 grams of CO_2 per kilometre. The same technology adopted for the TwinAir (timing, four valves per cylinder, turbocharger power supply and sequential electronic fuel injection) was transferred to the MultiAir 4-cylinder in-line 1368 cc engine (bore and stroke 72 x 84 mm). In the version adopted by the Mito Super it delivers 140 hp at 5000 rpm with a torque of 24.4 kgm at 2250 rpm and the performance is significantly raised: 209 kmh and 8.1 s to go from 0 to 100 kmh. The powers increases to 170 hp at 5500 rpm (torque of 25.4 kgm at 2500 rpm) in the version that equips the Mito Veloce, confirmed speed of 219 kmh and which "speeds off" from 0 to 100 kmh in 7.3 s. The two Mito "sisters" with 1.4 Turbo engines are fitted with TCT (Twin Clutch Transmission) dual-clutch electro-actuated gearbox, which functions both automatically and through the levers positioned behind the steering wheel. An invite to sports driving without bleeding to death: the brilliant MultiAir, which does not waste fuel when the type of driving does not require it (as instead happens in traditional engines), allows you to travel 100 km with a litre of unleaded, according to official data.

Genial technical choices for the smallest Alfa Romeo engines
WHEN POWER IS INTELLIGENT

Famous for its brilliant engines, rich in technology since it started in business, Alfa Romeo has always offered 'something' more in this sector, even during historically less easy times. For example, the famous 4-cylinder 2.0 Twin Spark of the 80s, or the wonderful 3.0 V6 24 valve, that followed. Currently there are several interesting proposals, and we will examine a few that stand out for the high power they attain, thanks to simple and smart technical choices.

1750 TBi

For any Alfa enthusiast, 1750 is a magic number. It evokes the famous 6C of the late 20s and the 'extended family' (Sedan, Coupe and Spider), which took its first steps at the beginning of 1968. In 2009 this tantalizing number returned to the Alfa Romeo family, coupled with the inline 4-cylinder, TBi engine, adopted by the 159 sedan, the Brera coupe and Spider.

Further evolved, in 2010 the 1750 TBi debuted in the more aggressive version of the 'Giulietta' range, and immediately acquired a record: the highest output per litre of engine capacity (as a rule the equivalent of 1000 cc), by a series Alfa Romeo engine. The TBi (Turbo Petrol Injection) adopted by the 'Quadrifoglio Verde' Giulietta, renamed 'Veloce' in the 2016 edition, delivers 235 hp at 5500 rpm, the equivalent of 134 hp per litre. Full of innovative solutions, the unit was developed by Fiat Powertrain Technologies, the sector that until 2011 was dedicated to the design of engines, gearboxes and transmissions for all of the Turin Group's brands and that - through successive steps - from October 2014 merged into FCA Powertrain.

With a precise 1742 cubic capacity (bore and stroke 83x80.5 mm), the '1750 TBi' engine features, of course, distribution with two overhead camshafts and four valves per cylinder. A classic choice for Alfa, in this case enhanced with sophisticated technology, which paved the way to get so much power; this was even more surprising in the version subsequently developed for the 4C, in which a 241 hp 'TBi' was fitted.

Among the key features, the exhaust gas turbocharger stands out, which was a great way to increase the fuel supply air flow rate. However, despite great support from modern electronic systems, the choice was conditioned by the delay in the response (moment of inertia), when using the accelerator pedal (a problem commonly called 'turbo-lag'). It is a fact that 'turbo' engines have a moment's hesitation during acceleration, and then 'brutally' unleash the horses. With the foot off the pedal (for example, when entering a corner), the amount of exhaust gas that drives the turbine is actually quite limited (which, in turn, rotating at over 200,000 rpm, actuates the centrifugal compressor that increases the air flow into the cylinders). The technicians always sought to bring the turbine's rotation to a satisfactory level even during partial, if not 'closed', acceleration. The ingenious system devised for the Alfa 1750 was christened 'scavenging' (from English 'to clean') and is based on the delayed closing of the exhaust valves, simultaneously anticipating the opening of the intake valves. A strong case of 'cross' distribution, well known to designers of racing engines, which allows the exploitation of the extractor effect of the exhaust gas exiting from the cylinders, in order to draw the fresh gases coming from the intakes, thus improving the filling of the combustion chambers. In the case of the 1750 TBi engine, the system was used to increase, in any condition, the flow of the hot gases to the turbine, which can then rotate faster, and so mitigating the 'turbo lag' effect, improving the response speed, and the engine's torque (the power that goes from the motor shaft to the wheels). The effect is not just felt through a most dynamic ride, but it is displayed on a monitor, which receives the information according to the position of the 'DNA' system that controls driving through three operating modes: Dynamic, Natural, All-Weather, selected by the driver via a hand lever. In Dynamic mode and with thrust from the 'scavenging' effect, the maximum torque of 34.6 kgm, at just 1900 rpm is reached, while in Normal mode it does not exceed 30.5 kgm at a much higher engine speed of 4500 rpm.

A further aid to the distribution of power also comes from the exhaust manifold, designed according to 'Pulse converter' technology, which exploits the pressure waves created by the gases to favour the low-speed torque.

Turbocharger control is integrated by direct petrol injection (with a high pressure pump - 150 bars - and 7 injectors), as well as by the distribution with two continuous variable valve controls, positioned on the intake and exhaust camshafts, with the task of providing a reduced angle of intersection between the valves at low engine speeds (typical of city driving), and extending it when maximum performance is required. The integrated management of various systems is then entrusted to an electronic injection/ignition control unit, which 'interprets' and processes the information received. Among the main features of the 1750 TBi engine, there is also the compression ratio of 9.25: 1, quite high for a turbocharger powered vehicle. In this case too, the choice was tied to the 'Scavenging' effect, which also has the task of cleaning the combustion chambers from residual gas and thus removing the danger of detonation, improving fuel consumption and CO_2 exhaust emissions.

The 1750 TBi engine has also been fitted to the Alfa 4C since 2013, in both Coupe and Spider versions. In this case it delivers 241 hp at 6000 rpm (the power per litre is 137 hp), with a 35.6 kgm torque, which is constantly maintained between 2200 and 4250 rpm. Considering the 4C's characteristics, where weight is one of the most interesting features, the TBi engine block and cylinder head were both made from light alloy, with a 22 kg gain with respect to the version adopted by the Giulietta, which has a cast iron block.

Multiair/Twinair

The continuous variable valve controls, allow the position of the camshaft (in the case of 'twin-cam' engines there may be two), and therefore the timing diagram, to be changed according to the needs and the type of driving: basically from 'tourist' (smoothness, low-power) to 'sporty' and vice versa. However, they have a cost (and an encumbrance) which is difficult to justify in small displacement engines, intended for vehicles that cannot exceed a certain price range.

Alfa Romeo still got around this problem by adopting the 4-cylinder 'MultiAir' engine, which debuted in the Mito, and was later adopted by the Giulietta too.

'TwinAir' was developed with an identical engine technology; this 875 cc two-cylinder, opened the way for Fiat Chrysler Automobiles' refined 'SGE' (Small Gasoline Engine) engines. The 105 hp at 5500 rpm and 184 kmh TwinAir Turbo was successfully fitted to the Mito but, for intuitive practical reasons, our technical explanation is based on the MultiAir 4-cylinder engine, with 1368 cc and four valves per cylinder.

At first glance, considering the hemispherical shape of the combustion chamber (with a very tight valve angle), one has the feeling of being faced with a 'twin cam' engine. In many respects the MultiAir is just that, even though there is a single camshaft (positioned above the exhaust valves), although with 12 cam lobes: eight of which actuate the exhaust valves, while (through rocker arms) the four remaining act on as many pumping elements, which control the intake valves. Therefore, the exhaust valves are operated classically, or mechanically, whereas the intake valves are electro-hydraulically controlled.

To recap, this is how the system works: through an oil circuit under pressure, each pumping element actuates a solenoid valve, which has nothing to do with the engine's traditional poppet valves, but is more like a 'tap' that opens and closes the passage of a liquid. There are four solenoid valves (one for each cylinder, on-off type operated electromagnetically) and they block the oil flow or allow its passage to a specific mini-tank, from where the next cycle starts. In the first case, the intake valves are opened; in the latter they stay closed: of course, all this happens in a minimum time: from 0.9 to 9 milliseconds.

In a traditional engine, with a camshaft (naturally without any variable distribution system), the opening and closing of the intake valves, would be limited by the camshaft's position. In the case of the MultiAir (and the similar two-cylinder TwinAir), the electronic engine control unit - based on the 'messages' received by the driver's 'foot' - determines which type of valve lift is best and therefore adjusts the amount of air necessary to form the 'mixture'.

As in the case of a true variable valve timer, the strategy implemented by the solenoid is the consequence of the driving needs, according to a scheme which can be summarized as follows for each complete revolution of the cams: complete opening of the intake valves for full power; delayed opening for a uniform adjustment of the driving torque; closing early for a quick response at low engine speeds; partial opening of the valves for an average power requirement; twin opening of the valves for full combustion efficiency.

Together with reduced fuel consumption and CO_2 emissions, the 1.4 MultiAir engine also combines true Alfa performance, with a peak of 170 hp in the case of the Mito 'Veloce' and Giulietta 'Super', with a torque of 25.4 kgm at just 2500 rpm. And it's not the version with most thrust: the same engine is fitted to the Abarth 695 1.4 T-Jet Biposto, with 190 hp. The advantages in terms of consumption, are also obvious from the official data: the 170 hp Mito MultiAir runs on average (between cities, out of city, motorway) 18.5 km/litre, while the Super version, with the same 1.4 engine, but with traditional distribution and 78 hp, arrives at 17.9 km/litre.

Milan and the 'Portello' factory: from the Darracq to the creation of the A.L.F.A.
FRESH OFF THE FACTORY, IT STARTS RUNNING

In the history of Alfa Romeo, the city of Modena has often played an important role. It is famously linked to the Ferrari Racing Stables, a relationship that lasted for almost all of the 1930s and included the creation of several Alfas built entirely in the Emilian city. More recently, the new, large FCA Group (Fiat Chrysler Automobiles) set up the 'Biscione' Project Centre in Modena but construction had already been launched, in the Maserati plant, of the super-sporty Alfa Romeo 4C.

Very few, however, are aware of the fact that this famous brand (when it was still just A.L.F.A.: Anonima Lombarda Fabbrica Automobili) came to glory in Modena, thanks to a clamorous success that is the proof of the very close ties between the manufacturer and the sport of motor racing.

In January 1911, A.L.F.A. was officially just seven months old and had, in the autumn of 1910, presented two prototypes of the so-called 'A Series', christened 24 HP and 12 HP; similar in general configuration but with 4-cylinder engines of different capacities (4082 and 2413 cc respectively). The cars were designed by Giuseppe Merosi (1872-1956) from Piacenza, who gained his diploma as a surveyor aged 19. Blessed with innate technical genius, he is credited with being the first in a long line of brilliant designers behind the greatness of the Biscione brand.

In the role of Technical Director of A.L.F.A., in that fateful January of 1911, Merosi decided to sign up to the challenging 'Primo Concorso di Regolarità di Modena' (First Modena Regularity Competition) with a 12 HP, decidedly less powerful than the 24 HP, but lighter and more manageable. To be clear, in the very early days of automobiles, the acronym HP (Horse Power) was purely an indication of the tax scale. Indeed, road tax was paid according to the power of the engine; a rule that encouraged the casual habit of declaring an inferior value. This is how split figures came about: for example, in the case of the Darracq 8/10 HP, the first number indicated the fiscal power, the second the actual power. As a prevention against tricksters, a payment formula was designed in 1910 that considered the cylinder bore and the number of cylinders (until 1921, when a Royal Decree introduced a new formula on which today's is based) but many automobile companies continued to use acronyms that didn't describe the real power of the engines used. The 4-cylinder engines of the A.L.F.A. 24 HP and 12 HP actually produced 42 horsepower at 2200 rpm and 22 horsepower at 2400 rpm respectively. The declared speeds of the two models were 100 and 80 kmh.

The 'Modena Competition', scheduled from 23 to 29 April, proved extremely challenging due to the distance, the roads of the time and the regulations, which were decidedly restrictive. Indeed, the race involved travelling 1,500 kilometres without the possibility of making any repairs (even minor repairs were forbidden) and, between one stage and the next, the cars had to be left in an 'enclosed park' obviously with surveillance. It was impossible to cheat; moreover, the organisers at the time had designed an infallible way of ensuring compliance with the rules: to register, the cars had to have at least four seats, with the two in the back reserved for a controller and his assistant!

It truly was a 'rally' ahead of its time, with competitors at the wheel of the most famous brands of vehicle and regular leading players in similar competitions, to the extent that the management of A.L.F.A. was initially against Meroni's decision, fearing ridicule. However, Meroni knew what he was doing and could count on a fast and expert driver/test driver, Nino Franchini, supported by the then 19 year-old Giuseppe Campari, future ace of the Grand Prix and road racing. They achieved excellent results: the team was given just one tenth of a penalty point and came outright first, even though it was a draw with another five competitors.

A.L.F.A. was founded with the intention of creating high level vehicles, especially in terms of performance and drivability, and the success in Modena enabled it to conquer space (330 cars built between 1910 and 1915) in a market already overcrowded with dozens of brands, despite the fact that the 'automobile phenomenon' had been spreading for just fifteen years and that the number of cars on the roads in Italy in 1910 reached just 8,000. A.L.F.A.'s commercial success was also boosted by its decision to present, in Modena, a 15 HP that was practically of serial production: the only difference was that the power was increased from 22 to 25 HP and 2400 rpm (speed 95 kmh). Indirectly, the slogan L'auto di famiglia che vince le corse (The family car that wins races) had already been created, famous for the Alfa Romeo wins in the 1950s.

In just a few months, the newly founded Italian automobile company had risen to the top, certainly the merit of valuable personalities (Merosi and Franchini had achieved previous success at Bianchi, one of the biggest Italian automobile companies, with Fiat, Isotta Fraschini and Itala) but also thanks to the possibility of launching their activity in a fully working factory. The factory was that of the French brand Darracq, founded in 1896 and that opened a branch in Naples ten years later: Società Italiana Automobili Darracq, which imported components from France and assembled the vehicles in Italy, for the purpose of getting around the customs barriers. The French-Italian company struggled to get off the ground, despite the fact that Alexandre Darracq himself went out of his way to manage the technical side of things. In fact, Naples was too decentralised compared to the North, where industrial development was in full swing, and after not even a year of operation, the partners decided to move the whole company to Milan.

Thus, the company bought a plot of land of 36,000 m² in the area of the Strada del Portello, in the western suburb of the city (still today identified by viale Traiano, though the area has recently been the subject of a total building overhaul), intended for the creation of a new factory. Production began between 1907 and 1908 but 'Italian' Darracqs are not well received, due to their below-standard performance and poor quality; so much so that, as early as 1909, it was decided to transform the company, which resulted the following year in the creation of A.L.F.A. The official change occurred in June 1910 but it had been in the air for months, driven by a group of local financiers who had guaranteed (by means of a loan from the Banca Agricola Milanese) capital of 500,000 lire (around 1.5 billion euro), which put the French shareholders, who then sold out of the company, in a minority.

The new A.L.F.A. inherited a complete factory and with a totally new spirit of enterprise: instead of the sluggish Darracqs, splendid new vehicles with a strong personality would be built. The garantors of this new, ambitious programme were the Director General, Ugo Stella (already CEO in the Darracq period) and the Head Designer, Giuseppe Merosi.

It is certainly probable that investors were struck by the technical value of the company and by its workforce. After all, in the months preceding the corporate changeover, at the by now 'almost ex' Darracq, they were building nothing less than an aeroplane. For this time in history, this was a sensational decision that testified in favor of the technical capacity of the factory and of the possible future profits promised by the aviation sector, which had only just come into existence but was under very rapid development.

It was the brainchild of Antonio Santoni, head of the 'Technical Drawings' department and thus very close to Merosi and to the driver/test driver Nino Franchini. The two were both colleagues and tied by a deep friendship, as well as mutual admiration. They spent time together every Sunday, together with their families, and it would appear that the idea for the aeroplane was born, one Sunday in September, at the table of a country tavern, after the usual bike ride. Briefly, the two friends drafted a preliminary design, to be submitted for approval by the Director General of A.L.F.A., Stella, who immediately foresaw the propagandist effect that this enterprise would have had, obviously in the event of it being successful. The risks were substantial, given that, once finished, the Santoni-Franchini aeroplane had been preceded by just 25 similar initiatives in Italy. But the two pioneers operated to the best possible standard and their 'canard' style biplane, created by means of a wooden 'skeleton' with a few metal tubes to mount the undercarriage and support the two counter-rotating propellers, also distinguished itself for its innovative aerodynamic device for 'veering' to change direction.

In terms of the engine, the aeroplane used one of the first examples of the 4-cylinder intended for the new 24 HP, adapted by Santon via his own design of compressor.

On 17 September 1910, with Franchini at the contols, the biplane took its first flight, with departure and arrival in Piazza d'Armi di Baggio; exactly two months later, it was repeated before the authorities and A.L.F.A. directors. It was such a success that the vehicle was then used for a driver school at the Taliedo aviation field, which was located up to the 1930s in the area of what is now via Mecenate, next door to the future Linate Airport. It was a bit ahead of its game, however, and A.L.F.A was forced to postpone its dream of entering into the field of aviation for a decade or so. Its commitment to the creation of automobiles was fundamental to the output of the vast factory that, from 1910, counted on several hundred employees. After the launch of the 24 HP and of the 'little' 12 HP (followed by the slightly more powerful 15 and 15-20 HP), at the end of 1912, the Design Office was assigned the task of studying a model with exclusive features and sports car performance. This project was, in practice, already in the pipeline for the technicians, because the department, led by Giuseppe Merosi, was used to preempting demands, devoting itself to all types of study and 'exploration'.

This was an innovative way of working for the time, which would later become essential to superior level modern manufacturing. It is no surprise, therefore, that in 1913, the 40-60 HP had already been completed, with a 4-cylinder, twin camshaft, inline engine of 6082 cc (cylinder bore and stroke 110x160), producing 70 hp at 2200 rpm (73 in the 'racing' version of 1913/14 and 82 at 2400 rpm in the case of the developed version, continued after World War I). Available in 4-seater Tourer and 2-seater Spider Sport versions, it could reach a very high speed for the time: 125 kmh in the former and a super-fast 150 kmh in the latter. Confirmation arrived in 1921, when the 40-60 HP was clocked at 147.5 kmh during the speed trials at the Brescia Grand Prix.

This exclusive vehicle, the first to use the engine with two lateral camshafts but with overhead valves (an important generational leap, as compared to the side valves of previous models, which restricted the design of the combustion chamber), cost 15,500 lire just for the chassis (around 45,000 euro today). The model is also famous for the curious and futuristic experiment undertaken by Count Marco Ricotti: after purchasing a bare chassis, he had it completed by the Castagna Body Shop in Milan, with a torpedo shape, which would certainly have aroused astonishment in every passer-by. In any event, the 40-60 'Aerodynamic Ricotti' was reportedly clocked doing 139.5 kmh in a special speed trial. After being reconverted into the Tourer version (retaining, however, the front 'dome' with wrap-around windscreen), this strange vehicle unfortunately failed to survive right up to today, but Alfa Romeo did create a replica, which is much admired in the Museum of Arese.

With the 40-60 HP, the Milanese automobile company continued its sporting activities with considerable success, such as second place in the Parma-Poggio di Berceto race in 1913 and 1914, with Franchini and Campari respectively. And in the challenging Coppa Florio in 1914 (a race over 446 km), Franchini and Campari take 3rd and 4th places.

The 40-60 HP proved to be an excellent vehicle but it made little difference to the turnover: until 1915, only 27 models came out of the 'Portello'. A.L.F.A. lacked valid commercial organisation and had few ties to foreign markets, where a vehicle with the class of the 40-60 would have been rightly valued. The factory was not used as its size would have merited, including due to the fact that the social capital proved insufficient for its management. With just 1,039 vehicles built from the launch of the business to the start of the First World War, A.L.F.A. was inevitably facing a financial crisis: on 28 September 1915, the company ceased to exist and the capital was absorbed by the Banca Italiana di Sconto.

But there was war on, and with war there was the incessant search for factories in which to produce munitions, fixed system engines and all types of means of transport. With this driving force, the bank easily found an entrepreneur prepared to take on partnership management of the factory, in difficulty but with excellent levels of technology and workforce: the engineer, Nicola Romeo, a figure of great charisma, a determining factor in the true, great future of the brand. Romeo had already secured himself various government orders, thanks to the operations of a small Milanese plant in via Ruggero di Lauria, of no coincidence just a short distance from the 'Portello' establishment. Thus, on 2 December 1915, the 'Società in Accomandita N.Romeo & C' incorporated A.L.F.A., immediately expanded with the construction of three new warehouses. For the full period of World War I, no automobiles were produced, a part from a few light three-wheeled vehicles and ambulances, using the 20-30 HP engine, also used to build the Type C 'Romeo' compressor. This compressor was, in practice, a portable generator of compressed air, produced in its thousands for the army and later for civil use.

The Italian destinies of Darracq

The short life of the Italian Darracq, which facilitated the onset of A.L.F.A., is not the only connection between the old French carmaker and our country. After rather complicated industrial vicissitudes, the STD Motor Ltd group was created in 1920, formed by English makers Sunbeam and Talbot and the French Darracq. The financial means of the latter where however lower with respect to its 'associates' across the Channel and, starting in 1922, the cars built in the Suresnes factory (Paris) also adopted the Talbot trademark. Around 1933, STD ran into some financial difficulties and sold Talbot to the engineer Antonio Lago, born in Venice in 1893, who had long standing work relationships with the English 'branch' of the group. Lago, who had a passionate and unique personality (an Italian citizen until death, occurred in 1960), relaunched Talbot brilliantly, betting most of all on very high performance automobiles. Partly repeating the case of A.L.F.A. in 1910.

A.L.F.A. Grand Prix 1914
'DOUBLE SHAFT' ENGINE PIONEER

The positive results gained with the 40-60 HP 'racing car (6082 cc, 73 hp, 2200 rpm and about 150 kmh) led A.L.F.A. to a sophisticated but extremely challenging project: the construction of a dual overhead camshaft engine with twin-spark ignition (two spark plugs per cylinder), intended for a Grand Prix car. Prompted by and with the advice of Giuseppe Merosi, the technical department started work in October 1913. By February of the following year, the 4 cylinder in-line 4490 cc engine (bore and stroke of 100x143mm) was already being tested. It produced 88 hp at 2950 rpm, with a specific power output clearly greater than that of the 40-60 HP racing ca,r that could not be used in GPs because of the regulation that required engines up to 4500 cc and a car weight of no more than 1100 kg.

The transition to the dual overhead camshaft has always been considered as a historical result for the Milan company, because it allowed it to enter into a club that had remained exclusive for many years. True technical refinement – control for the opening and closing of valves with dual overhead camshafts – was designed by Swiss engineer Ernest Henry for the engine of the winning 1912 Peugeot L76. The engine architecture was ingenious but so complex that, up to A.L.F.A.'s project, only three other companies were able to copy it (the French company Delage and the two British companies Sunbeam and Humber).

At that time, car engines (mostly 4 cylinders in line, divided into two blocks) had a single valve train camshaft (intended for the opening and closing of valves) located in the crankcase. On each cam, a series of long rods drove air admission and exhaust valves. For reasons of technological simplicity and cost, the same valves fit into one side of the cylinders (flathead engines) with the poppet valve facing upwards. The limits for combustion chamber design and performance are obvious.

There were the features shown by the 24 and 12 HP A.L.F.A. engines. However, with the prestigious 1913 40-60 HP, valves were already on the cylinder head for the benefit of combustion chamber design and engine efficiency. Rocker arms for valve control were placed on the cylinder head. These were again driven by a camshaft that was placed in the crankcase. That was the classical rod and rocker arm valve train, a good compromise between cost and efficiency that for decades had been used in the overwhelming majority of engines.

For sports engines and, of course, for racing car engines, a valve train with two camshafts (twin-shaft) has always been preferred. It is a more expensive system, but with major advantages: the lower weight of the mechanical elements (direct control between cams and valve eliminates rods, rocker arms and various accessories) allows higher rotational speeds to be reached without fear of inaccuracies or breakages. The design of the combustion chamber is also more regular and guarantees the best turbulence of the air/fuel mix.

It was a technical development that, for decades after the 20s, created a true dividing line between the overwhelming majority of companies and Alfa Romeo, famous for its dual overhead camshaft engines that were suitable for all standard models.

For A.L.F.A., the launch occurred in pioneering times through the efforts of Giuseppe Merosi, a skilful designer, who was bold in his choices but also had a personal technical vision. In many cases, his insights diverged from what had already been achieved. For the Grand Prix engine, the arrangement of two rows of 90 degree valves with the spark plug in the middle, creating a hemispherical combustion chamber, was particularly remarkable: a benchmark layout.

After the positive tests that were passed in May 1914, the A.L.F.A. Grand Prix (a two-seater with a chassis from the racing model 40-60 HP) was intended to take part in the French GP in Lyon in July of the same year but, for unknown reasons – at least officially – the Grand Prix never left the Portello factory. However, it is probable that this withdrawal was determined by the company's economic difficulties at that time (it was on the eve of the company's purchase by engineer Nicola Romeo) and by hasty preparation. With 13 brands and 37 contendants present, the French GP was the most important race of the year and the race's enormous popularity had a considerable influence on the reputation of the companies. The young A.L.F.A. had made huge strides, but the 88 hp of the though elegant 4 dual camshaft cylinders would nonetheless have proved insufficient compared to the engines used by more valued rivals such as Mercedes, Peugeot and Fiat, in races already at the beginning of the century.

The First World War obviously put an end to all sporting activities, and the Grand Prix laid idle in a pharmaceuticals factory until the end of the hostilities, perhaps sold and then repurchased by the Milan company. In 1919, the car (a one-off creation) finally debuted in race, gaining – among others – third place in the 4500 cc class in the much estimated 'Parma-Poggio di Berceto'.

For the 1912 season, the engine was updated with a new bank of cylinders and with a modified valve control (as well as spoke wheels in place of the traditional Sankey cast wheels in pressed metal) so that its power reached 102 hp with 3000 rpm.

Made quickly, influenced by the war and the passing of time, the Grand Prix was also judged negatively from Enzo Ferrari, driver of the Alfa in the 20s (but not with the GP from 1914): 'This engine never worked well and has always had problems', he declared many years later. From a historical point of view, the Grand Prix can take credit for having opened up an amazing technical path, the basis of all the great Alfas that followed, and perhaps doesn't deserve such a negative assessment. Although it debuted much later than the original project period, after the war, the GP raced on nine occasions and finally dropped out six times, but also obtained two first places and one third place.

Back to work after 1918 and the creation of the RL
INITIAL INTERNATIONAL PRESTIGE

The World War I was still underway when the engineer Nicola Romeo decided to give a new name to the company of which he had been manager since 1915. He brought back the original acronym from 1910, combining it, however, with his surname, as major shareholder and CEO of the company. The company thus became Alfa Romeo, on 3 February 1918, but it wouldn't be until 1920 that it would go back to building cars, after its commitment to military commissions.

For the new Alfa, the immediate post-war period wasn't easy, due to both the uncertainty tied to the costly reconversion (in the early months, 1,000 'Titan' style tractors were produced, on American licence, requested by the Ministry of Agriculture), and the absence of a head of design. The technical director, Giuseppe Merosi, had in fact been confined to the subsidiary Officine Ferroviarie Meridionali (Southern Railway Workshops) and only returned to Milan in mid-1919, when Nicola Romeo finally decided to return to building automobiles. The new contract offered to Merosi included a production bonus for each car produced by the factory. We don't know if the contract also concerned the initial production of just over one hundred cars of the various 15-20, 20-20 and 40-60 models, assembled using reserve parts that remained in storage from 1915. These were the first cars to display the new Alfa Romeo trademark.

In the meantime, Merosi's staff were updating the 20-30 HP (again, these numbers do not refer to the engine power), presented as the 'ES' version in 1921. In the general design, the model was close to the previous version, but the numerous modifications fully justified the addition of the 'S' for Sport. The whole vehicle – 'modernised' with a more functional lighting system and fitted with electric ignition – displayed a more compact form; indeed, variations had been made to the pitch, from 320 to 290 cm. Above all, however, the 4-cylinder inline engine had been altered from 4084 to 4250 cc, increasing the cylinder bore by 2 mm, whilst the compression ratio was changed from 4.15:1 to 4.45:1. Together with other, small new elements (carburettor, valve timings), the changes enabled a surprising increase in power: a good 67 hp at 2600 rpm, instead of the previous 45 hp at 2400 rpm. With a speed of 130 kmh in the basic version (4-seater Tourer), the ES had a truly sporty spirit and was used successfully in the racing version, simply by equipping it with a 2-seater Spider car body, which, in some cases, was the result of stripping down the production version. However, they almost always used easily detached, spoked wheels instead of the production ones, described as 'artillery style' (Sankey wheels in pressed and welded steel). It is interesting to note that, despite the reduction in pitch, the ES was heavier than the previous 20-30 HP.

At Alfa, they had realised that a rigid chassis was fundamental to road-holding and the whole chassis had been made heavier (1,200 kg instead of the previous 1,000 kg). In the racing version, however, the ES weighed less than 800 kg and it achieved an excellent reputation, with important results, as we will see in another part of this volume. The popularity achieved with racing, in which even the veteran yet powerful 40-60 HP (modernized with a more suitable body) continued to stand out from the crowd, balanced out the inevitably modest commercial importance of the ES. Notwithstanding the use of production models (only altered in part), Alfa managed to emerge in the difficult car sport sector, with a rapidly developed commitment that enabled the brand to make a bold entrance into the hearts of enthusiasts.

However, the first totally new project established by the Technical Department in 1921, is worth an explanation: directed by Merosi, the project resulted in the 'G1'prototype, a high-end, luxury model, available in a 4-seater Tourer and 6-seater Limousine version. This impressive car had a pitch of 340 cm and a price, just for the 'bare' chassis, of 55,000 lire (approx. 40,000 euro today). It was the star G1 vehicle, with a 6-cylinder, 6330 cc, inline engine (cylinder bore and stroke 98x140), producing 70 hp at 2100 rpm and reaching a speed of 120 kmh. All the features of the G1 made it look like Alfa intended to compete with the luxury models of the American and British manufacturers, despite the lack of any real tradition in the sector and without a valid commercial network. This seemingly adventurous decision was again explained by Enzo Ferrari, in his volume of memories, initially edited with the title 'Le mie gioie terribili' (My Terrible Joys). "The G1 was a six-litre, six-cylinder engine," he writes, "originating from an American car shipped especially from the United States in order to examine the post-war creations of the big, transatlantic factories."

It was a farsighted decision, probably the fruit of the mind of Nicola Romeo, who knew the level of American manufacturing, though in other mechanical sectors. Some historians even ventured the belief that the car in question was a Pierce-Arrow, a brand since disappeared, which was cutting-edge at the time. Still without much experience, Alfa obviously paid great attention to the technical progress and new manufacturing systems using automatic machines.

During the war, studies and research had been accelerated, including in the metal work industry, for the creation of compact and light engines intended for the very rapid diffusion of aeroplanes. This experience was exploited in post-1920s car mechanics, generally more slim-line and characterised by numerous 6-cylinder inline engines, whereas before, the clumsy and bulky 4-cylinders had been in the majority. The Alfa G1 engine proved impressive for its high-powered engine, but the beautiful, light cast alloy base confirmed that Alfa too had a different mentality of design. The automobile construction method, mostly manual, hadn't changed, whereas the industry had started to use automatic processing machines, even for luxury products. Alfa produced everything in-house and the skills of its employees would go on to become legendary: Enzo Ferrari famously joked that the Alfa employees were able to "spar with flies". This leading position contrasted, however, with elevated production costs, not compensated for by the modest quantity of cars produced.

With the 'RL' series in 1922, the commercial network boasted models that made us the envy of the whole world but, in order to produce them, it was clear that serious financial investment was needed, sometimes difficult to achieve. As is explained in the chapter devoted to Nicola Romeo, he was the enthusiastic Director General of Alfa, but the majority of shareholder capital was in the hands (from 1922) of the Banca Nazionale di Credito, which appreciated the excellence of the brand but feared the end of year financial statement.

For the 'RL' model, Alfa had studied a 6-cylinder inline engine of approximately 3000 cc, the same engine power established by the 1921 Grand Prix regulations. Clever publicity stunt or veiled temptation to take part in the biggest competitions with a special version of the model? Alfa's programmes included racing, but even if the RL engine, characterised by shaft and rocker arm distribution, was a very valid option, it would have found little room alongside the true Grand Prix vehicles, equipped with dual overhead camshaft engines, such as the Fiat 801. The doubt was, in any case, quickly dissolved: as early as 1922, the GP rules changed to admit engines only up to 2000 cc.

Officially presented on 13 and 14 October 1921, in the Alfa Exhibition Hall set up in the centre of Milan, in via Dante 18, the prototype of the RL was then taken to London. This important decision was an indication of the growth of the production company, who had no fear of taking on the best, top-level products and the judgement of an expert audience. A shrewd move: the qualities of the RL were recognised immediately and, in the following six years of marketing, Alfa launched the product successfully on markets that had up until then been dominated by the British industry, such as India and Australia.

The RL earned itself widespread popularity, thanks to its general characteristics, which allowed it to stand ahead permanently of the competition. In this period, RL stood out for its excellent road-holding, superior performance, pleasurable driving experience, reliability and safety. As concerns this final quality, braking had been consistently improved over the years: from the 1st and 2nd series, equipped only with expansion belt-type, rear brakes (a widespread choice among the cars of the time), drum brakes on all four wheels were introduced from the 3rd series (September 1923), whose diameter went from 360 mm to 420 mm with the 7th series in 1926.

According to the trend of the time, Alfa Romeo offered the chassis complete with all its parts, without the car body, which was chosen by the customer from among the Tourer (very spacious cabriolet), Saloon and Limousine versions, and customised according to the owner's tastes (Castagna, Zagato, Cesare Sala and Falco, the main workshops tied to Alfa in the early 1920s). In the Normale and Turismo versions of the ., the chassis had a pitch of 344 cm, thus suited to spacious car bodies, whilst the luxury RL Sport and Super Sport had a pitch of 314 cm.

The star element of the RL was the 6-cylinder inline engine with a single cylinder block in light alloy. The Normale version had a cylinder bore of 75 mm and a stroke of 110 mm (2196 cc), whilst – for reasons never fully explained but that certainly led to some manufacturing difficulties – in the case of the Turismo and Sport engines, the cylinder bore measured 1 mm more, with a total engine power of 2994 cc. It is to be remembered that, from 1921, the cylinder bore measurement no longer featured as one of the rules determining road tax. But this was not the only unusual aspect of the manufacturing: the engine of the Normale version was fuelled from the right and the exhaust was on the left; in the Turismo and Sport versions, it was the opposite. As far as performance is concerned, the Normale 56 hp at 3200 rpm allowed the model to reach 110 kmh, increasing to 115 for the Turismo (61 hp at 3200 rpm) and 130 kmh for the Sport and Super Sport (whose engine powers were 71 hp at 3500 rpm and 83 hp at 3600 rpm respectively). We can see, therefore, that the maximum speed hasn't changed as compared to the previous 20-30 ES but the cars themselves changed dramatically. The ES was, basically, a pre-war vehicle; Spartan and with limited features, weighing no more than 1,200 kg. The RL is a much more complete car, which is capable of long journeys, without the previous feeling of going on an adventure. But the features and accessories took the vehicle's weight up to 1,800 kg and the Sport versions, with short pitch, weigh just 50 kg less. 2,640 models were produced of the entire RL series (there would certainly have been more if Alfa had adopted a more functional manufacturing system, but maybe certain features would have lost their unrivalled quality), whilst the RM model was much less successful (just 500 vehicles), built between 1923 and 1926. It was a 'little RL' with a 4-cylinder inline engine of 1944 cc, with an engine power of 40 hp at 3000 rpm in the Normale version, 44 in the Sport version and 48 in the 1926 Unificato (Unified) RM – this last project originated from an idea by Romeo that aimed at sharing as many parts as possible with the RL. The car weighed around 1,500 kg and lacked the performance of a 'true' Alfa.

C Racing with production-based vehicles

Originating, in practice, with the same automobile, manufacturing companies have always considered motor racing to be an excellent way of advertising their production models. At Alfa, they were perfectly aware of this and, in addition, there was no lack of passion, without which it is difficult to achieve any success in such a complex activity. With his endless commitments, Nicola Romeo wasn't often found at Alfa, but when he was there, he never failed to pay a visit to the sport sector, known as the 'Experimental Department'.

The engineer Giorgio Rimini (born in Palermo in 1889) was no less of an enthusiast; in his role as Sales Director and 'animator' of the motor racing activity, he was the Number 3 at Alfa, just behind the engineer Edoardo Fucito, old university companion of Romeo and his loyal Vice-president and Administration Manager. Alfa's sports policy, however, was decided by Rimini, who had attracted some valuable drivers, who achieved international success thanks to Alfa, to the newly founded 'Racing Department'. Among these was Antonio Ascari, born in 1888 in Bonferraro, between the provinces of Mantua and Verona. When the whole Ascari family moved to Milan, the very young Antonio began as a mechanic, a job which took him briefly to Brazil. Once back in Milan, he devoted himself to car sales and, in 1919, also proved himself to be a seriously good racing driver; indeed, he won his debut race (Parma-Poggio di Berceto) and the one that followed (Coppa di Consuma), in which he raced as a private competitor with a veteran Fiat S57/14B.

Giuseppe Campari (born in 1892 near Lodi) was of a similar level: he came to Alfa as a mechanic before the war and had demonstrated his skills as a solid and combative driver several times. From the autumn of 1920, new additions to the team included Enzo Ferrari (whose competitive career is described in another part of this volume) and Ugo Sivocci, expert driver and test driver (born in Aversa in 1885) who *had introduced Ferrari to the Alfa car racing scene and, indeed, the two were tied by a strong friendship.*

So they had the drivers but not the cars, or at least not those worthy of the biggest races, the international Grand Prix. To get there, it took Alfa four years of running in, during which it raced various production-based cars in Italian competitions: in 1920, with the updated 40-60 (6082 cc, 82 hp at 2400 rpm and 150 kmh), Campari took 1st place in the 'Circuito del Mugello' and in the prestigious Parma-Poggio di Berceto, whilst Enzo Ferrari took 2nd place in the Targa Florio. The following year, Campari again won the Mugello, with Ferrari coming 2nd and 1st in his category with the 20-30 FS, the model with which Alfa achieved further partial category successes up to 4500 cc.

In 1923, the presentation of the RL, equipped with a modern 6-cylinder inline engine of 2994 cc, finally enabled Alfa to take that first important leap in progress. At the 14th Targa Florio in 1923, Alfa registered five RLS, all with short pitch and a 'racing' style car body: three were fitted with the production engine (2994 cc), enhanced to 88 hp at 3600 rpm (145 kmh), whilst the other two were fitted with an engine enhanced to 3154 cc (78x110 mm), from 95 hp to 3800 rpm (around 160 kmh). The race was dominated by Antonio Ascara but he was halted by a problem with the magnet just a few hundred metres from the finish line. Helped by the on-board mechanic, Giulio Ramponi, and by his colleagues who rushed to his aid from the box, Ascari managed to restart the car but, by this time, his teammate, Ugo Sivocci, had snatched the victory. It was, in any case, a triumphant day for Alfa, who rechristened the winning model Targa Florio; in the same year, it also won the Circuito del Savio with Ferrari and the 'Circuito di Cremona' with Ascari, achieving, in the latter, an average speed of 157 kmh on the straight part of the timed '10 km'.

The following year, Targa Florio was updated with a fully overhauled engine and equipped with seven bearings instead of the standard four (crank drive of the drive shaft, Ed.). The engine size was increased to 3620 cc (88x120 mm) and the power enhanced to 125 hp at 3800 rpm (180 kmh). With the new model, in 1924, Ascari was again the leading player of the Targa Florio, in which no fewer than 12 teams had registered, including Fiat, Peugeot and Mercedes, with the best professional drivers. Incredibly, an episode occurred that was almost identical to that which determined the rankings of the 1923 edition: on the final bend, Ascari went into a skid and the engine failed. The feverish attempts to restart the vehicle were in vain, despite the best efforts of his skilled mechanic, Giulio Ramponi. Furthermore, the steep incline of the straight road to the finish prevented a push to the finish line. Other mechanics came from the nearby box and the Alfa managed to cross the line, but it was disqualified for outside help. Instead, the German Christian Werner (Mercedes) won, whilst the Alfa of Giulio Masetti took 2nd place. Ascari went on to win the Parma-Poggio di Berceto, whilst Ferrari took the title in the Savio and Polesine circuits with the Targa Florio '23' version. The future great manufacturer benefited from the RL Targa Florio '24' in the Coppa Acerbo in Pescara, in which he took home the biggest victory of his career.

The outstanding merits of engineer Nicola Romeo PROMOTER OF FABULOUS CARS

Small in stature, with a smile that was cheeky and good-natured at the same time, partly hidden by a bushy black moustache, Nicola Romeo looked very different from the austere and aloof industry leaders of the early 20th century. The man who created the Alfa Romeo image, transforming an uncertain company into a world-class car brand, was decisive and determined, though also friendly and kind. Enzo Ferrari, who got to know him well, when he was an Alfa driver as well as an 'all-round manager', writes in his memoirs that Romeo was described as 'the siren, for his soothing manner'.

A complicated person, not easy to judge, Nicola Romeo was a typical example of those leading entrepreneur of the end of the 19th century, who made their fortune by building on their higher levels of education and by broadening their knowledge with trips abroad. This was the case, for example, with André Citroën or Antonio Lago who were involved in the management of the Talbot firm.

Romeo was born on the 18th April 1876 in Sant'Antimo, in the province of Naples. Although he was the son of a primary school teacher with a large family, he managed to graduate with a degree in civil engineering in 1899, partly by supporting himself by giving mathematics and English lessons. Not satisfied with his first degree, he applied to the University of Liège, electrical engineering faculty, travelling at the same time in both France and Germany to broaden his knowledge. While looking for his first job, he accepted the Italian representative post (work place: Milan) of an English company that specialized in equipment for railway and electricity lines.

In 1905, Nicola Romeo married Angelina Valadin, the daughter of a general in the Portuguese Navy. The couple had seven children: three sons and four daughters, one of whom was called Giulietta, with an obvious allusion to the legendary 14th century couple from Verona. However, it does not seem that the choice influenced the name of one of the most famous Alfas forty years later.

After striking out on his own, having founded 'Ing. Nicola Romeo & C.' in 1907, the Neapolitan entrepreneur accepted the representation of a big American company – Ingersoll-Rand – that specialized in compressors and pneumatic drills.

This choice allowed Romeo to come into contact with some of the most important business and financial groups, at the time linked to the major building projects in Italy, such as railway tunnels and aqueducts. From these efforts started the Neapolitan engineer's rise to economic success. Daring and optimistic, in 1909 he opened a mechanical workshop for the assembly of Ingersoll-Rand products. His activities were financed by a small local bank that held a third of the company's capital. At the end of 1914, in view of Italy's possible entry into the war and thus also the need to finance the arms industry, the small local institution was turned into the Banca Italiana di Sconto.

Thanks to the relationship of the bank's president, Angelo Pogliani, with various government institutions, 'Ing. Nicola Romeo & C.' obtained a contract worth 23 million lira – about 68 million in current euro – for the production of bullets and other materials. It was a huge business that could not be carried out in the small factory in Via Ruggero di Lauria, where barely 50 employees worked. However, not far away, there was A.L.F.A., still in liquidation, with its modern facilities. In September 1915, the merger with Romeo was concluded: the Portello factory was immediately expanded through the purchase of surrounding land and, during the war, the number of employees rose to roughly 4,000 in total.

It was the beginning of a period of amazing economic growth that, little more than two years later, led to the establishment of the 'Società Anonima Italiana Ing. Nicola Romeo & C.' as a public interest entity. The company purchased other companies that were all linked to the railway sector, including 'Costruzioni Meccaniche' from Saronno, in a whirlwind of capital increases and public bonds issues.

Officially, Nicola Romeo was general director of the Portello factory as well as company shareholder (although not a majority one), but he moved as if he were the owner, partly because of the happiness it brought him and partly because of the confidence placed in him. At the beginning of 1918, no-one spoke of returning to car manufacturing – in fact, after the end of the war, the Portello factory started to build tractors under license, without much success. However, the name of the company was changed to 'Alfa Romeo' with notary deed, signed on the 3rd February 1918.

After initial hesitation, the Neapolitan engineer radically changed his opinion regarding cars, as remembered by Enzo Ferrari: 'He gave life to a programme that led to the building of amazing cars in a company that, during the war, made nothing else than bullets, tractors and many other devices that had nothing to do with cars'. The great car historians all agree with Ferrari in giving considerable credit to Nicola Romeo. However, they also add many doubts that are linked to the practical management of the factory and programming. The Neapolitan engineer, with hundreds of things to do, was rarely at Portello, apart from his visits to 'Reparto Corse' (Race Car Department) that certainly filled him with enthusiasm. He did not have also a true car culture, all problems that, without a doubt, had an impact on the Alfa Romeo crisis in the mid-20s.

Having made a deal with engineer Giuseppe Merosi, Romeo nonetheless gave the green light to the construction of high class cars such as the all too exaggerated G1 and the following 4 and 6-cylinder in-line RLs with the crown jewel being the 1925 RLSS, considered one of the best cars in the world. Romeo also launched an ambitious racing programme, leading to important results that enhanced the brand. It was further skyrocketed when projects at Portello were assigned to Vittorio Jano, designer of the P2 that won the first world championship for Grand Prix cars in 1925. However, glory did not necessarily mean a good financial situation.

In 1921, the 'Banca Italiana di Sconto' became bankrupt, and the government had to create the 'Banca Nazionale di Credito' to intervene for the industries linked to the previous institution. The group of companies that Alfa Romeo belonged to was deeply in debt and, in order to find a solution, it was decided at the end of 1925 to concentrate production on cars and aircraft engines only, thus abandoning the railway sector. Officially, Nicola Romeo was Alfa's managing director but it was only the economic power of the Banca that counted. There were many attempts to make the engineer assume only the role of president and thus remove him from direct management, but without success, given his ownership of an equity stake.

In November 1926, the government created the Istituto per le Liquidazioni, a true preview of what would be the 'Istituto per la Ricostruzione Industriale' (Institute for Industrial Reconstruction) years later, and Alfa was passed completely under State control. However, for this to happen, in May 1928 a solution had to be found that would allow Nicola Romeo to leave Alfa with full honours, even if the agreement was without a doubt facilitated by the remission of all the debt accumulated during his management.

But the 52-year-old engineer from Sant'Antimo had no intention to retire and in 1930 returned to an old love, purchasing some minor railway lines in Puglia. He died on 15th August 1938 in his villa in Magreglio on Lake Como. In life, he was named 'Cavaliere di Gran Croce della Corona Italiana' (Knight Grand Cross of the Order of the Crown of Italy) – not for his work as industrial entrepreneur but rather for the numerous charitable works that had known him as an anonymous benefactor.

The myts starts with the Grand Prix P2 World Champion for Brands
THAT EPIC CHALLENGE WITH FIAT

On 3 August 1924, Alfa Romeo dominated the Grand Prix in France and Europe on the Lyon road circuit, with Giuseppe Campari at the wheel of the new P2, in its debut international competition. It was a historic victory, achieved in front of 400,000 spectators (the circuit was 24.1 km long), that catapulted Alfa on to the front pages of newspapers all over the world. The Portello manufacturing company had been focusing on motor racing for four years to 'make a name for itself' among the numerous brands that crowed the field of automobiles, but the successes achieved thus far, even the important ones, were nothing compared to the French Grand Prix. To put things into context, in the current Formula 1 Grand Prix, it would be as if a 1-seater Manor (stables classed among the final rows in the line-up) were to beat Mercedes and Ferrari.

Alfa's rivals on the Lyone racetrack were Bugatti, Delage (with an extraordinary 2000 cc, 12-cylinder engine), Sunbeam and Fiat (with the famous '805'), all regular leading players in international Grand Prix. The very strong Mercedes was missing on this occasion, but it would reappear at the Italian GP, set for 19 October on the Monza racetrack, where it would debut the new Grand Prix 'M218', with an 8-cylinder inline engine, designed by no less than Professor Ferdinand Porsche, future creator of the famous 'Studio' from which the GP Auto Union originated, as well as the brands Volkswagen and – of course – Porsche. Despite being very powerful, the Mercedes were no threat to the great Alfa team, which took the first four positions in Monza with Antonio Ascari, Louis Wagner, Giuseppe Campari and Ferdinando Minoia. After 800 km of racing (80 circuits of the full 10 km track), Ascari's average was 158.896 kmh, whilst Campari had the fastest circuit at 167.743 kmh. On the high speed racetrack (two straights connected by raised bends), Campari took the circuit record with an average of 184.090 kmh. On the Monza track, opened in 1922 (the oldest European racetrack of those still in use), what counted above all, as well as the general qualities of the car, was the speed, pure and simple, and the P2, even in its debut version, could reach 225 kmh.

In 1924, Alfa Romeo, although already enjoying the positive attention of enthusiasts, was still a relatively small brand, even 'modest', if you consider the scarcity of vehicles produced. Fiat, however, was a 'giant' and certain images portraying, before the departure of the French GP, Senator Giovanni Agnelli in conversation with the engineer Nicola Romeo, perfectly convey that feeling of difference. There are some very different images of after the race, including those of the return of the team to Milan, in which engineer Romeo, of tiny stature, seems to stand head above the celebrating crowd in satisfaction.

But how did little Alfa manage to teach a lesson to the great Fiat, who, after the 1924 season, practically withdrew from competition, aside from the one-off return to the triumphal 1927 Milan GP, with the extraordinary '806'?

After the first successes achieved in the races of the 1922/23 seasons, Nicola Romeo aimed even higher to improve the image of the Alfa brand. He dreamed of Grand Prix and his partners certainly didn't dampen his enthusiasm, starting with Enzo Ferrari, an Alfa driver motivated by passion but, above all, a leading player on the scene, with ideas and suggestions.

Before the victorious P2 of 1924, Technical Director Giuseppe Merosi had been given the task of designing a Grand Prix vehicle with a 2000 cc engine, according to regulations. The result was the GPR (Gran Premio Romeo, commonly known as 'P1'), with a 6-cylinder inline engine, fitted with twin overhead camshafts (the second time Alfa adopted this sophisticated solution after the 1914 Grand Prix), capable of producing 95 hp at 5000 rpm. Despite being fairly slimline, this 2-seater weighed 850 kg, a bit too much in relation to the competition, and the maximum speed too (180 kmh) was significantly lower than that of the top racers, which easily exceeded 200 kmh. But it was just a start, and three vehicles were nonetheless registered for the Italian Grand Prix, set to be held in Monza on 9 September 1923, with drivers Ascari, Campari and Sivocci. Sivocci, unfortunately, lost his life during the Saturday trials, caused by going off the road on the fast bend of the Vialone; bend that went on to be called Ascari (today's bend is a variant) after the accident in 1955 involving the unfortunate great champion Alberto Ascari, son of the champion Antonio. Next to Sivocci, according to the custom of the time (no longer authorised as of 1926), there was the mechanic Angelo Guatta, who managed to escape and later returned to the races.

After Sivocci's death, Romeo withdrew his team from the following day of competition in his honour.

The Italian Grand Prix was dominated by Carlo Salamano and Felice Nazzaro, driving Fiat 805/405s, with 8-cylinder inline engines which had been enhanced for the occasion with a Roots-type compressor. At that time, traditionally fueled engines (defined as 'naturally aspirated' or atmospheric engine) didn't have the advantage of increased engine size to reach, more or less, the power of compressed-air engine, in which a mixture of air and petrol or, in some cases, just air, is introduced into the cylinders by a compressor at a pressure higher than that of the atmosphere. With equal engine size, a compressed-air engine (or 'Turbo', according to modern trends) is significantly more powerful than a naturally aspirated engine and, in 1923, Fiat benefited greatly from this initially exclusive, technical decision.

Experience with compressed-air engines wasn't something acquired in a short space of time and, at the end of the summer of 1923, Alfa Romeo had to make a hasty decision in order to face the racing season of the following year with the hope of doing well. Luigi Bazzi (born in Novara in 1892), had already been working at Alfa for a year, a 'wizard' in fine tuning engines who had previously worked in the Fiat racing sector. A man of strength of character, Bazzi had been offended by a top manager at Fiat (engineer Guido Fornaca) who, during the French Grand Prix, has asked him to refuel Bordino's car, which then stopped before the box area, which was totally forbidden. Bazzi had realised from the sound of the engine, before it stopped, that the problem had nothing to do with the level of fuel. However, he hadn't forgotten the offensive tone of the order received and, when his friend Enzo Ferrari proposed that he move to Alfa, he didn't think twice about it. A highly respected man and technician, Bazzi became Ferrari's right-hand man, both in the 1930s, in the period of the 'Stables' that used Alfa vehicles, and after the foundation of the Casa del Cavallino (Little horse manufacturing company).

And it was Bazzi who, at Alfa, was head of the engine testing room, who suggested the name of the technician that could have designed a Grand Prix car fitted with a compressed-air engine. The name was Vittorio Jano, born in Turin in 1891 and graduated from the 'Istituto Professionale Operaio' (vocational school for construction workers) in Turin, an institution with the highest level of tradition for mechanics and the most valuable pupils of the best schools were culturally as close as could be to actual engineers. Jano started at Fiat at the age of twenty, working as a specialist designer and, in 1920, he joined the team of technicians assigned the task of designing race cars. Alongside some extraordinary colleagues, Jano's genius and his thoughtful character were quickly appreciated, above all when he suggested replacing the Witting 'palette' turbo-compressor, used in the 894/405, with the Roots-type volumetric compressor. Jano himself was assigned the project, with excellent results, considering that it was a completely new technology.

The top management at Alfa wasted no time: Jano was the right man for the Portello company. In order to get in contact with him, they sent Enzo Ferrari for reconnaissance and the episode even found its way into Ferrari's memoirs. Ferrari wasn't a direct employee of Alfa, but he enjoyed a relationship of trust with Romeo and, above all, he could act openly without the risk of a diplomatic problem. Once he discovered that Jano lived in via San Massimo, Ferrari paid him a visit immediately, but the technician (who, by his own admission, was quite happy at Fiat), preferred to take some time and it was only after a trip to Turin by the engineer Edoardo Fucito, Vice-president of Alfa, that he was convinced to make the move. In total secrecy (in the Campo dei Fiori national park, above Varese!), Jano met the engineer Giorgio Rimini to establish the details of his employment contract and, by the beginning of October 1923, he was already in operation in Milan. Naturally, he had been attracted by the position of responsibility, but also by the financial benefits: in Turin, he earned 1,800 lire a month, whilst he started at Alfa on 3,500 lire (around 2,400 euros today, but the purchasing power was very different).

Jano, blessed with a 'formidable strength of will' – as Ferrari himself remembers – devoted himself immediately and intensely to the design of the Grand Prix Alfa, in a special and very secret technical office, with the help of a dozen draftsmen and designers, chosen from amongst the best available. The work, regulated by 'military discipline' (another comment by Ferrari), proceeded without a hitch until, at the end of November, a police officer, accompanied by the head of the factory guards, turned up at the door of the new technical director's office. Following a petition by Fiat, the officer had to check that there weren't any drawings taken from the Turin manufacturer and the same operation was undertaken at the technician's private residence. Naturally, nothing was found, but Jano was deeply offended by such a gesture. This episode was an indication of the level of interest and rivalry that characterised, even at such an early stage, top-level car racing.

To give you an idea of the mentality and the corporate policy of Alfa at that time, it is interesting to read part of the dialogue between Romeo and Vittorio Jano, during their first meeting, in Milan. It was included in the volume Alfa Romeo di Vittorio Jano (Autocritica) by the American historian Griffith Borgeson, who had the opportunity of interviewing Jano: 'He was a good man... (Nicola Romeo)... He said to me: listen, I don't expect you to make a car that beats them all, but I would like one that makes us look good, to create a 'personal identity card' for the factory. Then, once it has a name, we'll make the car...'

Superstition or true act of humility? The fact remains that Jano was certainly not one for half measures: in March 1924, the first 8-cylinder, 1987 cc, inline engine (cylinder bore and stroke 61x85 mm) was ready, fitted with a Roots-type compressor built especially by Alfa Romeo. On the test bench, this first engine produced 134 hp at 5200 rpm, enhanced to 140 at 5500 rpm in the version used in the race. On 2 June, the first car was ready (just eight months after the project began) and, in the two days following, it was tested by the already enthusiastic Ascari and Campari, in Monza and on the Parma-Poggio di Berceto hill climb, which combined an initial, very fast, flat part (22 km) with a part full of bends. The tests confirmed the validity of the project but doubts remained about the car's resistance over the 800 km of the Grand Prix. For a more effective test, whilst a further four identical vehicles were being assembled, the first P2 was registered for the 'Circuito di Cremona', scheduled for 9 June over 321.8 km. The drivers had to make five circuits of a long 'ring' that exploited the endless straight roads of the Bassa Padana plains; thus with foot to the floor for the majority of the race. Antonio Ascari, with Luigi Bazzi on board as his assistant, not only dominated the race with an average of 158.211 kmh, but also ran the 10 km speed section at an average of 195.016, a new world category record.

In Lyon for the French GP of 3 August, the Alfa team consisted of Ascari, Campari, Wagner and of Enzo Ferrari, who, however, failed to start, triggering a 'case' that still causes discussion today and which is mentioned in another part of this volume. In the test runs (not valid for the line-up because, in almost all the GPs of the time, drivers set off in pairs at 30 second intervals), Alfa was the only team whose cars all completed the 23.1 km circuit (with tarmac foundation and some parts covered in cement) in under 12 minutes. The 18 rivals were at the wheels of Bugatti (5), Delage (3), Sunbeam (3), Fiat (4), Rolland-Pilain Schmid (French, 2 cars) and Miller (USA, 1 car). A fierce battle was fought between Lee Guinness (Sunbeam), Bordino (Fiat 805) and the two Alfas of Ascari and Campari. From the 19th to the 32nd circuit (in all, there were 35, for a total of 810 km), Ascari was in the lead, but was then halted by a piston problem. Thus Giuseppe Campari retook the lead (with on board the mechanic Attilio Marinoni), taking the title ahead of Albert Divo in the Delage by just over a minute.

One of the most important elements in favour of the P2 was the engine's ability to rotate up to 5500 rpm and over without the risk of breaking one or more valve springs: the nightmare of all the technicians of the time. Jano had employed three springs for each of the 16 valves, the same solution as his rivals, including Fiat. During the 800 km GP, it was almost taken for granted that some springs would give, but (usually) the engine continued to work, though seriously damaged. Jano, coming from Fiat, knew that despite their formidableness, the 804s finished every GP with a massacre of springs (apparently up to twenty). In his project, therefore, he tried to restrict the load on the springs and the breakages became much less common.

After the clamorous success achieved in the Italian GP on 19 October, mentioned in the beginning of the chapter, the Alfa Romeo P2 was updated in view of the 1925 season, but without any radical changes. The power was increased to 155 hp at 5500 rpm, whilst the rear end of the car body was revamped to house a spare tyre: a solution already seen at the French GP in Ascari's vehicle only. this could be of help in the case of a burst tyre during races with very long circuits but, in reality, the weight of the spare tyre served as device to increase the load on the rear end for better road-holding; however, the pointed tail end was in no way put in retirement.

The 1925 Grand Prix season envisaged an important new feature: the three main Grand Prix and the Indianapolis 500 Miles were deemed valid for the first World Brand Championship. Considering that it would have been somewhat complicated for the European manufacturers to compete in the American competition, the challenge focused on the Belgian (Spa-Francorchamps road race), French (Montlhéry permanent race track, near Paris) and Italian (Monza) Grand Prix. Alfa Romeo lined up once again Antonio Ascari and Giuseppe Campari, by now two clear figures of reference for the class and fighting spirit they had demonstrated. In fact, between these two leading figures, a not-so-hidden rivalry had been sparked off, that the Belgian Grand Prix result certainly did nothing to subdue: Ascari dominated from the start, thanks to a perfect P2, whilst Campari was slowed down by minor difficulties and finished in 2nd place. The 32 year-old Gastone Brilli Peri from Florence, the new Alfa racing driver selected for his achievements as a private competitor, went unclassified due to suspension failure.

The 1925 Belgian Grand Prix gave rise to a little legend, probably true in part: just a few km from the end of the race, the public, who supported the French team Delage (by now defeated), demonstrated some unsportsmanlike behaviour. Counting on their advantage, Vittorio Jano had organised a final, very slow refueling and had organised, in the meantime, a table of refreshments for the drivers. Whether the episode is true or not, the P2 was a definitely far superior vehicle.

The final couldn't have been more different in the following French Grand Prix (26 July), where Antonio Ascari lost his life whilst leading the race. The accident happened on the 22nd round, after a slow start caused by an initial engine problem. But Ascari didn't have the character of a 'perfectionist driver': 'We called him, affectionately, 'the master',' wrote Enzo Ferrari in his memoirs,f '... As a driver, he was extremely bold and unpredictable in temperament...' In Montlhéry, his P2 was working perfectly and he went on to face the very fast Sainte-Europe bend at over 180 kmh, driving at a hair's breadth from the fence, made of a series of wooden poles. On the 23rd round, Ascari, who was alone on board (the first race without an assistant mechanic), collided against the fence with the rear left wheel and was thrown from the vehicle, which then turned over. The emergency services weren't quick enough and Ascari died in the ambulance on the way to hospital.

Pole position was then taken by Campari but, at the 40th round, engineer Nicola Romeo ordered the team to withdraw as a sign of mourning. The death of Ascari, a driver much-loved by the public, who valued his bold fighting spirit, aroused a deep sense of grief and the train that travelled from Paris with his coffin arrived in Milan literally covered in flowers that had been added at every station in which it had stopped on the way.

In the following Italian Grand Prix (Monza, 6 September), Alfa had to aim for victory in order to win the World Championship for Makes, for which it competed against the American Duesenberg. The leading driver was, of course, Campari, who was recovering, however, from an unrelated injury that affected him significantly, as with the newly acquired American driver, Pete DePaolo, who had suffered a test-drive accident.

Campari went on to finish in 2nd place, nonetheless, thanks in part to the help of Giovanni Minozzi, who took the wheel for a few rounds. The hero of the hour, however, was Gastone Brilli Peri, the count from Florence, who had now made it onto the list of the strongest professional racing drivers.

Their success won Alfa Romeo the World Championship for Makes but they also withdrew (temporarily) from direct participation in Grand Prix events.

The P2 had brought prestige to the Alfa Romeo brand and, as Romeo had requested, at that point the manufacturer could devote itself to the development of production cars.

The close relationship between Enzo Ferrari and Alfa Romeo
THE EXPERIENCE TO BECOME... FERRARI

Alfa Romeo and Enzo Ferrari: a relationship that was fundamental and useful to the growth of both parties, with an initially minor advantage for the Milan company, though this was largely balanced out in the 30s with the activities of Scuderia Ferrari. However, it is still not easy to understand with any degree of accuracy how complicated the connection between Alfa and Ferrari was, especially in the early years, following the 'fateful' year 1920, when – as written by Ferrari himself – he started his collaboration with the Milan company.

The famous book by the same great manufacturer, published in 1962 as the hugely enjoyable 'My terrible joys leaves the reader with certain doubts. In the first chapter, with an intense sadness Ferrari remembers his disappointment when his application to be hired at the Fiat works in Turin was not accepted. From his tone and hints at the freezing 1918/19 winter, he seems to understand that he was in serious financial difficulty, a situation that is highlighted in subsequent pages. However, on the 30th May 1920, he took park in the 'Parma-Poggio di Berceto' race driving the Isotta Fraschini Type IM, an outdated car – as were the majority of the cars available immediately after the war – but nonetheless very expensive.

Not many lines later, he also remembers having ordered no less than a G1 for Alfa Romeo (between 1921 and 1922), a very high-level model that cost 55,000 lira for the frame without the body, described by Ferrari himself as the 'first racing car all of my own'. A massive investment, although Ferrari officially drove for Alfa in that period: what was then the point in purchasing a racing car 'all of his own'? These are doubts that, if resolved, would not add anything to the incredible story of Enzo Ferrari but help us to understand certain situations better, if nothing else.

For example, it would be interesting to know the details of his relationship with the Portello racing department where he started in the early autumn of 1920, just in time to take part in the Targa Florio on 24th October with a 20-40HP. Under torrential rain, Ferrari was nonetheless the revelation of the day and star of a great event. Reports from the time underline that his 2nd place overall – behind Meregalli, at the wheel of a Nazzaro – would have been a victory if the signals from the Alfa's pit were more precise and prompt.

Engineer Giorgio Rimini, the man responsible for racing at Alfa, had noticed that he had a remarkable talent for driving, even if Ferrari had only raced three times with the Isotta Fraschini, with two withdrawals and one (significant) 3rd place overall in the Parma-Poggio di Berceto.

The Targa Florio suddenly placed him on a list of the best Italian drivers where he remained until at least 1924, with outstanding results even if – by his own admission – he was on a level significantly lower compared to the true 'bigs'.

But how was the relationship between Ferrari and Alfa Corse divided? Was there a basic wage or did he race 'by tokens', race by race? Or was it simply based on the division of wage and the prizes included in the various competitions? Prizes that were, at that time, anything but insignificant. For example, a race of medium importance such as the Circuito del Mugello put 100,000 lira up as prize money, which corresponds to roughly 65,000 of today's euro.

When being interviewed, Ferrari stated on numerous occasions that he 'had worked for Alfa for twenty years'. Expanding on that idea, his response seems to be valid from 1926 onwards, when Ferrari launched a true business with Emilia Romagna's Alfa Romeo dealership, that later also expanded to Le Marche. For the management of sales and support, he acquired the 'Garage Gatti' in Modena, Via Emilia Est 5. A representative office was also created in Bologna, in Via Montegrappa 6, in a place that is probably still identifiable today, considering the fact that the area has not undergone any refurbishments.

But what tasks did he carry out in the period between 1920-26 at Alfa, considering the limited number of races that were taken part in each year? The fact that at the Portello factory he was not employed on a full-time basis was also confirmed by his commitment to the management of 'Carrozzeria Emilia', a company that opened in 1921 in Modena in Via Jacopo Barozzi, and of which Ferrari was business partner (or 'general partner' in business language). But, as written by Ferrari: 'At Alfa I was not only a driver. In short, I felt overtaken by an unhealthy desire to do something in the car sector...'

It's not a very clear statement, but it can be explained by taking into account how much Ferrari accomplished in his lifespan and by his exceptional character that was shown on thousands of occasions. In the early 20s, Ferrari was already Ferrari. This can be seen also by his friendly relationship with engineer Giorgio Rimini, and even with Alfa's president and his vice, engineers Nicola Romeo and Edoardo Fucito, respectively.

He had earned the trust of the company leaders and the very delicate task of convincing the designer Vittorio Jano to leave Fiat to Alfa in September 1923 was definitely the most sensational event in the long partnership. This is also confirmed by the photograph that shows an incredibly elegant Enzo Ferrari in Alfa's stand at the Paris Motor Show in the autumn of 1923. Passionate, intelligent and lively, the future great manufacturer at the beginning of the 20s did perhaps not have a clear role in Alfa's organization – except for the races – but he had already shown that he was comfortable in any car sector. Regarding the 20s, he defined himself as a 'driver, organizer, manager, etcetera, without any clear responsibility limits...'

In the meantime, the growth of Enzo Ferrari as a driver continued in 1923, with his first overall victory at the Savio Circuit where he drove the Alfa RL Targa Florio. The following year, he won three first places at the Savio Circuit in Ravenna, the Polesine Circuit –with the car driven in the previous season – and the Coppa Acerbo in Pescara. This last victory was definitely the most important of his career, both due to the prestige of the event – although it was only the inaugural race – and because of the value of the registered cars, including Bugattis and Mercedes with compressor, all driven by expert drivers.

Campari was also present with the new Alfa P2, though he was forced to withdraw because of gearbox failure. Alfa gave Ferrari an RL Targa Florio, though it was the 1924 version, with a 3620 cc engine and speed of 180 kmh. These limits were certainly reached by Ferrari, especially given that the Coppa Acerbo circuit had a straight stretch of about 4 kilometres. The previous year, Ferrari witnessed live the death of his dear friend Ugo Sivocci during the test runs for the Italian Gran Prix at Monza. Sivocci went off the track at the very fast Vialone Curve – now known as the Ascari chicane – and hit a tree with his Alfa Romeo P1. The first people to rush to the scene in the service car were some members of the Alfa team, including Enzo Ferrari.

The images of the unlucky driver being transported to the infirmary or ambulance are extremely dramatic: Ferrari, clinging onto the rear part of the car, is trying to keep his friend laid down, and probably already deceased.

Ferrari passionately adored racing, and the successes he achieved in the following year suggest that he had overcome this drama. However, when it was declared that the team were to take part in the French Gran Prix with the brand new P2s, perhaps it triggered something in his subconscious. He arrived in Lyon with his colleagues but then unexpectedly left the team, a decision he later described as a 'severe nervous *breakdown'.*

Some car historians have highlighted that the P2, despite being extremely modern for the age, drastically increased the skill level of driving – especially because of the maximum speed of 225 kmh. Only the great champions were able to overtake it, but with very high risks.

For almost three years, Enzo Ferrari left racing and only started again in May 1927. Of course, he did it with Alfa Romeo and other important successes, nonetheless choosing events that did not compare to his first, more ferocious period.

His desire to 'build and arrange' quickly led him to set up Scuderia Ferrari, officially born on the 16 November 1929. It was a perfect organisation, designed in an entrepreneurial manner, that had all the more extreme 6C 1500 and 1750s Alfa Romeo cars developed initially in the Garage Gatti and then immediately afterwards in the famous seat of Viale Trento in Trieste, a future reference point for Ferrari right up until the early 80s. The success of Scuderia then helped to bring about an agreement with Alfa Romeo when they had withdrawn from racing, at the beginning of 1933. Around the middle of the same year, Scuderia Ferrari started to directly manage Alfa Corse, with total involvement including technical aspects. The agreement was made in 1937, when Alfa Corse was born with headquarters in Milan, and Ferrari as its 'managing adviser'. The relationship lasted less than a year, after which Ferrari returned to Modena to become 'Ferrari'.

6C 1500 e 1750: the first time of the sportscar derived from the races
THE BEGINNING OF GT CARS

In vintage car races, such as the Mille Miglia, the Super Sport versions of the Alfa Romeo 6C 1500 and 1750 are always much admired for their beauty and sporty temperament. Being of the same age, they always find themselves near the equally much-admired Bugatti, at least the 35 and 43 models, in the race and at the time checks. Already fierce rivals in 'real' racing in the 1920s and 30s, even in today's vintage events, Alfa and Bugatti are divided by one fundamental difference: comfort. The teams of the 1500/700 take on 600 or 700 km stages certain of getting to the end without a seriously sore back and without the need to send their clothes off immediately to an expert dry-cleaner. The bugattisti, however, as well as being in very good shape, must have a fairly full wardrobe to hand, to avoid having to wear overalls totally covered in oil for two or three days.

Technical masterpieces, the Bugatti were decidedly spartan in terms of comfort and forced the driver and passenger to ride a bit too close to the mechanical components. This concept of 'heroic car racing', accepted by the buyers of sports models, remained unchanged for various brands until the 1940s, especially those from across the Channel.

After the success achieved with the Grand Prix P2, Vittorio Jano was asked to sketch out a light, high-efficiency road vehicle, to be produced in the 4/6-seater saloon/tourer and 2-seater spider versions; that which, today, would be defined as a 'complete range'. Jano began the project in the summer of 1924, together with the best technicians/draftsmen at Alfa (Luigi Fusi, Gioachino Colombo and Secondo Molino). In April 1925, the prototype for the new Alfa (christened 'NR', which surely stood for Nicola Romeo) was put on display at the Milan Salone dell'Auto (Car Show). It was created according to original and innovative designs of the period, starting with the engine size. Since the early 1920s, all the big automobile manufacturers has focused production on two types of car: the vetturette (little cars) with a 4-cylinder engine of no more than 1000 cc, with an attractive price tag (typical of the Fiat 509) and the luxury models, with a 6 or 8-cylinder engine of least 2000 cc.

Vittorio Jano had chosen a middle road that combined certain features of both designs: a 6-cylinder engine of 1487 cc (cylinder bore and stroke 62x82 mm) and a very limited general model weight. The 6-cylinder engine guaranteed perfect balance and better pickup than a 4-cylinder, whilst the limited weight gave the full 6C 1500 series, and subsequent 6C 1750 series, legendary drivability. The 6C 1500 Normale, the first version of the range that went into production in 1927, with a 4-seater car body, weighed no more than 1000 kg (including two spare tires – a very valuable addition at the time); more or less the weight of the Fiat 509, which was classed as a vetturetta. Comparing the Alfa to a luxury Fiat of the same period, such as the 521, the former weighed less than half of the latter.

The experience gained with the racing P2 proved essential to streamlining the project and creating modern and brilliant engines, provided from the offset in two different versions in terms of technical aspects, though with the same engine size: one overhead camshaft for the 1500 Normale (44 hp at 4200 rpm) and twin-shaft distribution for the Sport and Super Sport versions (54 hp at 4500 rpm /125 kmh). The latter, offered in the 2-seater Spider version only and with limited production, was the motor racing fan's dream car: the engine was fitted with a Roots-type compressor, producing 76 hp at 4800 rpm and reaching 140 kmh. It weighed less than 860 kg (with two spare tires), making it fun to drive and very agile.

Of all the qualities of the entire 1500 series and subsequent 1750 series, the braking capacity was legendary: the mechanical controls of the brakes (inherited 100% from the P2) were as precise as could be technically guaranteed at the time. It also had an important tappet system designed by Jano (the mechanical elements that connect the cam to the valves). Surpassing the previous complicated systems, Jano introduced a direct, light and almost silent control that was used until 1954, when the tappets with a small piston were created for the Giulietta Sprint engine. Among the many car bodies that 'clothed' the 1500, the Zagato emerged (in particular for the 2/4-seater tourer and the 2-seater spider), which was behind the design of light metal supports – upon suggestion by Jano himself – for the sheet metal or aluminium panels, in place of the usual and bulky wooden structures. These wooden structures were, however, retained for car bodies created using the 'Weymann' system, inherited from aeronautical construction. In this case, metal cladding was not used, substituted by a pegamoid material. It was just as effective and the lightweight quality was enhanced by the elasticity of the system, which limited the typical car body defects of the period, prior to the invention of elastic supports (Silentbloc): noise and risk of breakage. With this system, the Farina, Zagato and Castagna car bodies created slim line, 4-seater tourer, based on the mechanics of the 1500 Sport.

They were the precursors to the future gran turismo, tourers suited to fast and even challenging journeys, which still provided enough of a fun ride for the gentlemen who raced them around the track. Extraordinary cars that made Alfa even more famous around the world, just 1,064 models of the 6C 1500 were built between 1927 and 1929; a very low number, even for the market of the time, and not due to the price, which was suited to the class of product. The 4-seater, tourer version of the 1500 Normale cost 45,000 lire (around 28,000 euro today). By way of example, the Fiat 521, with a 2.5 engine of less than 50 hp, cost 39,000 lire and more than 20,000 models were produced, of which many were exported. It is also very surprising that, of the fantastic 6C 1500 Super Sport with compressor, an unequalled jewel of a car, only 16 units were sold (it cost 51,000 lire), including the six vehicles used by Alfa in motor racing and the 'Fixed head' types (84 hp at 5000 rpm, 155 kmh), i.e. with the cylinder head and the block obtained in a single casting, to avoid the use of the gasket between the head and the cylinders, often the cause of problems at that time.

This very low level of production is explained by the economic conditions that prevented Alfa from keeping a normal schedule. After the fall of the 'Banca Italiana di Sconto' (1921), which held a significant number of shares in Alfa, the 'Banca Nazionale di Credito' intervened but funding proved insufficient and often delayed. On its part, Alfa struggled to lower the fixed costs of the factory, which were too high, because of the production systems which guaranteed an excellent standard of quality but were obviously expensive.

This restricted credit led, as early as 1926, to a worrying drop in automobile production, which fell from 1,125 units in 1925 (a low figure in any case) to just 311 units. Precisely in that period, Alfa should have been producing the new 6C 1500, presented as far back as 1925 and for which there was no technical reason for postponing production. The reasons were financial, and the funding to launch production didn't arrive until 1927: a great opportunity lost because, with two years' advantage (and with the impetus of the World Championsip victory in 1925), the 6C 1500 would have been the first European car with true gran turismo features – a race car that was capable of ensuring invaluable comfort.

At the start of 1926, in the meantime, attempts were made to restructure the company, with the appointment of a new Director General, the engineer Pasquale Gallo, born in Bari in 1887 and graduated from the Turin Polytechnic. With the support of the 'Banca Nazionale di Credito', Gallo immediately tried to distance Alfa from the old management, i.e. Romeo, Fucito and Rimini, to whom went a great deal of merit for the relaunch of the company after the war, but who now found themselves blocked by a difficult financial situation. With Nicola Romeo, who was a shareholder of a considerable weight, it wasn't easy. Only with the subsequent intervention of the Istituto delle Liquidazioni (Liquidations Institute), the state body that had taken over the operations of the bank, in May 1928, was it possible to find a way out for the famous Neapolitan engineer.

In the same period, however, the engineer Gallo left Alfa and the role of Director General was taken by the engineer Prospero Gianferrari, born in Rovereto in 1892 but of Roman parents. He had a political background (in 1925 he was elected MP for the PNF; Italian national Fascist Party) but he was also a great automobile enthusiast and was a very cultured figure. Under his guidance, within the limits of the financial difficulties that had conditioned Alfa for years, the factory underwent a production overhaul and the Car Body Department was founded, in order to create, at last, complete motor vehicles; even if, according to the custom of the time, sales continued of chassis completed and 'clothed' by car bodies chosen by the customers.

Under the direction of Gianferrari, production was launched of the 6C 1750, evolution of the 1500, not by chance also described as '3rd Series'. Presented at the 2nd Rome Salone dell'Auto (Car Show) in January 1929, the 1750 retraced the characteristics of the previous model and the increased engine size (1752 cc, cylinder bore and stroke 64x88 mm) was used to improve the engine torque (and thus the pickup) and driving comfort, rather than pure power. These significant differences (together with the various chassis improvements) led to the universal success of the 1750, not so much, of course, in terms of production numbers (it was more of an elite car) as in terms of the popular imagination. It was such a perfect car that, at the end of production (in 1931/32), Alfa began the normal production of the GTC (Gran Turismo Compressore) version, derived from the more spartan Super Sport (1929 catalogue) and the subsequent Gran Sport (the 1930 'GS'; in fact, very similar), considered almost racing cars (the list of wins is impressive), offered in the typical 2-seater car body. The GTC, with a longer chassis for the purpose of providing more space, successfully combined more powerful performance with greater comfort. The engine, fitted with a Roots-type compressor, produced 80 hp at 4400 rpm (5 fewer than the SS/GS) and reached 135 kmh, as compared to the 145 kmh of its faster relatives. All the GTC, built directly by Alfa in the 4-door saloon version, or the Touring version (4-door and 2-door saloon) but also in the spider and tourer of Castagna and Garavini, were of the highest technical level of automobile manufacturing possible at the time.

However, the greatest number of sales was achieved with the standard 6C 1750, i.e. the Turismo, with single overhead camshaft distribution (46 hp at 4000 rpm and 110 kmh) and the Sport and Gran Turismo versions (technically identical: 55 hp at 4400 rpm and 125 kmh), with a 6-seater saloon-type body or 2/4-seater tourer. In all, 2,776 units of the 1750 were built between 1929 and 1933.

1500 e 1750 on the racetrack

The prestigious albo d'oro (golden age) of the 6C 1500 began in April 1927 with victory in the uphill Rabassada race in Spain, near Barcelona. This was followed by a win at the first 'Circuito in Modena', with Enzo Ferrari at the wheel. Alfa Romeo had just started selling the 1500 Normale, with a single overhead camshaft engine but, in Modena (intended for its dealer-driver Enzo Ferrari and for the test driver Attilio Marinoni), it took two spiders with twin-shaft engines, prototypes of the subsequent Sport version, but already with some features of the Super Sport. It is impossible to establish precisely which features these were, however all car historians agree that it was with that victory (Ferrari once again the man of destiny) that a new era in motor racing began. In the following hill climb race Cuneo-Colle della Maddalena, the 1500 indeed beat vehicles of superior categories, up to 2000 cc (including the famous Bugatti) and as far as 3000 cc.

On the occasion of the 1928 Mille Miglia, which, with its second edition, became the biggest international event in car racing, Bugatti set up a team of Tipo 43, fitted with 8-cylinder, 2.3 litre and 120 hp engines. The French manufacturer had to win back the top position; however, despite the fact that one of the three Bugattis was driven by no other than Tazio Nuvolari, victory went to the 'little' Alfa Romeo 1500 Super Sport, driven by Giuseppe Campari, partnered by Giulio Ramponi. Campari was at the wheel of the prototype of the 1500 SS, with an engine fitted with a Roots-type compressor, perfected at the very last second and with only 300 km of road testing. Campari successfully overcame resistance from Jano, who was convinced that the engine wasn't ready for such a challenging race, and proved himself right.

For the Milanese car manufacturer, success was confirmed by the overall results of the 6C 1500: eight cars had been registered (only Campari's version with compressor) and they all finished the race.

Another internationally important win was achieved at the 24 Ore di Spa (part of this historic circuit is still used today in the F.1 Grand Prix), with a team consisting of test driver Attilio Marinoni and Boris Iwanowski, a former officer of the Russian Imperial Army, who had relocated to France. The following year, with the same 1500, Ivanowski won the Irish GP.

With the arrival of the 6C 1750 Super Sport, the 1500 was still used (in particular by the Ferrari Stables) when aiming for high-class wins. But, from 1929 and for at least three seasons, the 1750 was the unrivalled leader of the sport category. The beautiful Super Sport version, with the famous Zagato spider car body, won the Mille Miglia, again with Campari-Ramponi, whilst Marinoni, partnered with the Frenchman Benoist, took the 24 Hours of Spa for a second time. Amongst the top-level wins, there was also the Six Hours of Sant Sebastian (Spain), taken by Varzi-Zehender.

Another famous win was that achieved by Tazio Nuvolari and Giovanbattista Guidotti in the 1930 Mille Miglia. The team had one of the officially registered and specially prepared four GS Spider Zagatos. The chassis had been made more rigid; whilst the fuel tank had been positioned further back to better centre the weight. The infeed had also been renewed, with the compressor rotating according to the engine rpm (the opposite to the previous version).

The engines themselves, all 'fixed head', produced around 110 hp at 5000 rpm (24 hp more than the previous production version with the traditional head) and allowed the car to reach 170 kmh. With Nuvolari at the wheel, head-to-head against Varzi from start to finish, the Mille Miglia average speed exceeded 100 kmh for the first time. Just as surprising was the fact that, among the top ten cars in the rankings, seven were 1750s. Again in 1930, Marinoni won the 24 Hours of Spa for the third time, in partnership with Pietro Ghersi, a former motorcycle racer from Genova. The win in the Tourist Trophy near Belfast, Ireland, in 1930 was a significant victory over British rivals. The three 6V 1750s of Nuvolari, Campari and Varzi, in a special 4-seater version to comply with regulations (with aluminium car bodies created by the Englishman James Young), dominated the race for the full 637.8 kilometres. The great title of the commentary in The Motor periodical read as follows: Sweeping Italian Victory.

The history of the Mille Miglia according to the results of the official and private Alfa Romeos
THE UNBEATABLE RECORD OF VICTORIES

From the first to the latest editions of the 'Mille Miglia Cup' (1937/1957) the time taken by the winner decreased 11 hours. Yet the spirit of the participants has always been the same: to drive as hard as possible for all the 1600 kilometers from Brescia to Rome and back. Just think of the chill-provoking average speeds on the first stretch Brescia-Bologna, between '27 and '38. From the initial 106.5 kmh by Bruno Presenti (with Brilli Peri on an Alfa RL SS) immediately on to the 124 kmh by Nuvolari (Bugatti 43). A dizzying escalation recording the 161 kmh again by Nuvolari in '32 (Alfa 8C 2300), and then all the way to the 178.7 kmh by Pintacuda in '38 (Alfa 8C 2900 B). Towns and cities were crossed in a flash, with the spirit of a Monza race.

Alfa Romeo holds the record of Mille Miglia victories: as many as 11 over 24 editions, coming in second three times. In recent editions, when the carmaker decided not to set up cars that could aim at the absolute anymore, Alfa continued at the top in the Turismo and Gran Turismo categories, with the 1900 and the Giulietta.

1927 - 26/27 March

No one could have predicted how the first Mille Miglia would unfold. The 1600 kilometers at full speed were cause for concern, but 77 joined: the carmakers had understood that even just a placement would demonstrate the value of their production cars and help sales. Among the participants stood out the three Alfa Romeo 3.0 RL SS (top driver: the Florentine Marquis Gastone Brilli Peri, paired with the expert Bruno Presenti) and the three OM Superba, with one of which shone the old but fast Ferdinando Minoia, paired with Morandi. Brilli Peri and Presenti were in the lead for 712 km holding a 'GP' rhythm, but at the Spoleto checkpoint they had to give up due to a lubrication problem. Minoia and Morandi took advantage of that and reached Brescia in little over 21 hours.

1928 - 31 March/1 April

The race got going at 8 am, but with greater intervals between a vehicle and the other over the previous year, so that the future winners (Campari-Ramponi with the new supercharged Alfa Romeo 1500) left at 11:18 am. They took just over 19 hours to return to Brescia; it was just after 6:30 on Monday morning when the Alfa stopped before race director Renzo Castagneto. All initial Mille Miglias were raced following this pattern: Rome was reached more or less by sunlight, while at night the Apennine mountains were passed and the Adriatic State Motorway, then to face the northern section, in Veneto. No one slept back in Brescia, so in the end everybody was tired, not only the drivers.

The edition of '28 showed that real racing cars, powerful and robust, were necessary to win and Alfa had fully grasped this philosophy. With the new 1500 supercharged model, it achieved the first of its 11 successes. Yet the onslaught of the official Bugatti 43 had been something fearsome. They were faster and more powerful than the Alfas of that time (170 kmh versus 155) but proved to be fragile.

1929 - 13/14 April

The theme: the 'Squadron' of the new Alfa Romeos 6C 1750 (105 hp, over 160 kmh), opposite to the compressor Maserati 1700 (110 hp, over 170 kmh), driven by ace Borzacchini and Ernesto Maserati. At 7:28 pm Sunday night, the Maserati arrived in Rome at over 92 kmh average speed, 4 minutes ahead of the first Alfa, with Campari-Ramponi. Borzacchini was a native of Terni, and on the winding 'Flaminia', coming into his city, he wanted to increase his advantage. But the gear of the sleek Maserati broke and Campari had a triumphant cavalcade after that. The other Alfa flagship crew, formed by Brilli Peri and Canavesi, had already retired after Florence. On the Via Cassia, which he knew very well, the Florentine Brilli Peri had driven the 1750 'to the limit', but an engine valve broke. The race was taking on increasing speed: Campari improved by more than one hour his time of '28, with an average 89.6 kmh.

1930 - 16/17 April

This is the legendary edition when Tazio Nuvolari teamed up with Guidotti and won with a 100.4 kmh average speed, amazing for those times. The merit goes to the renewed 'fixed-head' Alfa Romeos 1750, more powerful (110 hp), more stable and featuring a beautiful and efficient body made by Zagato. The merit goes also to the great heroes of the race, Tazio Nuvolari and Achille Varzi. After the fiery motorcycle races of the 20s, these two had climbed the height of the car racing world, with a rivalry that made history. In the Mille Miglia of '30, they were the top drivers of Alfa Romeo, which participated with as many as 6 cars. During the race, the team manager, the famous engineer Vittorio Jano, would call in vain the checkpoints to try and moderate the frenzied march of the two aces. After Arcangeli's feat, arriving in Bologna with a Maserati at an average speed of almost 139 kmh, Varzi had launched the attack and in Rome was first with barely one minute over Nuvolari. The latter had started 10' after Varzi and had the advantage of the reports, but it is unlikely he exploited them because the "Flying Mantuan" drove in a 'total' way to the end. And here comes the famous 'headlights out' overtaking incident, a legend that has some truth. Famous Alfa test driver Giovanbattista Guidott recounts that, "On the descent of Arsiè, after Feltre, we saw the silhouette of Varzi's Alfa in the distance. Victory was ours, but I knew that Nuvolari wanted to get through the finish line ahead of Varzi. It was dawning and so I suggested, 'Come on Nivola, let's turn off the lights!'. The surprise was successful: Varzi, who had recognized who was at his heels, thought we had a technical problem, and raised for a moment his foot off the gas to let the engine breathe. We overtook him on the momentum, but we would have gotten in front anyway, because we had the race under control".

1931 - 11/12 April

Alfa, which had the new 8C 2300 Spider Corsa driven by Nuvolari and Arcangeli, was affected by tire problems, while Campari, with the 1750, came in 2nd but 11 minutes from the winner Rudi Caracciola, driving a Mercedes Official SSK, very powerful (270 hp), though not easy to 'tame'. But Caracciola was becoming one of the strongest Grand Prix drivers of the '30s.

1932 - 9/10 April

After the previous year's disappointment, Alfa had improved significantly the 8C 2300 model: new chassis shortened, modified mass distribution and reliable tire grip. The power was more than 150 hp and the speed reached 180 kmh. The Milan automaker also signed Caracciola who raced with Bonini. The other crews: Borzacchini-Bignami, Nuvolari-Guidotti, Campari-Sozzi. It would have been hard for victory to elude an Alfa driver, all of them very close in the early stages, just with the addition of Varzi (Bugatti), who was latter stopped when his tank broke. But the official Alfas had various troubles too: Nuvolari was 'distracted' for a moment just before the Florence checkpoint and went off the road; Caracciola, in the lead after Rome, had a malfunction, while Campari's 2300, driven for a few kilometers by the second driver and mechanic, experienced and reliable Carlo Sozzi, ended up hitting a wall. All clear for the great Borzacchini then, ahead of six other Alfa Romeos.

1933 - 8/9 April

After retiring from racing, the Alfa Romeo cars were handled by Scuderia Ferrari, which had debuted at the Mille Miglia two years earlier. The famous 8C 2300 Spider Corsa had been given to Nuvolari-Compagnoni, Trossi-Brivio and Borzacchini-Lucchi. The latter were in the lead after Rome but a malfunction took them out of the race, while a few kilometers after the start, Count Trossi had pushed too far on the 'S' curve of Manerbio, and the crew had been involved in a spectacular and fortunately harmless crash.

All clear then for Nuvolari with Castelbarco-Cortese in 2nd place. An epic placement, considering the pre-race vicissitudes. Gentleman driver Carlo Castelbarco had acquired an excellent Alfa 2300 Spider Corsa, leaving it with the carmaker for fine-tuning. He had left early for Brescia, leaving Franco Cortese (a good driver, famous for having brought Ferrari its first victory in '47) with the task of picking up the car on Sunday morning from the Portello plant. But there had been a fire the previous evening that the Alfa mechanics had deemed impossible to remedy. At 7 am, Cortese found the battered 2300 in one corner, but he got so 'mad' that the mechanics managed to fix it so it could race. The departure from Brescia was scheduled for 11:15 am and the job was finished when there was less than an hour left. Cortese could not help but take the Milan-Brescia Motorway 'pedal to the metal' (about 200 kmh). He managed to refuel and take in the car the astonished Castelbarco within seconds after the official start, and 'following the momentum' he never gave the steering wheel back to the car owner for the whole race.

1934 - 8 April

The starting times were finally moved to the very early hours of Sunday morning, in order to celebrate the winner that same evening, not late at night or at dawn on Monday, estimating that the course was much faster than the first editions.

It was a self-sufficient sort of edition, still dominated by the usual Alfa Romeo. With a great duel, however. Scuderia Ferrari top drivers Varzi-Bignami were on one side. For them, a special 8 cylinders Alfa 2.3, with engine increased to 2.6 and 180 hp. In response, Alfa had casually returned to the races and had Nuvolari-Siena ride a 2300 that was just as special. The two opponents sized each other out as far as Rome, where Varzi was in front by less than one minute; from Umbria to Marche, the advantage increased but at Ancona Nuvolari's delay was down to 20 seconds. It was like a new edition of the '30 race, because in Bologna Nuvolari was ahead by 2:30.0. But Enzo Ferrari was at the Imola assistance area; having been apprised of heavy rains in the stretch to the north, he had prepared the 'anchored' tires for wet surfaces, which at the moment distrustful Varzi refused. Ferrari won down to the wire by a matter of seconds and that made him right. Nuvolari, with dry surface tires, was not able to resist. At Littorio Bridge, between Mestre and Venice (where a checkpoint was in Piazzale Roma), Varzi crossed paths with Nuvolari, who had left 4 minutes earlier than him, and he understood that the Mille Miglia of 'headlights out' had been avenged.

1935 - 14 April

Ever more powerful and sophisticated cars continued to evolve. For Varzi, the Maserati brothers had prepared a two-seater derived from the GP version, with a 3.7 engine with 270 hp and 230 kmh. Ferrari responded by converting a Type B single-seater into a sports car with a 2.6 engine 220 hp and 220 kmh. This car was so narrow that the slender Carlo Pintacuda had been chosen to drive it, not an ace, but fast and reliable. It was mandatory to run in pairs but it was not easy to find someone with a suitable physique for the mini-seat provided. Pintacuda himself found the solution by convincing his friend, the Florentine Marquis Alessandro Della Stufa, to accompany him on the Alfa, 'making himself comfortable' as much as possible on the left. This act of heroism enabled him to be listed among the Mille Miglia winners, after Varzi's withdrawal due to engine trouble.

1936 - 5 April

Despite its absolute supremacy, Alfa Romeo continued the exasperated development of its vehicles, and made the 8C 2900 A, with double compressor engine. The project stemmed from two different Grand Prix single-seaters: the 2905 cc engine (220 hp) of the Tipo B and the suspensions of the new Tpo C, 230 kmh maximum speed.

Cars for Brivio-Ongaro, Farina-Meazza and Pintacuda-Stefani. Hard to find opponents, although the strong Biondetti (who will hold the record of victories) animated the race as far as Rome, with the car that had been Pintacuda's the year before and that, with the same power, was a bit lighter than the 2900 A. Greater tire wear however delayed Biondetti, while Brivio, at the second Bologna passage, had a 14' lead over teammate Farina. It seemed over and done with, but an electrical failure forced Brivio (who left at 8:04 am and arrived in Brescia at 9:11 pm) to drive blindly for over two hours, so that the lead over Farina fell to just 32 seconds!

1937 - 4 April

Finally the Mille Miglia had attracted French Automakers Talbot and Delahaye, who had great sports cars with 3.5 and 3.9 engines, respectively, with no compressor, but competitive. Talbot had signed up two reliable but not very fast crews (Catteneo-Lavègue and Comotti-Rosa) but did not perform outstandingly. Unlike Delahaye, who with well-known René Dreyfus and Pietro Ghersi joined the fray unleashed by the usual official Alfas (the same of '36 but updated), driven by Pintacuda-Mambelli, Farina-Meazza and Biondetti-Mazzetti.

The starting times were moved back again to one o'clock at night. The race was becoming a mass phenomenon (124 starters), which attracted many fans driving production cars. Under a rain that was rarely interrupted, Pintacuda led the race from start to finish, with Dreyfus ever close. But at Tolentino, (just over 50 km from the Adriatic State Motorway, which took everyone back North), the French driver was left without vision, due to a splash of mud, and the ensuing swerve forced him to withdraw.

1938 - 3 April

After six years of indirect commitment via Scuderia Ferrari, Alfa Romeo returned fully to deal with races, with Enzo Ferrari as general manager. The sensational 8C 2900 B, a racing relative of a famous road car, had been designed in view of the '38 season. Low, sleek and with a modern chassis, it had a 295 hp engine, but a 360 hp engine derived from the GP single-seater was also prepared for the Mille Miglia, which equipped the Biondetti-Stefani car. The other pairs were also formidable: Farina-Meazza, Pintacuda-Mambelli and Emilio Villoresi-Siena. The two new Delahaye (with 12-cylinder engine) of Dreyfus-Varet and Comotti-Roux stood out among the opponents. They were GP cars on which headlights and fenders were mounted. Not surprisingly, in the fast Brescia-Bologna stretch, Dreyfus was 2nd, behind Pintacuda. He was later delayed by excessive tire wear while Pintacuda, in Terni, because of a brake problem left the 1st place to Biondetti, who had been fairly 'conservative' up to that moment'. Pintacuda made a fierce comeback and came across Biondetti, who had left 4 minutes earlier than him, at Littorio Bridge, before Venice. They were so close together, but Biondetti won with a record average speed of 135.3 kmh (only surpassed in 1953), and Pintacuda was beaten by just two minutes.

It had been an exciting day, with great weather and as many as 141 starters. But it ended in tragedy, because of the terrible accident caused by the 'quiet' Lancia Aprilia of Bruzzo-Mignanego (the latter was driving), on Viale Berti Pichat, on the ring road of Bologna. Seemingly without reason, the Aprilia swerved to the left, on a straight section. It invaded the tree-lined median, causing the death of 10 spectators (including 7 children, who belonged to a school), and the wounding of 27 others. The next day the government banned races 'on metropolitan roads'.

1940 - 28 April

To work around the government veto, AC Brescia developed a fast road circuit 165 km long to be repeated 9 times. It was a strange Mille Miglia: the world war had already broken out, yet BMW (4 cars) and the French Delage were officially present, teams of two nations at war with each other!

As regulations prohibited compressor cars, Alpha had designed a new Sport model, derived from the production 2500, which proved to be not sufficiently powerful (120 hp) and too heavy. The four teams comprised true champions, but the difference was accentuated between the Alfas and the light and powerful BMW 2000: 140 hp and 'almost' 220 kmh in the sedan version: i.e. 20 kmh more than the best vehicle of the Portello plant. The race saw von Hanstein-Baumer in the lead from the start. It was Enzo Ferrari's debut as a manufacturer, with two Auto Avio Costruzioni 815, largely derived from Fiat material.

1947 - 21/22 June

The tragedy of the war was still evident on the Italian scenery. Many dilapidated roads, but in the euphoria of regained life, the passion for car racing was helping to forget the tragedies. This convinced the new government to lift the road ban imposed on the Mille Miglia. There were few real racing cars In '47, yet 155 crews were at the start, mostly driving small touring cars. Confirming what had occurred in the late '30s, the race had become a popular phenomenon. On paper, the crews were as many as 245, but the record is explained by the happy-go-lucky attitude of the organizers, who had planned a huge gift for participants: fuel and especially a trainload of new tires (very rare at that time) at ' allotment price'. That meant 20,000 lire (about 300 current euro), when the black market price was often tenfold that.

The brand new Ferrari 125 was among the starters: too young and almost immediately out of the race.

The race focused on the struggle between the new Cisitalia 1100 and Fiat 1100 S, together with the inconvenient Alfa Romeo 2900 B driven by Romano from Brescia. It was a 1938 car, with an 8-cylinder engine, 137 hp at 5,000 rpm (more than double compared to the 1100s), despite being deprived of the compressor, no longer allowed. But one of the Cisitalia was driven by the great Tazio Nuvolari, in poor physical condition because of the disease that would unfortunately claim him in August of '53, but he was always a 'Martian', compared to all the other contestants, so much so that at the Rome checkpoint he was 7' ahead of the big Alfa. But Romano had chosen as co-driver Clemente Biondetti and, helped by the terrible weather conditions that limited the driving of the Cisitalia Spider and the decision to include in the course the Turin-Brescia Motorway, the strong Tuscan rider brought to Alfa Romeo its 11th Mille Miglia victory: an absolute record.

1948 - May Day

The 15th Mille Miglia soon became legend more over Tazio Nuvolari's failure to win than for Ferrari's first of eight successes in the Brescia race. Nuvolari's health had worsened compared to 1947; the driver had spent the weeks before the race in a hermitage on Lake Garda, trying to get relief for his lungs from the mild climate. However, on the day before the race he was seen in Brescia. 'Officially', he was there just to say hi to his friends, but he was immediately courted by Ferrari and Alfa executives, who for the Mille Miglia had prepared two excellent Competizione 2500 Berlinetta, with the 6-cylinder engine derived from the 2500 production.

This is a very famous story: Nuvolari - without any training at all - started at 4:33 am on a Ferrari 166 Spider SC along with mechanic Scapinelli and fired up the whole of Italy glued to the radio for over 10 hours. Absolute domination, despite losing the bonnet and a problem with a leaf spring. At Bologna, when only the long straights of the North were left, he had a 29' lead over teammate Biondetti (with Navone), who was driving the more comfortable 166 S Berlinetta.

But fate would have it otherwise: on the outskirts of Reggio Emilia, in the town of Villa Ospizio, the rear left leaf spring gave in and the driver, considered by most until now the greatest who ever lived, could only accept the hospitality of a curate and rest in a bed.

The two new Alfa Romeo 2500 Competizione, after the time wasted in the hope of convincing Nuvolari, were signed up in a 'private' form for the crews Sanesi-Sala and Rol-Gaboardi, three test drivers - fast as they were - and an amateur driver, Franco Rol. The cars were very competitive but drove off the road. Alfa Romeo's honor was saved by private drivers Bianchetti-Cornaggia, 6th overall and 1st in their class with a 2500 Super Sport.

1949 - 24 April

The 16th Mille Miglia saw the debut of the excellent idea to combine the race number with the starting time, so that the audience could easily calculate the leads. The victory went, for the fourth time, to Clemente Biondetti (with Salani), driving a Ferrari 166 Touring (140 hp and 210 kmh), followed by its twin with Bonetto-Carpani and an Alfa Romeo 6C 2500 Competizione, already seen in '48 (145 hp, 200 kmh). As in the previous year, private participants, with the crew Rol-Richiero, limited the hopes of the 'Portello'.

1950 - 23 April

Ascari-Nicolini and Villoresi-Cassani were the favourites with Ferraris equipped with the new 3.3 215 hp engine. Initial rains created problems for open cars and contributed to the lead of 22 year old gentleman Giannino Marzotto, driving a Ferrari 195 S Berlinetta. The two 'official' drivers responded, but were stopped by transmission trouble. Marzotto, who was always close behind the Villoresi-Ascari duo, thus won a resounding victory: a star was born, a driver with extraordinary personality (and courage) who raced on a par with professionals while not wishing to take on this role.

At the start were also three Alfa Romeo 6C Competizione Berlinetta, two with a previously seen 2500 engine, and a third updated and equipped with a new 2955 cc engine (168 hp at 6000 rpm/m and 225 kmh). But, as written by famous commentator Giovanni Lurani, in his History of the Mille Miglia, "Alfa Romeo, once again, had done things with reluctance and with little determination". The great Juan Manuel Fangio (with Zanardi) was given a 'veteran' 2500 (a twin of it was entered in the race for Rol-Richiero) while the new, and far more competitive, 6C 3000 C50, "... at the last moment" writes Lurani, "for political and trade union reasons completely unrelated to the interests of the carmaker and of the race, was given to Consalvo Sanesi with Bianchi. (...) Sanesi, probably emboldened by a car that could potentially win, forced the pace and ended up disastrously off the road at Pescara. (...) If Alfa Romeo had given this powerful car to the great Fangio, things would have been different". The future five-time F.1 World Champion instead had to settle for 3rd place. On the other hand, Alfa dominated the Gran Turismo category with the Argentine Schwelm, paired with Colonna: 10th overall with an ordinary and very elegant 6C 2500 'Villa d'Este'.

1951 - 28/29 April

This edition took place under the driving rain, which even affected the overall winner, Villoresi paired with Cassani on one of the four Ferrari 340 (4100 cc), 240 hp and 240 kmh. The ace from Milan had miraculously emerged unscathed from a slalom between the bollards on an overpass near Ferrara, then had driven a long time only on 4th gear. But his team mate Ascari had it way worse, as he went off the road because dazzled by the headlights of a car parked in a curve. Giannino Marzotto, with the less powerful Ferrari 212, leading from the start in Fano, stopped due to a suspicious noise. It was just a ruined tire, but they only realized that after the race was over!

1952 - 3/4 May

This edition is remembered for the epic comeback by Giovanni Bracco (Ferrari 250 S), on the legendary Futa and Raticosa passes, between Florence and Bologna. He was 4' behind Kling, driving one of the three new Mercedes 300 SL, in the lead for more than 1,000 km. It was raining on the Apennines and visibility was reduced by fog, an apocalyptic situation that enabled Bracco to become the hero of one of the most famous episodes of the Mille Miglia.

Alfa's retirement from racing at the end of 1951 made it so it could not produce a winning model, but the Milan automaker started enjoying a lot of success in the Turismo category with the new 1900. In the TI version, the famous 'family sedan that wins races' had 100 hp and reached 170 kmh. At the 1952 Mille Miglia, Alfa had various 'unofficial' cars, one of which for bike champions Bruno Ruffo and Arciso Artesiani, who finished 3rd just one minute behind teammates Carini-Bianchi. However, the first place went to an outsider, a Lancia Aurelia sedan, less competitive than the 1900, although in a 'lightened' version with aluminum body. Umberto Maglioli's driving was a big part of the success; a year later, he would be entered in the list of the best drivers in the world.

1953 - 25/26 April

It was Alfa Romeo's last chance to bring it up to 12 victories in the Mille Miglia. The Milan Automaker, after a few years of uncertain sports policies, had three new 6C 3000 CM (3495 cc, 246 hp at 6500 rpm, 250 kmh). Extremely competitive, although it was their debut and more thorough testing was needed, they had been given to three experienced drivers: the great Fangio, Kling and chief test driver Sanesi. Among the main rivals, the 26 Ferraris at the start, including four 'official' 4100 (Farina and Villoresi the top drivers, both withdrawn), the new Lancia D20 (Taruffi in the beginning was 2nd overall), Jaguar with the XK 120 Cs (Moss top driver) and the squadron of Aston Martins.

The race was dominated by Alfa: Sanesi was 1st at Pescara with an average 176 kmh; then Kling took the lead and kept it as far as Florence, where he went out of the race. Fangio took the lead next with 2' over Giannino Marzotto (Ferrari 340 MM). The Argentine, F.1 world champion in '51, would likely have won had he not been slowed down by a problem with the steering. He finished in 2nd place with a heroic ending, as told by the engineer Gian Paolo Garcea, head of the R&D service, in his delightful book, "My Alfa", "At the last Bologna checkpoint he did not want them to open the bonnet: they would not have let him get back in the race because one of the two wheels had come off the steering. Giulio Sala (a mechanic and test driver, one of the 'pillars' of the Alfa era) was in there beside him, seeing him move the steering wheel a hundred meters before the curve (he was convincing that wheel to steer the way he wanted)".

1954 - 1/2 May

The now absurd requirement of two drivers per car was finally canceled. Maglioli took advantage of that, with one of the official Ferrari 340, as did all the drivers of the new and efficient Lancia D24: Taruffi, Ascari, Castellotti and Valenzano. Less powerful than the flagship Ferrari (250 hp against 350), the Lancias had better road holding, which proved crucial for the victory. The first part of the race was dominated by Piero Taruffi, 1st at Pescara with an average 177 kmh and then Rome with another record average speed: 158 kmh. Behind him, Ascari and Castellotti, later stopped by a malfunction. Immediately after Rome, in one of the narrow curves of Vetralla, Taruffi was blocked by a much slower car and went off the road. Former F.1 world champion ('52 and '53) Ascari was very popular; once in the lead, he 'flew' between two wings of cheering crowds all the way to Brescia. Total domination by Alfa in the Touring category: with the new 1900 Super TI (1975 cc, 115 hp at 5500 rpm, 180 kmh), Carini-Artesani also earned the 8th place overall.

1955 - 30 April/May Day

Mercedes had descended into Italy with an impressive organization: more than 50 among managers, technicians and mechanics, with widespread support (in Ravenna, Pescara, Rome, Florence and Bologna), a squadron of drivers (Fangio, Moss, Hermann and Kling) who ran at least 10 times the entire course in training and finally the refined 280 hp 300 SLR. Yet Ferrari animated the race with the new '6-cylinders', despite trouble with the tires because of the violent power delivery. Paolo Marzotto, Castellotti and Taruffi all had the lead, arriving at Pescara at an impressive average speed of 190 kmhr! Moss, excellent in GP and road, however, was just 15" behind Taruffi and in Rome he took the definitive lead.

Again total domination of the Alfa Touring cars, where the battle involved only the drivers. The difference was just 52 seconds between the winner, Cestelli Guidi from Rome, and the 2nd placed, Giancarlo Sala from Brescia. Third, the German Stern, less than a minute from Sala!

1956 - 28/29 April

The next to last Mille Miglia resulted in the undisputed triumph of Eugenio Castellotti (Ferrari 290 MM). The other Ferrari drivers (Collins, Musso and Fangio; the first two with 4-cylinder 860 Monzas, the Argentine with a 290 MM), on the Rome-Brescia return stretch, reacted to a less incisive beginning, taking over the entire first part of the standings. On the eve of the race, Alfa Romeo had delivered to numerous customers-drivers the new Giulietta Sprint Veloce, with a 1290 cc engine, 90 hp at 6300 rpm and a speed of 180 kmh. The future 'Queen' of the 1300 class GT category immediately confirmed its excellent qualities, despite racing in standard conditions, without further factory processing. The terrible climatic conditions favored the attacking race of the Giulietta cars: in Rome, Venetian Egidio Gorza was 17th overall out of 365 starters. Gorza had passed early on Olinto Morolli, who had started from Brescia one minute earlier and who later caught up with him on the 'Sella di Corno', on the border between Lazio and Abruzzo. From that moment on, the two drivers drove side by side for over 700 km, up to Reggio Emilia, where Gorza was forced to withdraw because he went off the road. At the 'refueling' of Bologna, they had been informed by the engineer Livio Nicolis, new head of the Alfa's R&D service, that not only were they competing for class victory, but also for an incredible position in the overall standings. Obviously, after Reggio Emilia, Morolli drove with even more motivation; unfortunately, between Parma and Piacenza, when there were just over 100 km to go, he was stopped by a banal coolant hose that broke. So the class win (and 11th place overall!) went to the crew Sgorbati-Zanelli, always close to the two direct contenders in the split times.

With a success that made history, Alfa Romeo had sensationally broken the Porsche supremacy in the category.

1957 - 11/12 May

It could have been a party for Alfa, who had as usual dominated the GT category 1300 class, and for the 55 year-old Piero Taruffi (Ferrari 315 S), who had crowned the dream of his great racing career. On the contrary, what happened after the race was rather distressing: at Guidizzolo, just after Mantua, a terrible tragedy had struck the race. On the Ferrari 290 MM of Alfonso De Portago, who had his journalist friend Eddie Nelson aboard with him, the front left tire exploded at full speed, running on a straight line at well over 250 kmh. Without control, the car hit a light pole and broke in two, causing the death of the crew and 10 spectators. A terrible conclusion to the world's most famous race.

Alfa Romeo Avio
BUT RADIAL ENGINES DON'T NEED SAINT ANTHONY...

Alfa Romeo's major development period in the aircraft sector began around the middle of the 30s, though it had started in 1924. In the prototype building and testing department worked the young engineer Gian Paolo Garcéa, who was responsible for the Test Room during that period.

Blessed with brilliant technical knowledge and a remarkable mind, the engineer from Padua left behind a fascinating memoir, 'La mia Alfa' (My Alfa), with observations that are often unique. Here, we'll report a few lines with a final surprise: 'The engineer Tonegutti, the head of Control Service and Test Room for aircraft engines had phoned Mr Bossi (head of the Test Room): "At eleven, you and engineer Garcéa need to speak with engineer Gobbato".

On the first floor of the building with windows facing the grand entrance courtyard of the Portello factory, the meeting room with the big table and the chairs all around it, a big glass shelving unit along the wall facing the windows was the engineer Gobbato's office: he could be heard screaming, teaching someone something. For the first time, I noticed a small Saint Anthony statue in whitish glass, with a little light turned on inside, at the very top of the shelving unit, against the ceiling. On several more occasions, I would hear Gobbato shouting an explanation to the Head of Planning Service: "Here, there are no designers. The only designer is him, Saint Anthony: it's only thanks to him that the engines turn and the aeroplanes don't fall out of the sky."

A joke, perhaps, to ease the tension, because Alfa had displayed sufficient proof of its significant abilities in that sector. Apart from the famous Santoni-Franchini 1910 biplane, starting from 1924 the company was able to build the Alfa Romeo version of the Jupiter IV air-cooled engine, for which the general director Nicola Romeo had obtained the license from the Bristol Engine Company. It was a 9-cylinder radial unit with 28,628 cc and a push-rod valvetrain that reached 420 hp at 1,575 rpm. Intended for the Italian Royal Air Force, it was installed into various reconnaissance and attack aircraft and built in about 700 units. In 1928, in response to pressure from the new general director Pasquale Gallo, Alfa also obtained the right to build the Armstrong Siddeley Lynx engine, a 7 -cylinder radial engine of 12,939 cc that produced 215 hp at take off (a power output always slightly greater compared to that available in flight). Intended above all for Breda training aeroplanes, 450 units were built between 1930 and 1934.

Management of the aircraft department was entrusted to Vittorio Jano, who was also involved in the car and commercial vehicles sectors – the latter from 1929/30. The great designer from Turin nevertheless found time to design new aircraft engines, such as the double star engine of the 1928 600 hp, but ministerial choices prevented its manufacture. Another project went better: that of the D2 C30 9-cylinder radial engine of 13,734 cc that produced 240 hp at 3,000 rpm in the compressor version. It was the first aeroplane engine designed and developed by Alfa Romeo and was installed in various versions of the three engine Caproni Ca 101 – as a civil engine and in the military use version – baptized 'D2'.

Meanwhile, Alfa was also developing a 9-cylinder Jupiter IV engine by itself, but adherence to severe military regulations and the lengthy bureaucratic procedures severely delayed its mass production. In 1933, Alfa became part of the Istituto per la Ricostruzione Industriale (Institute for Industrial Reconstruction), and the breakthrough arrived that finally enabled the production of the Jupiter engine, simply baptized the '125'. In the meantime, it had been improved and equipped with a compressor (125 RC35), allowing it to reach 650 hp at 3000 rpm, later becoming 860 hp in the 1936 126 RC10 version.

Named 126 RC34, 128 RC18, 128 RC21 and 129 RC34, with variable power output depending on use, more than 10,000 units were built between 1934 and 1944, installed in various transport and combat aircraft. Engines were used in particular in Savoia-Marchetti aircraft, including the S81 Pipistrello and S79 Sparviero, re-baptised by the English drivers as the 'Damned Hunchback'. In 1934, a prototype of the Sparviero completed the journey from Milan to Rome in 1 hour 10 minutes with an average speed of 410 kmh. The following year, the flight from Roma to Massaua – with a stop at Cairo for refuelling – was achieved in 12 hours. The 9-cylinder Alfa engine was also used in civil air services, such as Avio Linee Italiane's Savoia-Marchetti SM73s and Ala Littoria's SM75s.

Trust in Alfa Romeo engines came from their numerous speed records, but also from the records achieved at altitude. The conquest of the highest altitudes was considered fascinating, driven by the difficulties linked to the functioning of the engine – the difficulty of running an engine with poor oxygen - and the body of the driver. With a height of 14,443 metres, the record was achieved by captain Renato Donati on the 1st June 1934 at the wheel of a Caproni 113 AQ ('Alta Quota', equipped with a 550 hp Alfa Romeo engine).

From 1934, the ambitious project for the 135 RC engine was also begun, based on the combination of two 126 series radial engine units. Engineer Giustino Cattaneo was in charge of its construction. He was already a celebrated designer at Isotta Fraschini that had taken the place of Jano, who was then involved solely in the car sector. With a total cylinder capacity of 49,697 cc (bore and stroke of 146x165mm), the 135 had 18 cylinders, was fitted with a compressor and had 1600 hp at 2000 rpm at take off. Unfortunately, Cattaneo left Alfa already in 1935 to found a special purpose entity - CABI-Cattaneo, that is still in operation today. The delicate job of developing the 135 was extended into the early 40s, when the war had rendered efforts pointless. Only about 150 units were built and it was only used for test flights.

Up to the end of the 30s, 80% of Alfa Romeo's turnover – with only 6,000 workers at the Portello plant - was based on the production of aircraft engines, built also thanks to the creation of a light alloy, baptized 'Duralfa', that overcame the problem of finding some raw materials such as aluminium. With 'Duralfa', propellers, pistons, cylinder heads, bundles for radial engines and connecting rods were made, though it was also used for cars.

On the 1st April 1939, the first stone was laid at the Pomigliano d'Arco plant. This plant was intended for the production of engines and aeroplanes, with a light alloys area and an airfield. In 1941, the new company 'Alfa Romeo Avio' was born, with headquarters at the new Pomigliano complex that also included various buildings intended for workers such as houses, nurseries and a canteen. The war and supply problems did not prevent the development of the fantastic RA 1000 RC41 (licensed to Daimler Benz), a 12-cylinder inversed V engine, with 33,929 cc and 1050 hp at 4100 rpm. The plant also housed the production of two small engines, both under license from the English company De Havilland: the 110 (6124 cc/120 hp) and the 114 (9186 cc/215 hp), 4 and 6 cylinder inline engines respectively, with water-cooling systems. Initially intended for training aircraft, they were also used in private transport aircraft after the war.

With a 110 Ter engine (130 hp), it was installed into the small SAI Ambrosini Grifo, with which Maner Lualdi and Leonardo Bonzi crossed the Atlantic Ocean for a project intended to collect funds from the Italian communities in Argentina for the benefit of the 'Opera di Assistenza di Don Carlo Gnocchi'. Baptised the 'Children's

Angel' – Don Gnocchi founded a centre to raise funds for orphans and victims of war – the small aeroplane, heavily loaded with fuel and without a radio for weight reasons, took off from Dakar on the 19th January 1949. After 19 hours of flying, it landed in Parnaiba, Brazil.

The economic difficulties of the post-war period did not allow Alfa Romeo Avio to shift their efforts to the new turbojet engine sector. Instead, the company's good reputation and advanced technology paved the way for the successful overhauling of turbine engines of all Italian companies and a number of military units. From about 600 workers employed in the early 50s, workers at Alfa Avio rose to more than 2,000 by the mid-70s, when the AR 318 600 hp engine was developed, the first turboprop produced in Italy. In subsequent years, Alfa Romeo S.p.A. progressively transferred its shares in Alfa Avio S.p.A. to Aeritalia which was, in turn, passed to Fiat Avio in 1996.

The fams models from the early 1930s until the end of the war 8 AND 6 CYLINDER WONDERS

Alfa Romeo has experienced several difficult periods throughout its long history. The one faced in the autumn of 1933 was one of the most dramatic moments, when the Milan based company found itself a step away from the abyss. Luckily, a positive solution arrived after a few days; consequently, news of the imminent threat remained confined within the walls of the General Directorate in Milan and the government buildings in Rome. However, management problems remained, which limited the production of high-class cars.

The IRI (Institute for Industrial Reconstruction) was created on 24th January 1933: this was a public body headed by Alberto Beneduce, in charge of reviving the Italian economy, which had been burdened by the serious crisis in the banking sector and the businesses that depended on them. These included Alfa Romeo, which was linked to the State already since 1927 through the 'Istituto delle Liquidazioni' and banks that had taken over the majority of shares. At the end of 1929, despite the severe global economic crisis, the company's balance sheet closed with a surplus of 4 million Lira (a little more than 2.5 million Euro), not high for a company of that scale, but still encouraging. In fact, the size of the 'Portello' factory was quite exuberant, given the small number of cars produced (albeit exceptionally manufactured), whilst the new sectors linked to producing aircraft engines and commercial vehicles (operating in '24/'25 and '29/'30, respectively), were still in the process of being launched. The first, in particular, needed costly investments (also to obtain the production licences from British companies: Bristol and De Havilland) and was linked to the complicated and changing purchasing logics of the Aeronautics Ministry.

Furthermore, the car production sector had lost a bit of drive, after the initial success of the 6C 1750 during the '29/'30 period. The 8C 2300 was presented in 1931, another masterpiece for the technical director Vittorio Jano. A car that could reach speeds up to 170kmh, even in the less powerful version, a true forerunner of the modern supercars, however it was produced in limited numbers (less than 200 in four years), also because of its unaffordable price: 91,000 Lira, around 71,000 Euro today. By way of comparison, an exclusive high performance Gran Turismo Fiat 525 SS, cost - in the same period- almost half the price of the Alfa. Only in 1934 would the Alfa 6C 2300 arrive, a far more interesting model from a commercial point of view.

At the end of 1933, the company's balance sheet seemed to be alarming, in fact the deficit totalled 93.4 million Lira; with the consequent need to affect the share capital, which had dropped to just 10 million compared to the 80 million in 1929. In September, Senator Agnelli was faced with Alfa's problems too: with a letter to the directors of IRI, the influential Fiat's owner suggested two possibilities to resolve the crisis of the Milan based company: close it or join it with OM, a company that had been recently acquired by Fiat itself and was involved in producing commercial vehicles. Professor Beneduce and his 'vice' Donato Menichella (future governor of the Banca d'Italia) did not seem to take the suggestions into consideration, although, perhaps not by chance, on 1st November 1933 the role of General Director at Alfa passed from engineer Prospero Gianferrari, to Corrado Orazi, also an engineer and a senior manager at OM!

Suddenly, Alfa Romeo found itself on the brink of the abyss: the new director did not think it could be rescued, believing that the only solution would be to close it. But Benito Mussolini, an enthusiast of cars and engines in general, had always been a great admirer of Alfa. In the 20s he had purchased a RL and in that fateful autumn of 1933 he still owned a 6C 1750 GT that he drove himself. The Duce placed an absolute veto on the closure of Alfa, he urged for its immediate revival instead. It was most likely a choice that mixed, on the one hand, passion for a fascinating brand and on the other one calculated reasoning: Alfa represented the image of a winning Italy (in 1933 it still dominated the International Grand Prix) and the eventual closure would have weighed negatively on the nation's prestige. But above all it was the company's undisputed technical expertise of the Milan based company that particularly mattered to the Duce: the regime's plans aimed at creating a strong army, aircraft engines and Alfa's lorries could contribute perfectly to the development of the programme.

It is likely that Mussolini intervened also in the choice of the new General Director, engineer Ugo Gobbato, who was 45 years old at the time. A highly experienced director and designer, the engineer from Volpago del Montello (Treviso) had a remarkable and engaging personality, as well as a particular work ethic. After getting his technical licence at a very young age, he started working in Vicenza, whilst attending a vocational school that allowed him to obtain a diploma as an expert in mechanics and electronics.

Always combining work with study, he moved to Germany, where he qualified as a mechanics and electronics engineer. Back in Italy, after military service he was employed by Marelli and he then returned to the army for the whole duration of WWI. Discharged, he was called to Fiat: in Turin its large industrial skills as an organiser had shone with the preparation of the new and futuristic Lingotto factory, of which he was appointed director. This huge complex that could build 300 cars a day, was his springboard.

Engineer Gobbato entered the 'Portello' factory on 1st December 1933 not losing a minute to start restructuring the company, set on renovating the production facilities in particular. With his charisma he didn't have trouble convincing the directors of IRI to give the company the necessary funding, which clearly accelerated the programme linked to producing aircraft engines.

He was a determined person and could rely on a renewed economic boost, which was also confirmed by engineer Gian Paolo Garcéa, at Alfa from the mid 30s, and author of an intriguing little book of memories. Let us quote a passage, that concerns a decision taken by Gobbato to streamline and stimulate experimental engines for the aircraft sector.

To this end, he convened in the meeting room engineer Tonegutti (leading the 'Test rooms' and the 'Control Department' of aircraft motors), Garcéa himself and the expert designer Amleto Bossi, a close collaborator of Tonegutti.

'He didn't make us wait – referring to Gobbato - and lead his clear speech standing in front of the three of us, who were also standing (...) The standard test room should test the standard engines; but the new engines, the experimental ones, should be tested in a special testing department after having checked everything; everything should be clear, clean and above board.

Everyone who comes inside, even the Aeronautics Ministry, must be amazed. I thought of putting a man who has the most experience as Head of Department, Mr Bossi, with engineer Garcéa helping him, because I've seen in these four months that you are close and always agree, as practise with grammar. Your task is to take big hits to the nose. Because we are all ignorant and blind. And the rest of you after taking one hit to one side and one to the other, you have to tell us which direction to take. Mr Bossi is the man in charge. For the staff he needs, he can choose them from where he wants, choose them from the whole Alfa company: if they are not given to him, he has to come to me. For ordering equipment he has to get whatever he wants from the Facilities Service.

If they don't do what he wants, he has to come to me.'

Dry and precise concepts, that reveal considerable practical sense and a willingness to give responsibility to employees (interesting is the spontaneous suggestion to purchase new equipment) whilst maintaining control over everything.

Before Gobbato arrived, the structure of the 'Portello' was still, fundamentally, the one created immediately after 1915. To the north, the boundary wall was bordered by meadows, but the Via Renato Serra was built around 1935, which today is elevated and part of the inner ring road in Milan.

As well as via Serra (which in practice divided the factory into two areas, joined by underground passages), new workshops for aircraft engines were built, accompanied by departments for mechanical processing, inspection, assemble and test rooms.

Certainly capable of managing the factory, the new General Director couldn't nevertheless perform miracles. Through his decisions, Alfa functioned, but in some respects, it had been transformed into 'another Alfa'. Around a thousand employees worked at the 'Portello' factory at the beginning of the 30s, the workforce grew to 3,500 towards the end of the decade, and even grew during the war. However, the vast majority of employees was involved in design and manufacturing of aircraft engines and 'heavy' vehicles. Gobbato held the automotive tradition of Alfa in high regard and knew it was worth participating in races for its image. One of his first decisions involved hiring engineer Giustino Cattaneo (former Isotta Fraschini) to improve the 'aviation' sector. The division of roles, positively influenced production of the new 6C 2300, designed by Vittorio Jano and presented at the Auto show in Milan in April 1934 and sold in 681 units that year. It was not about big numbers but, taking into account also some 8C 2300s which were at the end of their production, in 1934 Alfa produced 281 cars more than the previous year. However, when the Regime embarked on wars in Ethiopia and Spain, car production fell to minimum lows: 91 units in 1935 and just 10 (!) the year after.

The entire 'Portello' factory was working on aircraft engines and lorries, and the Venetian engineer couldn't keep up with the demands from Rome. At the end of 1935, the company's balance sheet recorded a slight loss (2.2 million Lira: about 1.3 million Euro today) but the comment of the auditors quote: 'To understand the efforts made, you only need to recognise the immense work carried out on behalf of the army and particularly for aviation, work that took place in bulk when your company was not provided with appropriate facilities yet.

As State factory, Alfa had been 'militarised', yet it never lost its sports brand shine, with its call to racing. If the aircraft engines had allowed, at the end of the 30s, to report a budget surplus (with a profit, in 1939, of 8,620,000 Lira), the cars (not many but exceptional) continued to arouse emotion and admiration and were sought after by prominent people around the world. Furthermore, in the Grand Prix, Alfa tried to stay on top, with the joint efforts of designer at the 'Portello' factory who designed the racing cars and 'Scuderia Ferrari' which managed them. Success did not lack (at least up until 1937) thanks to Tazio Nuvolari's extraordinary ability as driver, but in the field of sport, the constant encouragement of engineer Gobbato came up against partial dismantling of the 'Racing Department' (due to the pressing needs of the aviation sector) and above all with the limited economic resources available.

Because the National Fascist Party appreciated Alfa's victories, but - unlike the German one - on Monday mornings it limited itself to sending a customary congratulations telegram.

In the summer of 1936, Gobbato had also been forced to replace engineer Cattaneo, who had resigned. To fill the role, he called the Spanish engineer Wifredo Ricart (born in Barcelona in 1897), later entered into motoring history above all for his less than positive opinions, as expressed by Enzo Ferrari in his famous autobiography. Nevertheless, Ricart, in less than two years, would assume the role of 'Technical adviser to the General Director' and would manage the design and trials sectors of the three Alfa branches: cars (including racing cars therefore Ferrari depended on him), aircraft engines and lorries. It seems that he had a strong tendency for complex projects, that were never successfully completed (in the automobile sector the one-seater 162 and 512, the two-seater 163 and the 'Gazzella' saloon; in the aviation sector the 1001 V8 engines and the 28-cylinder 101 engine), but in his time some fantastic designers formed themselves who would have taken Alfa Romeo to the top after the war, such as engineers Orazio Satta (hired by Ricart in 1938) and Gian Paolo Garcéa (named Director of the Trials Service in 1941).Giuseppe Busso himself was specifically chosen by Ricart to join Alfa in 1939.

Standard Alfa production in the 30s

At the start of the new decade, the 5th and 6th 6C 1750 models were produced, whilst in 1931 the powerful 8C 2300 was presented. This is an evolution of the 6C in terms of style, but much more evolved in terms of engine and performance. An extreme expression of the granturismo of the time, the 8C 2300 was essentially a perfect car for street racing (in the Spider version, with a Zagato or Touring car body), but equally effective (and with a lot of satisfaction!) in everyday use, even better with the Coupé version created by the Castagna car shop.

The project was 'signed' by Vittorio Jano, but always had some reserves, due to the slightly excessive weight. In fact the 1000 kg of the Spider with a short chassis (275 cm) didn't seem like much compared to the 920 of the previous 6C 1750 with a similar car body, but probably the great designer from Turin had confidence in the new technology applied to building the engine, to keep the weight within certain limits. The new, very refined 8-cylinder 2336 cc engine (bore and stroke 65 x 88 mm) had in fact, two blocks of cylinders fused in light alloy as the cylinder heads: a novelty for Alfa.

A true masterpiece of elegance, refined and compact: to limit the size, the Roots compressor was put on the right of the engine (on the 1750 it was at the front) and took the motion from a gear at half the crankshaft. Another gear, coupled in the same position, controlled the distribution to two camshafts in the cylinder head. The lubrication was also refined, of the 'dry sump' type, with a separate 'dry sump', with a separate 12-litre tank and inlet and scavenger pumps: inherited from racing cars, explained by the need to avoid rinsing oil in the traditional cup, possible source of breakage. Developed in various versions, the engine produced from 142hp at 5000 rpm, to 165 hp at 5400 rpm in the 'racing' configuration. Actually, the best 8C 2300 used in road races (starting from the Scuderia Ferrari models) had power similar to the 2300 Monza versions (178 hp at 5400 rpm), that were used in the Grand Prix. Partly criticised by Jano, this fantastic car could in fact be converted into a 'single-seater' by the Grand Prix!

Its top speed is undoubtedly impressive: 170 kmh for the more 'quiet' versions, and 225 kmh for the 'Monza'; between them is the Spider Corsa, that reached 185/195 kmh, but several models could reach 215.

The list of major races won by the 8C is impressive, including four 24 Hours of Le Mans titles, three Mille Miglia and two Spa 24 Hours.

Victories at Targa Florio in 1931 (Nuvolari-Bignami) and 1932 (Nuvolari Mambelli) were equally significant.

In 1934, with the 6C 2300, Alfa Romeo and Vittorio Jano were completely broke away from previous projects, all more or less 'children' of the P2. Conditions of the main Italian roads were improved, partly as a result of the Mille Miglia. For the new generation of road cars, Alfa faced a new type when it came to chassis and suspension, to improve drivability, road holding and comfort. From 'rigid bridge' suspension chassis, it was necessary to move to 'independent wheels', at least for the front end, and these were difficult choices. In a decision that reveals a very open mind, Vittorio Jano had been authorised to make contact with the Studio of the famous professor Ferdinand Porsche, the most advanced centre for the technical research of cars at the time.

Alfa acquired the licence from the Porsche Studio to put rear suspension on the independent wheels for the 6C 2300 B (with longitudinal torsion bars), the first model in the Milan based company to have this cutting-edge feature at the time. The same model (of course) was characterised by front suspension, also with independent wheels, based on a scheme designed by Jano, that contained a mechanical spring inserted in the cylinder, positioned in turn between each wheel and chassis. On the upper end of the cylinder, there was an articulated arm, fixed (via sliding beatings) both on the frame and the wheel. With these features, Alfa debuted in 1935 when the 6C 2300 type B appeared. The 1934 version still had rigid bridge suspension, with semi-elliptic springs, but various refinements stood out, such as the rubber bushings in the connection to the chassis and the hydraulically operated rear shock absorbers, adjustable from the driving seat. In both cases of the 1st and 2nd type B production of the 1934 version, the 6-cylinder engine always remained the same: it was a modern 2309cc 'twin cam' (bore and spoke 70 x 100mm), with a light alloy cylinder head and control of the chain drive. The latter represented an important innovation: it replaced the classic 'cascade' of gears, reliable but expensive and noisy. Previously, the chain drive for camshafts was not considered safe above 4000 rpm: with the new project, Jano had managed to solve this problem.

The engine, powered by one or two carburettors (depending on the version) and therefore devoid of any complicated compressor, was debuted with 68 hp at 4400 rpm in the Turismo model, equipped with a car body with four doors and 6/7 seats. Speed 120 kmh. The Gran Turismo (76 hp at 4400 rpm, 130 kmh) was more attractive and successful, with a smaller chassis (wheelbase 295 cm) and offered a streamlined Alfa

Romeo car body with 4/5 seats (in 1932 a new department opened in the 'Portello' factory) both Castagna and Stabilimenti Farina. The saloon 'Alfa' cost 41,500 Lira: around 36,000 Euro today.

The top of the range, the sporty 'Pescara' model (95 hp at 4500 rpm, 145 kmh), whose name came from the victory in the Pescara 24 Hours in 1934, achieved by the Cortese-Severi crew with a beautiful two-door 'Berlinetta' (made from Touring commissioned by Scuderia Ferrari), characterised by the roof panel covered in fabric (instead of sheet metal) to make it lighter. Only 60 'Pescaras' were produced in different types of car bodies, sporty or saloon.

With the 6C 2300 Type B, introduced in 1936, Alfa certainly possessed the most exciting model in the whole European industry: a safe car, with high performance, drivable even for the least experienced drivers, thanks to the new independent wheel suspension and the hydraulic braking system. Yet, the Milan based company dependent upon the production of aircraft engines, could not profit from this. A big missed opportunity. The great qualities of the car were once again highlighted in racing in 1935: based on the 'Pescara' model, equipped with a new chassis, Scuderia Ferrari had commissioned a Touring, an elegant 'Berlinetta', which led to Alfa's success in the Mille Miglia, amongst cars without a compressor (8th overall), and victory in the Pescara 24 Hours. With the Cortese-Severi team in both cases. However, compared to the 86 versions of the Gran Turismo and just 78 'Turismo', the 120 units of the Pescara that left the 'Portello' factory in 'Pescara' version underlines the success of the model.

The extreme evolution of the 6C 2300 B (2nd production of 1938) differentiated between the 'Long' and 'Short' 'basic' versions, referring to wheelbase measurements of 325 and 300 cm. With two type of chassis (and with slightly different powers: 70 and 76 hp) they mostly created 6/7-seater saloons and elegant cabriolets with a well-known car body styles: Castagna, Ghia, Pininfarina and Touring. However, the 'Mille Miglia' Touring 'Berlinetta' is the most well-known: 107 units were made, it's one of the most sought after models by collectors. The prototype, based on the 'Pescara' chassis, had appeared at the Mille Miglia in 1937 and spectacularly came 4th place.

A direct witness, Count Giovanni Lurani (driver as well as engineer and journalist) remembered the event in his book 'La storia della Mille Miglia (The history of the Mille Miglia): 'With the changes made for the Mille Miglia, the engine had 105 hp at 4800 rpm. The wheelbase was 3000 mm, the power produced by two Weber carburettors. The tires were 18x5.50. Light 'Berlinetta' chassis, the car weighed 1100 kg and could reach 165 kmh. Of these three new Alfa Romeos, two were elegantly built from the Turin based Ghia car body and officially represented Scuderia Ferrari. They were driven by the very strong teams of Eugenio Siena-Emilio Villoresi and Severi-Righetti. A third car, admirably built from the Milan based Touring car body and designed by Felice Bianchi Anderloni, was owned by Benito Mussolini. This magnificent car was destined for Mussolini's driver, Boratto, with Guidotti (renowned chief test driver at Alfa), as second driver. Needless to say, the second driver drove the entire race and won (the author is referring to the 'National Touring Cars' without compressor), automatically giving the glory to Boratto!'

In December of the same year, Ercole Boratto, in partnership with Alessandro Gaboardi (one of the best test drivers at Alfa), won also one the Bengasi-Tripoli, a 1020 km race along the recently opened Libyan 'coastal' road. The car was the same one used in the Mille Miglia, slightly modified in the back line and the final version of the one built in small production. The engine in this streamline and light Berlinetta (1150 kg), provided 105 hp and 4800 rpm and reached speeds of 170kmh. It cost 78,500 Lira.

Constrained by limited production numbers, in the late 1930s Alfa Romeo at least had the satisfaction of creating the most prestigious model in the global industry at the time. Putting together the 'A' and 'B' versions, the 8C 2900 arrive at just 26 units, but to understand the value of this extraordinary model it's enough to know the opinion of the English historian Cecil Clutton, published by Motor Sport Magazine: 'Whatever opinions you have on Alfa in general, this car can only increase respect for this famous brand, and nominate it as the fastest car produced in the world'.

Note that the opinion dates back to 1942, when Great Britain and Italy were enemies.

The first step to get to this fantastic sports car, was accomplished almost by accident, as Luigi Fusi remembered, one of Vittorio Jano's best collaborators and 'caretaker' of Alfa's memories. About thirty single-seaters engines from the Grand Prix 'Type B' were not used after the 1934 sporting season. Perhaps convinced by the success of Scuderia Ferrari, which dominated the 1935 Mille Miglia with a modified Type B, Jano designed a car for the 'two-seater' Sport category, using a chassis with independent wheel suspension, a similar design to the new one-seater Grand Prix Type C. Thus, the 8C 2900 A was born, a compact spider for road races (wheelbase: 275 cm), that weighed just 850 kg and reached speeds of 230 kmh. The 2905 cc engine (bore and stroke 68 x 100 mm), was turbocharged by two Roots compressors that reached 220 hp at 5300 rpm. In 1936, the 8C 2900 A dominated the Mille Miglia and the Spa 24 Hours, the following year this was repeated in the famous Brescian race. Six racing versions and three versions more suitable for road use had been made. Accompanied by a beautiful spider car body, also made by Alfa Romeo, the first of three 'street' versions was the attraction of the Milan Fair in autumn of 1936. The year after, the project was taken over with a greater focus on mass production. The 8C 2900 B, 'racing' version and a 'short' chassis (wheelbase: 280 cm), available with 295 hp at 6000 rpm and speeds close to 250 kmh. In the 1938 season, the newly formed Alfa Corsa managed four of these types of car (spider with a Touring car body), that dominated the Mille Miglia and Spa 24 Hours. The same chassis and double compressor engine (with power capacity of 180 hp at 5200 rpm and speeds up to 180 kmh) were used to create a limited number of ultra luxurious cars with exceptional performance.

The famous 10 'Touring' berlinettas have a wide chassis (300 cm), one of which (with a sliding roof) is one the 'queens' of the Alfa Romeo Museum in Arese. Further 16 cars were made on the basis of a 'short' chassis (275 cm), with spider car body made by Alfa and in other versions of Touring and Pininfarina. The 'Alfa' version cost 115,000 Lira in 1938 (around 78,000 Euro today), an amount for which, in that era, you could have bought almost 13 Fiat 500 'Topolinos'!

In October 1937, Vittorio Jano, Technical Director of the car sector, left Alfa, after the disappointing tests of the 12C Type C in the Grand Prix. His job was given to Bruno Trevisan, a 46 year old designer (with an industrial expert diploma), who had arrived in Alfa in 1934 from Fiat, where above all he worked with aircraft engines. However, in the 'Portello' factory he had assisted Jane in designing the Grand Prix V12 engine, whilst since 1937 he devoted himself to the new 6C 2500 model, presented a couple of years after and closely related to the previous 6C 2300. He had changed the style of the versions proposed (four-door Turismo with 5 or 6/7 seats, Sport and Super Sport, Coupé, Cabriolet and Spider), but not the technical features, apart from cylinder capacity and power of the 6-cylinder engines. Varying the bore from 70 to 72 mm, and keeping the stroke (100mm), the engine had been brought to 2443 cc. The 5-seater saloon, with a streamlined body made by Alfa, could rely on 87 hp at 4500 rpm and reached 143 kmh. It was a bold car for the standard of the era, even if it was made on a long chassis (325 cm), thus the weight increased up to 1620 kg. A lot higher (almost 500 kg) than the same short (300 cm) 6C 2300 model. An increase that stemmed from the renewed needs of the customers, who asked for comfortable and welcoming cars. Between 1939 and 1943, 279 models were built. However, production of the 6/7 seater Touring version (87 hp, 135 kmh) continued until 1950, with 243 units in total. It cost 62,000 Lira in 1930 and 4,200,000 Lira in 1949. The latter was an extremely high amount and off-market (in that period the luxury Lancia Aurelia B10 cost 1,830,000 Lira), based on the dated project and the entire vehicle construction system, far from modern industrial types.

After the war, Alfa, despite maintaining a considerable size, it saw the demand for the production of aircraft engines disappear and at the same time had to confront the costly reconstruction of the factory, which was destroyed by bombing, then focusing on upgrading the equipment to build the future modern and efficient 1900 saloon.

The 6C 2500 was useful to avoid interrupting car production whilst waiting for the new project. There is no doubt that the price of the cars (albeit high) did not guarantee a profit with respect to the costs, but continuing was important: luckily, there were still wealthy and passionate customers who appreciated this type of product. Such as the Crown Prince of Sweden, who purchased a Cabriolet SS Pininfarina in 1947, or Prince Ali Khan, who also commissioned Pininfarina in 1950 to make an SS Cabrio for his wife Rita Hayworth. So the beautiful 6C 2500 Sport (95 hp/155 kmh) and Super Sport (110 hp/170 kmh and a short chassis: 270 mm), initially in the charming Touring styles (Berlinetta and Cabriolet), but from 1946 with new car bodies made by the best names of the age, were maintained in the list until 1948 and 1952, respectively. Among the many versions, sometimes in a unique model (you could only buy the chassis, that cost 2,600,000 Lira in 1948, then 'covering' with a car body), the legendary Touring 'Villa d'Este' is certainly the most famous. The style, sleek and full of charm, was designed by engineer Carlo Felice Bianchi Anderloni (son of the founder of the Milan based car body shop) and the first of the 32 cars built triumphed, in a vote at the 'Concorso d'Eleganza di Villa d'Este' in 1949. Built in a small production, it cost 4,500,000 Lira.

In 1942, in the middle of the war, the chassis of the 2500, with beams and crossbeams, had been updated with the addition of a central 'cross', intended to make it more rigid. A change that many years after he proposed a thorough history of the car, Angelo Tito Anselmi gave it a strongly favourable judgement. In his opinion, the chassis of the 2500 post-war version (with the famous rear axle on independent wheels 'Porsche style'), was among one of the most advanced in the world and in any case better than the one proposed by the newly founded Ferrari.

To tighten up the chassis the fastening system had also contributed, not with the traditional set of bolts, but welding it directly onto the chassis beams. This innovative technique debuted with the 6C 2500 'Freccia d'Oro', a new 4/5-seater coupé presented in 1946 based on the 2500 Sport and characterised by a modern 'two volumes' style (the car body was made by Alfa Romeo), with a rounded rear-end. Another innovation concerned the gearshift control, with a lever behind the steering wheel and no longer on the tunnel. It was 'American' style, that fit two passengers on the back 'bench' in addition to the driver. The Freccia d'Oro had an engine with 90 hp that could reach 155 kmh. 680 units were built until 1950, then another 119 until 1953, baptised 'Gran Turismo' (105 hp, 160 kmh).

Also including the 'Coloniale' model (152 units built, for military purposes, between 1939 and 1942), 2594 car of the 6C 2500 model were built in 14 years

When Italy entered the war (10th June 1940), car production at Alfa Romeo was of course slowed down but never stopped completely, not even during the bleak year of 1944. Without including the 'Coloniale' model, there were very few units, out all of the 6C 2500s in various versions: just 4 in 1941 but – considering the times - a good 65 in 1942 and 91 the following year. Even in 1944, 18 units of the 2500 Sport were made, whilst in the difficult year of 1945, only three cars left the Portello factory.

Production was completely focused on aircraft engines, including the brilliant 18-cylinder 'double star' 49647cc engine, designed by engineer Cattaneo between 1935 and 1936 (under licence from the English company Pegasus), came to a remarkable point after a couple of years of work, so much that it managed to pass an engine test lasting 29 hours, carried out by the German air force, which had required it after 8th September 1943.

However, on the night between 15th and 16th June 1940, Milan suffered the first of around 60 aerial attacks that would bring death and destruction until the end of the conflict.

Alfa Romeo was one of the main targets of the bombings: to try and limit the damage, at the beginning of December 1942, management decided to move the design and experimentation departments to Lake d'Orta. In the first few days of 1943, many designers, accompanied by their families were housed in the Belvedere di Orta inn, while an experimental centre, complete with equipment brought from Milan, began to work in the neighbouring Armeno, under the management of Ricart. At the same time, certain types of work were relocated to small villages on the outskirts of Milan.

In 1944, the experimental centre was damaged following partisan attack and the technicians returned to Milan. Some worked in the factory, the majority in the nearby Father Beccaro's Children's hospice 'Ospizio dei Piccoli di Padre Beccaro', a temporarily abandoned orphanage.

For the protection of people in the factory, six reinforced cement flak towers were built, five of them were located along Renato Serra street, the sixth was at the main entrance to the 'Portello' factory. They proved to be useful during even in the terrible raid on 20th October 1944, the effects of which were unfortunately exacerbated by the limited time between the pre-alarm (triggered at 11:14 in the morning) and the serious alarm. Around 50 Alfa employees lost their lives whilst trying to reach one of the towers, but for the same reason, the day was tragic for Milan, 614 people died, including 184 children from the Gorla Primary School.

There was not only the danger of bombings: after the German occupation, on the encouragement of engineer Gobbato, Alfa was engaged in a considerable effort to avoid requisition of vehicles and materials. Lorries with trailers took dozens of trips, co-ordinated by the warehouse manager, to secret locations, where they hid prototypes of cars in production (often under haystacks or piles of wood), the most refined equipment, an enormous quantity of spare parts, a high number of tires and of course the racing cars, including the one-seater 158 and the prototype for the 512. An operation conducted in the strictest confidence and with excellent results; concluding, at the end of the war, with all items returned to the 'Portello' factory.

Despite the heavy consequences of the bombing, engineer Gobbato managed to keep Alfa alive, thanks in part to his adventurous negotiations, to prevent the deportation of men and materials to Germany.

On 25th April, the National Liberation Committee removed Gobbato from every assignment, something of a practice in very difficult times. In just one day the 57 year old engineer, who had never joined the Republican Fascist Party, was processed by two different People's Courts and in both cases was fully acquitted. On the morning of 28th April, whilst he was on his way back home, a blackout car pulled up alongside him and he was riddled with bullets. Those responsible for the assassination were recognised, but an amnesty covered them.

The tragic destiny of engineer Ugo Gobbato, Alfa director from 1933 to 1945
RESCUE WITH TRAGIC FINALE

Between 1944 and 1945, during the German occupation of northern Italy, Alfa Romeo ran a serious risk of being dismantled, in order to move machines and materials to Germany, along with deported workers. Engineer Gian Paolo Garcéa handed down to us a personal memory of this terrible time, which tragically culminated in 1945 with the assassination of the General Director at Alfa, engineer Ugo Gobbato.

'After 8th September 1943, the German authorities, both technical and military, did not delay in showing interest in the 'iron warehouse': it was a warehouse where they had accumulated stockpiles of ferrous and non ferrous metal, that provided the workshops at the Portello factory with the possibility of some kind of production activity: aircraft engines, propellers, lorries. These were materials the industries in Germany were hungry for, as by this point Germany was surrounded. The German requisition order arrived very quickly: empty the warehouse, remove everything.

For engineer Gobbato, General Director of Alfa, it was clear that other order would follow that one. The workshops at the Portello factory would no longer be able to work and they would have been closed; machinery, workers and designers would have been transferred to Germany. At the end of the war how many machines would have gone back to Milan? But, worse still, of the thousands of workers and designers how many would have returned from that deportation?

At the technical and organisation offices and at the military headquarters engineer Gobbato tried everything possible to revoke the requisition order. His skills as a designer and his influence did not matter. He thought to play one last card. In Berlin, the Industry Minister and director of all wartime production was Spehr. Engineer Gobbato had known him years before, when Spehr was a just great architect: from mutual respect a friendship was formed. One morning, Bonini, an expert racing and test driver (Pietro Bonini, father of Bruno, a famous racing and test driver at Alfa), was called into the management office. Born in Zurich where he spent his first few years, Bonini spoke three or four languages, including perfect German. For this reason Alfa had already used him in special missions abroad. (...) Engineer Gobbato was very brief: 'Before nightfall you should leave for Berlin. Take whichever car you want, some petrol and oil, some spare parts, another tyre and spare inner tubes, in short, everything you need to go and come back; and that you probably won't find on the road. You will have to avoid the machine guns in the day and the bombings, especially in Germany, at night. I will give you all of the passes for the border, or rather for the borders. I will give you my personal letter for Minister Spehr, you will delivery it personally into Minister Spehr's hands.'

Bonini left before nightfall. It took almost three days for the outward journey:

as predicted, he had to avoid machine guns, was forced to take detours due to road blocks and disruptions, avoid bombings and fires in German cities and their outskirts at night. In Berlin he managed to find Minister Spehr's headquarters, and asked to be personally received by him. The Minister would see him as soon as he could: Mr Bonini had to stay there in a waiting room until he was called. That first day he waited until the evening. In the evening he followed the whole headquarters which left Berlin (subjected to nightly bombings) in cars and lorries to move to a forest. He awaited the call for all of the following day. On the third day he was introduced in Spehr's office. He was very kind: he carefully read the letter. When he raised his head he looked Bonini straight in the face; then asked him if and when he had last eaten anything. Bonini had thought of all that was needed for his car but he hadn't realised that without a German ration card you couldn't eat. Therefore he had been fasting for four or five days. Spehr took his wallet out of his pocket, ripped off two stubs from his ration card. 'Whilst I write the letter replying to engineer Gobbato, go downstairs to the basement; get yourself something'. With the two stubs Bonini got two pieces of rye bread and a small portion of boiled cabbage. On the return journey, like the outward one, there were road disruptions, detours, rubble, cities and towns in flames. In the direction room in the Portello factory, engineer Gobbato opened the envelope, read the reply, hugged Bonini: 'Bonini, Alfa is safe'. Bonini noticed that the director cried. (...)

After the war, engineer Gobbato was captured by partisans. A People's Court judged him. The Christian Democrats defended him: by dealing with the Germans he had avoided the closure of the factory and the deportation of all of its workers to Germany. He was acquitted. But the next day a blacked out car with four people inside pulled up beside him in the street. There was a burst of gunfire. The next day, 28th April, I received the news in a small bar full of workers before starting work in the morning. One of them commented on the news out loud: 'Engineer Gobbato was like a father to us'.

The effort in Grand Prix races in the 1930/1940 period WITH SCUDERIA FERRARI'S PUSH

After winning the 1st World Championship for Makes with the P2 (1925), Alfa Romeo had officially retired from racing, both because the technical director, Vittorio Jano, was heavily involved with production cars (since 1926 he was also head of construction of aircraft engines and industrial vehicles), and because of the new regulation for Grand Prix cars, which provided for a reduced displacement (from 2000 to 1500 cc) starting in '26. The Alfa was certainly not in economic conditions favorable enough to get started on a new car. Returning to competition took place gradually, starting in 1930, driven by engineer Prospero Gianferrari, who in '28 had taken the position of managing director and general manager. In the five years before that, Alfa was left out of the Grand Prix scene, but was still racing. The Mille Miglia cycle had begun in 1927 and the famous road race, reserved for models similar to production models (only for reasons of reliability, you could also participate with a Grand Prix, if you were all square with the Motorway Code), had already become Alfa's 'personal fiefdom' in '28. The same 'Sport' cars running the Mille Miglia (initially the 6C 1500 Super Sport and then the 6C 1750 SS) were leading in long distance races, such as the 24 Hours of Spa, which is still a famous event that Alfa won seven times between 1928 (1st Ivanowski-Marinoni with a 6C 1500 SS) and 1938. The same cars, maybe a little lighter and devoid of fenders, were competitive in short and 'nervy' races, such as those on the circuits of Modena and Alessandria, which saw Enzo Ferrari's victory in '28. They were not official participations but the development of the cars and often assistance depended on the 'Portello'. Even the Alfa P2, after the conquest of the world title, was not retired: some specimens of the famous GP were sold, to be used in 'Free Formula' races with famous drivers, such as Campari, Brilli Peri and Achille Varzi. Between '27 and '29, the 'old' P2 got ten victories in prestigious races such as the Coppa Acerbo (Campari, twice), the Monza GP (Varzi) and the Tunisia GP (Brilli Peri). What's more, in view of the 1930 season, Alfa bought back three P2 to update them and officially return to racing. With the experience acquired, power increased from the 155 hp of the '25/'29 version to 175 hp, but above all - an event quite rare in racing cars - front axle, rear axle (with a significant widening of the axle tracks), steering and brakes inherited from the 'road' 6C. The body was streamlined and, with the new flat and tilted radiator, it gave a special oomph to the car. Without the requirements imposed by 800 km long Grand Prix races, the oil tank was also reduced, however, the transition from 45 liters to just 16 points out that progress had been remarkable in only a few years. In the 'two-seater Sport' version, the P2/1930 sensationally won the Targa Florio with the great Achille Varzi at the wheel, beating the favorite Bugatti 35B of Chiron. It was now a famous race of great international impact.

In the 'single-seater' version for Grand Prix type races (with body screened by a mobile element, in the area reserved for the mechanic), the P2 did well for itself, but also in national competitions, the arrival of the new and more modern Maserati 2500 had shown that the time had come to turn over a leaf. Besides, technical regulations had favored the use of larger displacement engines than the 2000 cc of the P2, including the extreme Bugatti and Maserati cases, with their 16 cylinder engines of 3801 cc ('45' model) and 3958 cc (V4). Grand Prix cars with 1500 cc engines had been abandoned since '27 in favor of rules based on weight (minimum and maximum) and consumption, but to promote the show, the organizers rarely respected them. At that point, the Federation gave up and for the 1931/1934 period studied some very simple rules: everything goes, except for the duration of the Grand Prix, not less than 10 hours; crews of two drivers who took turns at the wheel were allowed, however. But the exceptions on the length of the races were numerous, such as the Monaco Grand Prix, which never exceeded 100 laps: 318 km.

Therefore Alfa had to move quickly to build a Grand Prix car with a competitive engine. In a few months, it actually made two, very different one from another, but derived from identical basic needs: using, at least in part, material already available and avoiding costs impossible to sustain.

Two cars were completed almost simultaneously in the winter of '30/'31. Of the two, the 8C 2300 Monza was not a true Grand Prix car (the cockpit featured two seats, although that for the mechanic was decidedly skimpy), after all, it had derived from the 'Sport' version that debuted without luck at the Mille Miglia of 1931. It was almost a fallback, although a genial one; yet the 2300 Monza proved extraordinarily effective in Grand Prix racing, ranking among the most popular Alfa cars of all times, thanks to the fascinating and aggressive styling, with its popular 'cracks on the grille' designed by the Carrozzeria Zagato body shop.

The 8C 2300 Monza project was the work of Vittorio Jano, who in a famous interview, given in the early 60s to car historian Griffith Borgeson, did not express a positive judgment on that car, "... it's a car that did not come out well. The 2300 came out heavy. It was not a masterpiece. (...) Heavy engine, the whole car came out heavy". A severe opinion (in the spirit of Vittorio Jano); the 2300 was no feather: 1000 kg empty for the Sport version and 820 kg for the derived Monza, but it evidently possessed innate driveability. The engine (a masterpiece of slenderness and mechanics) was the inline 8 cylinder type, 2336 cc (65x88 mm bore and stroke), supercharged with a Roots compressor. It started with 165 hp at 5400 rpm, increased to 178 in the versions that raced in '32/'33 and saw the maximum speed increase from an initial 210 kmh to 225 kmh. The chassis was traditional, with 'C' pressed steel struts and cross beams.

The 8C 2300 was renamed 'Monza' after winning the Italian Grand Prix on 24 May 1931. The 10-hour race was won by Tazio Nuvolari teamed with Giuseppe Campari, ahead of the twin with Borzacchini-Minoia. The average speed was remarkable with 155.774 kmh after running as many as 1,557.754 kilometers. In the 8C 2300 Monza's long list of track victories, the Monaco GP of 1932 stands out, with an unbridled Tazio Nuvolari at the wheel, but Alfa discovered quickly that the car could be very competitive in long road races. Despite the difficulty of the course, the 'Monza' won the Targa Florio both in '32 and '33 (respectively with Nuvolari and Antonio Brivio) and even the Mille Miglia in 1934 with Achille Varzi, assisted by the mechanic Amedeo Bignami. Varzi had a special 8C Monza (equipped with a lighting system), with an engine increased to 2556 cc and 180 hp, set up by the Scuderia Ferrari. It was a technical development which had already been tested in 1933 for the 'Monzas' (6) intended for track racing under the flag of Scuderia Ferrari, which from the beginning of the year was the only one left with Alfa Romeos in the races, after Alfa's official withdrawal at the end of the 1932 season. The 8C 2600 Monza GP boasts a long list of victories, both in Italy and abroad.

However, Vittorio Jano was aware that the 8C 2300 Monza, which was revealed to be greater than expected, did not possess the characteristics of the true Grand Prix car and started (simultaneously) on a second project. It was the Tipo A of 1931, the first true single-seater built by Alfa, characterized by the use of two inline 6-cylinder engines per car, each with a displacement of 1752 cc. The engines had already been experimented on the 6C 1750 SS, supercharged with Roots compressor with an output of 115 hp at 5200 rpm. So, in total 230 hp and 240 kmh speed, for one of the strangest projects of the 'Portello'. The engines, each with their own gear (with single command) and totally independent of each other, had been lodged in the front part of the chassis, side by side and parallel. There were also two transmission shafts, matched to as many differentials, acting on each of the rear wheels. The entire project, rather daring, turned out to be a masterpiece of mechanical ingenuity, especially for the need to synchronize the many mechanisms at work, including those relating to the steering, which operated through a long series of linkages.

Apart from the high power, in theory the Tipo A had the advantage of a lowered driving position, because with the two lateral transmission shafts, the massive single shaft taht inevitably passed under the driver's seat was avoided. A little felt benefit perhaps by a car that weighed at any rate 930 kg dry, 300 of which from the two engines.

It was a very special project, the Tipo A that debuted at the Italian Grand Prix of '31, won by the 8C 2300 Monza, but marred by the death of Louis Arcangeli, due to running off track during a Saturday qualifying set. The 29 year-old race car driver from Romagna (ex-biker and with great racing experience) was at the wheel of a Tipo A, a car Tazio Nuvolari didn't care for much, he nevertheless did not hesitate to drive one just like it (they made four of them) in the next morning Grand Prix. After trying to 'tame it' for 31 laps, the driver from Mantua withdrew due to a problem with a differential and got on Campari's 8C 2300, bringing it to victory. Three months later (August 14), Campari (1st) and Nuvolari (3rd, but was in front when one of the engines had a head gasket problem) dominated the Coppa Acerbo (Pescara). Confirming that, on the occasion of its debut, the 'complicated' Tipo A was evidently in need of development.

At that time Vittorio Jano had still an ace up his sleeve: a new Grand Prix single-seater, designed without any outside conditioning. It was the Tipo B, which all defined 'P3', the masterpiece that definitely made the Turin engineer one of the greatest designers in history. A classic car, examined as a whole, but full of interesting details that made it unique. It was light (just 700 kg unladen, including wheels), low and sleek; these results were obtained thanks to the unusual type of transmission designed by Jano. According to a widespread tradition, race cars had the differential incorporated with the rear axle, a solution that would not change (rare variants) until the spread of rear engine cars, in the late '50s. According to this layout, the transmission shaft (output from the gearbox, in turn coupled to the engine), passing beneath the driver's seat, forced the latter to maintain a high position, a disadvantage to aerodynamics and weight concentrating below. Placing the differential coming out of the gearbox, Jano designed a transmission with two 'V' shafts, which came to the rear axle, through the sides of the driver's seat, thus placed below. The solution had also the advantage of concentrating the masses at the centre, lightening the rear, which had to bear the weight of two tanks: 140 liters for the fuel, and 20-liters for the lubricant.

The in line 8-cylinder engine was a true masterpiece, with magnesium alloy crankcase and sump to reduce weight and castings made in the innovative 'Foundry' sector of the Milan company. At its debut in the race (1932), the engine of the Tipo B had a displacement of 2654 cc (65x100 mm bore and stroke) with a maximum output of 215 hp at 5600 rpm. It was supercharged by means of two Roots compressors and as many carburetors, located on the left side to limit the encumbrance. The top speed was 232 kmh.

The Tipo B was the queen of the 1932 season, dominating both the most important GPs (duration: 5 hours) and the shorter, 'nervier' races. She had six most prestigious victories, four of which with Nuvolari, including that of the debut, on 5 June in the Italian GP at Monza. In the same year, Nuvolari won the European Drivers' Championship.

Early in 1933, Alfa Romeo's entire share capital was absorbed by IRI (Institute for Industrial Reconstruction); it was the consequence of the factory's ongoing financial crisis. An immediate consequence was Alfa's retiring from competition. In the initial months of the new season, only Scuderia Ferrari enabled Alfa to obtain various successes in medium importance GPs, using the 8C Monzas with increased engine power. After letting the Monaco Grand Prix slip through his fingers on the last lap, for an engine failure, and after the defeat suffered at the hands of Campari (Maserati 8CM) in the French Grand Prix, Nuvolari controversially abandoned Scuderia Ferrari (despite the signed contract, but someone of his stature could afford to do this and much more) and continued the season with a Maserati. He won three races with the Maserati Grand Prix (including the Belgian GP), but perhaps he underestimated Enzo Ferrari's tenacity who, starting in mid-season (and perhaps as a result of the dramatic gesture by the greatest and most popular driver of the time), was able to convince Alfa to let him have the Tipo B. A preamble to the next agreement, which allowed Scuderia Ferrari to manage all the sports programs of the 'Portello' from 1934 to the end of 1937.

With the Tipo B, driven by hotshot newcomer Luigi Fagioli, who arrived at the court of Ferrari after Nuvolari (and Borzacchini) left, the Scuderia Ferrari returned immediately to victory, and especially in the Italian GP at Monza. Fagioli managed to best Nuvolari, after a very close race and not without controversy. But the real drama broke out on the afternoon of the same day: the Monza GP for Grand Prix cars was scheduled, based on three heats and a final. In the second heat, the struggle was between Giuseppe Campari, with a Scuderia Ferrari Tipo B and Mario Umberto Borzacchini, a loyal teammate of Nuvolari's, who had convinced him to also leave Ferrari and race with Maserati. Due to an unreported oil spill, the two drivers, locked in a heated contest, went off the track at the end of the superfast south curve, and died instantly. An absurd destiny made it so that, in the third battery, the same oil spill, obviously underestimated, triggered Polish driver Stanislas Czaykowski's going off the road in a fatal accident with his Bugatti T54.

Towards the end of the year, Alfa's general direction went into in the hands of the engineer Ugo Gobbato, who immediately started to reorganize the company, expanding more and more the aviation engines sector. Gobbato also took away Vittorio Jano's direction of the 'aviation' and 'industrial vehicles' departments, and invited him to dedicate himself entirely to new road and race cars. Perhaps a step back for the Turin technician, but surmountable if Alfa had made available the means (especially economic ones) for him to serenely face the future, a situation that never came true.

The 1934 season coincided with the introduction of new Grand Prix regulations, essentially based on the maximum weight of the single-seaters: no more than 750 kg, not including the wheels. This standard did not worry Alfa Romeo, as the seven Tipo Bs, made specifically for the new season and Scuderia Ferrari, did not exceed 720 kg. These cars had engines jacked up to 2905 cc, with 255 hp at 5400 rpm. The speed was increased to 262 kmh.

The new regulatory formula, launched with the promise of greater stability than in the past, had attracted two major German manufacturers, Mercedes-Benz and Auto Union. The latter represented actually the 'Four Rings' group, to which belonged the brands Audi, DKW, Horch and Wanderer. The task of designing the Grand Prix Auto Unions had been assigned to the already famous 'Studio' of Ferdinand Porsche, who developed the famous single-seater with rear engine: the first cars characterized by this technique choice to achieve racing success.

German cars had a heavy monopoly on Grand Prix races, until the stop imposed by the war, thanks to technology and the support of huge investments that other automakers - in particular Alfa Romeo - could not even dream of. Aid granted by the Government, which leveraged the victories to increase the prestige of the regime, also contributed to favoring this supremacy, but in reality the money allocated (450,000 annual marks, to be divided between the two manufactureres Auto Union and Mercedes-Benz) was lower by about twenty times than the actual cost of a racing season. In any case, Alfa Romeo could never count on any grant, despite the fact that it enjoyed the highest consideration from the fascist regime.

The real German supremacy, however, started in 1935, because the development of new vehicles had been extended at least until the summer of '34, and so Alfa and Ferrari were still top dogs, thanks to new engines, 2905 cc (68x100 mm), 255 hp 5400 rpm, which brought the speed up to 262 kmh. Meanwhile Auto Union and Mercedes, focusing on the (free) displacement of the engines, made several different units, which allowed them to reach 375 and 430 hp respectively.

Enzo Ferrari, in any case, had still managed to gather good drivers around his team, including the ace Achille Varzi, Tazio Nuvolari's eternal rival, Louis Chiron and the brash and easygoing Guy Moll, an Algerian who won right away the Monaco and Avus (Berlin) GP circuits. Unfortunately he passed away in August, at the Acerbo Cup, due to a collision with the Mercedes of Ernst Henne, whom he was trying to overtake on the straight of Montesilvano, at over 250 kmh.

Of Scuderia Ferrari's 16 victories with Tipo B in 1934, five came thanks to Achille Varzi, including the prestigious Tripoli Grand Prix. We should also add the successes at Targa Florio and the Mille Miglia; in this last race; Varzi sensationally beat Nuvolari, who had managed to have Alfa give him a special 8C 2300, similar to that of his rival. A strange 'Scuderia Ferrari vs Alfa Romeo' challenge won by Team Modena while Nuvolari, as a result of his famous choice, had a meager year deprived of successes.

But the wheel turns: Nuvolari in 1935 was back with Ferrari, partly because their lawyers had made a deal (there had been a lawsuit for breach of contract in '33), but mainly because Achille Varzi had been attracted by the technical possibilities of Auto Union, as well as a paycheck of 100,000 marks in gold. A similar situation had already occurred at the end of '33, when Luigi Fagioli, who had successfully replaced the Nuvolari and Borzacchini defectors at Scuderia Ferrari in the last races of the season, had switched to Mercedes.

In its last year of racing (1935), the engine of the Tipo B was increased by Alfa to 3165 cc (71x100) and the power increased to 265 hp at 5400 r pm. Maximum speed 275 kmh. For the French Grand Prix, two single-seaters were equipped with the 8-cylinder engine increased to 3822 cc (78x100 mm) and 330 hp. A power much higher than that at the origin, which did not affect the handling of the car, whose suspensions had been modified by Scuderia Ferrari technicians, in agreement with the 'Portello'. For the rear axle, the cantilevered 'semi-spring leafs' had been adopted, while the front had been updated with 'Dubonnet' type independent wheel suspensions. The latter was a rational and modern choice that Alfa had been unable to resolve, because the French patent had been purchased by Fiat for Italian production and its use would have entailed the payment of a (not inconsiderable) fee. The 'small' Scuderia Ferrari asked the drawings directly to the Frenchman and used the system with some 'ease'. The inevitable reaction by Fiat, however, was placated by the type of use, limited to a few race cars, and especially by the effort of the Scuderia Ferrari, who represented Italy in international races.

For Ferrari and its drivers (Tazio Nuvolari, Louis Chiron, René Dreyfus, Raymond Sommer, Antonio Brivio, Carlo Felice Trossi, Mario Tadini, Carlo Pintacuda), the season was full of successes achieved in good level international races, to which, however, Mercedes and Auto Union did not participate. Head to head, the German armada had always prevailed, except for one case, the most sensational, the mythical German Grand Prix of 28 July, which race magnified even more the legend of Alfa Romeo and Tazio Nuvolari. On the famous 22.8 kilometer long Nürburgring circuit, full of curves and dangers, Nuvolari and his veteran Alfa with 3.2 litre engine, challenged four Auto Union 5000 cc and five Mercedes 4000. Before 250,000 spectators, gathered to celebrate the triumph of the silver single-seater, and an incredible number of high personalities of the Reich, that 'little man fifty kilos of bones' - as Italian songwriter Lucio Dalla sang - fought every step of the way and won. It is true, beyond the legend, that some circumstances had been favorable, but only a driver like Nuvolari could seize that unique chance, driving to the limit for more than four hours and forcing his opponents, apparently unbeatable, to excessively consume their tires.

Meanwhile Jano, in the early months of '34, had started to design a new Grand Prix car suitable for an 8-cylinder engine (initially) and also a new engine with 12 V-cylinders.

It was the Tipo C, with a modern setup compared to previous Alfa experiences, especially for the introduction of the independent wheel suspension, both to the front (with a system similar to that studied by Professor Porsche for the Auto Union and that, in the case of Alfa, had longitudinal parallel connecting rods and helical springs), and in the rear axle, characterized by oblique arms and a transverse leaf spring.

It was a futuristic and daring choice for that time. The technicians had in fact realized that in order to facilitate the 'job' of the tires (essential for road holding), it was necessary to reduce as much as possible the weight of the unsuspended masses (the parts of the car that oscillate with the wheels), and facilitate the freedom of movement of each wheel with respect to its 'twin' on the opposite side. Independent suspension came out of this, rapidly becoming popular on the front axle of cars. In the case of the rear axle, independent wheel suspension became established much more slowly, due to the greater number of factors in play, including the transmission of motion and the relevant axle shafts.

Less innovative with respect to the chassis, the inline 8-cylinder engine of the Tipo C was the same unit adopted on the Tipo B in the French GP of '35, with 3822 cc and 330 hp at 5400 rpm. The new single-seater, a bit massive in appearance, was however light (735 kg) and could reach 275 kmh.

The real problems of the Tipo C 8C and the following 12C, however, were of a different nature. They derived from the long and delayed development of the prototypes, but not because of Jano. The engineer Gobbato had diminished to ten units the technical area dedicated to racing, due to the need of the 'Avio' sector, which had received a big commission from the government, at war in Ethiopia. Same story for the special processing department and the engine testing rooms: the races had gone to the back of the line, the programme had obviously suffered enormously. Jano, who had made the P2 in less than eight months, had to wait more than a year and a half to see the Tipo C 8C debut at the Italian Grand Prix of Monza on 8 September 1935. A positive debut overall: the usual Nuvolari fought amongst Auto Union and Mercedes and made 2nd place. The 12C project was also started in '34 (other than the engine, the two cars were almost identical), but the new V12 4064 cc engine (70x88 mm bore and stroke) was bench-tested only in January 1936. Turbocharged with a Roots type compressor, it developed a maximum output of 370 hp at 5800 rpm; a good result, but in the meantime Mercedes could show off a 4740 cc V8 and Auto Union even a 6005 cc V16. And the 290 kmh of the Tipo C was not enough against the 315 and 'more than 300' of the two rivals. The first race of the 12C was the GP of Tripoli on 10 May '36, won by Varzi (Auto Union), who also got the fastest lap at an average of 227.4 kmh: this piece of data alone is enough to explain the reason for the negative debut.

But Alfa Romeo could count on 'Saint Nuvolari', who in circuits full of curves showed that the new car was valid and only reasons unrelated to the project (especially economic and organizational ones) prevented Alfa from fighting on equal terms with its Teutonic rivals. Against the latter, Tazio won the Grand Prix of Spain, Hungary (in this case with the 8C: this race is considered among the masterpieces of the driver's career), Milan and Montenero (Livorno). In October, he also dominated the prestigious 'Vanderbilt Cup' in the United States.

Since mid-1936, Vittorio Jano had nonetheless begun to work on a definite upgrade of the Tipo C 12C, named 12C/'37. It was lower, with a reduced front section and wider axle tracks. The V12 engine was increased to 4495 cc and developed a maximum output of 430 hp at 5800 rpm. Amid a climate of distrust and nervousness, the construction of the car was once again slowed down and only in early August of 1937 was it possible to take it on the Milano-Bergamo Motorway for its first test. Nuvolari deemed the engine valid, but detected excessive chassis flexibility. WIth the Acerbo Cup (15 August) and the Grand Prix of Italy (12 September) only a few days away, it was not possible to intervene. This turned into a political case and, in October, Vittorio Jano was forced to resign. He was 46 years old and was to give a great deal still to automotive engineering. He went on to work for Lancia as head of the R&D department; among his projects we should mention the D50 F.1 of 1955, the car dubbed 'Ferrari' in '56, which allowed the Prancing Horse carmaker to win the World Championship with Fangio. As Enzo Ferrari's consultant and special advisor, he made the famous Dino V6 engine, used for race and road cars. Even the engineer Mauro Forghieri, project manager of many winning Ferraris, has always pointed out how he learned a great deal from the Turin engineer, at the time more than 70 years old, during his first tour of duty at Maranello.

While the 12C was struggling to emerge on track, the engineer Ugo Gobbato had decided to radically change the sports organization of the 'Portello', interrupting the relationship with Scuderia Ferrari and creating Alfa Corse, a new structure that would design and build cars and also take care of management at the races. The same structure, housed in a building specially created at the corner of Traiano and Renato Serra boulevards, was to supervise the preparation of the cars for racing customers and assist them during the races. But Gobbato did not interrupt the relationship with Enzo Ferrari, appointing him as 'directive consultant' of Alfa Corse. The entire staff of the Modena Scuderia was transferred to Milan, where they also took the prototype of the '158', the 1.5 single-seater designed by the Ferrari organization (with Alfa designers) and destined for a competitive future rich in glory.

The first job of the Alfa Corse was building a GP car consistent with the new formula entered into force in 1938, according to which engines could not exceed 3000 cc displacement. This is how the 308 single-seater came along, derived from the 8C 2900B Corsa: a sport category car, used (with great success) in road events, like the Mille Miglia. It was supposed to have made its debut at the GP of Pau (21 May 1938), but due to a fuel tank problem, a fire broke out in the car that caused severe burns to Nuvolari. Probably demoralized, the Mantuan Champion announced his retirement from racing. His decision was certainly made in good faith, but shortly after he accepted the Auto Union offer (despite his agreement with Alfa, but the Italian Federation did not object), which allowed him to get back to victory in three races of the first magnitude.

Equally for the Grand Prix races of '38, Alfa Corse transformed the 12C of '37, increasing the V12 engine displacement to 2995 cc (350 hp at 6500 rpm). Named 312, it took part in various GPs, without appreciable results. The 316 project was more complex; it was started in Modena at Scuderia Ferrari in '37 and finished in Milan. The engine, designed by the technician Alberto Massimino, had 16 cylinders arranged in a U (2958 cc) and was derived from the union of two complete units of the 158, with two shafts, connected by a gear to transmit the motion to the gearbox, located in the back and forming a unit with the differential. The new 16-cylinder engine, with 440 hp at 7500 rpm, was mounted on the chassis of the 12C/'37. Without substantial changes, Alfa had resumed Jano's single-seater, ultra-criticized for its precarious driveability, which had caused his resignation. During the test sessions of the Tripoli GP, where it made its debut, it made the 4th practice time (driven by Biondetti, a great 'road driver', not excelled on track), close to the Mercedes W154. It did not participate in the race due to lack of preparation, but Giuseppe Farina and Biondetti drove it at the Italian GP of Monza in September. An excellent result ensued: among the usual Auto Union and Mercedes, the future F.1 World Champion finished 2nd and Biondetti 4th. The winner, however, with Auto Union, was Nuvolari.

The incredible Grand Prix double engine of 1935 ONLY NUVOLARI COULD TAME IT

The most amazing Alfa Romeo ever made is non actually entirely an Alfa Romeo, or is it at least about half. In fact, the Bimotore was born in Modena out of an idea from the designer Luigi Bazzi. In 1933, he moved to Scuderia Ferrari after 10 years in the Portello racing department. Actually, Bazzi maintained his emplyoment relationship with Alfa, who had turned him over to Ferrari when he had begun to directly manage the design and construction of racing cars in Milan. His management between 1934 and 1935 was especially difficult because of the arrival of the remarkable Mercedes and Auto Union teams on the international Gran Prix scene, equipped with technologies that were unfathomable for Alfa and certainly also for Ferrari.

In order to try to beat the German cars that had markedly more powerful engines compared to the single-seater Tipo B, regularly used by Scuderia Ferrari drivers, an incredibly direct and daring path was chosen: the manufacture of a Gran Prix car with two engines. The idea was approved at Alfa Romeo - by Vittorio Jano, its technical director – but the Milan company chose to distance itself from the project that was entirely developed by Luigi Bazzi and engineer Arnaldo Roselli. In fact, the Bimotore did not race under the Alfa brand, but under the Prancing Horse of Scuderia Ferrari and can therefore be considered the first car built by the future great manufacturer.

The basis of the project was the use of two 8-cylinder 3165 cc inline engines (bore and stroke: 71x100mm), able to reach 270 hp at 5400 rpm. The engines were the same as those used in the Tipo B, but the cylinder capacity was slightly increased, maintaining supercharging through the Roots-type compressor that was built by the very same Alfa.

The entire car was based on the Tipo B chassis, with a wheelbase elongated from 265 cm to 280 cm. This was necessary in order to have enough space for the second engine behind the driver, where the 140 litre fuel tank was normally placed. The Bimotore had two fuel tanks that were placed along the sides of the car, with a total capacity of 240 litres, essential for feeding the two engines' 6330 cc. Of course, they needed proper lubrication, meaning that the 20 litre oil tank from the Tipo B was doubled in capacity. The weight of the car thus suffered, meaning that it had a dry weight of 1080 kg which then became about 1300 kg on the race starting line.

The crowning glory of the car, its transmission system, is a prime example of mechanical engineering. The rear and front engines were connected by a single clutch and a 3-speed gearbox (as shown in the attached sketch), through which passed the driveshaft which was in turn coupled with the differential. Attached to this were two oblique drive shafts that transferred power to each of the two rear wheels. An ingenious system that only seems complicated. It also included a joint for the coupling or removal of engines: in case one of the two units failed, it was in fact possible to continue driving, although at a drastically reduced speed.

It is paradoxical that the Bimotore was designed when single seaters in the international Grand Prix had to obey one fundamental rule, the basis of the class between 1934 and 1937: they could not weigh more than 750 kg, without tires and fuel. It is obvious that those in charge at Scuderia Ferrari never even thought about classifying the Bimotore as 'classic' Grand Prix car. The programme also included several so-called 'free formula' single-seater races, such as those on the very fast circuits at Tripoli and Avus in Berlin, where it was hoped that the 540 hp and the (theoretical) speed of 340 kmh would be so powerful to beat the Mercedes W25 (430 hp) and the Auto Union Tipo B (375 hp).

Less than four months after starting work, the Bimotore was presented to the press in Modena and immediately afterwards on the 10th April, a Wednesday, the test driver Marinoni and Tazio Nuvolari completed the first few kilometres on the Milan to Brescia motorway, between the 78 km mark and the Brescia exit. Two samples of the car, which were intended for Tazio Nuvolari and Louis Chiron, were then sent to Tripoli for the Grand Prix planned for the 12th May on the fast Mellaha circuit. During test runs, the new single-seaters did not have any mechanical problems, but tyre wear was very high because of excessive weight. To solve this, the team asked the Belgian company, Englebert, to provide more robust tires, abandoning the sophisticated Dunlop racing tires, but the problem was only partly resolved.

Considering the number of contenders (30), the 4th and 5th places obtained by Nuvolari and Chiron (the latter driving a Bimotore equipped with two 2905 cc engines, 255 hp each) were not properly a negative result, even if the two Bimotores never even got close to the Mercedes of Caracciola (first place with an average speed of 198 kmh on 524 km of the race track, and author of the fastest lap at 220.2 kmh) and Fagioli in 3rd place as well as Achille Varzi's Auto Union in 2nd place. The very long straight stretches of the circuit favoured the undoubted speed talent of the new car, despite its definitevely 'brutal' handling. However, they also accentuated that fact that it was hard on tires. In reality, Nuvolari was urged to stop at the pits every three laps (39.3 km), and the race was held over 40. On the 26th May, the challenge was repeated on the even faster Avus circuit in Berlin, where the average speed was 260 kmh. An amazing race, slightly soured by the decision to split the race into two heats and then a finale. Putting his foot to the floor as usual, Nuvolari was once again delayed by his tires, while Chiron, behind the wheel of the less powerful Bimotore engine, gained 2nd place, mostly thanks to less aggressive tactics, just behind the Mercedes of Luigi Fagioli but in front of the other Mercedes and Auto Union vehicles.

Historically deemed to be a technical folly, the Bimotore was nonetheless not a big failure, and the world speed records that were obtained before its international retirement confirm this. After being lightened by about 80 kg - primarily by reducing the capacity of the fuel tanks - the Bimotore 6.3 was driven on the Firenze-Mare motorway (at the exit for Altopascio) on the 15th June and set a new speed record for cars with an engine displacement between 5.0 and 8.0 litres (class B). With the best lap time over the eight kilometres of an average of 336.252 kmh, the Bimotore won the world record over a kilometre with an average of 321.428 kmh, as well as the record over a mile with an average of 323.125 kmh. Behind the wheel of the 'monster' was Tazio Nuvolari, perhaps the only driver who was not impressed by the violent reactions triggered by the two engines that forced him to make constant corrections with the steering wheel.

With the fresh glory and enormous success of the records, the Bimotore 6.3 was disassembled to use the engines in other cars. The car driven by Chiron was instead sold in 1937 in Great Britain, where it also appeared in races after the war (although often only using one engine), and then subsequently ended its career in New Zealand, where it was recovered around 1970 by the passionate Tom Wheatcroft, the owner of the Donington circuit and the annexed Car Museum. The car was modernized with the support of the Alfa Romeo technicians that, on the suggestion of the illustrious president of the time, Giuseppe Luraghi, made a perfect copy that exactly resembled the original. The only difference is that the car does not have the Ferrari Horse but the Alfa Romeo symbol. Since then, it has been much admired at the Alfa Romeo Museum in Arese.

The long racing adventure of F.1 Alfettas 158/159 from 1938 and 1951 DESIGNED IN MODENA AND CONCLUDED WITH TWO WORLD CHAMPIONSHIPS

As usual, Enzo Ferrari had been the man with the greatest vision. When he was finally convinced, around 1936, that Alfa Romeo's challenge to German teams in Grand Prix races was becoming untenable (mostly for economic reasons), he suggested an alternative programme, linked to the 158, the famous 'Alfetta', made, as written by Ferrari himself, "from a personal idea of mine, according to my desire".

The Alfetta 158 had been programmed for race cars just below the Grand Prix, the so-called 'Voiturettes', which were becoming fashionable. Equipped with a supercharged 1500 cc engine, organizers liked them because they offered a good show without the higher category costs. Gentlemen drivers and more ambitious drivers also liked them, the lattter considered the category a step to get to the Grand Prix races. With the available resources, Alfa Romeo could build a more sophisticated 1500 than the ones dominating at the time (Maserati and the British Era and Alta), with excellent prospects of success and popularity.

Ferrari's proposal had pleased the chief executive of Alfa, the engineer Ugo Gobbato, and had also had the approval of Vittorio Jano, the technical director, who at that time was busy with the Tipo C, supposed to oppose Mercedes and Auto Union in GP races. Ferrari, however, knew perfectly well that it would be impossible to design and build the new car at the 'Portello', where the racing department was already stunted due to Alfa's commitment with aero-engines and military trucks. However, Scuderia Ferrari had not only proved that they could handle with great professionalism the race cars made in Milan: its 'leader', who already showed the character and independent spirit that would lead him to found a factory with his own name, had created an excellent organization and surrounded himself with top technicians, starting with Luigi Bazzi, his right arm, who had moved from Alfa to the 'Scuderia'. With the situation the way it was at the 'Portello' and with the assurance of previous technical achievements, Ferrari likely did not have to struggle to reach his (double) objective of building the 1500, however, in Modena, keeping Milan out of it.

So the first Alfetta was designed and built right at Scuderia Ferrari, in Viale Trento e Trieste, and its very acronym reveals a clear Modena origin. The '158' number alludes to the displacement (1.5) and the number of cylinders (8), according to a never previously used system by Alfa and then kept only for the two short years that Ferrari was Director of Alfa Corse. Finally, it is significant that Ferrari used the same acronym, but reversed, when he built his first car on his own, the '815': 8 cylinders and 1.5 engine displacement. After the war, Ferrari was using three-digit numbers to identify its models; Alfa Romeo did it its own way, except when it was necessary to name the 'evolution' of the '158', appropriately named '159', even if the original concept had been lost sight of.

Enzo Ferrari always carefully pointed out that the idea and the development of the car had been his doing, but it was never made clear what the bases were of the agreement between the Scuderia and Alfa Romeo. The latter rerouted to Modena technician Gioachino Colombo, who had been hired at the 'Portello' in 1924 and had soon become second in command after Vittorio Jano; a formidable support for Ferrari. It wasn't by chance that Ferrari turned to Colombo when he decided to make the first car with the Prancing Horse trademark, after the war. The latter, who was project director (though not official), was not an engineer - as has sometimes been reported - but at age 14 he had taken a mechanical designer course at 'Franco Tosi' of Legnano (where he was born in 1903), a company where he simultaneously started working. Angelo Nasi, a young but very valuable designer, had also been moved to Modena together with Colombo. Both were still employed by Alfa, so much so that when Alfa Corse was created (1939), they went back to Milan.

But how was the whole very high cost transaction financed? Ferrari literally stated, "This 1500 with compressor was sold by me a year later, to Alfa (1938, editor's note), which bought the material of the four units I had set, bought the units that were already underway, it made me liquidate Scuderia Ferrari...". It would appear that Ferrari had agreed to cover fully the initial costs, an amount with many zeros, given the sophisticated technical features of the 158 and plenty of built mechanical parts, basically corresponding to six complete cars. It was in any case a productive investment, ended with the sale of the entire '158 package' to Alfa, and with a profit which, combined with the famous 'liquidation', subsequently allowed Ferrari to build the Maranello factory. But Alfa Romeo's deal was probably even sweeter, although at the moment the engineer Gobbato had probably not noticed, and maybe thought otherwise. In the immediate post-war years, the Alfetta 158 was the absolute star of the Grand Prix scene, until the conquest of the first two Formula 1 World Championships (in '47, regulations increased to 1500 cc engines of cars with compressors, and 4500 cc those without one, ed.). That was a number of key achievements for national prestige, in that very low period, and for the relaunch of Alfa Romeo, which was turning into a large production automaker.

The entire 158 project derived from the ideas of Ferrari and his 'special' collaborator, Luigi Bazzi (and perhaps it would be better to put the two names before). But Bazzi was just a general supervisor while specific roles had been attributed to Gioachino Colombo (general approach, engine and chassis), Angelo Nasi (steering and front suspension), Alberto Massimino (transmission, rear suspension) and Federico Giberti. The last two were Scuderia Ferrari employees.

That the project had been decided entirely in Modena is also confirmed by Gioachino Colombo, in his volume of memoirs ("The origins of the myth"), with a surprising declaration by Enzo Ferrari that, traditionally, was believed to be connected to a period more than twenty years ahead in the future.

Colombo writes, "(...) Eight years ago, in May of 1937, I arrived in Modena led by a specific project: to build a small car with rear engine, a kind of miniature Auto Union. I had this project in mind for some time and, in my spare time, I had already studied some possible solutions. Enzo Ferrari listened to my proposal with full attention. He wanted to know all the details, asked for explanations, following my explanations carefully. Then he rejected my proposal, "No. It has always been the oxen pulling the wagon!".

That was the same statement, widely reported, with which, in 1959, he allegedly opposed the rear engine on his F.1 cars (having an afterthought a few months later), despite the obvious successes of the English teams. A legend revived by someone who knew about that old conversation with Colombo... did it really happen? It is very likely; there are too many similarities with the older incident reported by an eyewitness.

What would have happened if Ferrari had accepted Colombo's proposal, fascinating but very difficult to perform at that time. Would he have had the same successes as the one actually built, more classic and with a front engine? Historians will recall that, by dint of insisting, Colombo would later build a Formula 1 car with rear engine: the Bugatti 251 of 1956, a resounding fiasco. Like saying that Ferrari, once again, had been right.

After Ferrari rejected the rear engine idea, the design of the 158 was developed, combining quite conventional choices (the chassis with supporting elements, consisting of tubular struts and cross beams 'boxed' and welded), with other more original ones, such as the front suspension with parallel longitudinal rods (similar to Jano's Tip C) and lower transverse leaf spring for the suspension. An identical leaf spring was set at the rear, the independent wheel type with oscillating semi axles and a sophisticated chassis-wheels connection, which today would be defined 'multi-armed'. The small size of all the details stood out, which was not just the obvious consequence of the adoption of a smaller engine. The 158 was not only light and slim (620 kg dry and with a height of 105 cm); lowering the centre of gravity had been a major concern, the transmission shaft had been moved down, thanks to a series of idler gears, both coming out of the engine and going into the gearbox-differential unit, made into a single block to improve weight arrangement. These solutions enabled the car to remain unbeaten for almost 15 years, a record, albeit facilitated by the war interruption.

The showpiece of the 158 was the inline 8-cylinder engine, 1479 cc (58x70 mm bore and stroke), very clean and compact. The light alloy crankcase was cast in the Alfa plant. Except for the first engines, which were built on a lathe by a single very expert operator, starting from a single block of steel. The operator was Reclus Forghieri, father of the engineer Mauro, who many years later had fundamental importance in Ferrari's successes.

Supercharged by a Roots type compressor, the Alfetta engine developed a maximum output of 195 hp at 7200 rpm, in the first version of 1938, but one year later, the power was increased to 225 hp at 7500 rpm.

Managed directly by Alfa Corse, the 158 was taken to the track for the first tests in the spring of '38, In June, on the street circuit of Livorno, where it later made its debut in the 'Coppa Ciano' of 7 August. Faced with an 'army' of Maserati 6CM, the three participating Alfetta had the best test times with Emilio Villoresi, Severi and Biondetti. In the early laps of the race, the advantage gained by Gigi Villoresi (Emilio's brother and a Maserati driver), was disappointing the hopes of a great debut for Alfa, but a mechanical problem on the Maserati led to a 'double', with Villoresi junior followed by Biondetti. The Acerbo Cup was scheduled for seven days later and of course the 158s were the favorites. The very long straights of the Pescara circuit instead created some problems to the engine lubrication circuit, but resolved quickly: with the Milan GP (Monza) of 7 September (Emilio Villoresi and Severi, 1st and 2nd), the 158 definitely took off. It had its bad days too, like 7 May 1939 (Grand Prix of Tripoli), partly caused by a classical 'Italian style trick' implemented by our Federation. Grand Prix cars had always raced in the Tripoli GP, but, in order to avoid the usual German victory, the organizers reserved the event to the '1500s', knowing all too well that Mercedes and Auto Union did not have lower category cars. It was therefore a race for prestige, but played between Alfa Romeo and Maserati. Surprising everyone, in just six months, Mercedes built the W165, with inline 8-cylinder engine, credited with a whopping 278 hp. It was yet another demonstration of the enormous possibilities of the German automaker; for Alfa and its limited means, it was an unpleasant surprise and a 'challenge' which at that time was best avoided. The six Alfettas brought to Tripoli had to settle for third place, away from the top dogs Lang and Caracciola.

In any case, between 1938 and 1940, Alfa took part in nine races and won six: still a success, and it was only an anticipation, before the actual triumphal seasons.

After Italy joined the war and the races were totally disrupted, in the beginning Alfa Corse continued to work on competition cars, without focusing excessively on developing the 158. After all, Enzo Ferrari had left his 'Directive Consultant' post at Alfa Corse since December '38, partly because of differences of opinion with the Spanish engineer Wifredo Ricart, who had made director of the 'Special Research Department', which Alfa Corse depended on. In contradistinction to the 158, Ricart (who had already engaged in the '162' project, a Grand Prix car with a V16 engine, of which only one was ever mounted) made the '512', a '1500' rear engine with 12 opposed cylinders that did not go past the prototype stage, like the later '163', a two-seater sedan with engine in back of the cockpit.

To avoid damage caused by aerial bombings and the risk of being requisitioned by the German occupation troops after 8 September '43, all six Alfettas built in the winter of '39/'40 (along with other prototypes and valuable machine tools) were carefully concealed. Various truths developed around this story: according to one version, at least three cars were moved to a shed near Melzo, where Alfa, because of the risk of air raids, had relocated some operations. To hide the cars, Alfa's workers created a space between the walls, down the hall-table of the factory, where the 158 were 'walled up'. However, it is certain that other 158 (some say all) were sheltered under woodpiles, in a farmhouse near Abbiategrasso, owned by the engineer Achille Castoldi, an industrialist with a strong personality and a passion for motor boating, where he was the top star, sometimes driving a boat powered by an Alfetta engine.

After the war, all the 158 re-appeared 'very fresh', one of the few certainties of post-1945 Alfa, with the factory to be rebuilt and industrial plans to be invented. And the races were coming back, an important way to escape for fans, eager to believe in something, after years of suffering. The opportunity was seized upon by Alfa Romeo, which had an extreme need to make the world understand that it was already relaunching and that cars were being built, maybe a few, but classy and with sports performances. Alfa based its rebirth on international Grand Prix racing, driven by a new director of the 'Projects and Research' sector, the dynamic and enlightened engineer Orazio Satta Puliga, and his close associates. A large part of Alfa Romeo's workers, proud of its origins and sporting tradition, was also instrumental in bringing the company back.

Back at the 'Portello', the six Alfetta 158 (used only in the Tripoli GP of 1940) were disassembled and subjected to stress tests, not on the Monza track, turned into an 'ARAR' (Surplus Sale Survey Company) field and only reopened in September 1948. The Malpensa airport was used for the test, setting a track characterized by a straight of a few kilometers, on which the 8-cylinder, which now reached 7500 rpm (over 250 hp), spread its unique 'scream' over the countryside. Carlo Felice Trossi, former president of the Scuderia Ferrari and a driver for passion but of excellent quality, and Achille Varzi had been contacted to drive the 158. In the '30s, Varzi had been Nuvolari's main competitor for the hearts of the Italian fans. Around 1936, however, when he was an official Auto Union driver, he had started taking morphine, encouraged by the woman he was with, the charming Ilse Hubach, officially a German driver's wife. After leaving the races, as was inevitable, he went through detoxification and obtained excellent results. And in '46, the 42-year old Varzi was back, cold, lucid and fast. The new Alfa team had been completed by Giuseppe 'Nino' Farina from Turin, defined by Ferrari 'the man whose courage bordered on the incredible' (he was the son of the owner of the Carrozzeria Farina and the grandson of the celebrated Battista 'Pinin' Farina), and by the French driver Jean Pierre Wimille.

Alfa's post-war debut coincided with the first major international race of the period, the Grand Prix of St. Cloud (Paris) of 9 June 1946. An unlucky debut, but on 21 July, the Nations Grand Prix in Geneva (a symbolic 'reconciliation', with Italian, French and British participants), Alfa began a record setting unbeaten period, which lasted five years, with 26 wins in as many international competitions. In Geneva, Farina won, while in the next GP in Turin (Valentino Park circuit) it was Varzi who triumphed, on a day that became a huge popular festival, by which the (huge) crowd sought to turn over a new leaf in that difficult after-war period.

The 'Portello' continued with the development of the 158, driven by the engineer Satta and his equally very valid 'right arms', engineers Gian Paolo Garcéa and Livio Nicolis, directors respectively of the 'R&D service' and Alfa Corse. For the 1947 season, the engine was upgraded with a two-stage (rather than single-stage) compressor and the power increased to 275 hp, 315 the following year. In 1949, Alfa had temporarily withdrawn from competition, in order to prepare for the first Formula 1 World Championship (1950) and also because it had lost three out of the four drivers of its team. Varzi, the champion who had always calculated risks with unprecedented lucidity, had died after a minor accident during practice for the GP of Switzerland; Wimille had followed the same fate in January of '49, while engaged in a minor race in Argentina, driving a small Gordini. Finally Trossi, after winning the GP of Switzerland and Europe of 4 July '48, had accused the symptoms of a disease that would have struck him down in less than a year.

Along with Nino Farina in 1950 then ran the 52 year old Luigi Fagioli (veteran star of the '30s), and the 39 year old Argentine Juan Manuel Fangio, destined to become one of the greatest champions of all time. Equipped with an engine increased to 350 hp at 8500 rpm (with speed increased from the initial 232 kmh to 270 in '47 and 290 in 1950), the Alfetta 158 dominated all of the scheduled GP races and Nino Farina became the first ever World Champion. This domination was not enough for Alfa's engineers, who a year later introduced the 159, an evolution of the 158, but with some notable differences. Working on the pressure of the two Roots compressors (3 kg per cm3 flow rate), and so on the flow rate of the air-fuel mixture, the power reached 425 hp at 9300 rpm, with a maximum speed of over 300 kmh that was not at all hypothetical; in 1950, during the Grand Prix of Pescara (not valid for the World Championship), the 158 had been timed at 310.344 kmh on the long straight of Montesilvano.

On the 159, the power increase had also imposed an adjustment of the road hol-

ding, to avoid the slight but annoying 'bouncing' of the rear wheels while in a curve, triggered by the oscillating arms of the independent wheel suspension. The latter was a very advanced solution, considering the date of the project, but - as we have already pointed out - hard to setup, considering the architecture of the cars of that time and the tires available. The power increase of the 159 (more than double the initial one) had recommended the adoption of the 'De Dion' bridge rear suspension, used by Mercedes in the 30s, after the adoption of the more refined, but complicated, independent wheels. The 'De Dion' bridge is a good compromise because it allows the tires to always keep the tread on the ground and unsuspended masses remain 'independent' from the setup of the chassis.

An equal 'step back' in terms of rear suspension had been made by Ferrari in the late '40s, when the 'Dual stage' C 125 had been abandoned in favor of the new Formula 1 '275' with a naturally aspirated engine, from which was derived the '375', which, at the British Grand Prix in 1951, interrupted Alfetta's long strip of successes. To create the first car to bear his name, Ferrari had summoned to Maranello Gioachino Colombo, who in '45 had been suspended from Alfa for political reasons. Colombo designed the excellent 12-cylinder engine; also used for grand prix cars, in the 1500 version with compressor, the 12 cylinders never reached the level of the Alfetta 158. Beginning in 1950, Ferrari, with technician Aurelio Lampredi, developed a different project than Alfa, going with the naturally aspirated V12 engine, which, by regulation, could reach 4500 cc. The 375 of Maranello came up to 375 hp, 50 less than the 159, but the naturally aspirated engine had significantly lower consumption while on fast circuits Alfa went about 600 meters with a liter of 'Shell Dinamin' fuel (mostly methanol plus 2% of distilled water and a small amount of castor oil). The consumption factor had imposed the adoption of large capacity tanks (the standard 225 liters, but tanks of 300 liters were also used), which burdened the car and forced the drivers to a greater number of refuels, compared to Ferrari, over the 500 km of a GP (598 in the case of the France GP of '51!). With a tactic also based on the refuels, the Argentine Froilan Gonzalez got Ferrari the first victory in a World Championship Grand Prix (Great Britain, 14 July, 1951). With the great Alberto Ascari, son of Antonio, the Champion who with the Alfa P2 had lost his life in the French GP of 1925, Ferrari won also the next Grand Prix of Germany, on the circuit of Nürburgring. This success is also explained with the fantastic driving skills of the driver from Milan, strangely never seriously considered for a position at Alfa Corse, despite a test taken in 1948. Ascari then went on to win the Grand Prix of Italy, getting up to only three points from Fangio in the standings and with only the Spanish Grand Prix left to run. A rousing finale, determined in this case by tire wear; Gioachino Colombo, back to take care of his creature after years at Ferrari, suggested the adoption of larger size Pirelli tires. It was the winning move; Fangio won the race and the first of his five world titles.

The great season of the berlina 1900 and its sportier 'sisters'
THE DECISIVE TURN TO BECOME GREAT

In 1945, after the war Alfa Romeo faced another crossroads. Aside from the problem of reconstruction after the damage caused by bombings, production of aircraft engines had been reduced to almost zero, as they had previously been developed for military use. The large '135' 18-cylinder 'star' engine and the smaller '123' and '126' could have been used successfully in civil aviation, but they were not cheap anymore, due to the huge 'stock' of American engines and the subsequent transition to turbojet engines. The full return to car production seemed the most logical choice for a factory that by that point had over 7,000 employees and to improve the turnover (around 5 billion lira: 7 million euro), at that time it also produced excellent professional stoves, metal furniture, windows and shutters, electric engines and buffers for railway carriages.

Production of the 6C 2500 continued, a model keeping with Alfa Romeo tradition, based however on an out-dated project, that was not cheap anymore from an industrial perspective.

In August 1946, engineer Pasquale Gallo was named as president of Alfa, who for a short time had been General Director until the end of the 20' and was special commissioner in the months following 25th April 1945. The new president and new General Director, engineer Antonio Alessio, tried to return Alfa to its image of a great car manufacturer, thanks to the Alfetta 158's positive return to racing. Yet with a sometimes hesitant policy, perhaps conditioned by the worrying end-of-year financial statements, that in 1948 showed a loss of 640 million lira (around 9 million euro), which increased to 800 million the following year. Among Alfa's main problems at that time, the lack of consistent general organisation was noted, despite the fact it had excellent managers and designers, the majority of which grew up in the tough 'school' of aircraft engines. They were passionate and prepared men, who would prove crucial to the revival of Alfa, but they needed a strong push from the top. Above all, for economical reasons: the reconstruction of the company and the purchase of new and more flexible manufacturing equipment passed not only through IRI, but also depended on the complicated procedures of the Fondo Industrie Meccaniche (Mechanical Industries Fund), the Import Export Bank and the Marshall Plan (economic aid provided by the USA to Europe to modernise businesses). In any case, the professionalism and cohesion of this fantastic group of designers gave weight to the State's decision to invest in setting up a modern car factory. Their 'boss' was engineer Orazio Satta Puliga (born in 1910), a man with profound technical knowledge, who was also open to humanities. He was calm character, but had considerable charisma and an inflexible will: as his colleagues described him, they also remembered his love of driving fast. Satta was almost the only one, amongst the designers, to divide the car's cabin in the development stage with the head test driver Consalvo Sanesi, an excellent driver but far too decisive. Sometimes the two would exchange the steering wheel, so the engineer could confirm the test driver's judgment. Complete designer, in 1938 Satta took on responsibility for the 'Scientific research' and 'Special Projects' divisions, whilst from 1945 he had the role of director of the 'Projects and Trials' sector. Between 1946 and 1972, there were 55 projects, linked to standard and racing models, which the Turin-based engineer was responsible for, whose family originally came from Sardinia. But in any case, he chose not to take credit for a project, but always preferred to share it with his team. Satta's closest colleague was engineer Gian Paolo Garcéa, born in Padua in 1912, and author - many years later - of a little book of memoirs, some of which are included in this publication. The two were linked by friendship and personal esteem: in 1945, Garcéa was offered the job as head of 'Projects', but declined in favour of Satta, with whom he had always worked as head of the 'Trials Service' (from 1941) and later the newly formed 'Studies and Research Centre' (1956). Garcéa combined a scientific mind, an innate curiosity and a unique ability to summarise: his works (covered by a great number of patents) had very useful results for the development and control of projects linked to mass production cars. He played the violin and painted for fun, but was also the author of irresistible cartoon caricatures, relating to his work environment. From 1947, engineer Garcéa had his colleague Livio Nicolis (born in Brescia in 1916) as his assistant, who joined Alfa in 1940. With Satta's approval, Garcéa put Nicolis as head of all sporting activity at the Portello factory. With the victory at the F.1 World Championships in 1950 and 1951, Alfa officially retired from racing, but Nicolis remained in the sector with the task of overseeing private drivers working with Alfa Romeo. Nicolis was also linked to Satta by a personal friendship, accentuated by a shared specialisation in aeronautical engineering, obtained in the Polytechnic University of Turin, a university that was top for the study of engines and aerodynamics.

Another key figure also worked in the Portello factory for the development of not only the 1900, but all the following models until 1977 (when he retired): Giuseppe Busso, (born in Turin in 1913), he joined Alfa in 1939 as a designer and 'mathematical calculator'.

He did not have a degree but had uncommon design skills combined with solid preparation. He was a designer who loved cars, and was able to design any mechanical element. Together with Satta, the 'team' outlined the general features of a project and Busso translated them into complete designs, with broad decision-making authority, because Satta completely trusted his head of 'Designs'. In June 1946, when Alfa was not expecting any new automobile projects, Busso was 'emigrated' to the newly founded Ferrari in agreement with Satta who would call him back once the programmes at the Portello factory were clarified. At Maranello Busso was engaged in the construction of the new Ferrari 125, based on the project by Gioachino Colombo. The latter was a former close colleague of Vittorio Jano, famous for the Alfetta 158 design. For (rather bland) political reasons, in 1945 he was suspended by Alfa and Ferrari contacted him to design their first car with a 12-cylinder engine. At the start of 1946, when the political climate calmed down, he returned to Alfa, as head of the 'Sports Cars' sector. However, in October of the same year, Colombo had yielded to the request of the ALCA company, that intended to build an affordably priced two-seater micro-car. In his free time, Colombo thus passed from Ferrari to 'Volpe', the small car with a 124 cc engine which the knowledge of the managers at Alfa oversaw the design and development. It could be considered as a venial sin, but those in charge of the 'Volpe' accepted loans of around 300 million lira (over 4 million euro today, not inflated!), without ever producing the car, as it never arrived at an acceptable setup. An embarrassing situation for Colombo, who then preferred a change of scenery, taking over from Busso, on his return to Alfa in January 1948. But Colombo's 'Milan-Maranello' trips were set to continue: at the end of 1949 he moved from F.1 to mass production cars, because 'his' Alfetta 158 turned out to be better than the Ferrari 125 'Two Stage Compressor', that had been created for the 'Ferrari'. A demotion that he had not digested and that at the end of 1950 convinced him to accept the invitation to return to the Portello factory, made to him by its president Pasquale Gallo. At Alfa, Colombo worked on racing cars again, but his strained relationship with Busso was known. He didn't get along with engineer Satta, who meanwhile had created his famous and 'unattackable' technical team. It was unthinkable that Colombo could be part of it, considering his difficult nature. However, he contributed to the final evolution of the Alfetta 159 and didn't hold back when it came to improving the road holding of the 1900. The new saloon was put on sale in 1951 and was equipped with rear 'fixed axle' suspension, with coil springs, telescopic shock absorbers, longitudinal struts and a 'Panhard' crossbar. The latter was attached on each of the two suspensions to improve traversal rigidity. Colombo replaced the bar with a triangular central arm (with the acute angle fixed to the chassis and base anchored to the differential), that made the speedy 1900's road holding phenomenal. The version was introduced at the start of 1952, when around 1400 cars had already been built (the so-called 1st mass production): a few months later Colombo (enticed by Maserati) finally left Alfa, which he had joined on 7th January 1924.

Ivo Colucci and Consalvo Sanesi were part of Satta's famous 'team' too. The first (born in Livorno in 1914) joined Alfa in 1931, as a worker in the newly formed 'Body Frame' sector. Promoted quickly to 'designer', in the first few years of the war, he was transferred to the new 'Avio' factory in Pomigliano, where he learned the technique of building aircraft fuselages. An experience that would prove very useful when he returned to the Portello factory in the car sector. Modest in character, Colucci was valued by Satta who liked him for his skills in building car bodies (that, after the 'aeronautical lesson', also integrated the chassis; they were therefore 'load-bearing') and also in creating style. At the start of 1948, he became head of the Car Body Department and worked successfully in creating the first load-bearing chassis, in steel metal sheet, for the new 1900.

Even Consalvo Sanesi (born in Terranuova Bracciolini, in the province of Arezzo in 1911) came, since 1929, from Alfa Romeo's challenging mechanics school. However, Sanesi also possessed the qualities of a high level driver. He was taught by the great Attilio Marinoni, at the start of the 30s and became a test driver of mass production cars. Around 1938, engineer Gobbato included him amongst the drivers/test drivers for Alfa Corse. After the death of Marinoni in 1940, caused by an accident on the Milan-Varese motorway, Sanesi took over the legacy, dividing his time until retirement between testing and racing.

He completed several Grand Prix with the Alfetta 158 and 159, achieving excellent positions. His judgement was extraordinary, which was used for a long production of prototypes: the engineers trusted his opinion, sometimes decisive. Such as in the case of the hatchback 6C 2000 'Gazzella' saloon, an interesting prototype developed under the management of engineer Ricart between 1943 and 1945. It was a modern car, with a load-bearing chassis, suspension on independent wheels, and a new 6-cylinder in-line 1954 cc engine, that allowed it to reach speeds of up to 158kmh. It could have gone into production quickly, as an early alternative to the 1900, but the test by Sanesi- based mainly on road holding - was negative, and the project was rejected.

Before the 1900 was created, Alfa had already experimented with the use of a load-bearing body, instead of outdated chassis with bars and cross beams. And it was not only the 6C 2000 'Gazzella'; between 1938 and 1940 the S10 and S11 prototypes were created, luxury saloons, fitted with a V12 3560 cc and a V8 2260 cc engine, respectively. Both equipped with a load-bearing body frame, the first at Alfa Romeo. Two full prototypes of each of these two models were made and after the war an impressive S10 was used by Alfa as executive saloons. In 1948 the 6C 3000 prototype, a 5/6 door saloon was used instead, with modern design, characterised by extensive 'glazing'. Three equipped vehicles, all with a 6-cylinder in-line 2955 cc engines (the same used for the beautiful 3000 C50 coupé, included in the Mille Miglia in 1950).

A high-class Alfa, according to tradition, but in that time, how many people would buy it? Once and for all, for a secure future, Alfa should focus on a greater number of cars. Thus, the idea of the 1900 was born, still a high level saloon, to be produced with the most rational and modern systems and with a lower 'cost' of around 1 million lira than the cheaper version of the 6C 2500. Also the choice of engine, the 'twin-shaft' 1884 cc (stroke and bore 82.5 x 88mm), with 'only' 4-cylinders, was chosen for cost reasons but also the need to limit road tax, that 'punished' cars with 6 cylinders. For example, the 'car tax' of the 6C 2500 totalled 87,386 lira per year, whilst it was 51,864 for the 1900. A difference that can seem not important (it was around 500 euro a year), but at the start of the 50s it was taken into account.

The 4-cylinder engine was chosen for its lower production cost than a 6-cylinder engine. With some initial criticism against Satta and his 'team', by those who believed that an Alfa Romeo engine could not fall below 6 cylinders, for reasons of prestige and balancing. The result, however, proved everyone wrong: if for some speeds, an attentive ear could register some small vibrations, it was largely offset by the 'generous' 90 hp at 5200 rpm (supplied by a single carburettor) and excellent recovery skills, together with a robustness destined to become legendary. The engine, of course, with two overhead camshaft valve train and a hemispherical combustion chamber, was tried for the first time on the test bench on 14th January 1950. In that case, the cylinder block and its head were all made from aluminium alloy, a refined choice but it involved some risk due to the expansion of the metal. Engineer Garcéa's Trials Department took care of the problem, and opted for the cylinder block in cast iron, keeping the head in aluminium. Even the drive shaft option that rotated on just three supports (to lower the cost) was rejected and the more refined five supports were chosen.

On 2nd March 1950, Consalvo Sanesi, accompanied by Garcéa, Busso and Nicolis, left the Portello factory with the first working prototype. The natural fears of any new model added to the doubts on the 'load-bearing car body' frame, deliberately kept light so not to burden the weight of whole vehicle.

Satta and his collaborators had worked in aeronautics and worshipped lightness. The result turned out to be great: the car not only had just 1000 kg dry weight (around 600 kg less than the 6C 2500) but the body passed the test with flying colours.

Among the details that have made the 1900 famous, are the modern and elegant shape, but full of attitude, thanks above all to the well made nose, characterised by the Alfa 'badge', accompanied by side 'whiskers': a choice that continues to set standards. This style came from studies carried out on numerous prototypes, one of which was displayed outside the Turin Motor Show which opened on 4th May 1950.

Coincidentally, the style was quite similar to that of the new Fiat 1400, that debuted at the same Motor Show. This led to the final configuration: the result of the designers in the Car Body Department, with some light (and user-friendly) fine-tuning, suggested by Gaetano Ponzoni, co-owner of Carrozzeria Touring. At the end of the summer, the 1900 was ready and on 2nd October 1950 the Hotel Principe e Savoia in Milan hosted the presentation to the press, a little before its international debut at the Motor Show in Paris. Towards the end of 1950, finalisation of the car was not completed, but the project was still ready for production to be started. However, the final obstacle, and perhaps the most difficult, still had to be overcome, namely the economic investment and distrust of the factory 'owner', in other words the State. In 1948 the Società Finanziaria Meccanica (Finmeccanica) was created, part of IRI and responsible for mechanics companies, owned by IRI. Despite the prestige of the brand, reinforced by the wins of the Alfetta, and the recognised value of the designers, the desire to restore Alfa Romeo was not universally shared. However, in 1951 a miracle happened: the role of General Director of Finmeccanica was taken by Giuseppe Luraghi (born in Milan in 1905), an extraordinary character, blessed with great intellectual honesty and an equally open mind. In 1960 Luraghi became president of Alfa

Romeo, which was run by the Milan-born manager, with affection and competence. In that fateful 1951, Luraghi had assessed that at the Portello factory the technical preparation was very high, including that of the workers and equally you could say the same for the abilities of the designers. It just needed a jolt to start operating in a competitive environment, and to cause it Luraghi himself chose the man to replace engineer Alessio as General Director: engineer Francesco Quaroni, born in Stradella, Pavia, in 1908; he came from Pirelli, where he worked in promotion and sales. Today he would be defined as a 'salesman', nevertheless this was perfect for Alfa, that was rather missing this aspect. It's curious, for example, that to encourage road holding of the new 1900, nobody dared to introduce Michelin's new pneumatic 'radial' tires (the famous 'X'), due to a over-10 year-long exclusive relationship with Pirelli, that could only guarantee conventional tires. Actually, the 'X' had much better performance, and Quaroni had no doubts in 'making a case' that convinced Pirelli to quickly make the new 'Bias-belted' 'radial' type, which turned out great. Unfortunately, in order to invest in cars, at the end of 1951 the Milan-based company was forced to retire from racing in the F.1 World Championship (it won in 1950 and 1951) but the two commitments would be incompatible, due to the costs and even more for the need to retain the best designers in the competition activity, taking them away from the relaunch of serial production. As we have seen, it was necessary to employ Gioachino Colombo (who wasn't part of Satta's 'team') to revisit the rear suspension of the 1900. During 1951, commitment in the F.1 World Championships became difficult due to the competitiveness of the new Ferrari 375 and the Trials Department, which races depended on, was overwhelmed with work. However, Colombo had found a great solution and in the first few months of 1952, a more final version of the 1900 was proposed, with great success. It was appreciated with the new entrepreneurial middle class which was experiencing the first effects of the post-war 'boom', but also with large industrial groups and celebrities.

Also in 1952, the normal saloon was supplemented by the TI (Turismo Internazionale) version: it had 100 hp at 5500 rpm, thanks to larger inlet and exhaust valves, the increase in compression ratio and the introduction of a 2-barrel carburettor. It reached speeds up to 170 kmh and cost 2,550,000 lira.

It was the TI that created the legend of the 'Family saloon that wins races', a spot-on and true slogan. Until the start of the 1960s it had no opponents in the 2000 Class of the Turismo category, with a string of important wins. The specific chapter dedicated to the Mille Miglia will talk about its presence in the famous race, but its achievements at the Tour Auto 1953, the Giro d'Italia 1954 and the Targa Floria in 1956 are no less important.

In 1954, the 'Super' version arrived, with a 1975 cc engine (84.5 x 88 mm): the horsepower didn't change (90 hp) but the output improved. Decisive was instead the jump in the case of the 'TI Super', powered via two 2-barrel carburettors, with power of 115 hp and speeds up to 180 kmh: it had very few rivals of the same type, worldwide.

The commercial success and the improvement of the assembly line (the first in the history of Alfa) even allowed them to lower the purchase price: the Super Saloon cost 1,950,000 lira whilst the TI was 2,130,000 lira. Since 1951, Alfa built a 'nude' body to allow body shop mechanics to create special models, based on a tradition that would only disappear in the 2000s, when the technology and costs would make the small 'productions' impossible. Among the most well-known versions are the '1900' range (sold through the official trade organisation), the coupé Sprint (1951-1955) and Super Sprint ('55-'58), both from Carrozzeria Touring and made on short wheelbase chassis (250 cm: 13 cm less than the saloon). The Sprint adopted the same engine used a little later for the TI Saloon and 'travelled' up to 180 kmh. The fascinating aluminium body was well-matched with the classic 'Borrani' radius wheels, from which the big aluminium brake drums stood out, another boast of the 1900. The Sprint product line was re-styled with the 2nd production (1954), recognisable by its new front, less similar than that of the Saloon and certainly interesting. In 1954, the same body and 115 hp engine of the TI Super launched the Super Sprint, a Gran Turismo capable of giving considerable satisfaction, thanks to the new gearbox with five gears. Motorways were rare but in the existing sections the SS allowed you to travel in 5th gear to over 150kmh, far from the maximum speed. In 1956, the latest version was launched, characterised by a softer design, that resembled the Giulietta Sprint. In total, Alfa prepared 1797 car bodies intended for car body shops, but it was not easy to assign an identity to the various versions of Touring, Pinin Farina, Ghia, Castagna, Vignale, Boneschi, Bertone (that had created the three 'BAT' of the Scaglione designer), Boano and Zagato, designer – the latter – of 39 fascinating 'SSZ', often used in racing. Touring still made the lion's share and the about 1200 coupé versions attributed to Carrozzeria Milanese are close to the truth. Also including the 1900 M (the off-road vehicle known as 'Matta', in total between 1950 (6 prototypes) and 1958, there were 21,304 units made.

From Trial responsibilities to telegrams as well!

Another small glimpse into the reality of Alfa Romeo between the 1940s and 1950s, right out of Gian Paolo Garcéa's memoirs. The engineer from Padua was a linchpin at Alfa, but he also took care of the telegrams of thanks sent to Shell.

In the first few years after the war ended, there once was a Trials Service at the Portello factory: for several years my Aviation Trials Service absorbed what remained of the car and lorry departments, everything that was 'aviation' was converted into cars and lorries. Satta is the director of Projects and Trials Management (...) there are one hundred employees in total in the Trials Service, producing around four hundred old and new model with petrol and diesel engines, car chassis, lorries, buses but also trolley buses and those driven by electrical generators. This is not enough: for a couple of years sporting activity is also revived: the pre-war 158s that were hidden under piles of firewood in Achille Castoldi's barn in Abbiategrasso avoided the bombings and German requisition; they returned to racing and won Grand Prix races (...).

Shell regularly gives us at the Portello factory and on the race tracks in Italy and abroad all of the methanol that we need for free: the idea of the telegram came to me at the end of the first victorious race; since then, immediately after every victory, I write a telegram that Mr Cassani sends; the next day all of the newspapers publishes a half page copy of the telegram from Alfa Romeo to Shell thanking them for their collaboration.

Fatal attraction for the revolutionary 1300 berlina and the two seater variants
EVERYBODY CRAZY FOR GIULIETTA

Once the production phase was entered, the 1900 changed the features of Alfa Romeo. Even though it was functionally limited, the first assembly line started at Portello, launched the brand toward mass production, with greater attention to the costs and competitiveness of the product. This last aspect had not been noticed previously, due to the long and exclusive relationship with the State, for the supply of aircraft engines.

The 1900 was still a high level automobile, that could not aspire to widespread distribution. In its best year (1954) just 3,755 units were produced: too few to justify the size of the factory, which in the early 50s had approximately 6,000 employees. Expanding production was the fixed idea of Giuseppe Luraghi, general manager of Finmeccanica from 1953 (on which Alpha was dependent), as well as being an influential member of the 'Portello' Board of Directors. Luraghi had taken the re-launch of the brand to heart and at least one day a week was devoted entirely to Alfa, commuting to Milan from his Rome office. In his turn, engineer Francesco Quaroni, the general manager of Alfa Romeo, was also in full agreement with Luraghi's views, and from their long conversations, encouraged by the responses of those responsible for the technical sector, the idea for 'Tipo 750' arose. This was the car that would go into production under the name of 'Giulietta', a car that fills a separate chapter in motoring history. It has influenced fashions and ways of life with its personality, both in sedan version and in the famous and attractive coupe (the Sprint and derivatives) and Spider versions, earning it a place at the top in that particular sector that would later be defined 'made in Italy'.

A long list of features beginning with the engine capacity had the Giulietta sedan stand out from the competition in the early 50s. Apart from the 'runabouts', mid-level cars were traditionally fitted with engines no larger than 1100 cc. Still in Italy, a classic case was the Fiat 1100, but a similar 4-cylinder engine was also fitted to the much more expensive and ambitious Lancia Appia. The more pretentious cars had 'at least' a '1500', but there were quite a few more with 2000 cc engines and over. An unprecedented capacity for cars was practically 'invented' with the Alfa Giulietta: the '1300'. Therefore, quite a 'small' engine, to limit production costs and the purchase price of the car, but much more seductive with respect to the other manufacturers, more or less in direct competition. Nowadays, the manufacturers' vast range of engines and engine capacities, does not make Alfa's choice wholly understandable, but which in 1954 was rather revolutionary. The whole car was indeed something special, starting from its modern, 'light', line full of personality. It was designed by the 'Portello' Style Centre, closely linked to the Body Design Office, directed by Ivo Colucci. The Giulietta was also literally unrivalled in performance, driveability (precise and lightweight advanced steering), road holding and braking. The 1290 cc engine (74x75 mm bore and stroke), compact, all-aluminium, developed a maximum power output of 53 hp at 5500 rpm in the version fitted to the sedan in 1955 (speed, 140 kmh). The car cost 1,375,000 Lire: 575,000 Lire less than the 1900 Super; not so little as at the time it cost the same as a Fiat 600.

With the 1957 aesthetically improved version with a few small but ingenious tweaks, the power of the sedan TI (Turismo Internazionale) passed to 65 hp at 6100 rpm (74 in 1961) and the speed moved up to 155 kmh. For years the TI dominated in races, on track and road, often 'playing' with cars with more than double its capacity.

From the day of its presentation, the Alfa was literally overwhelmed by customers eager to buy the Giulietta. The classic 'unprecedented success', which allowed Giuseppe Luraghi to win a bet not without risks. The Giulietta definitively made Alfa one of the high production manufacturers, thanks to a considerable effort to satisfy customer demands, who were forced to wait for about fifteen months between 1955 and 1957, before seeing their 'dream' fulfilled. Upgrading the 'Portello' production line meant a reduction in waiting times to just two weeks at the end of 1957, therefore increasing the initial 30 Giuliettas made per day to around 70. But from 1959/1960 this figure more than doubled.

In the Sedan, Coupe and Spider versions the Giulietta quickly became a collective dream, even though its price made it accessible to a relatively low number of buyers. It had still created a fashion, just enough to convince the high level customers who could easily have access to the most exclusive cars, but that in many cases had lower performance than the seductive Giulietta, to also purchase it.

The 'team' who designed and developed the Giulietta was the same that achieved the 1900, but without the previous external interference, thanks to decisive action by the General Manager Francesco Quaroni. Engineer Orazio Satta Puliga 'endorsed' the project along with colleague Gian Paolo Garcéa (director of the Experimental Service), Giuseppe Busso (Head of Design Services), engineer Livio Nicolis ('Special Experiments') and Ivo Colucci (body and style). As in the past, the opinion of the testers' 'head', Consalvo Sanesi, and that of his assistants (amongst which Guido Moroni and Bruno Bonini stood out) was held in high regard.

Since 1951, engineer Rudolf Hruska (born in Vienna in 1915) was also part of the 'team', initially in the role of technical adviser for Finmeccanica to organize the production of the 1900. Hruska was to change the face of Alfa in the complicated field of construction of the cars on the previously non-existent 'assembly line'. The engineer, who had graduated at the Technical University of Vienna in 1935 and in 1954 was promoted to technical director of the Design/Production sector, stood out for his organizational gifts, evident in the years preceding the war, when he worked for Porsche Design Studio in setting up the Porsche factory that would construct the KdF-Wagen, which later became the Volkswagen 'Beetle'.

In the post-war Hruska stayed tied to Porsche Design Studio that had sent him to the Cisitalia in Turin to coordinate the assembly of the futuristic grand prix car, commissioned by the small Italian manufacturer from the celebrated engineers from across the Alps. Hruska had got to know Giuseppe Luraghi, then deputy general manager of the SIP Group (electricity and telephones sector), during his time in Turin, and who would then have called him to Alfa in 1951.

Hruska was undoubtedly a man of order, but also had the designer's imagination (confirmed in the subsequent 'operation Alfasud' created, 'turnkey', out of thin air) and the test driver's sensitivity. With the 'Giulietta Project' the Viennese engineer worked mainly on production (he was also allowed to make use of some German operators, specialized in the sector), but also interceded in the technical details to improve manufacturing and raise the quality level, to the point that his opinion carried weight when it came to blocking none less than the presentation of the Giulietta Berlina, in 1954. After his driving test with prototypes, he passed the entire mechanical part, but not the body that was in need of further interventions to improve the soundproofing.

The sports version pre-empts the Berlina!

The postponed presentation was unique in the history of the automobile: the two-seater coupe version (called 'Sprint': debuted at the Turin Motor Show in the spring of 1954) pre-empted the four-door Berlina by a year; the latter also appeared at the Turin Motor Show, but in 1955. This was a choice that was more or less officially explained by the need to live up to a 'lottery', reserved for those who had subscribed to Finmeccanica's debentures. The 'lottery' would have awarded some lucky owners of the randomly selected winning coupons, with a Giulietta. Hruska was responsible for the Sprint's early presentation, motivated however, not just by the 'lottery' where the prizes could be awarded at a later date. Many years later, engineer Quaroni explained that the reasons for the strange anticipation were different and all related to the economic and organizational situation that still weighed on Alfa Romeo. Finmeccanica and IRI were not able to finance the construction of the Giulietta, but Luraghi had overcome this obstacle thanks to funding by German investor Otto Wolf. Failed presentation within the announced time would have created alarmism and have nurtured the negative voices that were still circulating around Alfa Romeo, whose credibility could have been called into question. Furthermore, by playing well around the Sprint's presentation, an advantageous expectation in promoting follow-up orders for the Sedan would have been created. Quaroni was a great marketing man and, even though he risked a lot, he was right, but there was a 'small' problem: in late Autumn of 1953 the Sprint did not yet exist. The only reality was a rough prototype, evidently not definitive, and derived from a 1:10 plaster scale model, from a drawing by designer Giuseppe Scarnati. The prototype, made by Alfa's Special Body sector and used for road tests in the summer of 1953, used the shell (adapted) and the mechanics of the Giulietta Berlina, from which it also kept the 238 cm wheelbase. Alfa had planned to send the prototype to one or more specialized body-builders, who would perhaps have suggested major stylistic variations, in order to make one small series, with a programme similar to the one begun for the 1900 Sprint. However, in 1953 there was no agreement, but the urgency was giving Quaroni and Hruska sleepless nights, as they were now protagonists of the initiative. But it was not easy to find a bodybuilder capable of taking on the Sprint's construction, even though the calculations by the over cautious 'Portello' had only anticipated a maximum of one thousand units. Touring was already committed with the 1900 while Pinin Farina and Viotti had to fulfil previous Lancia and Fiat contracts. Turning to smaller businesses was inevitable and, of course, riskier. To limit the variables, agreements were started with three different companies: Bertone and Ghia from Turin and Boneschi in Milan. The latter quit almost immediately, because the style model presented was judged too fanciful. By then Quaroni and Hruska were able to convince Nuccio Bertone and Felice Mario Boano (co-owner and style manager of Carrozzeria Ghia) to split the job: Bertone would have built the unfinished shells while Ghia would have painted them and fitted the electrics and trim.

But who is attributed with the style of the Giulietta Sprint, an inimitable example of a sports car, where simplicity, elegance and determination came together in splendid harmony? Nuccio Bertone, a great entrepreneur and talent scout (Franco Scaglione, Giorgetto Giugiaro and Marcello Gandini) but who had never designed a car, has always defended his paternity. Designer Franco Scaglione, who around the same time was realizing the wonderful Alfa Romeo 2000 Sportiva (coupe with the 1900's mechanics) for Bertone, always stressed that he suggested several changes to the original project, the largest of which (the tailgate combined with the rear window) was not accepted in production. A concept also shared by Felice Mario Boano (in 1957 he created the Fiat Style Centre in Turin on behalf of the same) who had assiduously followed the construction of the first prototype, built by Bertone.

Ultimately, from Alfa's original model, roughly built but that already included all the details that have made the Sprint famous (including the large rear screen), the experts from two normally competing body shops, shaped a masterpiece.

The Giulietta Sprint was officially presented to 'Portello' on 11 April 1954, Palm

Sunday, during a unique ceremony. Two participants, in mediaeval costume, representing Romeo and Juliet (the former, in the 'motoring version', was the van, debuting just like the Sprint) marched alongside the two new models, decked with floral inserts. The red Giulietta Sprint used for the ceremony (and to appease the winners of the famous 'lottery'), was not the definitive one, but just Bertone's first prototype, featuring the tailgate and external tank filling cap. A curious fact, because on 19 April, Easter Monday, the Turin Motor Show would open, where a light blue 'Capri' Giulietta Sprint, and totally definitive, would get a resounding success.

Just nine years had passed from the end of the war, yet Italy - even through hundreds of inconsistencies - was starting to turn the page. In the single opening week of the Turin Motor Show, there were more than 700 reservations to buy the Sprint, offered at 1,735,000 Lire. The misfortunes in producing this wonderful coupe were not over, however: upon launching, Mario Felice Boano had a quarrel with Luigi Segre, his partner in the Ghia, and was forced to leave the company. In the absence of the expert and practical Boano, Quaroni and Hruska were no longer sure of the collaboration with Ghia and they preferred to entrust the entire operation to Nuccio Bertone. A very happy affair, but there and then it had Bertone trembling in his shoes: the Sprint would be built almost entirely with manual technology and, given its immediate success, the first 1,000 models had to be prepared quickly. To honour their commitment, Bertone initially subcontracted part of the work to small workshops, widespread in Turin at the time. The 'Giuliettina' line was slightly retouched in 1959, by Giorgetto Giugiaro, a name that was to become famous.

In 1960 Bertone transferred to the Grugliasco factory in the wake of the Sprint's success, which is now owned by the FCA group and used for the assembly of some Maserati models. The Alfa coupe was finally produced in the new location, with a new sheet metal pressing system and continued until 1965. In total, the Giulietta Sprint reached 24,084 units, to which the 3,058 'Sprint Veloce' versions must be added.

At its introduction, the Sprint offered 65 hp at 6000 rpm, sufficient to reach 165 kmh. Limited to 880 kg, its weight helped to make it agile and fun to drive. The hp became 80 at 6300 rpm in 1958, and the speed rose to 170 kmh: a power and performance equal to that of the 'queen' of the Giuliettas, the Sprint Veloce version that appeared in 1956, but was about 100 kg lighter. With just 595 units built, it dominated its class up to the 1300 cc of the Grand Tourer category, often getting to the upper levels of absolute rankings. Being replaced in racing by the versions designed by Carrozzeria Zagato, from 1958 the Sprint Veloce became 'gentrified', even though it had 96 hp at 6500 rpm (speed, 180 kmh). However, with the 'comfort' trim its weight rose to 970 kg.

Giulietta, a winner under the 'Z' banner

Newborn, the Giulietta Sprint was used in races with great success, especially after the arrival of the Sprint Veloce version (1956), which literally erased the Porsche 356 from the classification of the Class 1300 Grand Tourer. During the 1956 Mille Miglia, the Milanese gentlemen Carlo and Dore Leto di Priolo were involved in an accident while they were in a good position with their Giulietta Sprint Veloce. Due to the slippery road surface, on the stretch after the Passo di Radicofani, the car ended up on the bottom of the Formone stream, with minor consequences for the two Milanese brothers but with serious damage to the car. Once in Milan, the Leto di Priolo brothers had the idea of rebuilding the Giulietta with a new, lighter and profiled body. The Grand Tourer category regulation was very strict in the technical part but left a lot of freedom around aesthetics. The operation was completed by Carrozzeria Zagato that had cooperated with Alfa Romeo since the 20s, such as the famous 6C 1750 GS. It was from the via Giorgini body shop run by Ugo Zagato with his sons Elio and Gianni, that the first Giulietta Sprint Veloce 'Zagato' left, entirely in aluminium and lower profiled compared to the standard version. The major advantage of the Giulietta 'Z' was in its lightness: the weight (about 850 kg) was that on the approval form, while the Sprint Veloce series were weighted down by about 80 kg more. Driven by Massimo Leto di Priolo (brother of Charles and Dore), the renewed Giulietta debuted on September 2 1956 at the Monza Intereuropa Cup. During tests the driver from Milan gained 2" compared to other Sprint Veloce there, to go on and dominate the race with more than 22 seconds ahead of the Swede Joachim Bonnier, who a year later passed successfully to F.1. Between 1957 and 1959, the Zagato produced 17 more cars of the same type, but each different from the other (in three cases with a roof with two humps), sometimes starting from newly purchased models. A similar operation was completed by the famous Modenese body shop Sergio Scaglietti for the gentleman driver Rabino; inevitably this particular SV was a 'small' reminder of the 1957/1958 Ferrari Berlinetta. The paradoxical case of driver Carlo Peroglio's Sprint Veloce Zagato also comes to mind, rebuilt (after an accident) in a 'third version', with a body designed by the famous Giovanni Michelotti. This is the famous 'Goccia', handled by the Turin engineer Virgilio Conrero, which holds the (unofficial) record of the maximum speed reached by a Giulietta SV in a race: 222 kmh over the entire Monza circuit ('street' and 'high speed'). Conrero declared a maximum power of 130 hp at 7400 rpm for his best engines. On the same level, there was one of his greatest rivals, the Milanese Piero Facetti, who was assisted by his sons Carlo (later one of Alfa Romeo's best drivers) and Giuliano.

This was about 100 hp per swept volume, a huge amount for a production engine, however, limited by the constraints of the Grand Tourer class.

Alfa never let Zagato have 'naked' chassis, so the customer had to buy a standard Sprint Veloce (2,350,000 Lire) and invest a further 1,200,000 Lire for its 'transformation'. However, with the certainty of having a winning car in all competitions from the track to road marathons, like the Liege-Rome-Liege or the Alps Cup.

The success of the unofficial 'SVZ' was certainly important in convincing Alfa Romeo to list and finally make official the new Giulietta Sprint Veloce Zagato. The new version was launched at the Geneva Motor Show in 1960 and stood out for its compact design, with minimal overhangs front and back. In agreement with Alfa (which of course provided the 'undressed' shells), Zagato had configured the project on the Giulietta Spider chassis, with a 225 cm wheelbase: 13 cm less than the Sprint. The rounded body was made of aluminium, with a total weight of 854 kg. In the standard version (which cost 2,750,000 Lire), the 4-cylinder 1290 cc engine developed a maximum output of 98 hp at 6500 rpm. 215 units of the Giulietta Sprint Zagato were built between April 1960 and November 1962. However, the last 30 featured a different line, lower with a 'cut-off' tail, in advance by a few months with respect to the Giulia Berlina, but it is clear that between 'Portello' and Terrazzano di Rho, where Zagato had moved to, rumours were running wild.

Special but not a racer

It is certainly the most typical version of all the Giuliettas, in which it is not difficult to recognize the strong stylistic trait of designer Franco Scaglione. This is the Giulietta Sprint Speciale, made by Bertone and debuted at the 1957 Turin Motor Show, with an aluminium body. The tapered, futuristic shape stood out, even though the SS was quite distant from the ethereal beauty of the Sprint version. In fact, Alfa had commissioned a model from Bertone that could be of interest to the sportier customers, that could improve the performance of the Sprint Veloce in racing, maybe still not taking into consideration the exploits of the Giulietta modified by Zagato. To support the new model's compactness, in favour of racing driveability, Alfa imposed the use of the Giulietta Spider's short wheelbase (225 cm), but the whimsical fantasy of Franco Scaglione in the project prevailed. The SS was not only longer and wider than the Sprint (14 cm in both cases), but it featured wide overhangs in front and behind, that limited manoeuvrability. Rejected for racing, the SS was turned into an original street model that, in any case, with 98 hp at 6500 rpm (the same power as the next Sprint Zagato that inherited the competitive role) it exceeded the limit of 180 kmh. Despite only being presented in its final form on 24 June 1959 (Autodromo di Monza), it had a great success and 1,252 units were built up to 1962. To these need adding the 1,400 units built between 1963 and 1965, with the 1570 cc (113 hp) Giulia engine.

The most unique customer? Probably Giuseppe Luraghi (then 54-years old) who bought a gardenia white Giulietta SS on July 6, 1959, when he was CEO of Lanerossi. As general manager of Finmeccanica, the man who had 'invented' the Giulietta, would triumphantly return to Alfa the following year, as President. Driving the SS, of course ...

The Fidanzata d'Italia (Italy's girlfriend)

Should the title of most attractive 'open car' of the modern era be awarded, it is very likely that the Giulietta Spider would win hands down. Unofficially, it has been given that title on a number of occasions, for obvious reasons: the harmonious lines, full of character, without being excessive. With the Giulietta Spider Giovanni

Battista 'Pinin' Farina and his reference designer, Franco Martinengo, succeeded in the rare miracle of creating a perfect car, which - with the obvious upgrades - could be revived with success today.

Called Italy's Girlfriend for the absolute all-encompassing love for it, the Giulietta Spider was created mainly through the insistence of Max Hoffman, an Austrian emigrated to the United States, who after the war had a determining role in the overseas importation of a number of European car brands, through the company 'Hoffman Motor car Inc.' in New York.

Hoffman had undertaken to buy 600 cars when the Giulietta Spider was just a vague idea, at which point Quaroni and Hruska were quick to commission from both Pinin Farina and Bertone a complete prototype, to decide later which of them to entrust with the order. Starting from the shell of the Sprint version, with a wheelbase shortened from 238 to 220 cm. Bertone presented a fascinating prototype but also risky, if produced in series: the line, decisive and sharp, designed by Franco Scaglione (derived, in part, from the '2000 Sport' prototype), would not have been welcomed unanimously. Unlike Pinin Farina's proposal which immediately dispelled any doubts the Alfa executives and the American importer may have had, thanks to its soft lines. It was obvious that the new Spider's style had been influenced by the Lancia Aurelia B24, also bodied by Pinin Farina, but it was not a 'copy', just a decision to keep a trend that had proved exceptional.

What's more, to satisfy Hoffman's indications, for the first two prototypes, the Turin coachbuilder had provided for the wraparound windshield, the removable side windows in Plexiglas (they were locked by a couple of hooks) and the door opening via a cable, that ran inside the doors. The Plexiglas window had to be slid to access the cable, without any safety system, which was a typical solution of the British spider. The Americans appreciated this Spartan kind of car (also for its possible use in racing) but they warmly welcomed the final version of the Giulietta Spider, which debuted at the Paris Motor Show in autumn 1955, with traditional windshield, doors and side windows, even an improved line, thanks to the slimmer and lowered front part.

It went into production in 1956 with the Sprint mechanics (1290 cc, 65 hp and 157 kmh), and it was soon joined by the 'Spider Veloce' version (79 hp and 170 kmh). In its first year, 1,026 units were produced, almost all 'emigrated' to the United States, although in Europe the request was immediately very high. In 1959 the 2nd series was launched, with a wheelbase of 225 cm: still the Spider in the list (80 hp at 6300 rpm, 165 kmh) and the Spider Veloce (90 hp at 6500 rpm and 180 kmh). The 3rd series came out in 1961, with unchanged mechanics, slight adjustments to the line and improved finish. As in the case of the Bertone Sprint, the Spider's chassis and bodywork were produced in Turin by Pinin Farina, while Portello completed them with the mechanical parts. And if Bertone took on an industrial dimension in the wake of the Sprint, the same concept applied to Pinin Farina and the Spider, 17,096 units being produced up to 1962. However, the assembly line was not interrupted as the Giulia Spider was already being produced in 1962, with an unchanged line and mechanics from 'Portello's' new sedan (1570 cc, 92 and 112 hp in the Spider and Spider Veloce versions with speeds of 172 and over 180 kmh). Up to 1965 10,341 units were produced.

How the name Giulietta originated

There is no doubt that the name Giulietta is connected with the second part of the Milanese brand and comes from the legendary story of the two lovers from Verona. Not surprisingly, the Giulietta Sprint debuted with the Romeo van, in a spontaneous bond. However, the initial idea is uncertain: unofficially it is attributed to the engineer-poet Leonardo Sinisgalli, Finmeccanica consultant for image and advertising, in the 50s/60s. Others believe that it was the brainchild of Sinisgalli's partner, Baroness and poet, Giorgia De Cousandier.

Engineer Gian Paolo Garcéa, long-standing head of Alfa's Experimental Department, has repeatedly stressed that the origin of the name is different. At a Paris Motor Show, around 1950, this engineer and some colleagues were invited to a night club. There, after examining the group, a Russian exile who entertained guests with poems and jokes, summed up the group with: 'You are eight Romeos and there's not even a Giulietta!'. They would remember this ...

Alfa Romeo and commercial vehicles
TRUCKS, BUSES AND THE ROMEO

Famous for its cars, Alfa Romeo also worked in the commercial vehicle sector for a long time. Everything started a few months before 1930, when the roles of the general director and technical director were occupied by engineer Prospero Gianferrari and Vittorio Jano, respectively. The production of cars, which were of high quality and sold at a high price, barely reached a thousand units a year – just 829 in 1929. To improve turnover, it was decided to diversify the product – an attractive choice, but over the years it took away energy from the car sector in favour of industrial vehicles, which were mainly – at least starting from 1934 and 1935 – army trucks.

In a new department at the Portello factory, lorries and buses were built under license from the German company Bussing with an Alfa-style grille and had Deutz engines, the result of a further agreement. They were 6-cylinder inline diesel engines, with a significant cylinder capacity (10,594 cc/90 hp at 1200 rpm and 11,530 cc/120 hp at 1600 rpm), intended for the 40N and 50N 'Nafta' models and for the bigger three axle 80N. These were primarily city buses, but also b-trains set up according to the necessary uses.

With the engine from the previous 80, the 85 and 110 models were made from 1934 until 1938/1939, of which 520 and 180 units were sold, respectively – some were set up as trolleybuses with electric traction. In other cases, they were converted for gas feeding or a gas fuelling system, based on autarkic decisions and as a result of sanctions imposed on Italy by the League of Nations in November 1935-July 1936 that prevented oil and coal importation.

Alfa Romeo's sporting tradition also allowed them to dominate in this particular sector: in fact, an international race for gas fuelled trucks was organized on the 3,000 km Rome-Brussels-Paris road – and it was won by an 85G that, according to the rules, had 70 quintals of weight. The transition to the gas fuelling system was only possible for petrol engines, and essentially consisted of the arrangement of a gasificator outside the vehicle. This was intended to burn fuel – either coal or wood – that then generated a lean gas for feeding the engine through the mixer that had replaced the carburettor. Gas fuelling was also adopted by cars and became compulsory for city buses at the end of the 30s and then spread during the war.

However, the engines from the Alfa Romeo 85 and 110s were rather diesel fuelled, and conversion for running on petrol required the replacement of cylinder heads – quite a complicated task that limited their use.

The higher cylinder capacity influenced the spread of the 85 and 110s, meaning that already in 1935 Alfa had presented the 350 model, followed by the 500 in 1937. These cars were smaller and had lorry or intercity coach chassis. They had a 6-cylinder diesel 6126 cc engine, with 75 hp at 2000 rpm, also available as a petrol version for military use. The 500 DR was particularly used in the Russian campaign.

The 350/500 series was the last traditional type made by Alfa, characterized by an engine separated from the car cockpit and with its distinctive front grill. In 1940, the 800 series was brought out – the number indicating its load capacity – with a forward positioned cab, built during the war for military use and, after 1945, for civil use, with a bigger cabin fitted with a bunk. The 6-cylinder inline 8725 cc engine had four valves per cylinder and produced 108 hp at 2000 rpm, allowing a speed of 50 kmh. After the war, the beautiful 800, characterized by an enormous Alfa Romeo shield at the front and with a two-tone red and yellow chassis, was used for the transportation of Scuderia Ferrari racing cars.

The 1947 900 had its origins in the 800 model, with a 9495 cc and 130 hp engine. From 1954, this was converted into the 950 series and continued to be built for four years. The same mechanical system was used in the 902 AU and 902 AS models that were only produced in a limited number between 1958 and 1959. Characterized by the rear placement of the engine, they were intended for use in buses – perhaps because of its canopy panels, the car was re-baptised 'Marziana' in Milan – and higher level coaches.

From 1942, the 800 model became the 430 that nonetheless shared the distinctive rounded line of the cabin with its big brother. It had a 4-cylinder 5816 cc diesel engine, with 80 hp at 2000 rpm. Technically, it was the rear suspension with independent wheels that made this model unique. This was a brave choice, at the tame not without problems, and came about twenty years before the competitors. Also much lauded abroad, a 430 created by the Swiss Seitz, with a curving line and wide windows – intended for the 'gran turismo' services on Alpine routes – was a main attraction at the 1948 Geneva Motor Show.

In 1947, the 430 was replaced with the more powerful 450 (90 hp), available with a traditional front end rigid axle. Both a lorry and coach version were manufactured, with differently shaped chassis, often distinguished with the front Alfa shield. In 1959, the 430 became the 455, with very few differences, and was produced until the early 60s.

After the war, the manufacture of industrial vehicles was continued at the Pomigliano d'Arco factory which had been open since 1938 and was originally intended for aircraft engines. The first entirely new model was the 140 A, designed in the south, with a three axle chassis and a 6-cylinder 12517 cc, 140 hp diesel engine placed at the front of the cockpit. The city bus version (capacity: 100 passengers), outfitted by the SIAI-Marchetti carshop, was baptized the 'Scudetto', after Alfa's classical muse. The entire 140 A series – buses and 140 AF trolleybuses – was produced until 1958. Its durable mechanics allowed it to be used until the middle of the 60s, despite its 3-speed gearbox that only allowed 2nd gear to be reached on the city hills characteristic of cities like Rome, with the engine at full throttle.

From the early 50s, Alfa understood that the new demands of the market and economic development would favour the production of a smaller commercial vehicle. In this way, the Romeo van was born, the forerunner – together with a few other contemporaneous models – of a now universal type of transport means. Presented at the 1954 Turin Motor Show, it stood out for the large space available – only the limited size of 449cm length by 180cm width – and for the low access threshold to the load compartment. It had front-wheel drive, which was avant-garde for the time, and so was not hindered by traditional transmission.

It was available in a wide variety of set-ups, including the more common van, lorry and 10-seater minibus forms, both the standard version and adapted by bodyshops. It was driven by the 4-cylinder 1290 cc engine from the Giulietta and had dual overhead camshaft valve train, limited to 35 hp at 3500 rpm. The Romeo was also proposed in a diesel version, with obvious savings on running costs. It had a 2-stroke twin cylinder 1158 cc engine coupled with a Roots-type compressor and produced 30 hp at 2800 rpm. Unfortunately, the limited power and some technical deficiencies did not allow its widespread distribution.

With the 'Mille' model that was presented in 1957, Alfa put a definitive end to its high capacity industrial vehicle sector. It was a graceful exit, equipped with a cutting edge vehicle for the time: a 6-cylinder 11050 cc diesel engine that produced 165 hp at 2000 rpm . With a mechanical gearbox with 8 speed ratios, this powerful three axle vehicle reached 60 kmh, with a load capacity of 8000 kg and a towing weight of up to 18,000 kg.

The final Alfa buses, the 10P (1960-64) and AU7 (1962-64), had their origins in the 'Mille'. Both had a modern load bearing chassis but with differing engine positions: the first horizontally in the cockpit, the second in the underbody. With power steering and front axles designed for cornering, these buses stayed in service up until the early 80s.

Alfa nonetheless continued to produce the Romeo van, reaching almost 22,000 units in 1967. The next series (redesigned but equally sized) was baptized F.12 (van) and A12 (lorry). They either had a 1290 cc petrol engine with 54 hp at 5000 rpm or an English 'Perkins' 1760 cc diesel engine with 50 hp at 3800 rpm. As a result of an agreement between Alfa Romeo and Renault in 1967, the company 'Alfa Romeo-Saviem' (Société Anonyme de Véhicules Industriels et d'Equipements Mécaniques) was born, with the aim of producing medium-sized commercial vehicles with a front engine (3017 cc and then 3319 cc diesel) and rear-wheel drive. Under the names A15/A19/A38 and F20, about 3,500 units were built up to 1974. The letters in the names show the type of vehicle – A: Autocarro (lorry) and F: Furgone (van) - while the number corresponds to the load capacity in quintals.

Out of another agreement between Alfa Romeo/Saviem and Fiat, Sofim (Società Franco Italiana Motori) was born in 1974 and started to produce diesel engines in the new factory in Borgo Incoronata (close to Foggia) in 1978. In the same year, new light commercial vehicles were born of a collaboration between Alfa, Fiat, OM and Iveco with a 2455 cc Sofim engine with 72 hp at 4200 rpm. Under the Alfa brand and named 'AR8', many different versions were built. In 1985, the series AR6 was born, although actually it was a Fiat Ducato 14 that had been customised by Alfa. It was the sneak peak of the Alfa's total entry into the Turin group that had excluded Alfa Romeo from the commercial vehicle sector by the end of 1989.

Giulia berlina and its heirs: a dinasty that has made history since 1962
A VERY OPEN AND MODERN FAMILY

Who knows if Alfa Romeo's managers and technicians, while observing the wooden mannequin of the "105" model at Portello's site, realised that with that prototype they were ready to invent a new car class. It was the beginning of the 1960s. Italy had experienced a period called the "economic miracle", thanks to American financial aids, monetary stability and the numbers still looking goods on state accounts. However, the country revealed many inconsistencies, of which the most evident was the difference between an increasingly industrialised centre and north and a south that had been left standing i.e. underdeveloped. A new social class of small and medium-sized entrepreneurs, self-employed professionals and traders emerged. It was at them - people with good financial resources eager to switch from a runaround to a medium-sized car – that the project of the new Alfa was aimed. On Wednesday 27 June, at the 'Autodromo Monza', the Milan-based company revealed what it was hiding under the code number "105": the new Giulia, a saloon designed to take the place of the Giulietta. With the Giulietta Alfa Romeo had taken the route of cheaper cars and large-scale series production, selling a little more than 40,000 cars in 1960. Not many compared with the 290,000 by Fiat, but certainly indicative of how the "House of Portello" cars were leaving behind niche-scale manufacturing. The Giulia was created by the only team that had already demonstrated a high degree of skill, made up of technicians with passion for cars, who were characters that had marked Alfa's history: the engineer Orazio Satta, the general manager of the Design and Testing Department; Giuseppe Busso, Head of Mechanical Design; Ivo Colucci who oversaw the bodywork; and the architect Giuseppe Scarati, Head of the Alfa Romeo Style Centre. The launch should have coincided with the opening of the new factory in Arese, an industrial area in the north west of Milan, but delays in construction work, which started in February two years previously, prevented the event. The model shown to the press was initialled TI, an acronym of Turismo Internazionale (international touring): the initials clearly show the sporty temperament of the new saloon. In this sense, the Giulia set the precedent, becoming the progenitor of a new generation or range of cars that even now represent a by no means minor share of the market: that of ultra-high performance, middle-class saloons. The engine that kitted out the TI was a twin-cam four cylinder engine with an aluminium alloy cylinder head and cylinder block, i.e. with a double overhead camshaft arrangement, 1570 cc displacement, vertical twin-choke carburettor produced by the French company Solex and output of 92 hp at 6200 rpm. The Giulia's performance was surprising: declared maximum speed of 165 kmh, but in actual fact it easily exceeded 170 kmh. Acceleration from 0 to 100 kmh in 14 seconds. Another distinctive feature of the Giulia TI was the 5-speed gearbox: a solution that, at the time, was only used for higher-class cars. The gearstick to change gears was positioned close to the steering wheel, but two years later it will be replaced by a control on the central tunnel. The drive was naturally on the rear wheels. The suspension was of Giulietta origin, although thoroughly revised and it will constitute one of the strong points of the new model: at the front it displays an independent wheel setup, appropriate for a high level sports car; at the rear it has a rigid axle suspension. The Giulia was put on sale at 1,622,635 lire.

Alfa Romeo's new saloon was technologically at the forefront: a completely welded, very lightweight chassis with maximum stiffness, one of the first with differentiated deformation (or resistance) and reinforced passenger compartment; two construction solutions that increased the passive safety of passengers. The road quality was notable. It did not have the comfort of a Lancia, the rival built in Turin, which got by on comfort and trim finishes, and not even with certain British ones, which were all made of burl and leather. But when it tackled a curve it outwitted everyone due to hold and agility. And when accelerating, the thrusting engine is a thing of beauty.

Alfa Romeo's saloon was truly a step ahead in the design: the car's lines certainly seemed innovative if not even bewildering for the time. The slogan that accompanied the new model's advertising campaign perfectly summarised the car's style: "Designed by the wind". Indeed, the Giulia's shape was developed at the Polytechnic University of Turin's new wind tunnel, and it gave it the status of first series saloon with a bodywork verified using scientific calculations. This is why the highly raked and receding window screen had never been seen before on a mass-produced car. It had rounded lines and no sharp edges, and a very low front section compared with the standards at the time. And yet: flat lateral lines, but at the same time slender as a result of the long groove that runs from the nose to the rear end. And, above all, the truncated tail, how cleanly cut: a little masterpiece not only of design – strongly advocated by the engineer Orazio Satta – but also of aerodynamic enhancement. In effect, it reduced air vortices in the rear end by contributing to the particularly low Cx (drag coefficient) for a saloon: 0.34, the same penetration value as the very sporty Porsche 911 coupé, which would be presented a year later. To inspire the Giulia's style was, in actual fact, the prototype of a cheap, front-wheel drive small car, code name "Tipo 103", which was designed in 1959 by the Alfa Romeo Style Centre in the wake of the success of the British Mini. The project, which was shelved due to not anticipating the entry of the Milan-based company into low mid-range cars, will be resumed in 1967 for the project of a front-wheel drive hatchback: the Alfasud. Renault will also borrow from the 103's features, with which Alfa Romeo had an industrial collaborative relationship for the R8, a small, low mid-range saloon that nevertheless will have great commercial success. At the presentation, the Giulia was not received well by the Italian and foreign specialised press, who judged the lines to be too confused and failed the truncated tail. However, as it often happens, the public overturned the journalists' assessments, by enthusiastically welcoming Alfa Romeo's new saloon, which straight away was elevated to Italy's symbol of prosperity. The 570,000 plus cars sold from 1962 to 1977 will confirm it, a number greater than all expectations. Also thanks to it, the Milan-based company took on a true European dimension.

Initially built in the historic factory in Portello, the Giulia started to leave the assembly lines of the new factory in Arese, an agricultural town in the countryside to the north-west of Milan, in 1965, when Alfa's largest production site entered into operation. Strongly desired by the then president Giuseppe Luraghi, who was focusing on expanding the company until it reached a production of half a million cars per year within a ten-year period. Fitted with foundry, moulding, mounting and assembly departments equipped with ultra-modern machinery, the Arese facility required a considerable financial push. One sporty version of the Giulia arrived in 1963: the TI Super, recognisable by the large four-leaf clover on the side. The Milan-based Jolly Club Team stable had been inspiring Alfa Romeo a racing model, to line up in circuit races and in rallies. The Group 2 technical regulations defined the "enhanced production cars" i.e. developed compared with the series-built model and with occupancy for at least 4 seats. The engine power was increased to 112 hp, which became about 135 once set up. The weight was reduced to 910 kg: bonnets and doors were made of aluminium and the back window and rear side windows were made of Plexiglas; the passenger compartment was simple; the two smallest front headlights were replaced with air intakes. It reached 185 kmh and accelerated from 0 to 100 kmh in 12 seconds. Only 501 cars were produced. The Giulia "Quadrifoglio", as it was nicknamed by the Alfa fans, achieved numerous category successes on the track, in uphill races and even in rallies, in Italy and abroad. It became the "Saloon that wins races". Using the 1.6 litre engine of the 'Biscione's' saloon, in 1963 a small series of a two-seater grand tourer was built: the Giulia TZ. It is the acronym of Tubolare Zagato (Zagato tubular) and indicates the nickel-chrome steel tube chassis on which the aluminium alloy and reinforced carbon fibre aerodynamic bodywork, produced by Zagato, a company based in Milan, is laid. Then, in 1965, came the beautiful TZ2 evolution, with power of 165 hp and speed of 250 kmh: produced in just a dozen units and only intended for competitions. Although disadvantaged by regulation changes, especially the later version, the Tubolare Zagato won a long sequence of class successes in prestigious international races, including the 24 Hours of Le Mans, Nürburgring and Monza 1000 km, 12 Hours of Sebring, Tour de Corse and Tour de France. The Giulia's commercial success convinced Alfa Romeo's managers to introduce an economically more accessible model in the sales catalogue, defined as "basic". Fitted with the duly upgraded 78 hp 1.3 litre engine of the previous Giulietta, which allowed a declared maximum speed of 155 kmh, the Giulia 1300 became the fastest saloon car in its category in the world. Outwardly it differed from the TI due to the front with two headlights instead of four. After the "basic" 1300 followed the TI in 1964 with power increased to 82 hp and trimmer finishes, and the 1300 Super in 1970, which replaced the entry model. In 1972, after a 10-year presence on the market, the Giulia was lightly updated in a few areas of the bodywork and passenger compartment. Two years later, the second series called the "Nuova Super" was sold. The engine sizes were still 1.3 and 1.6 litres. Following the first oil crisis in 1973, which made the fuel price skyrocket, the diesel engine started to become popular in Italy, favoured by the low cost of diesel compared with petrol: a little less than half the price. And so in 1976 Alfa Romeo inserted the Giulia diesel version in the sales catalogue, which was fitted with a 52 hp 4 cylinder 1760 cc engine built by the British company Perkins Engines: it was the same engine as that mounted on the F.12 van. Set up without appropriate modifications to a chassis designed for petrol units, the cross-channel diesel will leave a bad memory, due to vibrations that caused a multitude of technical problems. And the operation sure enough ended in commercial failure.

Already in the design stage, the Giulia saloon had been designed not only as a single product, but also as a platform from which to derive some variants. Thus arrived the alluring Sprint GT coupé designed by the Carrozzeria Bertone: from it will be developed the legendary racing GTA. The range of "2+2" Alfa Romeo cars expanded to the GT 1300 Junior in 1967 and to the 1750 and 2000 GT Veloce at the end of the sixties and early seventies, as well as the Sprint GTC cabriolet model that was in truth underappreciated by the public. The transformation from coupé to open car with with fabric top, which was not an easy technical operation at the time, had been carried out by Bertone, but the small series production was entrusted to the Carrozzeria Touring in Milan. And lastly, the famous Spider of 1966 went down in history as the Duetto. To give it the curious nickname by which it is known had not been Alfa Romeo, but an engineer, Guidobaldo Trionfi, who had participated in the contest promoted by the Milan-based company to find a name that was appropriate for the new model created by Pininfarina. Fate stopped "Duetto" becoming the official acronym: the name had already been registered by a small confectionary company. Characterised by the original "cuttlefish" tail, which was modified with a "truncated" tail in the second series, the spider of the "Biscione", one of the most successful spiders ever built in motoring history, had enjoyed a long career: it went out of production in 1994 after the enviable success of 124,105 cars sold.

On the Giulia 1600's machinery were also assembled some family version examples, or estate car according to the names in use at the time and today replaced by station wagon, which were primarily aimed at the Italian traffic police (Polizia Stradale). Specific companies, specialised in that kind of transformations, were entrusted to make them, by removing the roof as far as the uprights of the side doors and replacing it with another greater in length, into which the tail gate was then inserted: in particular, the Carrozzeria Colli in Milan, who had already worked together with Alfa Romeo in the fifties for some racing models, Carrozzeria Giorgetti in Montecatini and Carrozzeria Grazia in Bologna. The Giulia saloon went out of production in 1977, replaced by a model for which a strong name of significance for Alfa Romeo was dusted off: Giulietta. To give an idea of what it had represented in the European automotive scene, it is worth quoting the recollection of a former senior executive of the German car maker BMW: "When the Giulia appeared we were fascinated by it. It was a kind of perfect, modern, innovative, original and sporty saloon. At that time our ambition was to become the "Bavarian Alfa Romeo".

The winning move of the 1750

Entering into the luxury car market was one of the goals of Alfa Romeo's then president Romeo Giuseppe Luraghi. However, the senior executive had to contend with rising production costs; investment for the new factory in Pomigliano d'Arco that was diverting resources; and with a well-established array of competitors in that type of car. Therefore, it was better to think about a model one step above the Giulia, but still not in a higher range and built with the best that was already available. Furthermore, the Arese factory's production system was arranged with assembly lines structured to work on a same platform.

In 1968 the upper range "1750" saloon was born, developed on the tried and tested platform of the Giulia. The acronym was chosen in honour of the famous Gran Sport Spider with the same name, which won the Mille Miglia in 1929 and 1930. The bodywork was designed by Bertone, who had not fallen into the trap of construing the project simply as a premium Giulia: the lines of the 1750 were elegant, balanced and understated. It was sold at a price just below two million lire. There were quite a few, but not many considered the car's dynamic qualities: magnificent road holding and true sport performance thanks to the brilliant 118 hp 1.8 litre engine, capable of reaching a maximum speed of 180 kmh. Its popularity exceeded all expectations: in the first 12 months, purchase orders reached nearly 18,000. Within 3 years, over 100,000 left the factory in Arese. In 1971, with the introduction of the 132 hp 4-cylinder 2 litre engine, accompanied by a series of aesthetic tweaks, the great saloon was renamed the "2000": it remained in production until 1977 i.e. also when the Alfetta was already in service, reaching the remarkable amount of 89,940 units sold. The Alfetta would be the final Alfa Romeo of Luraghi's presidency.

Giuseppe Luraghi: an enlightened president
PASSION VERSUS POLITICS

In 1959 Mr. Giuseppe Eugenio Luraghi was 54 years old. At the time he was President and Chief Executive Officer of Lanerossi company, however, between '50 and '56, as General Manager of Finmeccanica, he had put a great deal of effort and skill to the transformation of Alfa Romeo, thus gradually increasing its previously very low production volumes. The difficult and risky operation was a resounding success thanks to the Giulietta, the model Luraghi had inspired even before the project was drawn up. In June '59, after 5 years of successful sales, the Sprint Speciale model was presented – the most provocative and flashiest of the Giulietta series. A two-seater "torpedo" aimed at the Alfa brand's strongest enthusiasts. Among them, Dr Luraghi, who on 6 July of that year gave himself a white gardenia Sprint Speciale, which was registered in his name. A demonstration of passion and faith by the great manager, a special character who combined his love of cars with that of high level culture. In 1959, industrial managers in Luraghi's position travelled in "official cars (auto blu)", being almost obliged to distance themselves from certain attitudes. Through the Sprint Speciale he bought at 54 years of age, the attachment of the Milan-based industry manager for Alfa Romeo and his continued commitment to defend it and make it grow is instead reflected, even after his return to "Portello" as Chief Executive Officer and President in 1960. He was very reticent towards certain prejudices, to the extent that it had been his idea of the Alfasud. However, as a Milanese he defended Alfa's origins and probably would have kept, albeit with a different function, at least one part of the original 'Portello' factory, which was pulled down to make room for new buildings, if he had not been forced to resign in 1974. When 17 years old, Giuseppe Luraghi had been touched by the death firstly of his father and then of his mother 2 years later, however, he had successfully continued his studies and in '27 graduated in Economics from Bocconi University and also served military service in Turin.

In 1930 he started working for Pirelli, a company that will allow him to also express his love for culture and art at the end of the forties. Together with engineer Leonardo Sinisgalli, he founded the Pirelli magazine, which was born as an advertising house organ and then became a publication rich with literal and art themes. Furthermore, between '40 and '47, he expressed his poetic vein with a series of poems, which were published in 4 separate editions. With Luraghi's switch to Finmeccanica, the combination of culture and the world of work continued with the journal 'Civiltà delle Macchine' (Machine Civilisation), which was co-authored with Sinisgalli. He then promoted the publications Romeo and 'Alfa Romeo Notizie', a magazine of great elegance and a monthly publication with the appearance and format of the "sheet" newspapers of the sixties.

Luraghi also experimented fiction with a novel (Due milanesi alle piramidi, 1966) and various essays, but after the war his passion for culture had developed into the management of the small La Meridiana publishing house, which provided space to debuting poets but also to well-established names, such as Tobino and Zanzotto. La Meridiana occupied Luraghi during the evening and public holidays, yet in '47 he launched the first Italian edition of the poems by Rafael Alberti, which were translated by the Milanese manager. By now in a management position at Pirelli, in '50 Luraghi switched to SIP (Società Idroelettrica Piemontese). However, by December 1951 he had accepted the position of Finmeccanica's General Manager, which included numerous state-owned companies more or less in crisis due to the restructuring difficulties following the end of the war.

Luraghi will get great satisfaction in the new role (the greatest for the masterly rescue of Alfa Romeo), but he will soon realise that the state contractor does not always respect the rules of healthy entrepreneurship, but instead follows very winding roads for calculating opportunities. If not worse. The first event of this type was historically curious but irrelevant, if compared to the terrible experiences that Luraghi would endure in the seventies. After having won the second F.1 World Championship (1951), with a heavy heart Alfa had withdrawn from the races, due to the need to use men and resources for the production of the new 1900. Soon after the decision, Luraghi was summoned by the Italian Prime Minister, the famous Alcide De Gasperi, who asked him to make an exception and participate in the Argentine Temporada Races, which would open the 1952 season. Naturally De Gasperi had been pressurised by the South American country's government, with which Italy had close economic relations, not to mention that Alfa's World Champion was the Argentine Juan Manuel Fangio. De Gasperi realised the Argentine representative's reasons, who did not demand it, however, it would not always be this way.

In the wake of the Giulietta's success, the idea of producing a small-sized car had been born at Alfa, aimed at a wider public compared with that associated with historic 'Portello' products and which was to be produced at the factory in Pomigliano d'Arco. Created for aviation past needs, the Napoli-based factory could be redeveloped with a limited expenditure. Furthermore, in 1961 it would house the Renault R4's assembly line, which was to be built under license. The project was inexplicably rejected by the Minister for the South, Pietro Campilli, and Luraghi had the clear impression that the veto had been influenced by Vittorio Valletta, Fiat's powerful Chief Executive Officer, who was jealous about Alfa's growth in areas handled almost exclusively by the Turin-based company. After the "Lanerossi period", Luraghi returned to Alfa with an even greater commitment, repeatedly demonstrating how a state industry can create revenue, if managed with healthy economic criteria. With his impetus the factory in Arese (operational since '63) and the prestigious Balocco test track (Vercelli, opened in 1962) were created. Actually, the later was a set of tracks, designed for the needs of racing cars and mass-produced cars. At the time of Alfa's transfer, the facility, renamed the "Balocco Experimental Centre", was inherited by Fiat Group, who made it one of its "flagships". Under its administration Alfa went from 57,870 cars built in 1960 to 140,595 cars in 1972, with an export of over 66,000 cars, which confirmed an important distribution-service network had been created. Fundamental for Alfa's success was the long series of models launched under Luraghi's administration starting with the Giulia, a car produced in '62 and which was still in the sales catalogue in '78!

The list continues with all the spin-offs of the Giulia as well as the 1750, 2000, Berlina and GT Alfetta models and the new Giulietta, which was formulated when Luraghi was still in charge of the Milan-based car manufacturer. And of course the Alfasud, created from scratch and the first example of the car industry operating in the South, which had been prevented for a long time by Fiat, who would change its mind over the following years, with the opening of the factories in Cassino and Termoli. The Giovanni Agnelli had described the Alfasud as "Merely a crony operation in grand style...", while Luraghi – despite the need to interact with the governments of the time – had always thought like a businessman, preventing politics from entering into Alfa's affairs. He managed it until the end of 1973, when a significant "order" by two powerful government ministers, who were led by the Christian Democrat Mariano Rumor, destabilised Alfa's balance and initiated its irreversible decline. The ministers were the Christian Democrats Ciriaco De Mita (Industry) and Antonino Gullotti (State Holdings), who were supporters of a new plan for Alfa, which had the approval of the IRI (on which the Milan-based company depended), chaired by Giuseppe Petrilli.

In the midst of the oil crisis, with a petrol price that was sky rocketing (from 175 to 500 lire!) and the inevitable contraction in car sales, politicians imposed a plan on Alfa that envisaged, among other things, the construction of a new factory capable of building 70,000 units per year in the province of Avellino. A factory located in the electoral fief of Ciriaco De Mita was no coincidence: pure madness, considering that the Alfasud had just emerged. If that was not enough, the plan also provided for the opening of other factories in unspecified areas, all be it depressed ones, including moving the aluminium foundry and upholstery production, which were already operating in Arese. For Luraghi, things were easily predictable:: he knew that the politicians would ruin Alfa; he attempted to stand in the way, but, unfortunately, he was removed from office at the beginning of 1974. Twelve years later Alfa - which by now had fallen to the very bottom of the abyss – had been competed for by Ford and Fiat. Awaiting the resolution, Luraghi had been interviewed by Giorgio Bocca for the newspaper La Repubblica and his statements – never disappointed! – represent an irreplaceable document for understanding the reasons for the Milan-based company's downfall: "Politicians have cost Alfa thousands of millions (...) Carlo Donat Cattin, in 1973 the Minister for Employment, the other Minister for State Holdings, Gullotti, the honourable De Mita, who wanted an Alfa factory in Avellino at all costs and the IRI's then managers, Petrilli and Medugno. These are all the names that I have said, things that I have written, without any scandal happening. (...) As the Alfetta entered into production in Arese, Petrilli made me this proposal: "Why do you not do the assembly of the Alfetta in Avellino?" I replied: why should I fire five-thousand workers in Arese and triple the costs. Why do you ask me to kill Alfa? (...) Politicians wanted Alfa in Avellino and Alfa went to Avellino, to produce the disgrace that is the Arna. (...) I say that someone should be held accountable for this colossal squandering. In fifteen years they have not brought out a single type of car. Not one. The 33 is a copy of the Alfasud, the 75 is the copy of the Alfetta (...) How do you make a company that thrives on advanced projects to spending 15 years without producing nothing new? (...) The despicable budgetary tricks done in these 15 years do not count. They have sold off all of the distribution and service network, a wonderful network that covered the United States, France, Germany, England and Italy. To sell for one thousand what had been marked as one hundred in the balance sheet. To adjust the accounts even at the cost of killing the company."

For a decade, the tourism category was dominated by the sportscar versions of the Giulia Coupé
GTA AND SURROUNDINGS HANDLE WITH CARE

Sat in front of the drafting table, the Carrozzeria Bertone body shop's young architect takes a final look at the big design that reveals a 4-seater coupé with a classical setup: front engine and rear-wheel drive. Everything appears to him as he had imagined for months: size, volume and proportions in perfect harmony. And sportiness. He was searching for elegance and he found it. He wanted a strong sign of identity and he found it in the sleek sides and in the tapered tail. From whatever side he views it, that idea of a car sketched on a sheet of tissue paper transmits innovation and modernity to him: form follows function. It lacks something that instils more vigour at the front. The designer picks up the pencil, sketches a line that separates the bonnet from the radiator grille, so as to create a rung, then puts down the mechanical pencil and admires the sketch with satisfaction. Giorgetto Giugiaro, not yet twenty-five years old but already a rising star of industrial design, has set out the stylistic project of a car intended to occupy a place in the first row in motoring history: the Giulia Sprint GT. It is the late summer of 1962.

Developed on the mechanical base and shortened wheelbase floorboard of the Giulia saloon (from 251 to 235 cm), the coupé Sprint GT was presented in September 1963. It immediately became a sought-after car because true sporting performance is associated with original and cutting edge style. To make the Biscione's GTA immortal were races, which were a formidable advertising medium in those years that was based on a very simple concept that lacked lots of market research: win on Sunday, sell on Monday. The four-seater interior space of the Sprint GT, which were proper seats and not the "2+2" of the coupés of that time, effectively allowed homologation in the tourer category and permitted "enhanced production cars" i.e. further developed compared with the road version which was mass-produced in at least 1,000 identical units in 12 consecutive months. The then president Luraghi and the Head of Alfa Romeo Research and Testing, engineer Orazio Satta, who was a supporter of the races in which "excellence is essential", just like the vital field of research for improving mass-produced products, decided to transform the Sprint GT into a racing model.

The goal was chiefly the European Touring Car Challenge, a rapidly expanding championship, divided into more races in different countries and capable of attracting large crowds: at the 1966 4 Hours of Monza there will be more than 20,000 spectators. Named the GTA, an acronym of Gran Turismo Alleggerita (lightened grand tourer), the car was ready in February 1965 and put on sale at three million lire – as much as a Formula 3 single-seater. The "silhouette" remained the same compared to the Giulia Sprint except for a couple of details: the different grille and the two additional air intakes below the radiator grille. Where the differences became marked was the reduction in weight: from 940 kg for the road car to 760 kg – minimum car weight for Sporting Homologation – for the racing version prepared by Autodelta racing department in Settimo Milanese and indeed called GTA Autodelta. In order to achieve this result, which was fundamental for sporting performance, an alloy of aluminium, magnesium, zinc and copper called Peraluman 25 was widely used, whose main properties were resistance and high ductility. Some parts of the Sprint GT were therefore replaced on the steel load-bearing shell structure with 1.2 mm thick Peraluman 25 sheets and panels. The new light alloy external "skin" was attached by expansion rivets or, wherever possible, with welding spots. The weight reduction measures also included the adoption of Plexiglas glass, 14-inch magnesium alloy wheels produced by Campagnolo, elektron gearbox housing (5-speed gearbox) and cast aluminium "tail". The slimming treatment went as far as replacing the steel in the floor's tank with aluminium. However, this change will only affect a dozen cars intended for the official Alfa Romeo team. Lastly, the passenger compartment was stripped of everything that was not essential. And now we come to the engine. Working with pinpoint accuracy on the rods, pistons, intake and exhaust manifold, and much more, Autodelta's engineers were able to increase the power of the double-camshaft 4-cylinder 1.6-litre engine, with twin-plug ignition and two twin-choke Weber carburettor feed, from 115 to 165 hp. As for the suspension, the layout was the same as the production car. However, the original kinematics was improved with a simple but effective device developed by Filippo Surace, a brilliant 35 year-old engineer, who Alfa Romeo's general management would be entrusted to in 1983. Surace suggested that the so-called "ram" be fixed to the rear rigid axle: it was a bronze pin that slides according to the oscillations of the suspension, thereby allowing the drive wheels to transmit all their power, with subsequent weight reduction in the front. The "ram" gave a feature to the racing GTA that contributed substantially to its reputation to a certain extent: while going around curves (especially medium-fast ones), the inside front wheel i.e. the one with less load tended to come off the ground, becoming the very picture of the formidable coupé built in Milan. The GTA in the "race-ready" version was sold to racing teams and to private drivers at a price lower than its actual cost: around 3 million lire instead of 3 and a half. It was the choice of the then president Luraghi, who was certain of recovering the difference with the advertising return from the sporting activities.

Already by the first tests, which were carried out on Alfa's test track at Balocco, the GTA highlighted considerable room for improvement, having reached a top speed of 224 kmh. However, they were the hill roads of Mugello, in the province of Florence, which were those preferred by Autodelta's technicians and drivers for testing the lightened coupé - a practice that was mainly restricted to the suspensions in those days. Testing a racing car on roads open to traffic today seems like madness. However, in 1970s Italy it was by no means it: along the state highways and country roads that passed through areas still not or seldom visited, traffic was non-existent. The Mugello test circuit – the first of its kind with fast and slow sections, ascents and descents – was also the setting for one of the most fascinating speed races of the time. Each lap measured 65 km. The Alfa's drivers, who were based at the Grand Hotel Excelsior in Florence, reached it by following the motorway as far as Barberino. From there they started to roam, passing through the towns of Scarperia and Firenzuola, crossing the Futa Pass, and then rushed towards San Piero a Sieve. Finally, they returned to Florence. Nobody complained. The GTA was part of the sporting scene from 1965 to 1974 and contributed to forming a generation of Italian drivers, some of which then arrived in Formula 1: the unforgettable Roman Ignazio Giunti, Nanni Galli and Andrea De Adamich. Others, instead, established themselves as professionals of sportcars: Spartaco Dini, Enrico Pinto, and Teodoro Zeccoli, a no longer very young driver who alternated the role of chief tester with the works Autodelta driver. The list of successes of the legendary coupé built in Milan is impressive: Manufactureres titles and in the up to 1.6-litre category in the 1966-1967 European Touring Car

Challenge, which were added to the two in the Drivers standings won by De Adamich; the European Hill Climb Touring Car category with Ignazio Giunti in 1967; again, Manufactureres and Drivers records in their class in the 1969 Challenge. To them were added thousands of overall and class victories and national championships, which were achieved all over the world in races on the circuit, in hill climb races and in rallies. One of the successes of the GTA to frame, incidentally first place in an international race, was the 4 Hours of Sebring, in Florida, in March 1966. The Austrian ace Jochen Rindt, a rising star of Formula 1, crossed the finish line ahead of everyone after having driven alone for the entire race. The small Alfa Romeo GTA number 36, although involved in an accident with the other driver Roberto Bussinello during practice session, humiliated the most powerful American cars at home - the Dodge Dart, Plymouth Barracuda and Ford Mustang. The 'Biscione's' supremacy was completed by the third place of De Adamich and Zeccoli. The sporting feats of the coupés built in Milan did not exclusively bear Autodelta's signature. They travelled around the world. Several successes that figured in Alfa Romeo's sporting kilometre list of successes arrived thanks to early privateers, true "artists" of hands always covered in grease, who spent entire nights changing this or that engine piece. They produced the nippy GTAs in their workshops with few means but so much passion and creativity. The most well-known: Virgilio Conrero and Renato Monzeglio, both from Turin, and Franco Angelini from Rome. On several occasions their cars, driven by often talented drivers who were not yet professionals, beat the official Alfas.

From the GTA a special SA version was also prepared. Produced in 1967 by engineer Gian Paolo Garcéa from the Alfa Romeo Testing Department, the SA had been fitted with the same 1.6-litre engine of the GTA, with power increased to 220-230 hp thanks to supercharging through two displacement compressors, from which the name SA comes, which means 'Sovra Alimentata' (supercharged). The car did not have much luck. The main problem came from the supply of the power surplus violently and suddenly generated by the compressors, making the GTA SA difficult to control through the corners. A dozen models were assembled, used mainly in uphill races in Belgium and France. Greater luck (and what luck!), instead, experienced the GTA Junior. In 1966, aiming to attract a younger customers, Alfa Romeo prepared a certainly alluringly priced version of the Sprint GT. On sale at 1,792,800 lire, the GT Junior was mounted with the 89 hp 1.3-litre engine, and was less accessorised than the 1.6. The performance of a Junior produced by Autodelta at the Trento-Bondone and Cesana-Sestriere hill climbs in the summer of 1967, where the car did better than the agile, front-wheel drive Mini Coopers and front-wheel drive Lancia Fulvia HFs, prompted Alfa to persist with the racing development of the 1.3-litre coupé. And here the GTA Junior was presented the following year in its road configuration: the Alfa red livery was characterised by two lateral white stripes, and by the four-leaf clover on the front fenders and the large "Biscione" on the bonnet in the same colour. The double camshaft, 4-cylinder 1.3-litre superquadro (bore and stroke of 78 x 67.5 mm) with 97 hp, twin-plug ignition and Spica direct injection used a few components from the SA, including the drive shaft. The new model immediately became the object of desire for young men from upper class families: the list price of the Junior was set at 2,198,000 lire. For the "Autodelta" racing version the cost increased to 3,148,000 lire. Using Istat (Italian National Institute of Statistics) parameters, it corresponds to around 32,000 euro today. The smallest in the generation of lightened Alfa coupés proved to be almost unbeatable in its class – the 1300cc. The versions prepared by Autodelta with the same measures envisaged for the 1.6-litre GTA – starting with aluminium alloy panelling for the body work – developed a power around 165 hp, with a power delivery between 5000 and 8000 rpm. In 1974, with the introduction of the four-valve per cylinder head, the final evolution will reach the remarkable power of 180 hp. The victories in the Second division of the 1970 European Touring Car Challenger, with the Tuscan Carlo Truci and the following year with Gianluigi Picchi from Rome, appeared in the Junior's golden book. In 1972, the GTA Junior set the victory record in its own class: 8 races, 8 victories, including that at the 24 Hours of Spa-Francorchamps, that guaranteed the Milan-based company another Constructors' title.

The final and most powerful of the Giulia coupés was the 1750 GT Veloce, whose racing version was initialled GT Am, from "America". Derived from the 4-cylinder in-line 1.8-litre with displacement raised to the 2-litre limit, the engine developed a power of 240 hp at 7900 rpm and was fitted with fuel injection system: it was precisely this technology, which was already present in the road model, that made the choice fall on the GT Veloce America for the racing transformation. Compared with the first GTAs, which had aluminium alloy body work, the 1970 GT Am made itself admired for the spectacular and voluminous front and rear fenders made from glass fibre reinforced plastic, with which the engine bonnet and the doors were manufactured. The minimum weight imposed by the International Automobile Federation was sufficiently raised: 980 kg. And it will end up penalising it on the performance front at a few tracks. The GT Am's rivals in the European Touring Car Challenge were the Ford Capri RS 2.6 and BMW 2800 CS and also the smaller engined, lighter Ford Escort, which was fitted with the same 1.7-litre engine derived from the Formula 2 Cosworth and capable of producing 250 hp. In 1970, Toine Hezeman, a Dutch master of touring car races, taking advantage of the Italian coupé's reliability, won the title overall thanks to the regulations that rewarded the driver that reached the highest number of points in the three divisions. The following year, Alfa Romeo shined in the Manufactureres classification of the European Challenge, thanks to the division successes of the GT Am and the small GTA Junior. 1972 was the final season in which the GT Ams and GTA Juniors were officially lined up by Alfa Romeo. A few cars will subsequently be brought to race by private race teams, however, without upgrades or evolutions; this will only leave reserve positions and sporadic exploits for the 'Biscione's' lightened cars. It will be Ford and BMW that now dominate the touring car race scene.

A great project shines in the difficult climate of the 1970s
ALFASUD MIRACLE

It is quite rare that a true friendship is established between the very best technicians operating in car companies, due to the rivalry that surfaces sooner or later. For a long time Alfa Romeo had been the exception, with the incredible example of working ability and personal friendship established between the first three individuals of the technical hierarchy, engineers Satta, Garcéa and Nicolis. A relationship that Nicolis described as "true symbiosis". An identical relationship was shared by the engineers of the following generation, who joined Alfa in the early 50s and gradually reached the top: Filippo Surace and Domenico Chirico (both born in Reggio Calabria in 1928 and friends since school), and Carlo Chiti, from Pistoia, born in 1924. From the very beginning of their work at Portello, they stood alongside famous predecessors with the same spirit: great passion and a sound scientific base. It was the umpteenth confirmation that the commitment of individuals was a determining factor in Alfa Romeo's success. Surace and Chirico had a very similar professional path, still within Alfa Romeo, while Chiti, after three years spent at the Special Experimental Service (racing cars), received a call from Enzo Ferrari in the summer of 1957, who entrusted him with the Maranello company's technical director's office. The engineer from Tuscany was an unknown, but Ferrari - a great judge of men and discoverer of talent - had had perfect intuition: with Chiti in charge, Ferrari won two F.1 World Drivers Championships and one F.1 Constructors' Championship, as well as three sports car world titles. At the end of 1961, Chiti left Ferrari (he was one of the seven managers fired due to one of the most incredible events in the Cavallino's history) and in 1965 he returned to Alfa as Autodelta's director, the special department wanted by president Luraghi in order to return the "Biscione" to racing. Chiti would subsequently lead Autodelta to greater successes (listed in other parts of this volume), assisted by other engineers including, Garbarino, Gherardo Severi, Gianni Marelli and Luigi Marmiroli. After having re-joined Alfa, Chiti lived within walking distance from Surace, with whom he established a long friendship, which was probably also fostered by their shared technical versatility. Chiti and Surace were some of the researchers who brought about a theoretical approach, but nevertheless supported by scientific methods. After joining Alfa, Surace was flanked by engineer Gian Paolo Garcéa, the boss of the Experimental Service for mass-produced cars. However, Surace gradually added scientific research to his boss's practical knowledge and experimental methodology. A natural evolution: Surace was part of a generation that started to value the use of the computer, which he introduced at Alfa. To begin with it was a "big monster" introduced by the accounting department, which Surace used at the weekends for a never-ending series of very fast calculations, used to quickly find scientific answers to his technical issues relating to engines and chassis, but also to style and aerodynamics. At the end of the fifties, Surace and Garcéa developed the famous triple-shoe drum brake, which was more efficient and vibrated less compared to the usual twin-shoe brakes. It had been fitted to the Giulietta SZs, which were mainly used in racing, when the disk brakes fitted to the final series of the SZ had not yet been approved. In 1967, Garcéa took on the role of assistant director to Satta, leaving the running of the Research and Development Department to Surace, who – together with engineers Gabriele Toti and Aldo Bassi – ultimately lead Alfa towards modern development methods. After the death of Satta in 1974, Surace was promoted to Director of the Design and Testing Service and was effectively Alfa's number one for technical matters, with his friend and schoolmate, Domenico Chirico, becoming his deputy. Thus a new "team" of designers was created, motivated by the same passion of its predecessor, even though they unfortunately lacked the conditions to operate peacefully. At Alfa during the fifties Chirico, who had graduated from the Polytechnic University of Milan, specialised in heavy goods vehicles, but in 1962 joined the group of designers close to Satta, who assigned him to Nicolis for "special experiments". The development of the Giulia's engine stands out among Chirico's best work, which was designed for the new and more captivating Super model, for years Alfa's top model, starting from 1965. A seemingly simple, refined work, but which was rather complicated. It concerned increasing the power of the 1570 cc engine, which was adopted by the Giulia's base model, but without excesses, thereby preventing consumption varying substantially and, above all, giving an improvement in steering elasticity (most favourable maximum torque value).

Normally history recommended working on the "base" engine, in this case the Giulia TI's 4-cylinder engine with 90 hp at 6000 rpm and torque of 12.1 kgm at 4400 rpm: good values, but obtained at quite high speed. Thus, there was often the need to switch to a lower gear, in order to avoid slow acceleration – with a subsequent increase in consumption. The specifications forced Chirico to obtain an extra 8 hp compared to the TI's 90, but the original single carburettor fuel supply still lacked two or three horsepower and, more importantly, the torque worsened. At which point, Chirico had a brilliant idea: it did not start from the bottom, but from the top, that is, from the engine of one of the Giulia's poorest models – the 1600 Sprint GT, with two twin-choke Weber 40 DCO carburettor supply. Power: 103 hp at 6000 rpm, with 14.2 kgm of torque at 3000 rpm. By "fiddling about" with this engine, Chirico discovered the advantages of the "back-to-front" tune –up: he "found" 98 hp at just 5500 rpm, with excellent torque of 13.3 kgm at only 2900 rpm. Therefore a powerful, yet flexible and "economical" engine. In 1967 Chirico was totally occupied with designing the new Alfasud, while from 1976 onwards he was made responsible for every Alfa's mechanics, which he continued until the end of the eighties, when he was in charge of the "75" and "164" projects, prior to his retirement.

The fast Montreal arrives... slowly

For Alfa Romeo the dawn of the 70s arrived together with a remnant of the 60s: the Montreal's "almost" finalised model debuted at the Geneva Motor Show, this was a high-end coupé which had already appeared as a prototype model at the Universal Exhibition three years earlier. The story for one of the most renowned cars produced by Alfa is a little complicated; regrettably it did not have the success that it deserved, due to the years that passed between the designing of the prototype and its actual mass production, which did not occur until 1972. In 1967 the Universal Exhibition had taken place in Montreal and Alfa Romeo had been invited to present a new model by the organisers, which reflected "man's highest aspiration when it came to cars". A highly prestigious request, since the Exhibition was not strictly aimed at cars and Alfa had been the only car manufacturer to receive the invitation. Starting with the Giulia GT 1600's chassis and mechanics, Alfa then designed an interesting grand tourer inevitably named the Montreal, and entrusted its styling to Bertone, which in turn had used the imagination of Marcello Gandini, who was fresh from the success achieved with the Lamborghini Miura. Compared to the latter, the Montreal proved to be anything but a radical design: it had a sporty, yet unexaggerated nature, with a clear calling for fast and comfortable journeys. The car had nevertheless achieved the desired effect and in the wake of the Canadian success, the then president Luraghi was in favour of the mass production of the Montreal, though developed with a 2593 cc V8 engine (bore and stroke 80 x 64.5mm) derived from the engine of the 33 racing model and modified to make it "manageable" and flexible. In the final model, the Montreal had 200 hp at 6,400 rpm, which allowed it to reach 220 kmh. The introduction of the voluminous V8 in place of the Giulia's "small" 4-cylidner engine, however, forced Gandini to raise the front bonnet (the height went from 118 to 120 cm), an alteration that took a little momentum away from the car. A consideration that was also linked to the shell's final measurements: the mass-produced Montreal lost 8 cm in length (from 430 to 422 cm) and 6 cm in width (from 173 to 167 cm). The long series of revisions and the time that had elapsed since the presentation of the prototype dampened the initial approval, despite the presence of the exciting V8 and the remarkable driving performance, the umpteenth demonstration of the effectiveness of the Giulia GT's chassis. The oil crisis in 1973 further hampered sales of the Montreal, with 3,925 models built up to 1977.

In order to test the classic grand tourer's qualities of comfort and speed, in 1972 the monthly magazine Quattroruote organised a non-stop raid from Reggio Calabria to Lubecca on the Baltic Sea, in partnership with Alfa Romeo. A single "run" that particularly tested the skill of Bruno Bonini - Alfa's legendary test driver - who took less than 21 hours to travel the planned 2,574 km, at an average speed of around 140 kmh. Very high: at that time motorway speed limits did not exist, however, numerous routes had not yet been completed.

The Alfasud miracle

The idea of bringing the industry to Southern Italy- rich in manpower but equally in need of work - was the subject of discussion for decades. After World War II various initiatives were launched, particularly in the area of Naples, many of which got quickly into trouble. Giuseppe Luraghi, Alfa's great president, nevertheless had clear ideas: around the middle of the 60s it was already clear that in the near future the market would absorb more than double the number of cars, despite the recurring crises, compared to the approximate 1,300,000 units produced in Italy in 1966. The factory in Arese, even if upgraded as much as possible, would only have been able to build 1,000 cars per day - around 240,000 per year. Luraghi therefore looked further ahead to a production greater than 400,000 units annually, but ruled out the possibility that this result could be done through a potential factory in the north, which would have involved further immigration, without the buildings necessary to cope with it and thus inevitable social conflict. Hence in February 1966 the Alfasud project was created, which envisaged the construction of a new medium-sized car, in a range just below that of the Alfas built in Arese, but with performance and technology worthy of the brand's tradition. The plan was approved by Cipe (Interministerial Committee for Economic Planning), which awarded a subsidised loan of 150 million lire for the refurbishment of the factory in Pomigliano d'Arco, built in 1938 and originally intended for building aircraft engines. For the design of the car and factory Luraghi recalled to Alfa engineer Rudolf Hruska, who had left the company in 1959 due to a disagreement with IRI's management. He had then been contacted by Fiat who put him in charge of its subsidiary Simca. Hruska was universally recognised as an overall authority on everything car related: mechanical, chassis and body design, factory organisation, financial and personnel management, testing, sporting competitions and customer expectations.

Skills that were accompanied by a great passion for cars, which allowed him to complete the Alfasud operation (from nothing) in just four years, as he recalled during a highly acclaimed lecture, held at the National Museum of Science and Technology in Milan, in 1991, and from which we cite a few points: "Dr Luraghi could not supply the personnel, since Alfa's resources were tied up in the factory nearing completion in Arese. An initial response to the problem came from former Simca employees, which at that time had been sold by Fiat to Chrysler. It involved 28 people, nearly all Italian, who were very experienced in matters of personnel, organisation, technology, plant design and administration. For the car project, Dr Luraghi sent me engineer Domenico Chirico, together with some other technicians. (...) In mid-January 1968 the first plaster model presentation to Finmeccanica's management was made of a four-door car: a spacious model that was an "enlargement" of the Giardinetta model and all the required documentation, in which the total investment amounted to 300 million Lire, 60 million of which was intended for the product (project, prototypes and fine tuning). Four years were then available to create the product and the factory. (...) I would like to remind you that we went into production three months behind schedule because we had almost a million hours of strikes on the site, (...) while the financial statements showed a surplus of 25 million Lire compared to the planned budget. (...) The car should have been a small luxury car, with 5 seats and very spacious boot. It should naturally have been an Alfa Romeo (Hruska alluded to the temperament, editor's note). It was taken for granted that it had front-wheel drive and needed the longitudinal engine in order to easily produce the four-wheel drive model. And we were in 1967! (...) The opposed 4-cylinder engine was chosen because it had a low centre of gravity and was very well balanced. Hence it was possible to make a relatively low saloon car with good front field of vision. (...) For the styling I used Giorgio Giugiaro (owner of Italdsign, editor's note), with whom I had already worked when he was collaborating with Bertone". The Alfasud debuted at the Turin Motor Show in 1971, with a 4-cylinder engine 1186 cc, with 63 hp at 6000 rpm. Weight 830 kg; top speed – over 150 kmh. In the 2-door and 4-door models, fitted with engines which were increased to 1351 cc and then1490 cc , 900 units of the Pomigliano saloon were built, 925 between 1972 and 1985, plus 5, 899 units of the "Giardinetta" model – a spacious, yet little understood station wagon. In 1986, the likeable Sprint model was produced from the saloon version: a spacious two-door 4-seater coupé, equipped with a convenient tailgate and offered with a 1.3, 1.5 and finally, a 1712 cc engine with 105 hp and top speed of 202 kmh. Between 1976 and 1989 121,434 units were built.

Alfa never had the opportunity of producing a 4x4 model of the Alfasud, but when the 33 was designed, which borrowed all of the Alfasud's mechanical components, four-wheel drive had become popular. Thus the original choice by engineers Hruska and Chirico was appreciated: the 33 achieved remarkable success as a part time all-wheel drive model and then as the "Permanent 4".

Clash with politicians and trade unions

Alfasud's creation coincided with a long and difficult period of political and trade union mobilisation, succinctly named the "Hot autumn". It was the autumn of 1969, when the financial demands linked to employment contract renewal formed part of the most acrimonious and extreme fighting, which did not stop with its signing in December 1969. From the on the trade unions would become involved in the control and management of the factories, intervening not only in areas linked to the contract, but also in organisation and technology. The "works councils" carried significant weight both in Arese and at the Alfasud factory in Pomigliano, which employed around 15,000 workers. And the politicians were often a further obstacle. Alfasud's recruitment was an important example, recalled by Luraghi in an interview with the newspaper La Repubblica: "On the eve of the factory's opening, we had just managed to train the personnel, using all the training and retraining centres between Naples and Caserta. So we had pipe fitters, mechanics, electricians etcetera ready. We are ready to hire them, when Donat Cattin (the Rumor government's Employment Minister, editor's note) blocks everything. He says the employment offices have to do the hiring. It was crazy! They sent us people with criminal records, sick people and people who lived one-hundred kilometres from Pomigliano. It didn't matter, we still wanted to start and we would retrain the personnel..." A peer pressure that made Alfasud's first few years difficult, despite the model's excellent reception by buyers. The so-called "micro-conflict" was on the agenda and the absenteeism level at times reached 35%. It lasted until the real drama of 26 June 1977, when the Head of Employee Relations, Giovanni Flick, sustained leg injuries from two hooded terrorists while he was in his car in a remote area. An action the "Workers Fighting for Communism" claimed responsibility for. Management difficulties also influenced quality control for a certain time, with the famous "rust case" spotted on the bodies of the Alfasuds: the start of a negative reputation and which took years to forget. And yet the explanation was quite simple, as engineer Domenico Chirico recalled in an interview with Club Alfa Sport: "That business was a disaster! Nearly every week I had to transfer from Milan to Pomigliano, it was so tiring. (...) I arrived in January 1974 and they dismissed president Luraghi. Shortly after they dismissed Rudolf Hruska, who had been the factotum of all of Pomigliano (the Austrian engineer in truth had been "promoted" to director for all of Alfa Romeo's projects and testing: a prestigious role but that smacked of "promoveatur ut amoveatur" ("let him be promoted to get him out of the way"), editor's notes), even if he did not know why since he did not have anything to do with Luraghi. He had hired all of the managers, he was blessed with great charisma. He was a very special man: after having returned to Alfa from Fiat, he said to me one day: "I want to go to see the factory in Arese". And we went. Have you ever seen factory foremen who rush to hug a general manager, and a German to boot? (...) Kisses, hugs, almost tears, that is to say the man was a very special person. And they dismissed him. Various characters arrived in place of Hruska, who did not have the ability to become general managers at Alfa. With Hruska in Pomigliano, the rust would certainly have been removed much faster and the quality would not have nosedived, but the managers at the time seemed inactive. I often went to the production lines, I walked around and I never saw anybody from "Quality" checking what was happening: never! And in the end the workers, left to their own devices, made do as best they could. In my book I quoted what Achille Moroni, who was eventually sent by Arese to carry out the role of Quality Director in Pomigliano, said to me. From then on the rust was no more, since he had discovered its causes."

Refinements to the Alfetta and the new Giulietta

Two high-tech models, identical in many ways, except for their style, engine size and purchase price.

The Alfetta, which was named after the F.1 World Championship winning car in 1951/1952, debuted in 1972 fitted with a 1779 cc engine with 122 hp at 5500 rpm and top speed of 180 kmh. The Alfetta replaced the 2000 and was very well received. A truly brilliant car, it was the "queen" in the 2-litre saloon class. The public happily tolerated a slightly sacrificed occupancy, which was compensated for by the performance and exceptional drivability, even on wet road surfaces: the terror of the competition, especially that from abroad. The monthly publication Quattroruote, in this respect, described it as "the best in its class." Seeking to perfect the road-holding of the previous Giulias and the 1750/2000 (already very good, considering their age), Satta's team did not nitpick: front engine and gearbox-clutch-differential-brake disks unit (en bloc) positioned on the De Dion rear suspension, as in the case of the most recent F.1 Alfetta model. This improved the weight distribution on the two axles, while the De Dion suspension (an interim solution between the rigid axle and independent wheel suspensions), allowed the famous "unsprung weight" to be lightened (30% less compared to the1750/2000 with solid axle suspension), i.e. the brakes, suspension and components that transmit motion to the wheels. For the Alfetta's front suspension, an independent double wishbone suspension, which had been "enhanced" by longitudinal torsion bars in place of the ordinary telescopic dampers. A refined (and expensive) choice that had been abandoned by Alfa in the most recent 6C 2500 model in 1952. With this solution, the Alfetta had lost the tendency of the Giulia and the 1750/2000 to roll while cornering.

The new Giulietta was presented in 1977 with identical technical features, as well as very similar key dimensions (the same 251 cm wheelbase), the first wedge-shaped Alfa. In order to avoid "commercial cannibalism", the Giulietta's level of finish was slightly lower compared to that of the Alfetta (not excellent). The engine capacities were also different, the Biscione's typically excellent twin-cam engines: originally 95hp 1.3-litre and 109 hp 1.6-litre engines, respectively. Top speed of 166 and 174 kmh. In 1982, the Giulietta got a 130 hp 2.0-litre engine, which was the same as the developed Alfetta. The two cars also shared the VM petrol engine (1995 cc, 82 hp), adopted by the Alfetta in 1982 (first turbodiesel offered by an Italian car company) and the following year by the Giulietta. The latter was also offered as a 2.0 Turbodelta model, fitted with Alfa Avio exhaust gas compressor engine, with 170 hp and top speed of 206 kmh. However, at that time Alfa was already in trouble and only 361 models were built.

In total 379,691 Giuliettas were built between1977 and 1985, while the Alfetta reached a total of 475,722 units between 1972 and 1986.

The company continued to be a key technological player (the variable valve timing system for the distribution was an overall record in 1980), but between the seventies and eighties it had lost market share in the luxury end of the market, going from 1.91% to 1.56%. Altogether discouraging, seeing that BMW, which did not exist at the end of the sixties, had exceeded 4% of the market share. Certainly not the fault of the "Biscione's" technicians.

Alfa 6: excellent flagship, arrived too late
A MISSED CHANCE

The president Giuseppe Luraghi had proven that a state industry, if correctly run, could have as much success as a private company. After his resignation (1974), Alfa was not run in an equally careful way and the case of the Alfa 6 saloon is only one of the many confirmations. Maybe the most resounding, as this hulking saloon presented in in 1979 was a concentration of technical refinement: very good the 2492 cc V6 engine (160 hp at 5800 rpm), designed by the technical office directed by Giuseppe Busso, very refined the sharp and precise ZF gearbox and equally efficient the road hold, facilitated by the torsion bar front suspension and De Dion rear axle. The Alfa 6 had "flagship" features, but allowed a typically "Alfa Romeo" sporty drive, with the guarantee of a precise steering and four disk brakes from the German company Ate, each fitted with 4 pumps. A pity that "all sort of goods" equipped a saloon which was actually intended for sale in 1973, but was made available to the dealerships six years later! The long postponement had been prompted by the oil crisis, which begun at the end of '73 and caused problems for the market for cars with exuberant engines. In the meantime, the Alfa 6's features, which were certainly not beautiful in '73, were unacceptable at the dawn of the '80s. A big missed opportunity, given that the German competition was still struggling along in search of respectable performance and a safe road hold, especially on wet road surfaces.

The difficult relationship between races and State industry. But some reasoned with their heart
ENGINEER CHITI'S PASSION AND COURAGE

In the winter of 1963, in Feletto Umberto – a small village just outside Udine – the sporting adventure of post-war Alfa Romeo resumed after taking a break following the F.1 World Championships in 1950 and 1951. The then president Giuseppe Luraghi saw an opportunity for success for the brand in racing competitions. Luraghi had just come to a decision on the Grand Touring Berlinetta Giulia TZ with bodywork produced by Zagato, but did not want to remove people from series production, as did the technical director, engineer Orazio Satta Puliga. Therefore, he took the decision to entrust the assembly of the 'Tubular Zagato' models to an outside organisation: Autodelta. Founded in March 1963 by Lodovico Chizzola, an Innocenti dealer in Udine and by engineer Carlo Chiti, whose collaboration with the small and unlucky Italian car manufacturer ATS was already winding down, the company had a share capital of one million Lire, which was split equally between the two partners. The logistical headquarters was created in a warehouse at the back of the dealership in Feletto Umberto.

Giorgio Chizzola – Ludovico's brother and an engineer at Alfa Romeo's Experimental Department – maintained relationships with the parent company. The ever-growing sporting commitments would convince Carlo Chiti to transfer Autodelta to Settimo Milanese in 1965, which was not far from the Alfa factory in Arese. It was here that the racing TZ2s and Giulia GTAs were made. A year later, Autodelta was bought by Alfa Romeo and transformed into the Racing Department. The original name will nevertheless be used for the official team for a long time. Involving the Alfa Romeo brand in high level international competitions became a fundamental objective for Luraghi and his collaborators. Excluded from Formula 1, as being too far away from series production and with the grand touring TZ2 evolution ruled out, the choice fell on the sport category and on endurance races. The project that started towards the end of 1964 was identified with the code "105.33", more simply 33: the first racing Alfa Romeo, with a mid-rear engine, actually lined up in the race. The study on the "two-seater" spider, or "barchetta" according to the jargon in use at the time, was entrusted to the Experimental Design Department, with engineer Orazio Satta in charge, as well as the "Mechanical Design" department, managed by Giuseppe Busso. An original, suitably ovalised, three aluminium pipe chassis (200 mm section) was drawn up, which formed part of the asymmetrical H floor and which housed the rubber fuel tanks. The construction of the chassis was commissioned to a company in Palermo specialised in the aeronautical field: Aeronautica Sicula. The first tests of the 33 prototype fitted with the 1.5-litre four cylinders of the TZ2, carried out on Alfa Romeo's track in Balocco, were disappointing: the times were incredibly higher than the TZ2. In the meantime the definitive engine was completed, a new 1995 cc V8 (bore and stroke 78x50.4 mm). Its initial output was 240 hp at 9600 rpm. Thus configured, the 33 passed into the expert hands of engineer Carlo Chiti, head of Autodelta in Settimo Milanese. The technician from Pistoia straight away discovered some shortcomings in the project and only passed the V8 engine. He would have wanted to completely review every detail, starting with the suspension, especially the front part, however, he did not have time. Keeping the car that was ready, in March 1967 Alfa Romeo presented the 33 to the press on the Balocco circuit. The prototype, which featured an enormous rear air intake in the shape of a periscope in order to channel air to the engine, was not competitive in terms of road handling. The only thing that worked was the V8 engine. It must be said that, at the time, Italian constructors were concentrating almost entirely on the engine, being mainly dependant on it for speed. Conversely, the English were putting everything, or almost everything, on the chassis, and they would set the precedent. The 33's debut took place during an hill climb race, only a week after its presentation: the Fléron Hill Climb in Belgium, a race lasting little more than a minute. Test driver Zeccoli claimed the overall victory, one second ahead of a mammoth McLaren with a 4.7 litre Ford engine, which was a considerable gap along such a short route. To that surprise attack followed other hill climb races, but the 33 also lined up in important endurance races: Sebring 12 Hours, Targa Florio, Le Mans 24 Hours, Mugello Circuit and Nürburgring 1000 km. In the later Zeccoli and Roberto Bussinello achieved 5th place overall, the season's only result of any importance. The car was uncompetitive and it lacked reliability. Step by step, Carlo Chiti identified where and how to intervene. At the end of the year, the 33 evolution was ready. The bodywork, which was no longer open but with a roof, had a more aerodynamic shape and the large periscope had disappeared, the completely revised suspension ensured a better road holding and the power of the V8 was increased to 270 hp. We can safely assume that without the expertise mixed with the passion of the Tuscan engineer, the 33 today would have been remembered as a failure and not, as one of the most important racing cars of the late 1960s. Its debut took place at the Daytona 24 Hours, in the United States, in January 1968, and the Alfa Romeo sportcar was to be renamed 'Daytona'. The result in Florida highlighted the reliability attained by the 33, which finished in 5th, 6th and 7th place overall with the crews of Schutz-Vaccarella, Andretti-Bianchi and Zeccoli-Casoni-Biscardi, respectively. Decidedly more competitive than the previous model, the 33-2 was just shy of a resounding victory along the Targa Florio's 720 km: second in the overall standing, and first in the 2 litre class, with Ignazio Giunti and Nanni Galli. The two promising young men of Italian motorsport were narrowly beaten by the more manoeuvrable Porsche 907 of Britain Vic Elford and the Italian Umberto Maglioli. On a scorching Sunday in July of that year, on the spectacular rises and falls of the street circuit of Mugello, Alfa Romeo won a big international race from the days of the Formula 1 Alfettas, in which the Italo-Belgian Lucien Bianchi, the Sicilian Nino Vaccarella and, finally, Nanni Galli alternated in the 33-2, leaving behind the Porsche 910 of the Swiss Jo Siffert and Rico Steinemann after an epic duel. A couple of months later, the Alfa 33-2s pulled off another great performance by finishing in fourth, fifth and sixth place in the general classification of the legendary Le Mans 24 Hours, to which were added the first three positions in the up to 2-litre prototype class. The final performance would have been better if the two-seater of Giunti and Galli hadn't had to stop in the pits for 20 minutes to change a wheel bearing, thus giving up second place overall.

From the 33-3 to the 33TT12 Marche World Championship

Through his 33, Carlo Chiti had convinced the Alfa Romeo management that increasing the Biscione's involvement in international competitions was not only possible, but also worthwhile. The moment had come to compete on an equal footing with Porsche, Ford and, naturally, Ferrari. The period between the mid-Sixties and the early Seventies is rightly remembered for the feats of the great endurance races, which were experiencing a greater following compared to the Formula 1 Grand Prix. Thus Alfa Romeo's management approved the production of a two-seater spider by the middle of 1968, with an Avional and titanium chassis and 3 litre 400 hp V8 cylinder engine in light alloy. Named the 33-3, it was the weapon with which to aim for the World Championship for Makes. The car's debut, which competed in the prototype category, was tragically hit by the accident in which the Italian and naturalised Belgian driver Luciano Bianchi lost his life, crashing into a pole at the wheel of one of the two Autodelta 33-3s during preliminary testing of the Le Mans 24 Hours in March 1969. He was 35 years old and a Gran Fondo race specialist: the year before he had won the French marathon at the wheel of a Ford GT40 with Mexican Pedro Rodriguez. As a sign of mourning, the Milanese company withdrew its cars from the most famous race in the world. 1969 turned into a season of development and fine tuning. The 33-3's only significant placing came at the Imola 500 km, which was not valid for the Makes Championship and was reduced to 350 km because of a violent downpour: second with Ignazio Giunti, behind the Mirage with Ford Cosworth V8 engine (the same used in Formula 1) of the Belgian ace Jacky Ickx. Things went better in 1970, despite Alfa Romeo's prototype having had to face not only 3 litre engines, but also the more powerful cars of the sport category including, above all, the Porsche 917 and the Ferrari 512 fitted with 5 litre engines. Chiti and his men therefore had to settle for placings of a certain prestige: third place overall for the Dutchman Hezemans and the American Masten Gregory at the Sebring 12 Hours and second for the Italo-French crew De Adamich-Pescarolo at the Zelteg 1000 km in Austria - the final race of the Marche International Championship. The Italian engineer had already begun to plan the version for 1971 in the second part of the season. These were years of major changes in motorsport. New materials appeared and innovative construction techniques made an entry. Nothing could be left to chance, and ever-increasing investments were necessary. A boxed monocoque chassis was therefore designed for the new 33, just like the Formula 1 single-seaters, with aluminium and titanium panels. The fibreglass bodywork was made more aerodynamic with a square-shaped front and more streamlined rear. The use of light materials allowed the weight to be reduced by 50 kilograms, while the power of the 3 litre V8 was increased to 440 hp. This package of measures not only increased the speed but also improved the overall balance and therefore the handling, especially on winding circuits. The benefits of the Chiti treatment were already felt during the Sebring 12 Hours, where the 33-3s came in a surprising second with Galli-Stommelen and third with De Adamich-Pescarolo. The complete result was achieved a couple of weeks later, on the hills of Kent, in England: Andrea De Adamich and the Frenchman Henri Pescarolo won the Brands Hatch 1000 km, ahead of the Ickx-Regazzoni Ferrari 312 PB and the powerful Siffert-Bell Porsche 917. It was the first 'barchetta' Alfa Romeo success in a World Championship for Makes race. The 33-3s also won respect at the Monza 1000 km, finishing third, fourth and fifth overall. The Milanese spider was no longer a bit player, but a formidable adversary. The winding roads of the Madonie Circuit in Sicily confirmed it, where the local idol Nino Vaccarella and the Dutchman Toine Hezemans lead the number 5 33-3 to a resounding success in the legendary Targa Florio. Alfa Romeo finished 1971 with a third success in the championship: at the 6 Hours of Watkins Glen, in the United States, De Adamich and the young and very fast Swede Ronnie Peterson – regarded as the rising star of Formula 1 – finished ahead of the Porsche 917s of Siffert-Van Lennep and Bell-Attwood by two laps. From 1972 the World Championship for sportcars was reserved exclusively for 3 litre prototypes. With Porsche withdrawing, but only temporarily, the challenge in the endurance races was confined to Ferrari and Alfa Romeo: the horse against the big snake. Of the 11 scheduled races, the Maranello spider, in effect a Formula 1 single-seater with covered wheels, won 10 of them, leaving the Le Mans 24 Hours to the French Matra, and the Alfa Romeo 33 had to settle for a few placings. The following year also scarce on results. The reason was attributable to the difficult development of the new two-seater: the 33TT12. The boxed chassis was replaced with a tubular lattice structure from which the acronym 'TT' derives. The number 12 on the other hand indicates the new engine's architecture: 12 horizontally-opposed cylinders (called a "flat engine") with 500hp. Once again fitted with open bodywork, this solution allowed the car's centre of gravity to be moved lower down. The 33TT12's debut came at the 1974 Monza 1000 km with a spectacular hat-trick: Arturo Merzario and Mario Andretti ahead of the other Autodelta crews - Jacky Ickx-Rolf Stommellen and Carlo-Facetti-Andrea de Adamich. The Monza exploit would not be repeated in the other World Championship races. The new car's development proved to be more difficult than expected and the Alfa drivers will not go beyond a few creditable placings. However, the stubborn Carlo Chiti had thrown down the foundations for a revival. The 33TT12 was updated in all areas and the team was strengthened with the hiring of skilled and fast drivers. Alfa Romeo won acclaim in the 1975 season with six successes: it was ahead of everyone in the Dijon, Monza, Spa-Francorchamps, Nürburgring and Zeltweg 1000 km and at the 6 Hours of Watkins Glen.

The victories bore the names of Arturo Merzario and Vittorio Brambilla, the Frenchmen Henri Pescarolo and Jacques Laffite, the Englishman Derek Bell and the German Jochen Mass. Alfa's adventure in modern day competitions, which began a dozen years before in a warehouse in the Friuli countryside, had reached its highest point: the conquest of the Marche World Championship title. After the 33TT12 world champion came the spider 33SC12 in 1976. Developed on a new boxed chassis, which was an aluminium monocoque, the 33SC12 kept the tried and tested 12-cylinder flat engine, whose power had increased in the meantime to 520 hp. Before diving back into the Marche World Championship full time, engineer Chiti wanted to be certain about the car's mechanical reliability, which sure enough, started in a few races. The head of Autodelta, in truth, played for time: he wanted to find out about the specifications of the new technical regulations that introduced the "silhouette" car concept, full-blown prototypes derived from production models, which were certainly spectacular but very expensive and from which only the outer shape was kept. But there was more. Strongly supported by Porsche, the championship was split in two: in one the "silhouette" cars, in the other the up to 3-litre sportcars. Hence, in 1977, Alfa Romeo participated in the latter, which unfortunately turned into a secondary series, whether for the calendar that contained races over a medium distance of 400/500 km or 4 hours, or the lack of works teams. The competition was limited to the Chevron, March, Lola and Osella with 2 litre BMW or Ford engines, which were registered by private teams. Conquering the title was therefore a simple formality for the Milanese company: the 33SC12 comfortably won all of the 8 races in which it lined up. At the end of the season Alfa Romeo considered its involvement with the sport two-seaters finished.

An unhappy return to Formula 1

Carlo Chiti and his staff changed course to Formula 1, where, however, the brand of the 'Biscione' had already been working for a year, supplying 3 litre engines to the English Brabham team. Already in the past the Alfa V8 3 litre engines, the same as the 33-3 prototype, had been used in Formula 1: but these were failed attempts carried out by individuals. It seemed that things could go better with the Brabham. The Italian 12 cylinder was an excellent engine, enough to surpass the very popular Ford Cosworth V8 when it came to pure power: 520 versus around 480 hp. On the other hand, it paid for a greater fuel consumption and an encumbrance that was ill suited to the aerodynamic requirements of the new generation monocoques and the rapid success of side skirts, thus forcing designers to quickly review it. It was 1978 and the innovative aerodynamic system devised by the brilliant patron of Lotus, Colin Chapman, in order to literally "glue" the car to the ground, and which allowed an otherwise unthinkable cornering speed, made the difference. And what a difference. Not being able to change the single-seater because of the Italian engine (that had a greater lower encumbrance compared with the V8 Cosworth engines, which allowed better use of aerodynamic flows), engineer Gordon Murray, Brabham's ingenious South African designer, came to the rescue by inventing an original technical trick: a large covered fan, positioned on the single-seater's rear in order to increase the "ground effect". The device functioned so well that at the Swedish Grand Prix, Austrian Niki Lauda's Brabham-Alfa won with an overwhelming superiority. A few weeks later, the International Automobile Federation banned the odd device. Thus Chiti set up a V12 conforming to Formula 1's new technical development in record time. The dynamic Tuscan engineer, one of the most productive and creative technicians in the history of motor racing, and a personality of great human substance, had been involved for a couple of years in organising the full-time return of Alfa Romeo in the highest category as a constructor. Ettore Massacesi, president of the Italian company since the spring of 1978, gave the final go-ahead to the ambitious and very expensive Formula 1 programme. The 177 - a single seater with an aluminium monocoque – debuted at the 1978 Belgium Grand Prix, on the Zolder circuit. The 177 was entrusted to Bruno Giacomelli, a 27-year old Brescian who had made a name for himself by winning in Formula 3 and 2, but who had very little experience in Formula 1. The debut finished with retirement due to a mechanical fault. Soon after the 177 came the 179 with the new 12-cilynder at V. It was used until 1982 when it was replaced by the 182, wich was designed by the French technician Gérard Ducarouge: it was one of the first single-seaters with a carbon-fibre monocoque. The next 182T used a new turbocharged 1500 cc V8 engine capable of delivering 650 hp. Despite the refined constructive technology, the Alfa turbos of Andrea De Cesaris and Mauro Baldi amassed 18 retirements. It did not go at all better in the two-year period 1984-85, when the 183Ts were entrusted to the skilled Riccardo Patrese and the American Eddie Cheever, but were managed by the Italian Euroracing team, an organisation coming from the minor formulas. At the end of the 1985 season, the 'Biscione' pulled down the shutters. There were no longer means to continue. The dramatic industrial and financial situation in which the Alfa Romeo company had found itself for a few years had prevented the significant investments that involvement in the highest category required. Without them it was impossible to keep up with the competition or to hope for at least a decent competitiveness. Alfa Romeo's adventure as a Formula 1 constructor was thus not rewarded with any success. The situation in which it got closest was the 1980 United States Grand Prix, where Giacomelli had been forced to retire while in the lead. The final balance of so much commitment and a mountain of money left on tracks across the world is extremely disappointing. The moments of satisfaction can be counted on the fingers of one hand: three third positions, two seconds, along with two pole positions and one fastest lap in the race. Carlo Chiti left the Biscione after 20 years and founded Motori Moderni, a company that designed and produced racing engines. With its presence as a constructor put on hold, Alfa Romeo continued in Formula 1 until 1988 as an engine supplier to the small Turin team, Osella.

Alfetta GTV: snobbed but a winner in rallies and circuits
IT DOMINATES IN THE EUROPEAN TOURING CAR CHAMPIONSHIP

It did not have the charm of the Giulia Sprint GTA, neither did it repeat the same sporting achievements, yet the coupe version of the Alfetta lived through race events worthy of respect, both in its short adventure in rallying and in the longer, motor racing career. Designed by Giorgetto Giugiaro and launched in June 1974, the Alfetta GT began leaving its mark on the motorsport in 1975. Autodelta organized a department for the preparation of vehicles to be deployed in rallies, a very different specialty to that of the race track but interesting both from a technical and advertising-promotional standpoint. A first attempt saw Autodelta engaged in the preparation of an Alfetta sedan using the GTAm 2-litre 'narrow-head', with which Luciano Trombotto won the San Martino di Castrozza Rally. The transition from sedan to coupe was short. Having strengthened the driving team by hiring two European specialists, such as Amilcare Balestrieri, a former motorcyclist who became one of the strongest Italian rally drivers, and Frenchman Jean-Claude Andruet.

In 1975, Autodelta transferred to the Alfetta GT Group 2 – tuned up cars derived from the standard models – the experiences acquired with the sedan. The results came quickly with Ballestrieri's success in the Elba Rally, which runs on a deadly dirt track, and Andruet's third place in the Tour de Corse, the most famous rally on asphalt. However, in the following two years, Alfa Romeo's rallying side suffered a sharp slowdown, also due to the company's difficult economic situation.

In 1978, thanks to engineer Carlo Chiti, and the arrival of Mauro Pregliasco, quick and expert drivers in the art of fine tuning a rally car, the Alfetta GT conquered the Group 2 Italian Championship. It was a success in the category but worth a lot. That model should have been followed by the supercharged version with turbocharger, the GTV Turbodelta of which 400 were built and approved in Group 4, with a 280 hp engine and weighing 1,050 kg. Due to the difficulties encountered during development, its debut was postponed to the following year. Meanwhile, another well-known driver joined Pregliasco's team, Maurizio Verini, a former European champion with the Fiat 124 Abarth. The competition was qualified: Lancia Stratos, Porsche 911, Fiat 131 Abarth, Opel Ascona 400. The debut was promising: at the Costa Brava Rally in Spain, in February 1980, Pregliasco finished in third place, with Verini in sixth. And at the Targa Florio, that was no longer a speed race since a couple of years, Verini was third. The Alfetta GTV Turbodelta Gr. 4's day finally came in Romania, in the Danube Rally, where Pregliasco came in ahead of the agile Renault 5 Alpine. The season then reserved a long series of withdrawals due to mechanical failures. Basically the Turbodelta was valid, it counted on an excellent weight distribution between the front and rear axles, and the available hp was sufficient. But it suffered from poor reliability, and the poor performance of the turbocharger exchanger due to high temperatures not dissipated by the cooling system, the power fell dramatically.

At a meeting with engineer Chiti, Pregliasco pointed a finger at the turbocharger's efficiency, especially the delayed response. The poor competitiveness of the GTV Turbodelta was, in fact, an effect of the meagre financial resources destined for rallying as the Formula 1 commitment was using up everything. Furthermore, Alfa Romeo's president, Ettore Massacesi, did not like production cars converted for racing at all. Despite the improvements, including increased power to 330 hp, allowing it to flaunt a certain exuberance, and even a decent reliability, the GTV Turbodelta was withdrawn from the competitive scene at the end of the season.

Sandro Munari challenges the Safari Rally with the GTV6

A special rally version of the GTV6 was the protagonist of a truly unique and original sporting adventure. It's worth telling. The Italian champion Sandro Munari, the man of the four victories at the Monte Carlo Rally, had an open account with the legendary Safari, a fantastic Equatorial Mille Miglia that winds like a snake of red dust along the roads of Kenya. Despite having taken part 7 times, the 'Drago' was not able to conquer it. In 1983, Munari convinced Chiti to prepare a GTV6 Group 2 to be deployed in the Safari and to put together a small team of mechanics for assistance. The gruelling African race required the vehicle's special preparation: the shell was lightened and simultaneously reinforced; the suspension was fitted with double shock absorbers; the De Dion rear axle was raised in order to avoid the wheels sinking in muddy stretches; traction, which was of course on the rear wheels, was enhanced not by a limited-slip differential but a 'limited-unslip' one, more suitable on the mud. And again, the rear axle gear, complete with rigid axle, brakes, gearbox, differential, was arranged to be replaced in half an hour. The engine had more than 250 hp, its top speed, which was important on the endless straight dirt roads in the bush, exceeded 200 kmh. The route included 5 thousand km split into 87 competitive sectors. At the end of the first leg, 1,500 kilometres from Nairobi to Mombasa, Munari was surprisingly 6th despite the time lost in getting fuel as a mechanic had not fully filled the tank. Landing after a hump the next day, the GTV6 'Africa' engine stopped. Arriving after an hour, the assistance men were unable to solve the problem. Munari and team mate Ian Street had to raise the white flag due to a banal part of the coil having given in.

The GTV6 coupe takes all in the European Touring Car Championship

If it got little out of rallying, the Alfetta coupe put together a pretty good record of achievements in the European Touring Car Championship. The first step was setting up the Alfetta GTV in 'America' configuration, that was with a 4-cylinder 2-litre engine, with power raised to 185-190 hp, at Autodelta in 1976, for two Alfa Romeo dealerships in Florence: SCAR Autostrade and Autovama. Deployed in the European Touring Car Championship, the coupe Gr. 2 could be seen in its own division - the second for cars up to 2,000 cc - with 6 victories in 9 races. The sequence of successes, including the absolute primacy of Amerigo Bigliazzi and Spartaco Dini, the latter an old acquaintance of the times with the Giulia GTA, to the 500 Km of Vallelunga, delivered the continental title to Alfa Romeo.

The change in technical regulations and the introduction of the new Group A, more restrictive than Group 2 concerning changes and the level of motor development, mechanics and bodywork, knocked the Milanese coupes out. But they reappeared in the 1982 racing season as the GTV6 variant. The initiative, however, did not involve the parent company: President Massacesi was against derivatives from the standard production racing.

It was the Belgian of Italian origin Luigi Cimarosti, owner of Luigi Racing, who prepared the competition cars. Elio Imberti, a technician from Bergamo, preparer with the Jolly Club team that had always been linked to the 'Biscione', followed him shortly after. The GTV6 coupe's field of action was the European Touring Car Championship, split into several races of 500 km or 4 hours. The rugged and generous engine that reached 220 hp and developed a high torque combined with its excellent distribution, made it the car to beat in the second division; but valuable inroads into the overall classification were by no means rare. By taking advantage of experienced drivers, such as former Formula 1 Giorgio Francia, the unforgettable Lella Lombardi, who unfortunately died at only 50 years old from an incurable disease, and Gianfranco Brancatelli, as well as good quality gentlemen such as Maurizio Micangeli and Rinaldo Drovandi, the Luigi Racing and Jolly Club GTV6 built up positive successes. In the four years 1982-85, they put in 39 class wins in 49 races, the record of 12 centres out of 12 in the 1984 season, and they brought Alfa Romeo's Hall of Fame four European Constructors titles. Not bad for a model arrogantly snubbed by Alfa's top brass.

Alfa's most difficult period started in the early 1980s and culminated in 1986 when Fiat bought the brand
REVOLUTION AND FLATTENING

The one that hit Alfa Romeo in the late 70s and early 80s was an irreversible crisis. President Ettore Massacesi, an expert on labour issues rather than motor cars, who took over from Gaetano Cortesi on 30 May 1978, the enterprising ex-managing director of Fincantieri (called 'crabby' by his direct managers), was forced to resign - after just three and a half years of leadership - was not able to alter the company's fate.

Alfa Romeo was slipping towards the edge of an economic abyss, having ended 1978 with 134 billion Lire in deficit. These were years of great social and trade union conflict, and the Arese plant was one of the Italian metal workers' movement's key workshops; with massive wage demands and frequent clashes. There was also the serious problem of absenteeism; the phenomenon reached awesome levels, with peaks of over 30 percent. Production dropped and even reached 500 cars per day, compared with an industrial capacity of 700. It was clear that with such a difference it was impossible to distribute general fixed costs. Alfa cost more than it was producing. Strikes were also slowing down the assembly lines, although the number of hours was more than halved with respect to a few years before, they remained frequent. Picketing prevented the workers and employees who did not support the unrest from going beyond the factory gates. Department managers and workshop foremen underwent constant intimidation. In June of 1981, at the height of negotiations between the company and the unions, engineer Renzo Sandrucci, Alfa Romeo's work pattern manager, was seized in Milan. The Red Brigades' 'Walter Alasia' division claimed responsibility, and their members would be indicted in 1984, with a trial that would end with 19 life sentences. Sandrucci was released, unharmed, in late July, but many problems remained.

The union agreement of 1981 should have marked a turning point at Alfa, restructuring the work pattern. The agreement provided for: increased production to 620 units a day, an increase in wages, the establishment of production groups, elimination of downtime, car painting passed from '4 to 3 hands', the turn over block, plus the introduction of a unique category of workers: the so-called 'battipaglia'. These were workers that replaced colleagues who, for various reasons, moved away from their workstation.

According to a custom introduced by President Massacesi, expensive market research was also commissioned from international consultancies. One of these, drafted by the American 'Arthur D. Little', who was to be met again in 1986 as a consultant to assess offers from Ford and Fiat to acquire Alfa, was entitled 'Study on the automotive scene for the decade and characteristic requests to a manufacturer such as Alfa Romeo'. That copious analysis would be just one of many unnecessary expenditure items. The 'negotiated restructuring' plan devised by Massacesi, who before being parachuted into Alfa Romeo had never held an executive role in a company, let alone one making cars, and his managing director, Corrado Innocenti, failed as efficiency and production recovery, indispensable conditions for the survival of the brand, proved to be too slow. In command, or indeed governing the Arese plant, just like in all state-owned companies, were the trade unions, who set out the terms: in 1982, when the plant had its highest number of employees, more than 19,000, the works council had a record 400 representatives.

The picture was made even bleaker by Finmeccanica's choice to strongly reduce investments in new models. It is in this company, and social climate, that two projects were approved in 1982: a midsize sedan, to be achieved by exploiting the Alfetta material, and a slightly smaller one. They were the future 90 and 75, the latter to be assembled with as many parts as possible of the previous Giulietta.

President Massacesi failed to keep the promise to straighten out the Alfa Romeo accounts, over four years after his arrival. Design and production in Arese were severely limited by the so-called 'economy of scale'.

The task of transforming the successful Alfetta's mechanics, into the new sedan 90, was given to Carrozzeria Bertone. The transformation was strongly influenced, so much so that it would keep the same Alfetta door line as the previous 1972 version. The end result - at least in terms of style - was modest, precisely because of the many restrictions imposed on it by the original chassis. The new Alfa did not get much applause when it debuted at the Turin Motor Show in 1984. It was considered a simple restyling of the Alfetta. Mechanically, however, the sedan was still leading the way with the complex 'transaxle' system, that is the 'front-engine rear-drive' arrangement, with the gearbox/differential unit placed at the rear, in its turn based on a De Dion design: these were choices that ensured an enviable grip on the road. The engines were the same as the Alfetta range: the fuel-injected petrol driven 4-cylinder 'twin cam': 1.8 with 120 hp and 2.0 with 128 hp. The generous 2.5-litre V6 with 158 hp and the 2.4 Diesel, supercharged by 112 hp turbo, stood out. The latter was made by VM company.

The unattractive style and the mediocre level of finish, put the Alfa sedan out of play immediately, not only with respect to the Lancia Thema, but also with the direct competitors Audi, BMW, Mercedes and Volvo. All were manufacturers who were producing more and more technologically advanced cars and, a very important detail, with bodies which were wider and wheelbases greater than the 164 and 251 cm of the 90 model. The increased dimensions translated into a more pleasant and modern appearance, and in more interior space.

The financial situation of the Milan company was still serious and the 90, of which just 56,428 units were built between 1984 and 1987, did not help to improve the balance sheet. 1984 ended in deficit again: 80 billion Lire to be added to the others, making the losses in the 1985-86 biennium, more than 300 billion Lire per year. There was a growing lack of confidence and in Europe several dealers pass to the competition. The sales network and assistance was, in fact, left to itself. Massacesi also attributed the crisis to the growth of inflation in Italy, which was more than the increase in the price of cars. But unhappy industrial choices of the brand, including the tragic experience of the Arna, certainly weighed much more heavily in Alfa's sinking. The milestone of 220,000 units per year, to reach at least breakeven point remained a mirage, and the countdown of the short trip towards Fiat started.

If the top Alfa executives were an expression of Italian politics, the technical pool fortunately still included excellent designers, who achieved much from very little. The demonstration came with the compact 75 sedan in 1985: its title recalls the 75th anniversary of the founding of Alfa Romeo and was truly a curious twist of fate as the commemorative model of the 'Alfa', would remain the last real Alfa Romeo for 30 years. Although the 75, as with the 90, was actually a car that started from a past project: the body shell was the same as the Giulietta, which also incorporated the 'outline' of the doors. A new 'skin' was placed on the body, that is the outer metal sheets which gave the car a new form constrained, however, by the measurements of the previous generation model. The mechanics - front engine, rear wheel drive and transaxle group placed at the rear – was derived from the Alfa 90, and so the Alfetta. The successful wedge shape, low snout and high tail, and lines (geometric and tense), were designed by Alfa Romeo's Style Centre, managed for a decade by architect Ermanno Cressoni, who was already respected through the 33 and the Giulietta. The 75, last rear-wheel drive sports sedan built at the plant in Arese, was immediately met with favourable comments: it was a 'real' Alfa in its preparation and drive, and would prove to be commercially successful, with over 375,000 units in two subsequent series.

In the second half of the 80s the car market underwent a profound transformation: the competition was strong, the manufacturers' choice was large and now covered all segments, customers demanded more engine power and fittings from the same model. Alfa Romeo didn't let itself be caught off guard: the 75 was sold with enough choice of engines to meet the demands of new and old Alfa enthusiasts. There were the immortal 4-cylinder 'twin cam' 1.6-litre, 110 hp, 1.8-litre120 hp and 2,000 cc 128 hp; 2-litre turbo-diesel 95 hp and the superb 2.5-litre V6 with 156 hp. Since supercharging by turbocharger in sports competitions was well established, with its obvious diffusion in production cars, the 75's list was not without a specific version: the 1.8i Turbo that delivered 155 hp and a top speed of 205 kmh. Appreciated for its liveliness coupled with good road holding, it would remain a legend among fans of the brand, and even more so in the 'Evoluzione' version, 500 units of which were produced in 1987.

The most suitable engine for buyers proved to be the excellent 4-cylinder 2-litre Twin Spark, that is literally with two spark plugs per cylinder. The choice was sort of an offspring of the economic hardship Alfa was going through. Not being able to build an expensive 4 valves per cylinder head, as the market and competition imposed, the Arese technicians dusted off and adapted to mass production, a technology used in racing engines: a twin spark plug, which in terms of efficiency and performance, was as valid as a 'multi-valve'. Some versions of the 75 were fitted with the excellent 2.5-litre V6 engine - 154 hp, then raised to 183 - for North America, but which was also appreciated in Europe. Called 'Milano', the sedan for US Alfa enthusiasts was equipped with special bumpers required by US law.

The last true Alfa Romeo of the pre-Fiat era, the 75 was taken off the scene in 1993.

Alfa passes to Fiat

1985 was Alfa Romeo's annus horribilis. The accumulated debt, approximately 1,500 billion Lire, had brought it to its knees. Being in an irreversible crisis, IRI decided to sell it. Negotiations were started with Ford in Detroit, but it would be Fiat who took possession of the glorious Alfa brand. The Turin group's balance sheet was very strong: in 1986 it had a turnover of 29 thousand billion Lire with an operating profit of almost 3 thousand billion, and formidable liquidity available. The acquisition of Alfa Romeo by Fiat took place in November 1986, in a way that is still unclear in many ways. Massacesi and his 'deputy', as well as Managing Director, Giuseppe Tramontana (in the company since 1985), were those that aided the passage. Romano Prodi, IRI's number one and future Prime Minister, was coordinator who basically was forced to favour the Fiat Group over the American Ford, simply due to the best (theoretical) economic offer. An absolute condition for a state owned company. Although the deal was not proving easy, on paper the Detroit company offered better prospects for the company and for the approximately 30,000 employees, divided between Arese and Pomigliano. In May 2001, in an interview with the Italian newspaper 'La Repubblica', Romano Prodi said: 'I wanted to sell the Alfa Romeo to Ford, but they did everything they could to stop me, and they did it. Whereas, if there had been more internal competition, everything could be better today; certainly the Italian economy would be better, but Fiat too'.

To acquire the legendary Alfa, the Fiat group would have to spend a nominal 1,750 billion Lire, of which 700 to pay off the debts, while the remaining 1,050 would be paid only after January 2, 1993 and would be distributed over five years. As a result of the division into instalments, the legendary Alfa's takeover cost Fiat actually less than half of the agreed price: 450 billion lire. An investigation by the European Economic Community, conducted in 1987, established that 'The present value of the purchase price paid by Fiat appears substantially lower than the current value of the price offered by Ford'; more than a sale, almost a gift.

Between 1976 and 1986 (despite the substantially increased production), Alfa Romeo had literally burned 15,000 billion Lire, the equivalent purchasing power of a dozen billion current Euros. Pouring rivers of money, conditional on reorganization plans and business development which until then had proved inadequate, the public shareholder, controlled by the governing political class, had been the main culprit of Alfa's lengthy death throes. As a European Economic Commission had established, and made known in May 1989.

Alfa Romeo's 'fiatisation' began on January 1, 1987: the day the transfer of ownership became effective. What happened? Apparently nothing. However, it so happened that the famous 6 thousand billion Lire investment promised by Fiat for the relaunch escaped any control. It also happened that engineer Vittorio Ghidella, the executive who had made of Fiat the 'goose that laid the golden egg' due to very successful commercial models, and who had devised a bold plan to relaunch Alfa (especially in the 'premium cars' segment), clashed with Cesare Romiti the managing director. The former wanted to focus everything on cars, and also thought of an industrial partnership with Ford; the latter, well introduced in political circles, aimed at finance and diversification, not related to the automotive industry. Ghidella left Fiat in November 1988: in the contest between the two, President Gianni Agnelli's preference was not for the car enthusiast engineer, but the strong man, or Romiti, who began dismembering Alfa. The end of an era, engineer Orazio Satta Puliga, head of the Projects Sector from 1946 to 1972, summed up with these eloquent words: 'Alfa Romeo is not just a car factory, its cars are something more than conventionally built automobiles'.

From then on, all, or nearly all, would be conformist. Alfa Romeo would share platforms, chassis, suspension and more with Fiat and Lancia. And they would have to give up the rear-wheel drive, judged too costly for a non-specialized manufacturer. The slowness in the replacement of models over time, would later suggest the Turin group's lack of interest in the historical Milan company, treating it as a finally won rival brand.

164: first front wheel drive Alfa

The First 'Fiatised' Alfa Romeo product debuted in 1987. Called 164, it was the first Alfa flagship to have front wheel drive. The project was approved by the Arese engineers before the arrival of Turin and given the economic situation that prevented investment in new platforms, provided for the use of a structure built by Fiat in collaboration with the Swedish Saab, and as much as possible of the Alfetta mechanics. Taking advantage of the industrial synergies, the 164 model was then reworked and finished by the new owners, which used the Fiat Croma and Lancia Thema platform, both front-wheel drives. The Milanese flagship's line, was Pininfarina's responsibility, who applied some of its typical key concepts: the right balance between elegance and sportiness. The Alfa 164 was also admired for its spacious, comfortable and soberly finished interior, that befits a 'premium car'. To ennoble the sporting spirit, even Enzo Ferrari went out of his way to be depicted next to the new car. It was one of the last photos of the Maranello Manufacturer, who passed away on 14 August 1988.

As for engines, the flagship boasted the 2-litre Twin Spark 145 hp, the V6 3,000 cc with 188 hp and the 2.5-litre turbo-diesel with 114 hp provided by VM. In 1988, the 164 inherited the 4-cylinder 2.0 litre turbo with 171 hp (anti-VAT at 36%) from the Lancia Thema but Alfa enthusiasts would appreciate more the turbo version offered in the new range in 1991: the famous V6 designed by Giuseppe Busso was actually adopted, in the 2.0 litre version with 201 hp (speed 240 kmh). Despite the size and the 'all up-front' mechanics, the Alfa 164 was admired more for its good road holding, even though with the more powerful engines understeering, typical of front-wheel drives, was inevitably accentuated. The 164 was also prepared in a Q4 four-wheel drive version, or rather 'Quadrifoglio' 4WD, powered by the V6 3-litre with 232 hp. The same powerful engine, which featured four valves per cylinder, was fitted to the 3.0i V6 24V version, which touched 250 kmh.

In terms of sales, the 164 proved to be quite successful, with 260,000 units built during the 1987 and 1997.

155: a model that disappointed Alfa enthusiasts

The die was cast, and there was no going back; and the second 'Fiatised' Alfa Romeo became inevitably an assembly operation. Named 155, the mid-range sedan debuted in 1992. It was assigned, without much conviction on the part of the Alfa 'old guard' but with the confidence of the new CEO of the Fiat Group, engineer Paolo Cantarella, the difficult task of taking the place of the established 75. The new 155 had a hard time in being recognized as an Alfa. The so-called industrial synergies and economies of scale gave it the floorpan, independent wheel suspension and the same transverse front engine, front wheel drive layout as the Fiat Tipo and Tempra and Lancia Dedra. The wheelbase and floorpan size were constraints that did not allow designers I.De.A Institute of Turin, specialized in industrial design, much room for manoeuver when asked to define the body lines. The end result was anything but exciting: the wedge form was borrowed from the 75, but proved to be discordant while the tail was too massive and unbalanced compared to the front. In short, it lacked personality. The finishing touches were of poor quality, never improved over the car's lifetime and the reason for Cantarella's resentment when at a presentation of the model at the Balocco Experimental Centre, he was unimpressed by a window seal 'waving' on its own.

The 155 only kept Alfa Romeo's 4-cylinder, 'twin-cam' Twin Spark, 1.8 and 2 litre engines and the timeless 2.5 V6 with 163 hp; the rest was Fiat, like the 2,000 cc 16-valve turbo with 192 hp, fitted to the four-wheel drive version, which used the same four-wheel drive system as the Lancia Delta 4WD. From 1993, the range would also include the 1.9 and 2.5 litre diesel engines. Between the first and second series, a little over 192,000 units of the controversial 155 were produced in the plant at Pomigliano d'Arco.

The 156 restored a little of the image

Despite a decade having passed from Alfa Romeo's entry into the Fiat Group, a 'generalist' manufacturer, forced to deal with cost containment and the global market, the most diehard Alfa enthusiasts continued to hope for a breakthrough, in a model that picked up the tradition of the sporting Alfa. If the return to rear-wheel drive, decidedly expensive and for this reason exclusive to a few elite brands, was out of the question, trying to awaken the interest around a brand that still enjoyed a great attraction, would seem possible. Born in Lecco in 1951, Walter de Silva was a designer who joined Alfa Romeo just before it passed into the hands of Fiat. He dealt with the style, and the external shape of a car, though was little known internationally. His name, though known among experts, began to cross the confines of Arese with the presentation of the new three-box configuration sedan, known as156. Apart from that period, following the creation of the FCA group, it is still considered the most successful Alfa Romeo from the Fiat era. Starting from the front grille, de Silva's pencil drew balanced, rounded lines, which gave a fair, sporting look; and he introduced a bold and original stylistic solution: the rear door handles were hidden in the window pillars.

The 156 was not only attractive, so much so that it won back the hearts of many Alfa enthusiasts, but was also technologically advanced. The platform was shared with other models in the Fiat group, but the changes made specifically to the floorpan, such as the new independent suspension, with front 'wishbone' and rear MacPherson struts, made it more suitable to the model's class and sportiness, giving it impressive driving dynamics. Cornering was quick, steering direct, precise and immediate. The front-wheel drive, which tends to bring the drive wheels to the outside of the trajectory, extending it, was reinterpreted with a touch of progressive understeer according to the travelling speed, which was always easily controllable. Road holding and the compromise between comfort and stability was high, but practical use of the rear seats was less remarkable, making it more suitable for two passengers, and so was the choice of some materials that lent a quality not in keeping with the type of vehicle, and therefore lower than the standards of direct German competitors, namely Audi A4, BMW Series 3 and Mercedes C-Class. The latter were dominating the medium and high class sedan segment. Furthermore, the boot was less roomy than the 155's. However, the new car was the first Alfa that had a Selespeed semi-automatic manual sequential gearbox developed by Magneti Marelli, that was much faster than a traditional gearbox.

Where the 156 seemed able to play its cards better was in its more affordable purchase price compared with its German rivals, and the diesel engine, being fitted with a direct-injection fuel system called 'JTD', which stands for 'Turbo Diesel Unijet'; better known as 'common rail'. Designed and developed by Magneti Marelli, this innovative system's patent was sold to Bosch in 1994, who had supplied it exclusively to Mercedes: Fiat had not considered its industrialization profitable!

The device allowed for higher power and at the same time a significant reduction in consumption. Thanks to the 'common rail', Diesels took a major leap forward, matching petrol engines in terms of performance. The choice of engines for the 156 was extensive: from the 4-cylinder 16-valve cylinder head 1.6 Twin Spark with 120 hp to the V6 2.5-litre 24 valve with 190 hp, going on to the 1.8 and 2 litre units; the 1.9 Turbodiesel with 105 hp and 2.4-litre with 5 in-line cylinders with 136 hp. Some of them were the so-called modular models built by Fiat in its Pratola Serra plant, in the province of Avellino. The gritty top of the range GTA came in 2002, propelled by the legendary 3.2-litre V6, also called 'Busso', after its legendary designer (who joined Alfa in 1939!), capable of 250 hp - truly remarkable power for a front-wheel drive - and able to give it a maximum speed of 250 kmh. There would be a total of twenty-five engines that would power the Alfa sedan during its eight-year career. Favoured by more than 600 thousand customers, also produced in the Sportwagon, that is station wagon and four-wheel drive variants, in 1998 the 156 was awarded recognition as 'Car of the Year'.

A waste of time called 166

The last flagship of the Fiat era that bore the snake (biscione) symbol, in 1988 the 166 entered and left Alfa Romeo's history without leaving an indelible mark. If the 164 still had its own personality, the large new sedan looked like a wrong and anonymous evolution of the 164, that didn't scare the competition. It was designed around the Lancia Kappa's floorpan by the Arese Style Centre, and assembled in Fiat's Turin based factories of Rivalta and Mirafiori, the 164 was born old. The anonymous line, and mechanics that began to feel the effects of time, did not leave them any chance to break through in the high end that put style, finishes and cutting edge technology before roadworthiness. With an unambitious design and insufficient investment to hold up in the 'premium' car market, the flagship remained in production for a decade, and sold a total of one hundred thousand units. A blow below the belt to Alfa Romeo's reputation.

The ambitious 147

In visiting the 2000 Paris Motor Show, it was said that the President of France, Jacques Chirac, stopped to admire it and exclaimed 'C'est magnifique'. The object of so much attention - a Frenchman that praises a foreign product is an unusual occurrence - was the Alfa Romeo 147, the new compact hatchback, which should have brought Alfa's sales to 480,000 units over three years. As stated by the then managing director of Fiat Auto, engineer Roberto Testore, in a burst of optimism, this model should have strongly contributed to the return of the brand in the US, then absent for a decade. Instead, another fifteen years would pass before Alfa Romeo was talked about again in the US.

Turin bet heavily on the 147, and although it was a relatively inexpensive model, the same platform and the same costly suspension of the 155 sedan were used. This choice would make the Alfa hatchback a car with unattainable road holding capabilities for many competitors, starting with the category's great protagonist: Volkswagen Golf. Initially a two-door hatchback designed by Walter de Silva and the younger German designer Wolfgang Egger, already engaged at the Lancia Style Centre, the body design was followed a year later by the four-door variant. The rear end was especially successful, where the stylistic solution termed 'outboard' stands out, that is the hint of an overhang between the bumper and tailgate: it would set an example. Four petrol engines were fitted to the 147, including the 2.5-litre supercharged V6 with 250 hp for the special GTA sports version, and even seven turbodiesels with between 100 and 170 hp. It was winner of the 'Car of the Year' journalistic award in 2001, and the Alfa Romeo 147 went out of production in 2010, after more than 650 thousand units had been sold. Not so few.

The Alfa Arna case
How to damage a brand

Who knows if any scholar of automotive phenomenology will be able to explain, sooner or later, why Alfa Romeo had replaced the Alfasud with the Arna in 1983. Maybe it was because the new Italo-Japanese model, with the same length (400 cm for both) and same engine type (the 63 hp 1200 boxer), was wider by 3 cm and had a 1cm larger wheelbase? The general features of the two models were practically identical and, furthermore, the Arna (Alfa Romeo Nissan Auto) adopted the Alfasud's engine and front end. The latter's features dated back to more than 10 years before, but at least it did not lack personality. The production data is enough to confirm the negative opinion on the Arna's style: in four years Alfa Romeo produced (in the new, purpose-built Pratola Serra factory!) 58,810 cars, including those sold as the Nissan Cherry. Between 1980 and 1984, more than 258,000 samples of the Alfasud, by now considered to be close to the end had been built, in the saloon version only, without considering the "Sprint".

"Arna and you're instantly an alfista", said the advertising slogan: few people followed it.

From 1987 to 2007, Alfa kept competing in championships for elaborate sedans with the 75, 155 and 156 models
CHALLENGING THE GERMAN CARS

From Autodelta it went back to the old name of Alfa Corse. That is how, in the mid-eighties the sports division was renamed in Settimo Milanese, now under the technical direction of Gianni Tonti, born in Novara in 1942, who was the technical manager of the Lancia racing team for over twenty years. In addition to the Formula 1 engines – a commitment that was at its end – the Formula Alfa Boxer was made. Designed by engineer Giorgio Stirano, the single-seater 'one-brand', mainly intended for young drivers with karting experience, had the 1.7 litre 'boxer' standard engine, with 123 hp fitted, which was later equipped with a 16-valve cylinder head with 150 hp. In 1986, before Alfa's transition to Fiat, the Arese plant prepared a racing version of the new berlina 75. Prepared based on the 1.8i Turbo model according to the technical specifications of Group A, much more restrictive than the previous Group 2, the car was designed for the following year's World Touring Car Championship. 500 red painted road cars of the 75 1.8i Turbo Evoluzione were then made for international omologation: 1,779 cc 4-cylinder engine, supercharging by Garrett turbocharger, power 280 hp; braking system with large diameter discs; roll-bar protection also calculated in order to stiffen the chassis; bodywork with aerodynamic spoilers; empty weight 960 kg. The Alfa Evoluzione would compete against two of the most advanced design models: the Ford Sierra RS Cosworth, 2-litre turbo, 370 hp then raised to 450 with the RS500 version, that would have appeared mid-season; and the BMW M3 berlinetta designed specifically for racing, aspirated 4-cylinder 16-valve 2.3-litre engine, 280 hp, advanced chassis and suspension.

In the 1987 World Touring Car Championship, which provided for races of 500 km or four hours, in addition to the classic 24 Hours of Spa-Francorchamps, Alfa Romeo lined up 6 private and works cars, the former still assisted directly by the racing division. Despite having talented drivers like Nicola Larini, Gabriele Tarquini, Alessandro Nannini, Jacques Laffite, Paolo Barilla, Jean-Louis Schlesser and Giorgio Francia, the 75 Evoluzione was unable to join the struggle for victory. And in the aftermath of the Tourist Trophy at Silverstone, England, where Larini and Francia finished overall in third place, the Alfa Corse stopped and would not take on the final races in Australia, New Zealand and Japan. The 75 Evoluzione's performance was wholly disappointing. The causes? Mainly the De Dion rear axle, definitely refined but an old design, difficult and complicated to adjust in a race car; then the delay in response of the turbo and the brutal delivery of torque. However, the Alfa 75 Evoluzione continued to compete in private teams, in the Italian SuperTouring Championship until 1991, supported, however, by Alfa's racing department.

The 155 V6 Ti that beat the Mercedes

Greeted with some reluctance by Alfa purists, who considered the Fiat mechanics and front-wheel drive incompatible with the spirit of the Alfa, the Alfa Romeo 155 sedan required some advertising and promotional support. Well then, what better than competitions to give it a sporty image? It also needed to replace the 75 Turbo Evoluzione that, with the exception of the 1988 season, continued to be beaten by the unbeatable BMW M3 in the Italian SuperTouring Championship. By using the powerful four-wheel drive and the 2 litre turbo engine, with power increased to 400 hp, from the Lancia Delta HF Integrale that dominated in rallies, and dramatically changing the standard body until it became almost unrecognizable, Alfa Corse put the 155 GTA on the track. And it immediately took its revenge by beating the Bavarian sedan hands down at the Italian SuperTouring Championship. Too bad that at the end of the season the regulations changed and the Alfa comeback found itself without a future. Giorgio Pianta, a popular former driver with a long career on track and in rallies, head of Fiat-Alfa-Lancia motorsport division, found a new field of action for the 155 GTA: the DTM championship, which stands for Deutsche Tourenwagen Master, that is the German Touring Car Championship. Invented in 1984, and immediately rising to a very spectacular level through the presence of the manufacturers' official teams such as Audi, BMW, Opel and Mercedes, the DTM still maintained a German dimension, but needed huge investments. Both front or rear wheel drive cars with aspirated engines, and not more than 6 cylinders, 2.5 litres of swept volume were permitted. Alfa Romeo spared no expense and prepared a car that proved to be competitive already in the first test, namely the 155 V6 Ti, better known as 155 DTM. Developed around a frame of steel pipes, covered by a carbon fibre shell that echoed the "silhouette" of the standard production model, the car was fitted with a 24-valve V6 engine designed by engineer Giuseppe D'Agostino, capable of delivering 420 hp. BMW being absent through protest with the organizers, and the Mercedes with the now dated though still competitive 190 2.5 Evo2, the 1993 DTM turned into a triumph for Alfa Romeo: Nicola Larini won the title by winning half of the 20 races on the calendar, including the two debut, on Zolder's wet asphalt in Belgium, while the Alfa branded successes amounted to 12, also thanks to Alessandro Nannini's two successes. It would have been hard to do better.

The following season, the Alfa expeditionary force had to deal with Mercedes' new weapon, the C-Class V6 with 420 hp, advanced aerodynamics, weighing a lot less than the 155 V6 Ti. Despite Alfa Romeo scoring more wins than their rivals, the season ended in the hands of the top driver of the three-pointed star, Klaus Ludwig. Even 1995 ended without a first place. Alfa Romeo's adventure in the DTM continued until 1996, when the series was renamed ITC - International Touring Car Championship - and Alfa's German driver, Christian Danner, saw the title escape him in the last race.

In the last two years of operation, the 155 V6 Ti experienced a continuous evolution - the power of the V6 got to 520 hp and the frame was completely remade - especially in terms of electronic devices, including an experimental laser controlled ABS system, which should have allowed a precise reading of the imperfections in the road surface, ensuring, in theory, perfect braking. Too complicated to adjust individually and, above all, difficult to make them interact with one another, so much so that it compromised the overall reliability; at the end of the day, the 'hi-tech' devices penalized the cars' performance. Stopping the155 DTM adventure was decided at the end of the 1996 season, also due to the unsustainable costs.

Fiat decommissioned Alfa Romeo's racing department in Settimo Milanese, and sacked Giorgio Pianta, head of sporting activities and big proponent and supporter of the costly DTM programme.

In 1993, Alfa Romeo had also prepared another competition version of the 155, called TS. It bore the D2 initials, and was prepared precisely according to the Class D2 Technical Regulation (Division 2) of the International Automobile Federation, which only admitted mass produced 4 door sedans, with a 2-litre aspirated engine, and no modifications to the original body.Made by Abarth in Turin under the technical direction of engineer Sergio Limone – these were the expert men of the former Lancia Rally Team – Alfa's 'all up front', 280 hp, was deployed in the Italian SuperTouring Championship where it was defeated in the race by the rear-wheel drive BMW 318. The following year, the 155TS D2 crossed the English Channel to face the competitive British Touring Car Championship, the most important and competitive in the D2 category national series. Gabriele Tarquini, top driver of the Alfa Corse team, lined up five successes in the first five races. Then a controversy broke out because of the Alfa sedan's rear spoiler, that was considered not in compliance with the Regulations. Tarquini lagged behind in some races, but recovered and capitalizing on the points gained in the first part of the season, managed to bring the Alfa in successfully. The primacy in the BTCC in 1994 will remain the most resounding result on the 155 TS's record.

In the last two years of its existence, 1996 and 1997, the 155 D2 with upgraded mechanics and bodywork, and fitted with the 4-valve, 310 hp Twin Spark engine, was lined up in the Tricolore SuperTouring by Nordauto, Alfa Romeo dealership in Cremona. Of the two 155 competition versions, the spectacular DTM and TS, closer to production models, merit was undoubtedly due in having given back a sporting sheen to a famous brand.

156: the last competition Alfa

Despite Fiat's withdrawal from the motorsport, even the successful 156 sedan, introduced in 1997, got to race. The initiative started from Nordauto, who managed to get the parent company's technical and economic support in preparing a couple of cars to be deployed in the Italian SuperTouring Championship; whose technical regulations for Class 2, followed, more or less, the previous D2. Here, then, was the aspirated 4-cylinder 2-litre engine, with 275 hp; the body had aerodynamic spoilers, the body shell lightened, the gearbox provided by Hewland, was sequential. With the Alfa 156 GTA - the symbol embellished the road model with the V6 engine - Nordauto was at the top for four years in a row: Fabrizio Giovanardi won national titles in succession in 1998-99 and, in the following two seasons, the European SuperTouring Cup.

With the decision by the International Automobile Federation to establish the European Touring Car Championship in 2002, the 156-Nordauto was upgraded according to the new Super2000 Regulation and was renamed 156 Super2000. Alfa Romeo saw in the FIA initiative a very interesting and cheap advertising-promotional platform: television coverage of the continental series, in fact, was provided by the broadcaster Eurosport, and all the races were broadcast live. The 156 Super 2000 kept the engine and gearbox from the previous version, while the body was modified with a new aerodynamic front and widened wheel arches. BMW also threw itself headlong into the European Touring, its traditional hunting ground, by preparing the sedan 320 - 6-cylinder engine, 280 hp, rear-wheel drive - that just because it was new, suffered an inevitable period of fine tuning. It was therefore the Alfa driver Fabrizio Giovanardi who established himself in 2002; and the 156 Super2000 excelled in 12 of the 18 races on the calendar. Alfa repeated this success the following year, in the last challenge of the season, by winning the title with Gabriele Tarquini. Despite the engine's evolution, whose power was increased to 300 hp, the Nordauto sedan suffered against BMW's greater competitiveness, which won the European Championship in 2004 with Briton Andy Priaulx. The 155 Super 2000 were also lined up in the new World Touring Car Championship (short WTTC) which replaced the European series from 2005. But it was still Priaulx in the BMW, who won the title. As a result of the lack of supremacy, but very much due to fiscal consolidation undergone by the auto sector of the Fiat Group, the Alfa Romeo WTTC programme was cut. In 2006-07, the 156 Super 2000 were then raced in private by Nordauto under its new name, N-Technology. Despite the lack of real development, the Alfa sedans achieved some feats, like that of Englishman James Thompson on the Spanish circuit in Valencia, in 2007: two runs, as many victories. It would remain Alfa Romeo's last success in an international championship. At the end of the season, after 10 years of operation, the competition 156 finished its distinguished career with its head on high.

In the early 2000s, Alfa got back to tradition
PRIDE IS BACK

In the early 2000s Alfa Romeo seemed to have a brighter future, compared with its sister companies Fiat and Lancia, who are all part of the Fiat Group. It didn't have the largest range of cars – this had always been customary for the "Biscione"– but it was brilliant enough to be competitive on the Italian market, where 2,425,542 cars were registered in 2000, thus producing the record in cars registration. At that time, sales were strongly affected by State financial incentives, as well as by the attraction for individuals to purchase a catalysed car and by dealers pursuing an increasingly aggressive policy.

Yet, the fateful year 2000 marked the beginning of a gradual but inexorable downward phase, culminating in a collapse ten years later: only 1,384,451 cars were registered. In the same period, the Fiat Group had to cope with a severe crisis affecting both sales and image. The Group only began recovering from 2007, when Fiat Group Automobiles headed by the CEO Sergio Marchionne was founded.

The Group experienced a rebirth process which, despite not being very quick, was boosted by the extraordinary acquisition of the Chrysler Group (gradual entry began in April 2009) and the further creation of Fiat Group Automobiles (15th December 2014), in charge of the production of Fiat, Alfa Romeo, Lancia, Abarth and 'Fiat Professional' commercial vehicles.

The Fiat Group started experiencing complications due to certain projects which had been planned in the '90s and were found to be disappointing once they were marketed. This is the case, for example, for projects related to the Fiat 600 (a pure evolution of the veteran 500) or the Stilo. The same fate was suffered by the Lancia Lybra and Kappa, which collapsed under 'practical' competitors who had invested in better quality.

There was no doubt that the Alfa Romeo 156 and 147 – presented in '97 and 2000 respectively – would successfully enter the market, even if the Group's overall image at that time, as well as to the un-outstanding quality of several details (especially those in the passenger compartment) clearly limited their potential. The GT Coupé also gave a small stimulus for sales: this 4 seater and two door sports car was presented in 2003, based on the 156. It was offered with four 1.8 and 2.0 cylinders, paired with a V6 3.2 and a 1.9 JTD turbodiesel engine. Little more than 80,000 units were manufactured until 2010. The 166 – the large saloon which replaced the very brilliant 164 in 1998 – however showed a negative 'balance'. It lacked the strong personality of the previous model (starting with its style) while not being strong enough to effectively compete in the market segment taken by the 'flagships cars' that costed 60 million lire or more. Production slightly exceeded 100,000 units in around 10 years: little more than a third of the global result for the 164. Those 'bare' figures depict an increasingly critical situation, which would lead to the striking case of the 159 model replacing the 156. Replacing the pleasant line designed by Walter de Silva for the 156 was surely a tough mission; nevertheless Giurgiaro's proposal for the new 159 was sound, especially for the Sportwagon version. The latter was valued not only due to the personal and inspiring style, but also due to its load capability: it ensured the capacity of a true 'sw', unlike the 156, whose capacity was limited. Moreover, the effort to improve the quality and enjoyability of the passenger compartment for both versions was notable; unfortunately, market results largely failed to live up to expectations. It was not 'time' for the Alfa, which was affected by the Fiat Group's results. Nevertheless, the 159 did not deserve such an early career termination, after just seven years of life and 250,000 units produced.

Some efforts have been made to explain this failure – which was in any case deemed to be relative: all the justifications focused on the model design and development period.

In June 2002, the CEO Paolo Cantarella handed over to Paolo Fresco, an experienced manager who had already been the president of the same Group since June 1998. In 2000, Fresco and Cantarella had built a strategic industrial alliance with General Motors, which subscribed to a 20% equity investment in Fiat Auto, in return for GM's assets for a 5.1% share. In 2004 Fiat Group's critical conditions caused General Motors to remove itself from the agreement, despite a penalty amounting to two million dollars due to the Italian company. In the meantime technicians had been working on common projects, such as on a floor for the Alfa, Cadillac and Saab, as well as the engines: therefore the influence of the American Car manufacturer would be of great importance. The floor had been conceived for a model of greater dimensions than the 159 (the only model to use it, after the breach of the agreement). This 'detail' significantly affected the final weight of the car. The petrol engines also led to some unpleasant surprises; perhaps mostly due to the bulk of the car, rather than its technical features. Nevertheless, the traditional Alfa's customers were accustomed to a brilliance the 159 could hardly express. In fact, the 'legend' of Opel's 'easy-going' engines, adopted by one of the sportiest brands in the world, had a negative impact on sales in the end. As a matter of fact, the 140 hp 1.8 Ecotec engine with 6,500 rpm, mounted on the 159's base version was the only engine to be totally Opel/General Motors. Indeed, the 1859cc and 2198cc 4-cylinder engines of the JTS series (Jet Thrust Stoichiometric: Alfa Romeo's technology for the development of direct fuel-injection, according to the optimal 'stoichiometric' ratio of air to fuel) were originally created by Opel, but the cylinder heads had been completely modified by Alfa. With engine power of 160 hp at 6500 rpm and 185 hp respectively, at the same time – while the maximum available torque with the two engines was of 19.3 kgm and 23.4 kgm at 4500 rpm. Valuable results even if the 156's 4-cylinder (1969 hp, 83x91 mm), the 'original Alfa' but still with JTS technology, actually boasted 165 hp at 6400 rpm with a torque of 21 kgm, but at a very low speed: 3250 rpm; which means a great boost even with the highest gear ratios.

A similar situation was true for the 6-cylinder V 3195 hp engine used in the most prestigious versions: it was not the legendary propulsion system designed (at least in its early version) by the famous technician Giuseppe Busso and used for the 164, 156 and 159. The 'V6 Busso', which over the time has become iconic for Alfa drivers, was superseded by a less expensive 24-valve V6 manufactured by Holden, an Australian GM brand. As was the case for 4-cylinder engines, the V6 was extensively revised by Alfa's engine technicians, supervised by the Engineer Paolo Lanati, with direct injection (JTS technology) and distribution with phasing units for aspiration and engine exhaust emission. The Australian V6 delivered 260 hp at 6300 rpm, with a torque of 33 kgm at 4500 rpm. This is why it did rather well, compared with the 'V6 Busso' used in the 156 GTA, which delivered 250 hp at 6200 rpm, with a torque of 30.6 kgm at 4800 rpm.

Yet, the new V6 – cheaper in terms of consumption and with less exhaust emission – was completely ostracised. The two very pleasant versions derived from the 159, the Brera Coupé and Spider - built with the same floor but with a wheelbase brought to 251 cm, from the original 2700 – were particularly affected. The excellent torsional strength of the chassis, the double wishbone front suspensions, and 'multi-link standard' rear suspensions enabled satisfactory drivability and downforce, but the weight, which exceeded the weight of similar models designed by Alfa by almost 100 kg (the dash cross member and the seats and wheel structures were made of magnesium) absolutely did not benefit the 159, although a future slimming treatment (around 45 kg less) in view of a restyling was planned for 2008. Thus, sales were concentrated on the diesel engine versions, not only for the 159 Saloon and the Sportwagon, but also for the Brera and Spider sports cars. All of them were heavier than their petrol fueled 'sisters' (1,450 kg for the 2.2 JTS Sportwagon and 1,680kg for the diesel version) but the drive of the JTDm 5-cylinder engine (2387cc, 210 hp at 4000 rpm) made itself known, thanks to the torque of 40.8 kgm at only 2000 rpm.

The Brera and Spider boasted countless good qualities (offered until 2010), but only a limited number of units were built: 21,786 and 12,488 units respectively. Significantly lower figures compared to the models of the same kind offered from '95 to 2000: The GTV and Spider, with 36,759 and 30,330 units produced.

In the early 2000s, Alfa lost one of its historical symbols: the Arese factory, which had been operating since 1962 and, for some years, had been affected by anti-pollution regulations and by the private residences built in areas that were increasingly close to the production site. The last cars built in Arese were the Alfa GTV and Spider in 2000; later, for some time, the factory was used for the assembly of 'Busso' series V6 engines, while the technical development sections continued to operate until the Mito and Giulietta projects were finalised. In 2011 the Style Centre department was the last to leave Arese and move to Turin.

Alfa's presence in Arese is still alive: the management buildings have been kept and today host the Alfa Museum, which has been completely re-designed and expanded. The FCA Customer Service Centre is also located in Arese, where it employs some 400 employees, and is committed to supporting customers night and day, fixing any problems they may experience with any of the Group's cars. Another area hosts the 'Motor Village', a special dealer (Alfa Romeo and Jeep) that also uses the former test track, which has been re-studied and enhanced.

Notwithstanding the crisis period faced by the Group it belongs to, in 2003 Alfa rediscovered its pride. The company presented the 8C Competizione concept which was finally built in 2007 at the Frankfurt Motor Show. The 500 units built (price: Eur 162,000) were welcomed with astonishing excitement by an array of car lovers, looking forward to purchasing a 'real Alfa'. It doesn't matter that the 4991 V8 engine (450 hp at 7000 rpm) was originally created by Maserati, as well as the gears, the transmission and the suspension layout. The project is in line with the purest "Biscione" tradition: front engine, rear traction with 'transaxle' transmission (like the Alfetta and the 75) and gear-differential assembly at the rear axle, to improve weight distribution. Its performance is obviously notable: 292 kmh and 4s to accelerate from 0 to 100 kmh.

The attractive and exciting style was conceived by Alfa's Style Centre (at that time under Wolfgang Egger's supervision) while the project was developed by Alfa itself, along with Maserati and Dallara Automobili. All the 500 8C were built in Maserati's factory in Modena, in the same assembly chain where the coupé Alfa and the Trident's Gran Turismo cars were manufactured. The 8C Competizione was followed by a 'twin sister' 8C Spider, with 500 units produced since 2009. It is remarkable that the 8C Spider prototype was built by Carrozzeria Marazzi, which had been assembling the whole production (18 units) of the 33 Stradale from 1967 and 1969 and whose style has much in common with the 8C.

Famous cars and sensational scenography in the renewed Alfa Romeo Museum of Arese

THE SPECTACLE OF HISTORY

On 24 June 1910 A.L.F.A's Deed of Foundation was signed. On the same day, 105 years later, the Alfa Romeo History Museum was reopened in Arese, which hosted the presentation of the new Giulia to the global media at the same time. A symbolic site of the company's history, the new museum, which has been moved into the former management centre of the already decommissioned factory, is not merely an exhibition of cars, even though they are stunning, but has been transformed into a multifunction centre for the Alfa brand: a kind of Motor Village with bookshop, café, a test track for historic car parades, event spaces and naturally the Documentation Centre. The latter is a remarkable crown jewel for Alfa, who has set itself the objective of preserving and promoting the brand's history since the sixties. An excellent initiative, which has been constantly updated and improved thanks to technology. The whole sporting and commercial history of Alfa Romeo has been transformed into digitalised documents that include thousands of images as well as drawings, films and technical publications, which are also available to scholars and enthusiasts of the brand. The versatility of the Alfa Romeo History Museum even provides the opportunity to order a car in the dedicated showroom and pick it up once it is ready. An event that took place on the 27 June 2016 with a Giulia Super 2.2 Diesel 180 hp in Montecarlo Blue, one of the first six cars of the new model delivered to customers. An event linked to Alfa Romeo's future, but which had already made history for its symbolic value at that time: the latest event in over 100 years of history for the brand, which is recounted in the museum by combining a spectacular and modern setting with the traditional and fulfilling exhibition, made possible by the total reconstruction of the museum, which was previously housed in a building on the edge of the factory. There are around 70 models, selected from among those most representative (the number can slightly vary but the published list on page xx of this volume prevails) and which are described not by a traditional audio guide but by a "voice" that accompanies the visitor throughout the exhibition route, with historical records, anecdotes and technical features of the items on display.. All of this is carried out through an app, named the Alfa Romeo History Museum, which is freely downloadable in IOS and Android versions (Italian and English) – an interactive guide that also supplies practical information (opening hours, tickets, maps etc.) Divided into three historical sections (Timeline, Beauty and Speed) arranged on as many levels, the exhibited cars are accompanied by a multimedia information panel, however, visitors can also access an interactive memory for studying the history of the models. The route leads to a cinema room, equipped with interactive armchairs, for a spectacular final named "Emotional bubbles": these are films projected in 4D in a 360-degree virtual reality dedicated to the legendary successes of Alfa. In the Timeline section (From 1910 to the future) the "Those of Alfa Romeo" installation stands out. A homage to the legendary feats, but also to the great personalities who allowed them to be achieved: managers, mechanics, racers, employees and workers: thousands of people, involved in writing the history of a renowned brand. The Beauty section is divided into 5 thematic areas all linked to the famous models that have created fashion or marked the history of car design. In "The Masters of style/Designing dreams" section, nine dream cars designed by the greatest Italian stylists who revolutionised the concept of aesthetics are on display. "The Italian school/New, unique and sinuous shapes", is instead a homage to Carrozzeria Touring, its brilliant stylists and the very skilful sheet-metal workers, who were creators of very refined shapes: the models exhibited are its proof, all from the thirties and forties. In the middle of the section is the "Alfa Romeo in the cinema/Like a diva" area, which recounts the lead role played in numerous films by several Alfa Romeo models: from the most banal example, represented by the "Duetto" driven by Dustin Hoffman in The Graduate, to the 2000 and 2600 Spiders driven by Ugo Tognazzi in various films from the early sixties. It continues with "The Giulietta phenomenon/ The looking glass of an era": a homage to the model that marked Alfa Romeo's passage to big business and that represented the dream of whole generations of motorists. Finally it closes with an exhibition of various Giulia models in the "Designed by the wind/Icon immediately, legend forever" area: a way to celebrate the innovative saloon, refined GT, unbeatable GTA and the charming Spider Duetto. A wave of emotion and ecstasy finally welcomes the enthusiasts in the third section, which is dedicated to speed. Again accompanied by multimedia installations one enters the myth of the Quadrifoglio with "The legend is born/The heroic era of motor racing": the reference concerns the period between the two wars, commemorated with the exhibition of the victorious RL at the Targa Florio in '23 (Alfa's first important success), Grand Prix P2 "World Champion", dominant 6Cs of the Mille Miglias, later 8C 2300s, Gran Premio Tipo B and incredible Bimotore. In the F.1 World Champion is born and Alfa Romeo is immediately a key player" area, the 1950 and 1951 F1 World Championships are naturally remembered, which were dominated by the famous Alfetta. The subsequent topic concerns "Project 33/10 year career and two world championships due to a great dream": an extraordinary period, characterised by the exceptional personality of the engineer Carlo Chiti and which culminated with the victory in the World Championship for Makes in 1975 and in 1977. The initials 33, however, identify various models, which are clearly different from each other and the best examples of the series represent one of the most emotional passages of the museum route. And, last but not least: the space named "Racing in the DNA/The cars, racers, competitions and victories", which of course still refers to races, is an infinite topic in the case of Alfa Romeo. The cars on display and the spectacular multimedia aids celebrate the period of the 6C 3000 CM, unforgettable TZ2 and GTA, return to Formula 1 – first with the supply of engines to Brabham and then with the so-called "Alfa-Alfa" – and finishing with the latest versions of the touring cars, among which the famous 155, which won the DTM (Deutsche Touringwagen Master). The final crowning glory instead covers "The temple of victories", which recounts the ten most magnificent triumphs in Alfa Romeo's history in a spectacular array of images, sounds and films.

The first steps of the Alfa Romeo Museum in the early 1960s THE 8C 2300 ARRIVED BY RIVER...

Entirely renovated in 2015 with a careful eye to the best possible use of the exhibition space, the Alfa Romeo Museum has a very long history. Around mid-1965, an exhibition room for some historically important models was set up on the initiative of the engineer Orazio Satta, when he was central director of Alfa Romeo. This collection was the first of the official Museum, inaugurated in December 1976, and could be admired in the space specifically created within the Arese factory.

Credit for the research, restoration and classification of the cars must mainly be attributed to Luigi Fusi, a great technical designer who started at Alfa in 1920 when he was only 14 years old. He retired in 1961 but in practice always stayed at Alfa as a consultant. As well as the Museum, he also curated the Company's Historical Archive as requested by the company's president, Giuseppe Luraghi, with a long-term vision that found few comparisons in the car sector at the beginning of the 60s.

To remember this first collection of the Alfa Romeo Museum, we report what Luigi Fusi wrote for the Alfa Romeo Notizie magazine in May 1965, with the extremely clear title: The Alfa Romeo Museum is being born.

I still remember the emotion I felt on 5th May 1963 when entering the courtyard in front of the management offices in Portello: I could admire about twenty wonderful old Alfa Romeo cars from the 20s and 30s. They were collected by the Registro Italiano Alfa Romeo [...], and nine of them would have left for England to take part in the London to Brighton Veteran Car Run.

It was after this rally that the engineer Satta, an ardent supporter of this historical and technical heritage, obtained permission from the management to increase the meagre collection of classic cars within the company. [...] The search took place in such a way as to have a collection of the most important Alfa Romeo models for both sporting and Grand Prix cars as well as touring cars. [...] In the temporary exhibition hall in Arese, there are, until now, about twenty cars, some from the Grand Prix, others sporting cars or prototypes. I also find it interesting to explain how some of the purchased models were found.

The first contact was with Mr Eckert, our Swiss agent in Brugg, near Zurich. [...] We owe the discovery and the purchase of the beautiful 1910 Alfa torpedo, the 1928 6C 1500 Sport Cabriolet, the two 6C 1750 spiders with compressor, the 1935 6C 2300 B sedan, the 1937 6C 2300 Mille Miglia berlinetta, the 1938 8C 2900 B coupé and the 1948 6C 2500 SS coupé to him. An important example: the negotiations carried out for the purchase of the 1931 8C 2300 Le Mans series car in Nigeria through a car mechanic in Chieti, Mr Melograna, employed at the Fiat dealer in Lagos. He told us about the existence of the car, owned by the English Mr Harrison near a mine in Tos in the northern Nigeria, and he also sent us a photo of the car. Once concluded the sales contract, he himself then ensured the transportation of the 8C, first by boat to Lagos and subsequently by sea to Italy. [...]

No less emotional was the negotiation with an English engineer, Mr Gardiner, who knew about the Alfa Romeo Museum and was also the owner of a classic car. He was happy to contribute and enrich the museum by offering us a magnificent RL SS torpedo with bodywork realised by Castagna for an Indian maharaja and then bought by him in Lahore in Pakistan. [...]

The negotiations for the other cars were also arduous: starting with the 1930 6C 1750 Sport Touring cabriolet replica, bought in Bibbiena (Arezzo) with the cooperation of the Florence branch; then the 1932 6C 1750 Touring sedan, sold to us by the Autorecuperi Zanotelli in Trento; then the 6C 2500 'Ministerial' sedan that was bought in 1948 and arrived from the Padua branch with his own means; finally, the 1953 2500 SS Touring 'Villa d'Este' coupé, provided to us by the Rome branch on the recommendation of the Milan body shop.

It is also worth indicating the difficulties in the search for original units and components for the completion of one of these models which will undergo a faithful reconstruction: the winning RL from the 1923 Targa Florio race, driven by Ugo Sivocci.

The engine comes from Milan Polytechnic, the gearbox from the English Mr Crowley, the front axle, the transmission and the rear axle from Zanotelli in Trento, the wheels from Borrani and the tires from Dunlop. This car, like others with a particular historic value such as the 1924 RL Targa Florio and the 1928 and 1929 6C series 1750 Mille Miglia, will appear in the Museum before the end of this year. Finally, the car received a bodywork with a 4-seater baquet, the Alfa 15 HP chassis offered to us by the Science and Technique Museum in Milan. In this way, we will rebuild the car that took part in the 1st Modena Regularity Rally Competition in 1911. [...]

To complete our range of Grand Prix cars, we only have to wait for the arrival of the three Alfa Romeo cars from Argentina promised to us by Fangio: the 1938 308, three litre 8-cylinder, the 1935 8C 3.8 litre (former Arzani) and the 1936 12C (former Bucci) – this last one reminds me of Nuvolari's resounding victory at the 1926 Vanderbilt Cup in America.

Mario Righini's prestigious Collection, which includes many important Alfas, got its start from a profession that would have suggested the opposite THE SAVIOUR OF THE ALFA ROMEOS

Alfa Romeo is a faith that Mario Righini never renounced. The great collector and expert of historic cars from Emilia Romagna started appreciating the Alfas when he was barely more than a child helping his dad with his car demolition business. A job that would appear to contradict his love for historic cars. On the contrary, it allowed Righini to discover the beauty and refined technology of the Italian automobiles of the past, and to preserve them at a time when hardly anybody spoke of collectionism.

A 'romantic' car demolition man, in love most of all with Alfa Romeos because of the excitement and respect that they always inspired in him; in his own words, "Before the war, Alfa made only few cars, which however demonstrated what Italian technology was capable of: excellent mechanics and wonderful outline. Then came mass production, but the spirit did not change: the aluminium fusions of the Giulietta were derived from the refined aircraft engines made in the previous period. Even in recent times, when the Alfas were criticized, often without real motive, I never stopped appreciating them. I always drive an Alfa and the Giulietta Berlina was the first new car that I bought: priceless, it was several years ahead of its competitors worldwide. I remember the Alfetta with pleasure, it was top of the top for performance and roadholding, and also the 75, a remarkable car. And what about the 156? When it came out, I was thrilled by the beauty of its outline. Now I drive 147 1.9 JTDm Q2 'Ducati Corse', which has run more than 350,000 km without problem; definitely an Alfa of worth".

His love for the 'Biscione' brand consolidated over time, but what was the spark that caused such an important collection to be assembled over time where the Alfa Romeos stand out among the best?

As Righini recalls, "We were living in Argenta, and every morning at five I would leave with my father for work, even in the dead of winter. We used Alfa Romeos very often, mostly RL, 6C 1500 and 1750, 6C 2300, which were already at least ten years old. Still, they never stopped; at dawn, with frost, they would start immediately. They would heat up fast and the heat from the engine would beat the cold. I covered a lot of road with the 1750s, and I kept driving them in the subsequent period too, as a fan: I was never left by the roadside. The Alfas of the 1930s would easily reach 80,000 kilometres, almost double than the whole competition. In so many years, I remember just one failure with a 1750: the differential broke. Because the mechanics was refined and exclusive but simple, made in a smart way. The 1750 Berlina six seaters were at times transformed into small trucks, especially during the war, when you had to make do with whatever was there. Still, even after running for so many years, those Alfas never failed you: when gasoline was rationed and could only be bought with a card and stamps, those class cars would run on methane or with the wood/charcoal gas generation system, and even when the little gas that was around was augmented with homemade liquor from apples. You would add two litres of liquor to 12 litres of gas and the six cylinders of the 1750 would run like a dream. A few years later, I discovered several boats in the Venice Lagoon on which 1750 and 2300 type engines had been mounted. I bought them, leaving the previous owners to wonder why I didn't take the boats as well".

Mario Righini's four wheel vehicle demolition business located near Bologna has been at the top for many years. A business with... a heart.

"Well, I demolished very few 1750s, as they are too beautiful and important. Many years ago, nobody wanted them, but faced with that wonder, I would not dare go further. I did have regrets for other brands, but this is the nature of the business. I have always tried to separate business from collectionism, but with the Alfa it was different, right from the start I understood that they had something special. Even during the war, after 1943, when the demolition order would come from the German command and you could not talk back, I found an officer who thought along the same lines as me. He would say, "Rigini (the 'h' was not pronounced, Ed.), Lancia and Fiat kaputt, Alfa Romeo no. You after the war spazieren (take a ride, Ed.) with children...". Everybody loved the Alfas, starting with the Americans, who came later. They are like a beautiful woman who demands admiration. This is why, when I was invited to the presentation of the Arna, in a hotel near Siena, I could not help arguing with president Massacesi, whom I knew, that the Arna was really ugly!".

Righini's great passion and boundless knowledge of cars are only matched by his personality. The answer he gave Fiat mogul Agnelli when they were introduced is still famous. It was at an event in Rome celebrating Ferrari's 60 years, where he had brought the famous 815, the first car made by the future Maranello Carmaker in 1940 (bought as 'scrap metal' over 50 years ago). Mr. Agnelli had not quite understood what Righini's business was and so he provided a very explicit explanation, "Dear Sir, you make cars, I demolish tem!".

His answer was only partially true, because his love for beautiful Italian cars allowed Righini to set up his own 'Private Collection' in the evocative Panzano space near Castelfranco Emilia. A collection of exceptional historical importance, with over 30 Alfa Romeos ranging from the 1920s up to a time closer to us. Many of these cars were photographed just for this volume, with captions specifying that they belong to the 'Righini Collection'. Clubs or groups of aficionados can make arrangements to visit the Collection for free, while the public can only see it on some days of the year.

Nuvolari's Alfa 8C 'Monza' among the queens of the Collection

A racy, gritty and beautiful essential race car. Anyone would understand that the Righini Collection's Alfa Romeo 8C 2300 Monza has something special. But this car has a lot more: it was purchased from Alfa by none other than 'Commander Tazio Nuvolari-Mantova'. This is testified by the certificate of origin, dated 31 May 1933, and also by the subsequent registration of 8 February 1934, immediately followed by its sale to the gentleman driver Luigi Soffietti, hailing from Como. It is an extraordinarily important car, an extreme evolution of the 8C 2300 designed by Vittorio Jano, of which just 10 were built between 1931 and 1932 for Grand Prix racing. Nuvolari's car was adapted for road races (like the Mille Miglia), with motorcycle-type fenders and complete electrical installation, but it is technically equal to the real 'Grand Prix' cars (2336 cc, 165 hp at 5400 rpm and speed higher than 210 kmh), at least as a starting point.

With the 'official' 8C 2300 Monzas, Nuvolari won numerous races in 1931 and 1932, as well as in 1933, when he drove Scuderia Ferrari's improved 2.6 litre version. It does not appear however that he's ever raced with his personal 8C 2300 Monza; after all, he was an official driver with both Alfa and Ferrari and he would have had no need for that. So why buy such a special car? Let us venture a guess: in early 1933, Alfa Romeo had withdrawn from competition and Nuvolari had lost an important engagement. Perhaps the agreement provided for a settlement, and instead of the agreed amount, it is possible that Alfa (in an economic crisis at that time) proposed the 'Monza' to the great Champion from Mantua, who later sold it for 90,000 liras (as documented), a very low a for a new car of that type (equivalent to about 75,000 current euro), but it is known that in automotive transactions, the declared value was often fictitious.

BIBLIOGRAFIA

Alfa Romeo – Tutte le vetture dal 1910
a cura di Luigi Fusi
Emmeti Grafica Editrice - Milano

Tutto Alfa Romeo
di Lorenzo Ardizio
Giorgio Nada Editore - Milano

Guida all'identificazione Alfa Romeo
di Maurizio Tabucchi
Giorgio Nada Editore

Grand Prix Story
di Adriano Cimarosti
Giorgio Nada Editore

Tutte le Alfa Romeo
Editoriale Domus - Milano

La mia Alfa
di Gian Paolo Garcéa
Giorgio Nada Editore - Milano

Le mie gioie terribili
di Enzo Ferrari
Cappelli Editore - Bologna

Corse per il mondo
di Giovanni Lurani Cernuschi
Editoriale Sportiva - Milano

Alfa Romeo GTA
di Maurizio Tabucchi
Giorgio Nada Editore - Milano

La storia della Mille Miglia
di Giovanni Lurani Cernuschi
Istituto Geografico De Agostini - Novara

A braccia tese
Memorie di Elsa Farina
Edizioni Sportive Italiane - Roma

Quando corre Nuvolari
di Valerio Moretti
Edizioni Autocritica - Roma

Alfa Romeo – I creatori della leggenda
di Griffith Borgeson
Giorgio Nada Editore - Milano

Le origini del mito
di Gioachino Colombo
Sansoni/Autocritica - Firenze/Roma

Le Alfa Romeo di Vittorio Jano
a cura di Angelo Tito Anselmi e Valerio Moretti
Edizioni Autocritica - Roma

Alfa Romeo Giulietta
a cura di Angelo Tito Anselmi
Edizioni della Libreria dell'Automobile

Carrozzeria Touring
di Carlo Felice Bianchi Anderloni
e Angelo Tito Anselmi
Edizioni Autocritica - Roma

L'art de l'automobile
Chefs d'oeuvre de la Collection Ralph Lauren
Edition 'Les Arts Decoratifs' - Parigi

Pininfarina – Catalogue Raisonné
a cura di Bruno Alfieri
Edizioni Automobilia - Milano

Carlo Chiti – Sinfonia ruggente
di Oscar Orefici
Edizioni Autocritica - Roma

Alfa Romeo Tipo 33
Peter Collins - Ed McDonough
Veloce Publishing - UK

Scegliere i vincitori, salvare i perdenti
di Franco Debenedetti
Marsilio Editori - Venezia

Luraghi – L'uomo che inventò la Giulietta
di Rinaldo Gianola
Baldini&Castoldi - Milano

Gestire & Innovare
di Anna Gervasoni e Gianni Razelli
Il Sole 24 Ore Libri - Milano

Licenziare i padroni
di Massimo Mucchetti
Feltrinelli Editore

Alfa Romeo – La tela di Penelope
di Italo Rosa
Fucina Editore

Franco Scaglione Designer
Libreria Automotoclub Storico Italiano – Torino

Alfa Romeo Tipo 6C
di Angela Cherrett
Giorgio Nada Editore - Milano

Alfa Romeo Zagato – SZ TZ
di Marcello Minerbi
La Mille Miglia Editrice

Giulietta da corsa SV – SVZ – SS – SZ
di Donald Hughes e Vito Witting da Prato
Giorgio Nada Editore - Milano

Alfazioso
di Gippo Salvetti
Fucina Edizioni - Milano

Alfa Romeo – Cuore sportivo
di Sergio Massaro
Giunti Editore - Firenze

Alfa Romeo Giulietta Spider
di Gaetano De Rosa
Giorgio Nada Editore - Milano

Alfa Romeo Alfetta
di Giancarlo Catarsi
Giorgio Nada Editore - Milano

Alfa Romeo Alfetta GT e GTV
di Fabrizio Ferrari
Giorgio Nada Editore - Milano

Quotidiani e pubblicazioni periodiche

Il Corriere della Sera – Milano
La Gazzetta dello Sport – Milano
La Repubblica – Roma
Alfa Romeo Notizie
a cura di Camillo Marchetti - Milano
Il Quadrifoglio
Organo ufficiale dell'Alfaclub Milano
Autosprint – Editoriale Il Borgo - Bologna
Auto Italiana – Edizioni L'Editrice – Milano
dal 1960 Editoriale Domus – Milano
Quattroruote – Editoriale Domus - Milano
Epocauto – Edizioni C&C - Faenza
Autorama – Editoriale Cosmopolita - Milano
Motor italia – Edizioni Edisport - Milano
Inter Auto – Società Anonima l'Editrice - Milano
Automobile Revue – Hallwag AG - Berna

INDICE

Finito di stampare
nel mese di novembre 2016
da Artioli 1899 S.r.l. - Modena